"十二五"职业教育国家规划教材
经全国职业教育教材审定委员会审定

矿物岩石学

（第二版）

姜尧发　钱汉东　孙宝玲　汪建明　编著

地质出版社

·北京·

内 容 提 要

本书是在姜尧发等编著的《矿物岩石学》（地质出版社，2009）的基础上修订而成，系统介绍了矿物学与岩石学的基本原理、分类命名和典型矿物及岩石的类型。全书共13章，内容包括矿物及矿物学、晶体对称与晶体形态、矿物通论、矿物各论、岩石及岩石学、岩浆岩总论、岩浆岩各论、沉积岩总论、沉积岩各论、变质岩总论、变质岩各论、矿物实验指导和岩石实验指导等。

本书简明扼要，深入浅出，图文并茂，通俗易懂，具有很好的实用性，可作为高职高专和应用型本科的水文地质、工程地质、环境地质、地球物理勘探等专业的教学用书，亦可供地质类专业学生及岩矿鉴定等专业技术人员参考。

图书在版编目（CIP）数据

矿物岩石学／姜尧发等编著. —2 版. —北京：地质出版社，2015.9（2022.9重印）
"十二五"职业教育国家规划教材
ISBN 978-7-116-09354-6

Ⅰ.①矿… Ⅱ.①姜… Ⅲ.①矿物学－高等职业教育－教材②岩石学－高等职业教育－教材 Ⅳ.①P57 ②P58

中国版本图书馆 CIP 数据核字（2015）第 182221 号

KUANGWU YANSHIXUE

责任编辑：	李凯明
责任校对：	王素荣
出版发行：	地质出版社
社址邮编：	北京海淀区学院路31号，100083
咨询电话：	(010)66554646（邮购部）；(010)66554581（编辑室）
网　　址：	http://www.gph.com.cn
印　　刷：	河北京平诚乾印刷有限公司
开　　本：	787mm×1092mm 1/16
印　　张：	20
字　　数：	500 千字
版　　次：	2015 年 9 月北京第 2 版
印　　次：	2022 年 9 月河北第 3 次印刷
定　　价：	55.00 元
书　　号：	ISBN 978-7-116-09354-6

（版权所有·侵权必究；如本书有印装问题，本社负责调换）

前　言

矿物与岩石是地质学研究的主要对象，矿物学、岩石学、地层学、古生物学、构造地质学等是地质学的基础学科。无论从事地球科学基础理论研究，还是开发利用地下资源或解决工程地质问题，都需要有矿物岩石学的基础理论知识。因此，地学类大部分专业都要开设矿物岩石学课程。然而，各个专业对矿物岩石学知识要求的程度和关注的重点是不同的，这就需要编写不同的教材。这本《矿物岩石学》教材即是专门为水文地质、工程地质、环境地质、地球物理勘探等应用型地学专业而编写的。

长期以来，地球科学的教学活动，大都遵循"现象—机理—实例（实验）"的模式进行，这在精英教育时期，非常有利于研究型专家与学者的培养；但当前中国正处于向普及高等教育迈进的阶段，众多高职高专和应用型本科院校则更加注重学生实践能力和职业竞争力的培养。在当前以就业为导向，生师比较大的高等教育新形势下，如何做到既保证基础理论知识的系统性与完整性，又要在较少的课时内实现教学目标，以达到既满足学生就业需要又考虑学生长远发展的理想效果，无疑给教材编写工作提出了更高的要求。

网络技术、多媒体技术、影视技术、远程教育技术的快速发展，给地球科学的情境教学创造了非常便利的条件。以往无法用板书表达的大量地质现象，现在都可由现代化的技术手段带进课堂，采用动画演示的方式模拟实验过程使传统的理论传授更为形象和直观。全国乃至全球可使用的丰富电子教育资源，也使现场与课堂、宏观与微观变得愈来愈近。为了体现这种时代特征，采用新的展示手法编写教材，运用大量清晰、真实图片来表述各种地质概念和现象，愈来愈成为每位作者的共识。

遵循上述思路和"必需、够用"的原则，作者精心设计了本书内容，在保证基础理论知识具有系统性和完整性的前提下，大幅精简了岩浆岩成因、沉积相、变质作用等理论性、研究性较强的内容。同时考虑水文地质、工程地质、环境地质、地球物理勘探等专业实验课时偏低的实际情况，选用了数百张清晰、精美的矿物晶体、岩石结构构造和典型岩石类型的图片，来帮助读者加深对岩矿理论知识的理解；努力做到简明扼要、深入浅出、图文并茂、通俗易懂。

本书第一版由地质出版社 2009 年出版，至今已累计发行 13000 余册，2014 年 5 月经修订后，申报成为"十二五"职业教育国家规划教材。此次编写与修订由姜尧发（江苏建筑职业技术学院）、钱汉东（南京大学）、孙宝玲（郑州工业贸易学校）、汪建明（江苏省地质调查研究院）共同完成。具体分工如下：钱汉东撰写、修订第一篇矿物学（第一章至第四章）；姜尧发和汪建明撰写、修订第二篇岩石学（第五章至第十一章）；孙宝玲撰写、修订第三篇矿物岩石实验指导（第十二章至第十三章）。全书由姜尧发统稿。

除作者自己摄制的图片资料外，本书引用了一些国内外发布的精美、典型、特征图片，在此特别向所有这些图片的原作者及其所在单位，表示真诚的感谢！

由于作者水平有限，书中内容难免有疏漏和不妥之处，敬请读者批评指正。

作者

2015 年 2 月

目 录

前 言

第一篇 矿物学

第一章 矿物及矿物学 (1)
第一节 矿物及矿物学概述 (1)
一、矿物及矿物学的概念 (1)
二、矿物学的现状与发展 (2)
第二节 矿物学与其他学科的关系 (3)

第二章 晶体对称与晶体形态 (5)
第一节 晶体和非晶质体的概念 (5)
一、晶体的概念 (5)
二、非晶质体的概念 (6)
三、晶体内部的格子构造 (7)
四、晶体的基本性质 (7)
第二节 晶体的宏观对称和分类 (8)
一、对称的概念 (8)
二、对称要素和对称操作 (9)
三、对称型和晶体的对称分类 (12)
第三节 单形与聚形 (14)
一、单形 (14)
二、47种几何学单形的特征 (14)
三、聚形 (17)
四、歪晶 (18)
五、晶面条纹 (18)
第四节 晶体的连生与双晶 (19)
一、晶体的连生 (19)
二、双晶 (19)
第五节 晶体习性与矿物形态 (21)
一、晶体习性 (21)
二、矿物集合体形态 (22)
三、矿物的组合、共生和伴生 (25)

第三章 矿物通论 (27)
第一节 矿物的物理性质 (27)

一、矿物的光学性质 ………………………………………………………………（27）
　　二、矿物的力学性质 ………………………………………………………………（30）
　　三、矿物的其他物理性质 …………………………………………………………（33）
 第二节　矿物形成的地质作用 …………………………………………………………（33）
　　一、内生作用 ………………………………………………………………………（33）
　　二、外生作用 ………………………………………………………………………（35）
　　三、变质作用 ………………………………………………………………………（36）
 第三节　矿物的化学组成 ………………………………………………………………（37）
　　一、地壳中化学元素的丰度与矿物形成的关系 …………………………………（37）
　　二、矿物的化学成分类型 …………………………………………………………（38）
　　三、类质同象 ………………………………………………………………………（38）
　　四、同质多象 ………………………………………………………………………（39）
　　五、胶体矿物及其化学组成特征 …………………………………………………（39）
　　六、矿物中水的存在形式 …………………………………………………………（40）
　　七、矿物的化学式及其表示方式 …………………………………………………（41）
 第四节　矿物的分类和命名 ……………………………………………………………（43）
　　一、矿物的分类 ……………………………………………………………………（43）
　　二、矿物的命名 ……………………………………………………………………（43）

第四章　矿物各论 …………………………………………………………………………（46）
 第一节　自然元素矿物 …………………………………………………………………（46）
　　一、自然金属元素矿物 ……………………………………………………………（46）
　　二、自然非金属元素矿物 …………………………………………………………（47）
 第二节　硫化物矿物 ……………………………………………………………………（50）
　　一、单硫化物矿物 …………………………………………………………………（50）
　　二、对硫化物矿物 …………………………………………………………………（55）
 第三节　卤素化合物矿物 ………………………………………………………………（56）
　　一、氟化物矿物 ……………………………………………………………………（57）
　　二、氯化物矿物 ……………………………………………………………………（58）
 第四节　氧化物和氢氧化物矿物 ………………………………………………………（59）
　　一、氧化物矿物 ……………………………………………………………………（59）
　　二、氢氧化物矿物 …………………………………………………………………（66）
 第五节　硅酸盐矿物 ……………………………………………………………………（67）
　　一、岛状结构硅酸盐亚类矿物 ……………………………………………………（69）
　　二、环状结构硅酸盐亚类矿物 ……………………………………………………（73）
　　三、链状结构硅酸盐亚类矿物 ……………………………………………………（75）
　　四、层状结构硅酸盐亚类矿物 ……………………………………………………（79）
　　五、架状结构硅酸盐亚类矿物 ……………………………………………………（83）
 第六节　碳酸盐、硝酸盐和硼酸盐矿物 ………………………………………………（88）
　　一、碳酸盐矿物 ……………………………………………………………………（88）
　　二、硝酸盐矿物 ……………………………………………………………………（93）

三、硼酸盐矿物 …………………………………………………………………… (93)

第七节 硫酸盐、钨酸盐和磷酸盐矿物 …………………………………………… (94)

一、硫酸盐矿物 …………………………………………………………………… (94)

二、钨酸盐矿物 …………………………………………………………………… (96)

三、磷酸盐矿物 …………………………………………………………………… (97)

第二篇 岩石学

第五章 岩石及岩石学 …………………………………………………………… (100)

第一节 岩石及岩石学概述 …………………………………………………… (100)

一、岩石及岩石学的概念 …………………………………………………… (100)

二、岩石学的发展简史 ……………………………………………………… (100)

第二节 岩石学研究的意义 …………………………………………………… (102)

一、岩石学是地球科学的基础学科 ………………………………………… (102)

二、岩石与矿产资源关系密切 ……………………………………………… (102)

三、岩石对工程性质的影响 ………………………………………………… (102)

第三节 岩石学研究方法 ……………………………………………………… (104)

一、野外地质研究 …………………………………………………………… (105)

二、实验室分析研究 ………………………………………………………… (105)

第六章 岩浆岩总论 ……………………………………………………………… (106)

第一节 岩浆与岩浆岩 ………………………………………………………… (106)

一、岩浆的概念与性质 ……………………………………………………… (106)

二、岩浆作用与岩浆岩 ……………………………………………………… (106)

第二节 岩浆岩的物质成分 …………………………………………………… (106)

一、岩浆岩的化学成分 ……………………………………………………… (107)

二、岩浆岩的矿物成分 ……………………………………………………… (107)

第三节 岩浆岩的结构和构造 ………………………………………………… (109)

一、岩浆岩的结构 …………………………………………………………… (109)

二、岩浆岩的构造 …………………………………………………………… (116)

第四节 岩浆岩的产状和岩相 ………………………………………………… (120)

一、岩浆岩的产状 …………………………………………………………… (120)

二、岩浆岩的岩相 …………………………………………………………… (122)

第五节 岩浆岩的分类和命名 ………………………………………………… (124)

一、岩浆岩的分类 …………………………………………………………… (124)

二、岩浆岩的命名 …………………………………………………………… (126)

第七章 岩浆岩各论 ……………………………………………………………… (129)

第一节 超基性岩类（橄榄岩－苦橄岩类） ………………………………… (129)

一、超基性岩类概述 ………………………………………………………… (129)

二、常见的超基性岩岩石类型 ……………………………………………… (129)

第二节 基性岩类（辉长岩－玄武岩类） …………………………………… (134)

一、基性岩类概述 ……………………………………………………………………… (134)
　　二、常见的基性岩岩石类型 …………………………………………………………… (134)
第三节　中性岩类（闪长岩-安山岩类，正长岩-粗面岩类） ……………………………… (139)
　　一、中性岩类概述 ……………………………………………………………………… (139)
　　二、常见的中性岩岩石类型 …………………………………………………………… (140)
第四节　酸性岩类（花岗岩-流纹岩类） …………………………………………………… (143)
　　一、酸性岩类概述 ……………………………………………………………………… (143)
　　二、常见的酸性岩岩石类型 …………………………………………………………… (143)
第五节　碱性岩类 ……………………………………………………………………………… (148)
　　一、碱性岩类概述 ……………………………………………………………………… (148)
　　二、常见的碱性岩岩石类型 …………………………………………………………… (149)
第六节　脉岩类 ………………………………………………………………………………… (153)
　　一、脉岩类概述 ………………………………………………………………………… (153)
　　二、脉岩类岩石类型 …………………………………………………………………… (153)
第七节　岩浆岩的肉眼鉴定与描述 …………………………………………………………… (154)
　　一、深成岩的肉眼鉴定与命名 ………………………………………………………… (154)
　　二、浅成岩和脉岩的肉眼鉴定与命名 ………………………………………………… (155)
　　三、喷出岩的肉眼鉴定与命名 ………………………………………………………… (156)
　　四、岩浆岩的描述方法 ………………………………………………………………… (157)

第八章　沉积岩总论 ………………………………………………………………………… (159)
第一节　沉积岩的形成及演化 ………………………………………………………………… (159)
　　一、沉积岩的概念 ……………………………………………………………………… (159)
　　二、沉积岩原始物质的来源 …………………………………………………………… (159)
　　三、沉积岩原始物质的形成 …………………………………………………………… (160)
　　四、风化产物的搬运和沉积作用 ……………………………………………………… (160)
　　五、成岩作用 …………………………………………………………………………… (163)
第二节　沉积岩的物质成分与颜色 …………………………………………………………… (164)
　　一、沉积岩的化学成分 ………………………………………………………………… (164)
　　二、沉积岩的矿物成分 ………………………………………………………………… (164)
　　三、沉积岩的颜色 ……………………………………………………………………… (165)
第三节　沉积岩的构造特征 …………………………………………………………………… (166)
　　一、物理成因的沉积构造 ……………………………………………………………… (167)
　　二、生物成因的沉积构造 ……………………………………………………………… (174)
　　三、化学成因的沉积构造 ……………………………………………………………… (176)
第四节　沉积岩的分类 ………………………………………………………………………… (178)
　　一、沉积岩分类现状 …………………………………………………………………… (178)
　　二、本教材使用的分类 ………………………………………………………………… (179)

第九章　沉积岩各论 ………………………………………………………………………… (181)
第一节　陆源碎屑岩 …………………………………………………………………………… (181)
　　一、陆源碎屑岩概述 …………………………………………………………………… (181)

二、常见的陆源碎屑岩岩石类型 ……………………………………………………（186）
　第二节　火山碎屑岩 ………………………………………………………………………（193）
　　一、火山碎屑岩概述 ………………………………………………………………………（193）
　　二、火山碎屑组分特征 ……………………………………………………………………（193）
　　三、火山碎屑岩主要岩石类型 ……………………………………………………………（195）
　第三节　碳酸盐岩 …………………………………………………………………………（196）
　　一、碳酸盐岩概述 …………………………………………………………………………（196）
　　二、碳酸盐岩的成分 ………………………………………………………………………（196）
　　三、碳酸盐岩的结构组分 …………………………………………………………………（196）
　　四、碳酸盐岩的分类 ………………………………………………………………………（202）
　　五、碳酸盐岩的主要类型 …………………………………………………………………（203）
　第四节　其他自生沉积岩 …………………………………………………………………（206）
　　一、概述 ……………………………………………………………………………………（206）
　　二、主要岩石类型 …………………………………………………………………………（206）
　第五节　沉积岩的肉眼鉴定与描述 ………………………………………………………（208）
　　一、陆源碎屑岩的肉眼鉴定与描述 ………………………………………………………（208）
　　二、火山碎屑岩的肉眼鉴定与描述 ………………………………………………………（211）
　　三、碳酸盐岩的肉眼鉴定与描述 …………………………………………………………（212）

第十章　变质岩总论 ……………………………………………………………………………（215）
　第一节　变质作用概述 ……………………………………………………………………（215）
　　一、变质作用与变质岩的概念 ……………………………………………………………（215）
　　二、变质作用的因素 ………………………………………………………………………（215）
　　三、变质作用的方式 ………………………………………………………………………（217）
　　四、变质作用的类型 ………………………………………………………………………（218）
　第二节　变质岩的物质成分 ………………………………………………………………（219）
　　一、变质岩的化学成分 ……………………………………………………………………（219）
　　二、变质岩的矿物成分 ……………………………………………………………………（220）
　第三节　变质岩的结构和构造 ……………………………………………………………（222）
　　一、变质岩的结构 …………………………………………………………………………（222）
　　二、变质岩的构造 …………………………………………………………………………（227）
　第四节　变质岩的分类和命名 ……………………………………………………………（232）
　　一、变质岩的分类 …………………………………………………………………………（232）
　　二、变质岩的命名 …………………………………………………………………………（235）

第十一章　变质岩各论 …………………………………………………………………………（237）
　第一节　区域变质岩 ………………………………………………………………………（237）
　　一、区域变质岩概述 ………………………………………………………………………（237）
　　二、常见的区域变质岩岩石类型 …………………………………………………………（237）
　　三、区域变质作用的有关矿产 ……………………………………………………………（245）
　第二节　混合岩 ……………………………………………………………………………（246）
　　一、混合岩概述 ……………………………………………………………………………（246）

二、常见的混合岩岩石类型 …………………………………………………………………（247）
　　三、混合岩的研究意义 ……………………………………………………………………（249）
第三节　接触变质岩 ………………………………………………………………………………（249）
　　一、接触变质岩概述 ………………………………………………………………………（249）
　　二、常见的接触变质岩岩石类型 …………………………………………………………（250）
第四节　气液变质岩 ………………………………………………………………………………（252）
　　一、气液变质岩概述 ………………………………………………………………………（252）
　　二、常见的气液变质岩岩石类型 …………………………………………………………（252）
第五节　动力变质岩 ………………………………………………………………………………（255）
　　一、动力变质岩概述 ………………………………………………………………………（255）
　　二、常见的动力变质岩岩石类型 …………………………………………………………（255）
第六节　变质岩的肉眼鉴定与描述 ………………………………………………………………（258）
　　一、变质岩的肉眼鉴定观察内容 …………………………………………………………（258）
　　二、变质岩的肉眼鉴定描述方法 …………………………………………………………（258）
　　三、变质岩的肉眼描述举例 ………………………………………………………………（259）
　　四、主要变质岩的肉眼鉴定 ………………………………………………………………（259）

第三篇　矿物岩石实验指导

第十二章　矿物实验指导 …………………………………………………………………………（263）
　实验一　晶体对称要素的找寻 …………………………………………………………………（263）
　实验二　单形、聚形与双晶的认识 ……………………………………………………………（265）
　实验三　矿物的形态和矿物的物理性质 ………………………………………………………（268）
　实验四　自然元素矿物和硫化物大类矿物 ……………………………………………………（271）
　实验五　氧化物和氢氧化物大类及卤化物大类矿物 …………………………………………（272）
　实验六　岛状、环状和链状硅酸盐亚类矿物 …………………………………………………（274）
　实验七　层状硅酸盐亚类和架状硅酸盐亚类矿物 ……………………………………………（275）
　实验八　硫酸盐类、碳酸盐类和磷酸盐类矿物 ………………………………………………（277）

第十三章　岩石实验指导 …………………………………………………………………………（279）
　实验一　偏光显微镜及镜下观察内容简介 ……………………………………………………（279）
　实验二　岩浆岩的结构、构造和手标本观察与描述 …………………………………………（283）
　实验三　超基性岩、基性岩观察与描述 ………………………………………………………（287）
　实验四　中性岩、酸性岩、碱性岩观察与描述 ………………………………………………（289）
　实验五　陆源碎屑岩、火山碎屑岩观察与描述 ………………………………………………（291）
　实验六　碳酸盐岩、硅质岩观察与描述 ………………………………………………………（294）
　实验七　区域变质岩、混合岩观察与描述 ……………………………………………………（298）
　实验八　接触变质岩、气液变质岩、动力变质岩观察与描述 ………………………………（301）

参考文献 ……………………………………………………………………………………………（304）

附录　矿物代号 ……………………………………………………………………………………（306）

第一篇 矿物学

第一章 矿物及矿物学

第一节 矿物及矿物学概述

一、矿物及矿物学的概念

1. 矿物

矿物概念的形成是人类在漫长的生活、采矿生产和科学实践活动的基础上建立起来的。古时候，人们将由矿山采掘出来且未经提炼加工的金属或非金属的天然石块，即岩石和矿石称为矿物。随着人类社会生产活动和科学技术的发展，人们发现天然产出的石块并非均一的物体。经过长期的科学观察和思索，人们才逐渐将矿物、岩石和矿石，这些既有联系而又有区别的物质区分开来，建立起比较科学的矿物和岩石概念。

现代对矿物的一般定义是：矿物是由地质作用（包括宇宙天体作用）所形成的、且具有一定的化学成分和内部结构、在一定的物理化学条件范围内相对稳定的天然结晶态的单质或化合物，是岩石和矿石的基本组成单位。

由上述定义可知，首先矿物必须是天然产出，主要是地质作用的产物。有时为了强调来源，将来自月岩和其他星球天体的陨石矿物特称为月岩矿物和陨石矿物，或统称为宇宙矿物；对于那些在实验室或工厂里由人工合成制备，但与相应的天然矿物具有相同或相似的物理和化学方面特性的产物，则称为人造矿物或合成矿物，如人造金刚石、合成水晶等等。

其次，矿物具有相对确定的化学组成和内部晶体结构，从而也具有一定的形态特征和物理、化学性质，借此我们可以鉴别不同的矿物种属。至于天然产出的液体如水，当它呈液态时，它不是矿物，但它作为冰川中的冰时，当属矿物。气体也不是矿物，当某些气体分子形成固体结构态时，称为气体水合物，如大洋底下产出的可燃冰属于矿物之列。因此，水、石油和气体（如天然气等）属于自然资源，但不属于矿物的范畴。

任何一种矿物都只是在一定的物理化学条件下相对稳定方能得以保存，但它们并非是固定不变的。当矿物所处的外界条件改变至超出矿物的稳定范围时，该矿物即会变成在新条件下稳定的其他矿物，如高温石英处于常温常压时，便转变为低温石英；又如黄铜矿（$CuFeS_2$）在地表风化条件下氧化后将分解形成褐铁矿等。氧化分解后的黄铜矿在碳酸盐溶液的作用下，也可形成孔雀石、蓝铜矿等矿物。

由于形成环境的复杂性，矿物的成分、结构及形态、性质可以在一定范围内变化。如闪锌矿由于形成条件不同，其成分、形态和物理性质往往会有一定的差异，而这些特征常可作为反映矿物成因的标志。

矿物是岩石和矿石的基本组成单位。例如，花岗岩的主要矿物组成是钾长石、斜长石、石英和黑云母等；铅锌矿石则是由方铅矿和闪锌矿等组成。

然而，在自然界中也存在某些少数在产出状态、化学组成和形成机制等方面均具有与矿物相同的特征，但内部不具有晶体结构的均匀固体，称为准矿物（亦称似矿物）。自然界准矿物为数很少。较常见的有 A 型蛋白石（$SiO_2 \cdot nH_2O$）、水铝英石（$Al_2SiO_5 \cdot nH_2O$），以及呈变生非晶质的某些放射性矿物，如变生方钍矿、变生褐帘石等。对于天然非晶质的火山玻璃而言，因其无一定的化学成分和内部晶体结构，故不属准矿物之列，而属于岩石的范畴。

2. 矿物学

矿物学是以矿物为研究对象的一门自然科学，是研究地球及宇宙天体物质成分特征、形成与演化规律的地质基础学科之一。

随着科学技术的发展，现代矿物学已从传统概念上研究地壳地质作用的产物向地球深处（地幔、地核）和宇宙空间发展。当前矿物学研究的主要对象通常是以天然结晶质无机物为主（也包括少数的数十种有机质矿物，如琥珀等）。迄今为止，地壳中已发现的矿物有 4100 多种，随着科学研究和生产实践的深入发展，新的矿物种属还会有所增加。矿物学研究的具体内容主要为：矿物的化学组成、内部结构、外表形态、物理和化学性质及其相互间的内在联系，以及探讨矿物的时空分布规律及其在地质过程中的形成、变化条件和实际用途。

矿物学是地质学中的一门重要基础学科，它为地质学的其他分支学科及材料科学等应用科学在理论上和应用上提供必要的基础与科学依据。在此基础上，为开发工农业生产和国防建设所需的矿物原料及其合理综合利用，以及寻找应用于现代尖端技术的矿物材料提供必要和充分的依据，同时也为探索和阐明地球乃至宇宙天体的物质组成及演化规律提供重要的科学信息。

二、矿物学的现状与发展

矿物学是一门很古老的学科，它的产生与发展是人类长期生产实践活动的结果。

随着社会生产力的发展，矿物学也在不断地发展着。新理论、新技术的引入和应用使其发生了深刻的变革，并由此而产生飞跃式进步。早在我国史前的旧石器时代，人们即开始认识矿物和岩石，并用来制作生产工具（石器）和装饰品。从奴隶社会向封建社会转化的大变革时期，也是由青铜器时代向铁器时代的过渡时期，反映了当时矿冶事业已大为发展。世界上最早记述与矿物有关的书籍是我国春秋战国时期（公元前 700—前 221 年）的《山海经》，书中提到 80 多种矿物、岩石和矿石，其中水晶、雄黄等矿物名称沿用至今。这比西方的《石头论》等著作问世要早得多，且内容更丰富。明代我国著名科学家李时珍（1596 年）和宋应星（1637 年）在他们各自所著的《本草纲目》和《天工开物》中，描述了 150 种矿物的性状、鉴别方法、用途和产地。国外最先对矿物进行独立研究的标志性论著是德国医生阿格里科拉（Georgius Agricola）所著的《论矿物的起源》（1556 年），首先将矿物与岩石区分开来，并引入"矿物"这个名词。他在总结民间积累的观察矿物现象的基础上，概括了几种矿物的物理性质，包括颜色、透明度、光泽、硬度和解理等。

19 世纪中叶，偏光显微镜问世并成功应用于矿物物理性质的鉴定和研究后，同时配合化学分析及晶体测角等方法，人们逐渐开始对矿物的化学成分、几何形态、物理和化学性质、产状等进行系统研究，并提出了矿物的化学成分分类方法，对矿物学的发展起了很大的推动作用，从而使矿物学由表面现象的描述进入对矿物实质问题的研究阶段，值得一提的是，这期间的代表作是美国丹纳（Dana J D）的《描述矿物学》（1837—1892年，第1~6版），为形成独立的矿物学学科奠定了基础；20世纪20年代，由于将X射线成功地应用于矿物晶体结构分析后，在证实晶体结构几何理论的同时，又为统一矿物的化学成分和晶体结构之间的关系奠定了基础。30年代以来，对矿物形成的物理化学条件所进行的研究（包括晶体生长、矿物合成、相平衡、热力学计算等），结晶化学便开始成为矿物的系统研究和矿物晶体化学分类的重要基础，从而导致矿物学在研究内容上新的突破。尤其值得指出的是，近50年来，矿物学受到现代核子科学、宇航技术和计算机等高新科技领域中新成就和新成果的促进，尤其是由于物理学、化学中的一些近代理论，如晶体场理论、配位场理论、分子轨道理论和能带理论被应用于矿物学研究；由于一系列固体物理的理论和测试技术与方法的引入，各种谱学方法的应用，矿物热力学性质数据测定新技术，特别是高温高压、超高压等实验技术的实现；高分辨率电子显微分析和高精度物质分析技术对矿物晶体精细结构和矿物的微粒、微量的鉴定的应用；计算机技术在矿物学和晶体结构方面的广泛应用，等等，从而有力地促使和推动了矿物学发生全面深刻的变化，产生了许多交叉分支学科，如矿物科学与天文科学相结合产生天体矿物学或宇宙矿物学；与生命科学相结合，产生了生物矿物学，还有诸如量子矿物学、材料矿物学、宝石矿物学、医学矿物学，等等，其研究的内容已涉及和涵盖了多种学科领域。因此，可以说今天的矿物学无论在深度和广度上都已进入了一个前所未有的现代矿物学发展的新阶段。

第二节　矿物学与其他学科的关系

矿物学是地球科学的重要基础学科之一，与其他学科密切相关。由于矿物都是晶体，因此在矿物学的许多方面都不能不涉及结晶学的问题。结晶学迄今仍然是矿物学的一个重要基础组成部分。

组成岩石和矿石的基本单元是矿物，是由天然产出的主要由一种或数种具有稳定外形的造岩矿物或有用矿物的集合体，是地球各种地质作用发展一定阶段的产物，它们直接保存和记录着该矿物及其所在岩石或矿石的形成条件和演变过程等的丰富信息。对造岩矿物和矿石矿物的鉴定和利用等，一直是矿物学的重要研究课题之一，至今岩石学和矿床学的研究对象仍是以矿物的物质组分、矿物晶体的光学性质，以及结构的形式与共生组合特征为主要内容的，甚至岩石和矿床成因的探讨，以及有用矿物赋存的规律性的研究主要也是以矿物成因探讨为基础的。因此，岩石学、矿床学与矿物学的关系极为密切。此外，由于矿物是地球和宇宙天体物质演化过程中化学元素的存在、富集和迁移的重要载体。以研究地球中化学元素在时间、空间上的分布、迁移和富集规律性为主要内容的地球化学，也是以矿物研究为基础，显然它与矿物学之间的关系极为密切。

矿物学与水文地质学、工程地质学、构造地质学、石油地质学、环境地质学、经济地质学、地震学、地球物理学、找矿勘探地质学以及地史学、古生物学等的关系，也日益显得密切和重要。例如，标型矿物和矿物的标型特征在地层对比和沉积环境分析中的应用；黏土矿物对元素、有机质的吸附、催化和离子交换特性在石油开采和成因理论、环境保护、化工和农业等领域里所发挥的作用，都是众所周知的事实。

现代矿物学的发展必须以数学、物理学和化学等自然科学有关的新理论作为基础，矿物学与这些基础学科的关系也是十分密切的。近年来由于这些学科的新理论、实验技术和计算机科学在矿物学中的日益普遍应用，极大地促进了矿物学进入全面发展的新阶段，矿物学的研究内容也在不断地丰富和深入。

矿物学对于国民经济建设有着重要的作用，迄今矿物已广泛应用于工农业生产和国民生活的各个领域。据统计，当今我国工业生产所用的原料（不包括能源）有70%取之于矿物。随着人类社会的进步以及大规模经济建设和科学技术的迅猛发展，近代对矿物的综合利用、有害成分的无害化处理和矿物材料的开发需求日益迫切，显然这些都离不开矿物学的理论研究及其对实践的指导。

本 章 小 结

1. 矿物学是研究矿物的一门自然科学，是地质科学的一个重要分支学科。
2. 矿物是地质作用的产物。
3. 矿物具有一定的化学成分，晶质矿物还具有一定的内部晶体结构。
4. 矿物的化学组成不是固定不变的。
5. 矿物是组成岩石和矿石的基本单位。

作业及思考题

1. 何谓矿物与准矿物？两者之间的本质区别何在？
2. 概述矿物的特点。矿物学的主要研究内容是什么？
3. 矿物与人造矿物有何区别？
4. 水、石油、天然气、自然金、金刚石、合成水晶、花岗岩，它们都是矿物吗？为什么？
5. 简述矿物学与相关学科之间的关系。

第二章 晶体对称与晶体形态

自然界产出的各种矿物中，除个别矿物如水铝英石和某些蛋白石等以外，其余均属晶体之列，它们具有一切晶体所共有的特性。因此，在学习矿物学时，必须从晶体特性入手，了解和掌握必要的与晶体结构、形态及其性质有关的结晶学基础知识。

第一节 晶体和非晶质体的概念

一、晶体的概念

晶体的分布十分广泛，自然界中冰、雪和组成地壳各类岩石中的不同矿物，人们日常生活中食用的味精、食盐，以及使用的陶瓷和金属材料，甚至组成生命有机体的蛋白质等等莫不都是晶体。可以毫不夸张地说，现今我们是生活在一个晶体世界中。

人类对晶体的认识与研究起源于对天然晶体形态的观察和总结。晶体最引人注目的特点是它们常呈一定形状的规则几何多面体产出。如我国早期的《本草衍义》中对"嘉州峨峨山出菩萨石（水晶）"的形态做了这样的描述："形六棱而锐首，色莹白而明澈"（图2-1）。然而，事实说明，仅仅从有无规则的几何多面体外形来区分是否是晶体显然是不恰当的。例如，具有规则几何多面体外形的玻璃、松香等并不是晶体；相反，有些从表面上看并不具规则几何多面体形状的固体，如粉粒状食盐（NaCl）却是晶体，它与那些粗粒具有立方体外形的食盐，除形态粗细外，两者所有的性质都完全相同。因此，晶体规则的几何外形不是识别晶体的必要条件，而是晶体内部本质因素的一种外在表现。

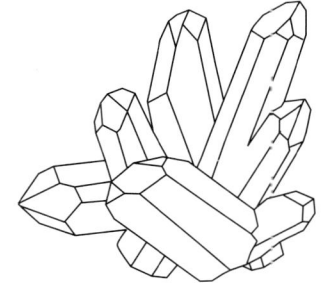

图2-1 α-石英晶簇

利用 X 射线实验技术对晶体结构的大量研究结果表明，任何晶体，不论其外形是否规则，还是晶体结构是否相同，具有格子状构造是一切晶体所具有的共同属性。所以，**晶体**的现代定义是：内部质点（原子、离子或分子）在三维空间呈周期性平移重复的规律而做有序排列的固体物质；或者说，晶体是具有格子状构造的固态物质。

图2-2A 为食盐（NaCl）晶体的结构图。图2-2B 所示仅是从其结构中依一定条件割取的一个能代表整个结构规律的最小单位（晶胞）。在 $1mm^3$ 的 NaCl 晶体中，就包含了大约 $7×10^{17}$ 个这样的单位晶胞。由图中可以看出，Cl^- 和 Na^+ 在空间的不同方向上，各自都是按着一定的排列间距而重复出现的。若沿着图2-2B 中立方体三组棱的方向，Cl^- 和 Na^+ 均以 $0.5628nm$ 相等的间隔重复排列，而在其他任何方向上，情况也完全类似，只不过各自间隔重复的间距大小不同而已。如果我们用大小不同的圆球的球心分别代表 Cl^- 和 Na^+ 中心点，并用直线将它们连接起来，就可以得出如图2-2C 所示的格子状晶格图。食盐如果在生长时有足够的时间和自由空间，最终必定能够发育成为规则的立方体外形，这是其内部格子构

造规律制约的结果。由于晶体生长的环境和空间条件等因素的影响，晶体结晶颗粒的大小和外形，也会有较大的差异。在矿物学、岩石学等学科中，为了区别，通常将"晶体"一词用于指具有几何多面体外形的晶体，而将不具有几何多面体外形的晶体，依其晶体大小又分别称之为晶粒或晶块。此外，对于晶体的集合体，则根据结晶颗粒的粗细，即凡结晶颗粒能用肉眼或普通放大镜分清颗粒者，称为显晶质；而无法分辨颗粒者，则称为隐晶质。

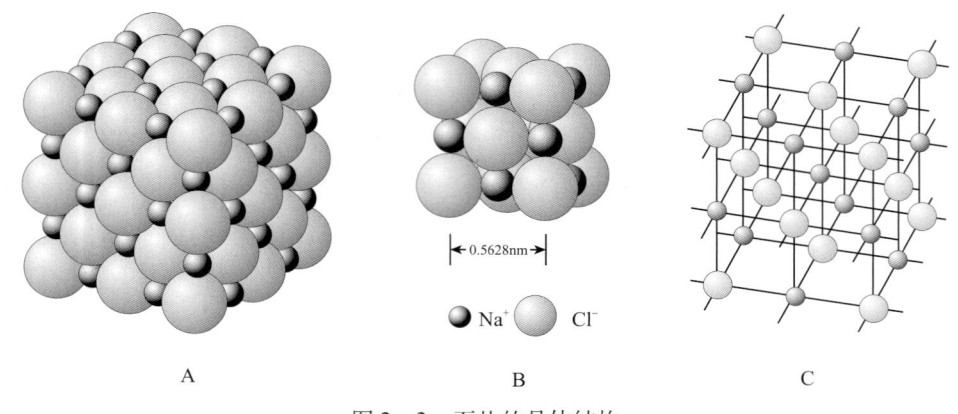

图 2-2 石盐的晶体结构

二、非晶质体的概念

与晶体相反，有些外观上似固体的物质，如玻璃（SiO_2），它们内部的质点在三维空间上是不呈周期性平移重复排列的（图 2-3B），或者说其内部是不具有格子状构造的物质，此种物质称为非晶质体。由于原子或离子在三维空间分布的无规律性，它们不形成平整的原子面或原子列，所以非晶质体在任何情况下都不可能自发地形成几何多面体的外形，因而也被称为无定型体。自然界中非晶质体的种类和分布远不如晶体那么多。在岩石和矿物中，只有极少数像火山玻璃和水铝英石等属于非晶质体。

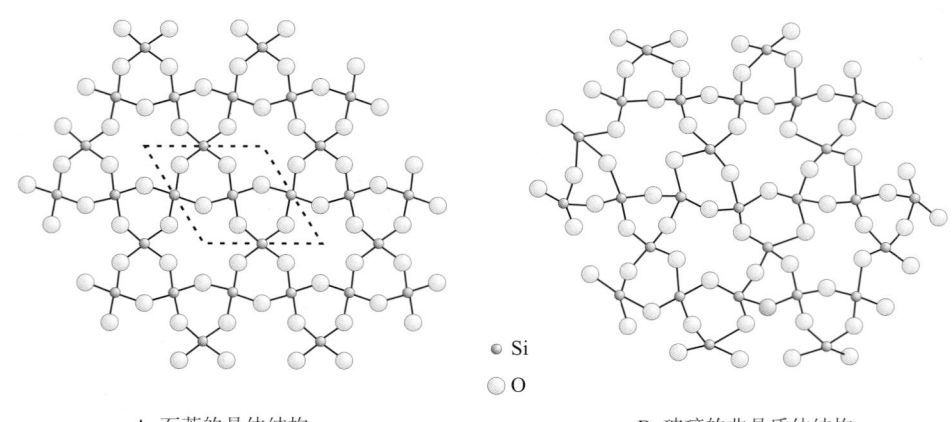

A. 石英的晶体结构　　　　　　　　B. 玻璃的非晶质体结构

图 2-3 SiO_2 结构

必须指出的是，在一定条件下，非晶质体与晶体是可以相互转化的。例如，火山玻璃在漫长的地质年代中，其内部质点可以自发地经过缓慢自我扩散和调整，形成规则有序排列，而成为真正的晶体，这种现象称为**晶化**或**脱玻化**。如非晶质的蛋白石转化为玉髓或石英。一一般情况下，已结晶的晶体，自身绝不可能自发地转变成非晶质体，但可能因为外部条件因素的影响，其内部原本具有规则有序化排列的质点，由于遭到破坏呈现杂乱无序排列而向非晶质体转变。例如，石英晶体在高温条件下可以转变为石英玻璃（非晶质体）。

三、晶体内部的格子构造

任何晶体，不论其外形是否规则，还是化学组成简单或复杂，其内部的原子或离子总是在三维空间呈周期性平移重复的规则排布，从而构成具有一定形式的空间格子构造。空间格子便是表征晶体这一共同规律性的模拟立体几何图形（图2-4A）。由图可以看出，对于任何一个空间格子来说，总是可以被划分为一系列平行四边形所组成的二维平面网格，且这些平行四边形的形状、大小及其内含在相同方向上都是完全相同的，彼此间必可借助于以平行四边形的两组交棱为单位平移矢量（图2-4B中的 a 和 b）的平移规律而发生周期性的重复。

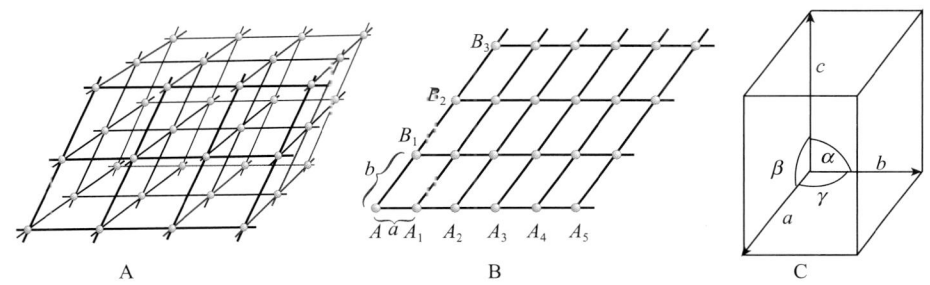

图2-4　一般空间格子形式（A）、二维平面网格（B）和单位平行六面体（C）

基于同样的考虑，可知任何一个三维平移重复的空间格子总是可以被划分为由一系列彼此完全等同，且相互平行重叠的平行六面体。每个平行六面体的三个棱长，恰好就是三组相应行列上的结点间距。因而，这样的平行六面体即是空间格子的最小单位，因此也称为**单位平行六面体**（图2-4C）。它是晶体结构中的基本单元，犹如构成晶体的"细胞"，故称为**晶胞**。显然，晶胞应是能够充分反映整个晶体结构特征的最小结构单元，晶体就是由无数个这样的晶胞在三维空间平行叠置而又毫无间隙地堆砌而成的。

同一晶体是由相同的晶胞所组成。但对于不同种类的晶体而言，由于各自晶胞的内含（包括所含原子或离子的种类、数目），大小和形状都可能不尽相同，而表现出了每种晶体各自的个性特点，由此就形成了千姿百态、物理和化学性质各异的天然晶体世界。

对于一个具体晶体而言，晶胞的形状、大小与对应的单位平行六面体完全一致。晶胞本身的特征，与对应晶格中三组交棱上的三个平移矢量 a、b、c，以及它们两两间的夹角 α、β 和 γ 有着密切关系。a、b、c 与 α、β、γ 合称为**晶胞参数**或**晶体参数**。如果不考虑晶胞的具体尺寸及其内含，那么在一切晶体中，晶胞的形状总共只有七种不同的形式（图2-5）。

四、晶体的基本性质

晶体的各项基本性质都是由晶体的格子构造规律所决定的，其基本性质主要表现为：

◎ **结晶均一性**：同一晶体在其任一部位上都具有相同性质的特性，如有着相同的密度和相同的化学组成等。晶体的均一性来源于晶体内部质点排布的周期性。非晶质体、液体和气体也有均匀性，那是源于内部质点杂乱无章的无序分布的统计意义上的均一性，两者间有

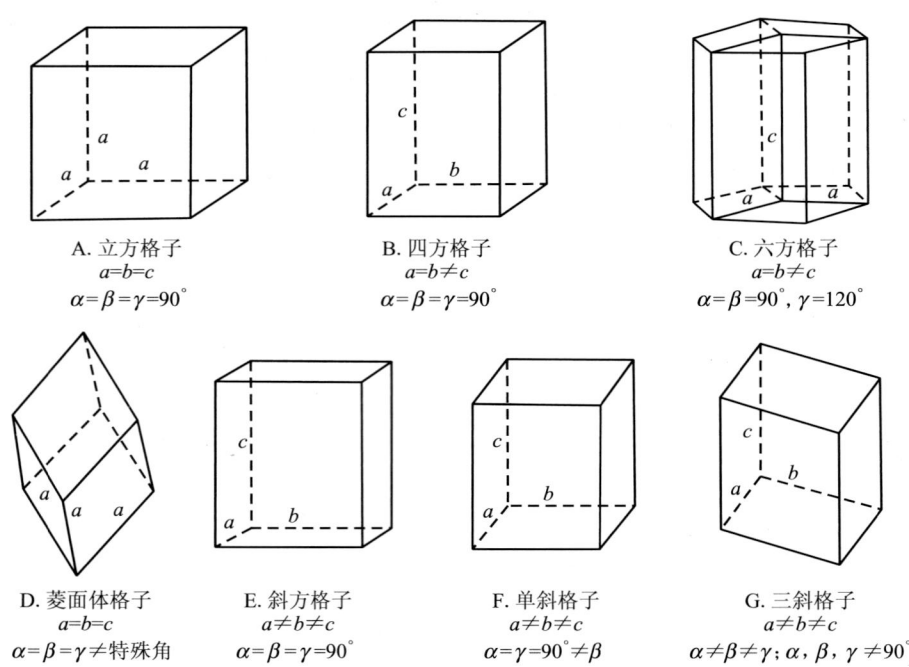

图 2-5 单位平行六面体的七种型式及其晶胞参数

着本质上的差别。

◎ **各向异性**：同一晶体结构中，不同方向上内部质点的排列通常是不一样的，因而晶体在不同方向上表现出不同物理性质，如矿物晶体的解理和机械强度等，就是各向异性的最明显的例子。而非晶质体的物理性质具有各向同性，一般不随测定的方向而改变。

◎ **对称性**：指晶体的内部结构或理想外形上的相同部分（如晶面）或性质，呈有规律重复出现的对称特性。

◎ **自限性**：在适当的生长条件下，晶体内部质点有规则排列，必然能自发地形成晶面，晶面相交成为晶棱，晶棱汇聚成顶点，从而形成自身封闭的凸几何多面体外形的固有特性。

◎ **固定的熔点**：晶体内部质点都按同一形式排列，熔化所需的温度相同，具有固定的熔点。而非晶质体受热后，逐渐变软，黏度变小，进而成为流动性较大的液体（如蜡烛），在此过程中不能确定物体的熔化温度点。

◎ **稳定性**：在相同的热力学条件下，以具有相同化学成分的晶体与非晶质体相比，晶体是稳定的，而非晶质体是不稳定的（或仅是准稳定的）。由此，非晶质体有自发地转变为晶体的必然趋势；但晶体绝不可能自发地转变为非晶质体。

第二节 晶体的宏观对称和分类

一、对称的概念

在自然界和日常生活中，对称是人们所熟知和广泛存在的现象。西汉时期，韩婴在《韩诗外传》中就曾指出了雪花晶体的六重对称（图 2-6A），又如自然界中的蝴蝶（图 2-

6B)、花卉等动植物,为了适应自然生存环境的要求,以及高大的建筑物为了稳定平衡,在其外观形态上大都表现出某种对称的特点。

图 2-6 雪花(A)与蝴蝶(B)的对称性

对称的定义是:物体或图形中,其相同部分之间做有规律的重复。物体或图形中呈现的对称性有两个最基本的特点:一是它们各自都必须包含或者可被划分为若干个彼此相同的部分;二是这些相同部分之间在借助于某种特定的操作后,能发生有规律的重合。

晶体的对称性除了结构内部的微观对称外,宏观对称还有着自身的特殊规律性,主要表现为:

(1)晶体宏观对称的有限性。晶体外形上的对称既充分体现出内部格子构造的规律性,同时也受到格子构造的制约,所以晶体宏观上对称的形式和数目是有一定限制的,它必然要遵循"晶体对称定律"(参见图2-8)。

(2)晶体的对称性不仅是晶面与晶面,晶棱与晶棱,晶面夹角与晶面夹角之间外部几何形态上有规律的重复,同时也体现在其物理性质上,如力学、光学和电学性质等的对称。

二、对称要素和对称操作

对称性是晶体最直观而突出的基本性质之一。在对称性研究中,为使晶体或对称物体中的各个相同部分做有规律重复出现的操作(如反映、旋转和反伸等),称为对称操作。在对称操作的同时,还必须借助一定的辅助几何要素(点、线、面等),称为对称要素。

晶体的宏观对称分析中存在的对称操作及其相应的对称要素如下。

1. 对称中心(*C*)

对称中心是一个假想的几何点,如图2-7A中的点,相应的对称操作为对此点的反伸。通过对称中心的任一直线,在其距中心点等距离的位置上必定出现性质完全相同的对应点。在晶体的宏观对称中,晶体若有对称中心存在,其数目只能有一个,此时它必定与晶体的几何中心相重合;当然有些晶体也可以不具有对称中心。

晶体具有对称中心的标志是:晶体上所有的晶面都两两平行,同形等大且位向相反。

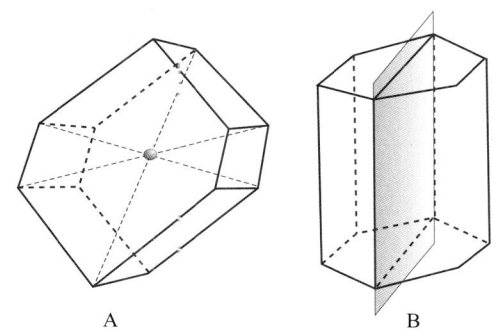

图 2-7 晶体中对称中心(A)和对称面(B)存在的位置示意图

2. 对称面（P）

对称面为一假想的平面，其作用就好像一面镜子，与之相应的对称操作为对此平面的反映，它将物体（或图形）等分为彼此互为镜像反映的两个相同部分。检验这种关系的最直接方法是看两相同部分上所有对应点的连线是否与对称面垂直等距，如图 2-7B 所示，如果垂直等距，就是镜像反映关系。

晶体上如有对称面存在，它们必定通过晶体的几何中心。在一个晶体上可以不存在对称面，也可以有一个或几个对称面同时存在，但最多不会超过 9 个。它与晶面、晶棱间的关系为：

（1）垂直等分某些晶面或晶棱的平面；
（2）包含某些晶棱并等分晶面的夹角。

3. 对称轴（L^n）

对称轴是通过晶体几何中心的一条假想的直线，与之相应的对称操作为绕此直线的旋转。在晶体旋转一周的过程中，相等部分出现重复的次数，称为**轴次**，轴次以 n 表示。相等部分出现重复时所必需的最小旋转角，称为**基转角**，以 α 表示。如图 2-6 所示，雪花中心并垂直于纸面的直线即为一对称轴。当每旋转 60°，其相等部分就出现一次重复，若连续旋转 6 次后，则晶体完全复原。因此，它的基转角为 60°，旋转轴次 $n=6$，该轴线即称为六次对称轴，一般记为 L^6。

由于任一物体在旋转一周后必然复原，所以，n 与 α 之间的关系为：

$$n = 360°/\alpha \quad 或 \quad \alpha = 360°/n$$

晶体由于受空间格子规律的限制，在晶体的宏观对称中，可能出现的对称轴的轴次（n）和基转角（α），并不是任意的，只能是 L^1、L^2、L^3、L^4 和 L^6，而不存在 L^5 或高于 L^6 的对称轴。这一规律称为**晶体对称定律**。在上列五种对称轴中，一次对称轴（L^1）通常不予考虑，其原因是任何物体围绕任意直线旋转 360° 都可以恢复原状，且直线方向可有无数个，因此无实际意义。

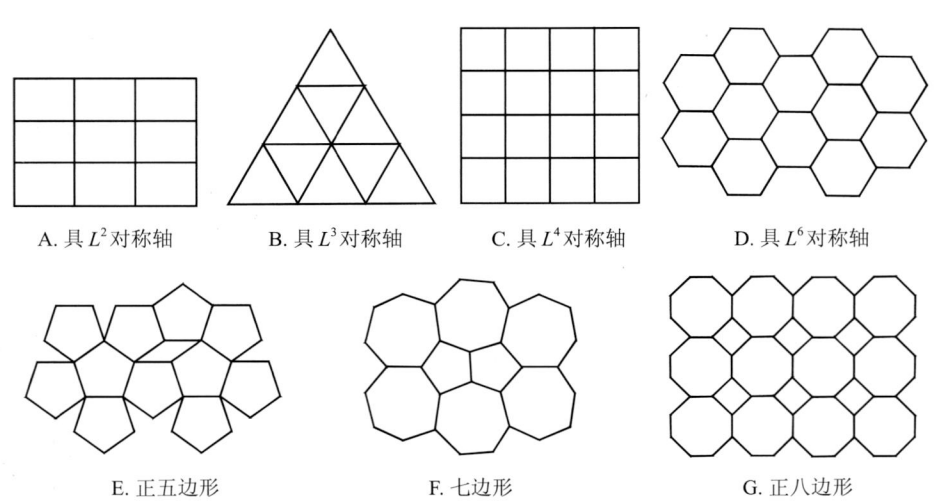

A. 具 L^2 对称轴　　B. 具 L^3 对称轴　　C. 具 L^4 对称轴　　D. 具 L^6 对称轴

E. 正五边形　　F. 七边形　　G. 正八边形

图 2-8　垂直对称轴所对应的二维多边形网孔

晶体的对称定律可以由晶体的格子规律的特点得以诠释。从图 2-8 可以看出，由 L^2、L^3、L^4、L^6 所决定的多边形网孔均能无间隙地布满整个二维平面（图 2-8A，B，C，D），符合空间格子中质点平移重复排布的规律，而由五次、七次、八次对称轴所决定的正五边形、七边形和正八边形（图2-8E，F，G）等单一种网孔图形都不能无间隙地布满整个二维平面，这均不符合空间格子构造规律。所以，在晶体中不可能存在五次对称轴及高于六次的对称轴。

对称轴在晶体上出露的可能存在位置是：

（1）过晶体的几何中心并且为某两个相互平行晶面中心的连线（图2-9A）；

（2）两个相对晶棱中点的连线，或晶棱中点与晶面中心的连线（图2-9B，D，F）；

（3）相对两个晶体角顶间的连线，以及一个晶体角顶和与之相对的一个晶面中心或晶棱的中点的连线（图2-9C，E）。

晶体中对称轴的存在与其对称程度有关。对称程度低的某些晶体中可无对称轴（除了L^1）；也可以有一种或几种，每种对称轴的数目也可以有一个或多个。在对称轴的描述书写时，通常依对称轴的轴次由高向低顺序排列，多个同种对称轴的数目则用系数写在相应对称轴符号的前面，如$3L^4 4L^3 6L^2$、$L^6 6L^2$等。

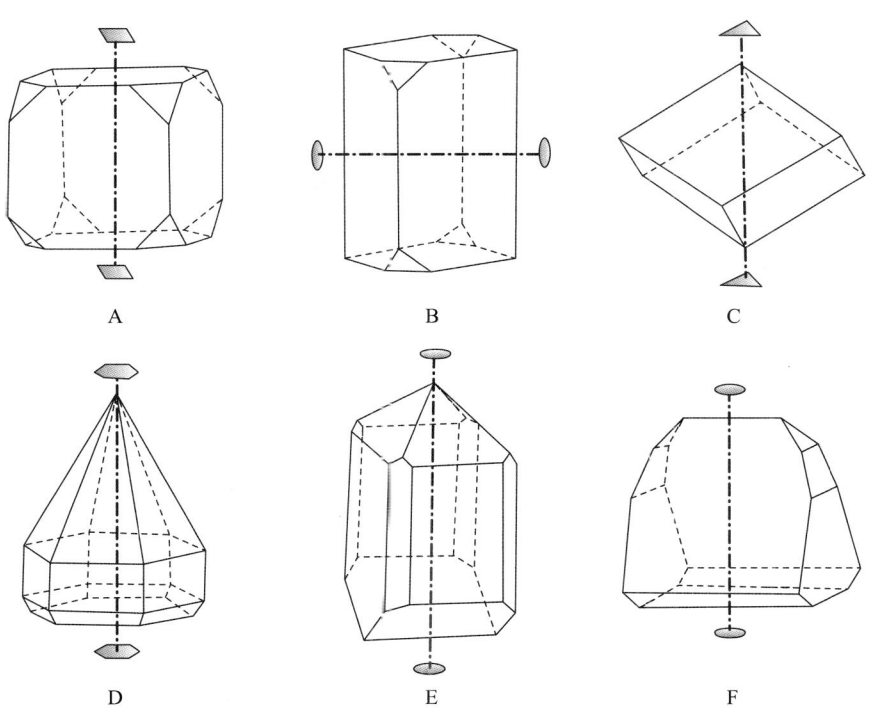

图2-9 对称轴在晶体上出露的可能位置

4. 旋转反伸轴（L_i^n）

旋转反伸轴是一假想的直线和此直线上的一个定点。相应的对称操作就是围绕该直线旋转一定角度，再继之以对该直线上定点的反伸，在此，这两个操作是构成整个对称操作的不可分割的两个组成部分，它是一种具有复合对称操作的独立对称要素。无论是先旋转后反伸，还是先反伸后旋转，两者的效果完全相同，在上述两个连续操作都完成后才能使晶体上各相同部分发生重合。

如图2-10所示，欲使四方四面体$ABCD$上的ABC晶面与ACD晶面重合，可将该四面体绕旋转轴L旋转90°，此时ABC到达$A'B'C'$的位置。再继之通过该旋转轴L上的定点的反伸，$A'B'C'$（实际上是 ABC）晶面与（未转时的）ACD 晶面重合，其余晶面也以同样方式重合。由于各晶面重合时所需要的旋转基转角为 $90°$，并相应地在该旋转轴上定点反伸，故此 L 为四次旋转反伸轴，记为 L_i^4。旋转反伸轴通常使用的符号为 L_i^n，其中 i 表示对定点的反伸，n 代表旋转的轴次。

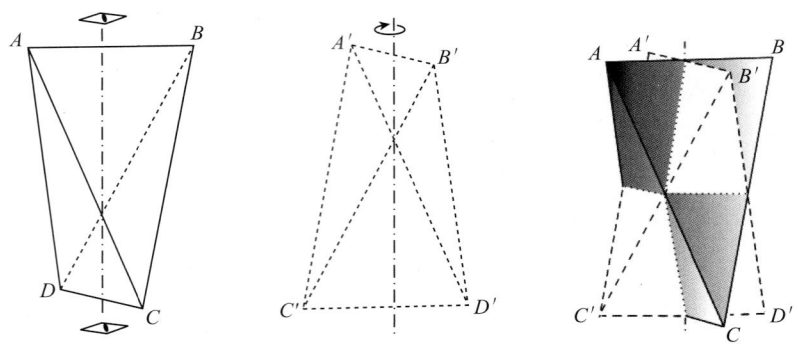

图 2-10　四次旋转反伸轴（L_i^4）的图解说明

与对称轴的情况一样，旋转反伸轴也只有 L_i^1、L_i^2、L_i^3、L_i^4 和 L_i^6 五种，但具有真正独立意义的仅有 L_i^4 和 L_i^6 两种。

在对称轴和旋转反伸轴中，当轴次 n 相同时，可统称为 n 次轴，如 L^4 和 L_i^4 统称为四次轴等；而当轴次 $n>2$ 时，则统称为**高次对称轴**。

表 2-1 综合归纳了晶体宏观对称中可能存在，并且具有独立意义的对称要素。

表 2-1　晶体外形上的宏观对称要素和代表符号

对称要素	对称中心	对称面	对称轴					旋转反伸轴	
			一次	二次	三次	四次	六次	四次	六次
辅助的几何要素	点	平面	直线					直线和直线上定点	
对称操作	对于定点的反伸	对于平面的反映	围绕直线的旋转					围绕直线旋转后及对于定点的反伸	
基转角			$360°$	$180°$	$120°$	$90°$	$60°$	$90°$	$60°$
常用符号	C	P	L^1	L^2	L^3	L^4	L^6	L_i^4	L_i^6

必须指出的是，在对称分析时，一定的对称操作均有一定的对称要素与之相对应。有的对称操作是可以用相应的实际动作来具体进行，例如旋转；但有的对称操作，如反映和反伸，是无法用某种实际动作来具体实施完成的，而只能设想按相应的对称关系来变换物体中每一个点的位置。

三、对称型和晶体的对称分类

不同晶体中存在的对称要素的种类及各种对称要素的数目是不尽相同的，在晶体中可以只有单独的一个对称要素，也可以由若干个对称要素共存，即它们的对称型的表现是不同的。由此根据晶体对称的特点，以对称型作为晶体分类的基本单元，可以对晶体进行合理的科学分类。首先，把属于同一对称型的晶体归为一类，在一切晶体的宏观对称中，晶体中只有 32 种对称型。其次，依据高次对称轴的有无和特点，以及高次对称轴数目的多少，将 32

种对称型分别归属于 7 个晶系，并根据晶系的各自特征分别归纳为低级、中级和高级三个晶族（表 2-2）。

表 2-2　32 种对称型和晶体的对称分类

晶族	晶系	对称特点			对称型	晶体实例
低级	三斜晶系	无高次轴	无 L^2 和 P	所有的对称要素必定互相垂直或平行	L^1 ①C	高岭石 钙长石
	单斜晶系		L^2 和 P 均不多于 1 个		L^2 P ①L^2PC	镁铅矾 斜晶石 石膏
	斜方晶系 （正交晶系）		L^2 和 P 的总数不少于 3 个		$3L^2$ $L^2 2P$ ①$3L^2 3PC$	泻利盐 异极矿 重晶石
中级	三方晶系	必定有且只有 1 个高次轴	唯一的高次轴为 L^3	除高次轴外如有其他对称要素存在时，它们必定与唯一的高次轴垂直或平行	L^3 ②$L^3 C$ ②$L^3 3L^2$ $L^3 3P$ ①$L^3 3L^2 3PC$	细硫砷铅矿 白云石 α-石英 电气石 方解石
	四方晶系 （正方晶系）		唯一的高次轴为 L^4		L^4 L_i^4 ②$L^4 PC$ $L^4 4L^2$ $L^4 4P$ $L_i^4 2L^2 2P$ ①$L^4 4L^2 5PC$	彩钼铅矿 砷硼钙石 白钨矿 镍矾 羟铜铅矿 黄铜矿 锆石
	六方晶系		唯一的高次轴为 L^6		L^6 ③L_i^6 ②$L^6 PC$ $L^6 6L^2$ $L^6 6P$ $L_i^6 3L^2 3P$ ①$L^6 6L^2 7PC$	霞石 磷酸氢二银 磷灰石 β-石英 红锌矿 蓝锥矿 绿柱石
高级	等轴晶系 （立方晶系）	高次轴多于 1 个	必定有 4 个 L^3	除 4 个 L^3 外，必定还有 3 个相互垂直的 L^2 或 L^4	$3L^2 4L^3$ ②$3L^2 4L^3 3PC$ $3L^4 4L^3 6L^2$ ②$3L_i^4 4L^3 6P$ ①$3L^4 4L^3 6L^2 9PC$	香花石 黄铁矿 赤铜矿（？） 黝铜矿 方铅矿

注：①矿物中常见的对称型；②矿物中较常见的对称型；③矿物中尚未发现的对称型。　　　　（据罗谷风，1993）

第三节　单形与聚形

一、单形

晶体的宏观对称性最直观的表现就在于，晶体上各个晶面都是对称分布的，它们彼此可以借助于对称要素的作用而发生有规律的重复。在一个晶体中，借助于对称型之全部对称要素的作用而相互间能对称重复联系起来的一组晶面的组合，称为单形。因此，同一单形的各晶面性质都是等同的，在理想生长情况下，属于同一单形中各晶面的形状、大小必定相同，且物理、化学等性质也完全相同。至于一个晶体上相互间不能对称重复的晶面，则应分别属于不同的单形，相应的晶面形状、大小及其性质等也就不完全相同。

二、47种几何学单形的特征

如果仅依据单形的几何性质而不考虑单形的真实对称性，那么晶体中的所有单形共有47种，其中低级晶族有7种，中级晶族有25种，高级晶族有15种。

1. 低级晶族单形

低级晶族中由于对称性较低，单形的几何形态相对较为简单，主要为：

◎ 单面：单个晶面，无任何对称要素同另一个晶面相重合（图2-11A）。

◎ 平行双面（板面）：单形是由两个彼此平行的相同性质的晶面所组成（图2-11B）。

◎ 轴双面或反映双面：由两个相交的相同晶面所组成，两者可通过L^2或对称面使之相重合（图2-11C）。

◎ 斜方柱（菱方柱）：由4个两两相互平行的晶面所组成，横切面为菱形（图2-11D），这可与其他柱状单形相区别。

◎ 斜方四面体（菱方四面体）：由4个互不平行的不等边三角形所组成，横切面为菱形，单形的每个交棱中点均为L^2对称轴出露处（图2-11E），该单形仅见于$3L^2$对称型中。

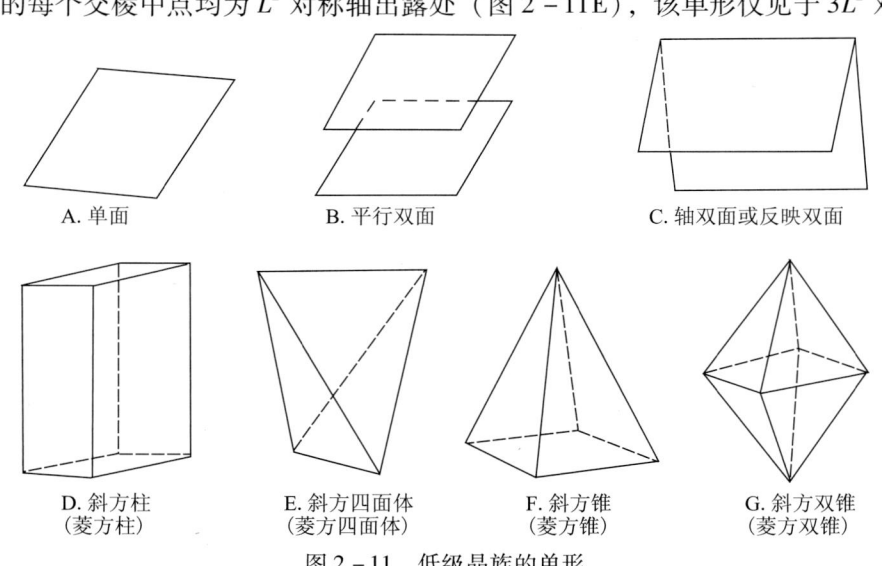

A. 单面　　B. 平行双面　　C. 轴双面或反映双面

D. 斜方柱（菱方柱）　　E. 斜方四面体（菱方四面体）　　F. 斜方锥（菱方锥）　　G. 斜方双锥（菱方双锥）

图2-11　低级晶族的单形

◎ 斜方锥（菱方锥）：由 4 个不等边的三角形组成，横切面为菱形（图 2-11F），仅见于 $L^2 2P$ 对称型中。

◎ 斜方双锥（菱方双锥）：由 8 个不等边、成对平行的三角形组成，犹如由上下两个互成镜像关系的菱方锥组合而成，横切面为菱形，相邻 4 个晶面的公共交点均为结晶轴出露处（图 2-11G），仅见于 $3L^2 3PC$ 对称型中。

2. 中级晶族单形

中级晶系中单形数目较多，几何形态特征比较复杂。单形中冠有"四方"、"三方"和"六方"者，分别对应于三方晶系、四方晶系和六方晶系。按单形特征可归纳为如下几种类型（图 2-12）：

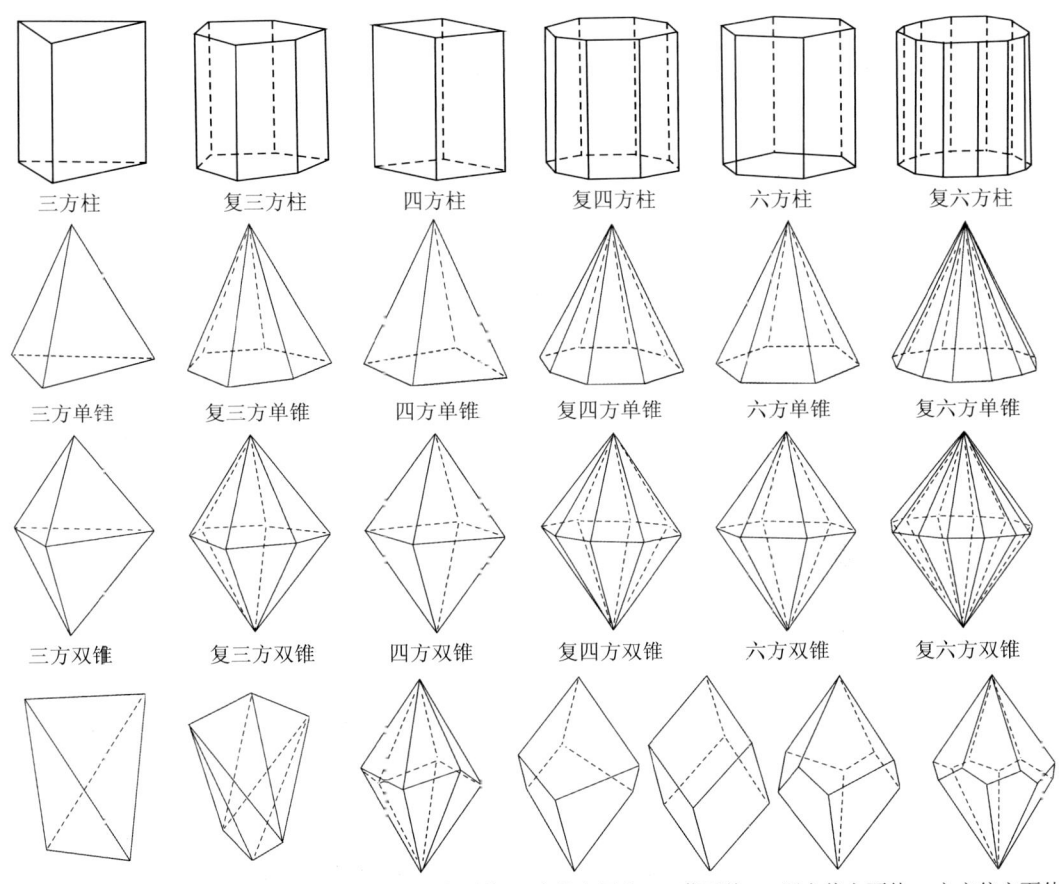

图 2-12 中级晶族的单形

(1) 柱类

所有晶棱与晶体中唯一的最高次对称轴平行，除三方柱和复三方柱外，晶面均成对平行。根据晶面数目和单形横截面的形状可分为以下几种：

◎ 三方柱：由 3 个平行于 L^3 的晶面组成，横切面为等边三角形。

◎ 四方柱：由 4 个平行于 L^4 或 L_i^4 的晶面所组成，横切面为正方形。

◎ 六方柱：由 6 个平行于 L^6 或 L_i^6 的晶面所组成，横切面为正六边形。

◎ 复三方柱：由两组发育不等的三方柱面组合而成，晶棱与 L^3 平行，横切面的 6 个内角中，邻角不等，隔角相等。

◎ 复四方柱：由两组四方柱面组合而成，晶棱与 L^4 平行，横切面的 8 个内角中，邻角不等，隔角相等。

◎ 复六方柱：由两组六方柱面组合而成，晶棱与 L^6 平行，横切面的 12 个内角中，邻角不等，隔角相等。

（2）单锥类

该类单形包括**三方单锥**、**四方单锥**、**六方单锥**、**复三方单锥**、**复四方单锥**和**复六方单锥**。单锥的顶点均相交于晶体中唯一的最高次对称轴，其横切面形状和晶面数目均与相应的柱类单形相同。

（3）双锥类

该类单形包括**三方双锥**、**四方双锥**、**六方双锥**、**复三方双锥**、**复四方双锥**和**复六方双锥**。它们的形状犹如两个单锥以底相结合而成，双锥的两尖端均相交于晶体中唯一最高次对称轴的上、下两端，上、下两晶面恰好两两相对映，呈镜像反应关系。

（4）四方四面体和复四方偏三角面体类

◎ 四方四面体：是由 4 个等腰三角形组成，上部两个晶面和下部的两个晶面恰好错开 90°，垂直 L_i^4，横截面为正方形。

◎ 复四方偏三角面体：是由 8 个偏三角形晶面所组成，横截面为一相邻的内角不相等的非正八边形。

（5）偏方面体类

该单形包括**三方偏方面体**、**四方偏方面体**和**六方偏方面体**，每个晶面均为四边形，且位于晶棱腰部的两条边长短不一，且上下晶面间并不呈两两对应关系。由于晶体上下晶面错开的角度不等，使之具有左型和右型之分。

（6）菱面体和复三方偏三角面体类

◎ 菱面体：由两两平行的 6 个菱形的相同晶面所组成的斜平行六面体，恰似由立方体沿其中一条体对角线的方向（即 3 次对称轴 L^3 的方向）拉长或压扁而成，各相邻晶面均斜交；其上部与下部的晶面彼此间绕 L^3 以 60°错开排布。

◎ 复三方偏三角面体：是将菱面体的每一晶面沿菱形的长对角线突起并平分为两个互为镜像的不等边三角形，便形成了由上下 12 个晶面所组成的几何体。

3. 高级晶族单形

为了便于描述和记忆，可分为三类（图 2-13）。

（1）立方体类

◎ 立方体：由两两相互平行的 6 个正方形晶面所组成，相邻晶面间均以直角相交。

◎ 四六面体：犹如由立方体的每一晶面均从中心（即四次对称轴 L^4 出露处）突起变为 4 个共顶点的等腰三角形晶面，晶面数目为六面体的 4 倍，共有 24 个晶面。

◎ 菱形十二面体：由两两平行的 12 个相同的菱形晶面所组成，相邻晶面间的夹角为 120°；每个晶面均与 3 个结晶轴中的 1 个平行，而与另两个相截等长。

◎ 五角十二面体：设想立方体每个晶面突起平分为两个具 4 条边相等的，一条边不等的五角形晶面所组成，12 个非正五边形晶面均成对平行。

◎ 偏方复十二面体：犹如五角十二面体的每个晶面分为两个具两条等长邻边的偏四方形晶面所组成，24 个晶面均成对平行。

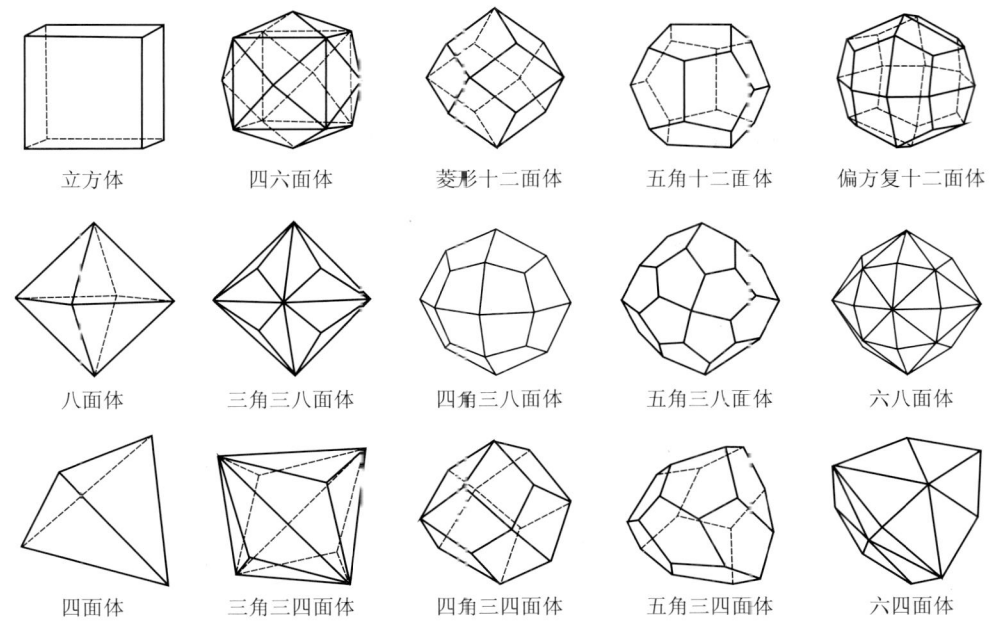

图 2-13 高级晶族的单形

（2）八面体类

◎ 八面体：由 8 个等边三角形晶面所组成，每个晶面均垂直于 L^3。

可以设想在每一个八面体的晶面上沿中心位置突起，成为共顶点的 3 个晶面。根据晶面的形状可分为三角三八面体、四角三八面体、五角三八面体 3 个单形。而六八面体单形则犹如每个八面体晶面上沿中心突起，呈现出共顶点的 6 个相同的不等边三角形，晶面数目为八面体的 6 倍，有 48 个晶面。

（3）四面体类

◎ 四面体：由 4 个均互不平行的等边三角形晶面所组成，晶面与 L^3 垂直，上部两个晶面与下部两个晶面位置恰好相差 90°。

设想在四面体的每个三角形晶面上突起，分别呈现出 4 个共顶点的等腰三角形、四边形（四条边两两相等）、五边形、六边形晶面便构成了 4 种单形，分别是三角三四面体、四角三四面体、五角三四面体和六四面体。

三、聚形

晶体都是一个自我封闭的凸几何多面体，在上述 47 种几何学单形中，由于单面、双面、平行双面以及各种柱和单锥等 17 种单形，仅仅由这样一个单形本身的全部晶面是不能围成封闭空间的，故称之谓开形。而其余 30 种单形本身的所有晶面都能合围成闭合的凸多面体的单形，即所谓的闭形。闭形既可在晶体上单独存在，例如立方体、菱面体晶体等，也可以与其他单形聚合在一起。由两个或两个以上单形聚合而成的晶形，称为**聚形**。

如图 2-14 所示的锆石晶体，它分别由四方柱和四方双锥两个单形聚合而成。

对于任一晶体而言，单形的相聚并不是任意的，它必定遵循对称性一致的原则，即只有属于同一对称型的单形才会相聚。在每一个对称型中，可能出现单形的种数都是有限的，最多不会超过 7 种；但在一个聚形上所可能出现的单形个数却无一定的限制，可以有两个或几

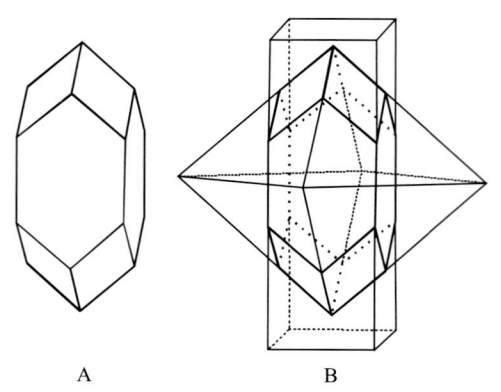

图 2-14 锆石晶体（A）与聚形分析（B）

个同种的单形同时并存，但此时它们在晶体上的相对方位必定是不相同的。

值得注意的是，单形相聚后，相互交截的结果可以使单形的外貌变得与其单独存在时的形状完全不同。因此，在实际晶体的聚形分析中不能单纯依据晶面形状的异同来判别它们是否属于同一单形。

四、歪晶

在理想生长条件下，任何一个晶体都应长成与本身内部格子构造相对应的一定理想晶形。但实际上，自然界晶体的生长环境条件一般都是非均衡性的，天然介质中又由于杂质等因素的存在，绝大多数的晶体都发育成偏离理想晶体的形态，这种偏离本身理想晶形的晶体称为**歪晶**。自然界产出的实际晶体绝大多数都是歪晶，它表现为同一单形中各晶面的大小发育不等，甚至部分晶面缺失，相应的晶形称为**歪形**。图 2-15A 为 α-石英晶体的理想晶形，图 2-15B、C、D、E 则是它的几种歪形，它们同样都是由某些相同的单形所组成，但表现的形状却很不相同。

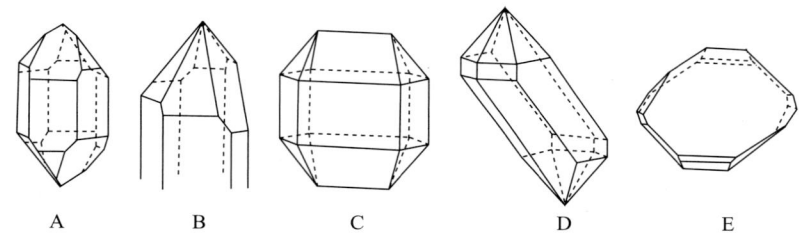

图 2-15 α-石英晶体的理想形（A）及其几种歪形（B、C、D、E）均由六方、主菱面体和副菱面体组成

同一种物质的各个歪晶与其相应的规则理想晶体之间，纵然在外形轮廓上不尽相同，但相互对应的晶面之间的面角却是恒等的。所谓的**面角**是指晶面法线之间的夹角，其数值等于相应晶面间的实际夹角的补角。同种晶体间表现在面角上的这种关系即称为**面角守恒定律**。这一定律的发现对当时结晶学的推动和发展起了积极重要的作用。

五、晶面条纹

与理想晶体所不同的是，实际晶体在生长或溶解过程中，由于受到各种因素的影响和制约，常常在晶面上形成不是理想的光滑平面，而表现出某些可识别的规则形状的**晶面条纹**。晶面条纹也称**聚形条纹**，它是由属于不同单形的一系列细窄微晶面反复相聚、交替出现，而组成的直线状平行条纹。例如电气石晶体的柱面上则常具纵纹（图 2-16A），它们是由平行晶体延伸方向的三方柱和六方柱单形的细窄晶面交替聚合而成。α-石英晶体的柱面上常具横纹（图 2-16B），它们是由六方柱晶面与尖菱面体的细窄晶面交替相聚组成的。

由于晶面条纹本质上是聚形的一种特殊表现，因而它们在晶体上的分布也必然符合晶体本身固有的特性，如晶格构造、对称性等，从而常可用来帮助确定晶体的真实对称性，并可

A. 电气石柱面上的纵纹　　B. α-石英柱面上的横纹　　C. 黄铁矿立方体晶面上三组相互垂直的聚形条纹

图 2-16　晶面条纹

作为它们的鉴定特征之一。如黄铁矿立方体相邻晶面上的相互垂直晶面条纹（图 2-16C），实质上是由立方体与五角十二面体两种单形相聚交替生长而形成的，由此反映出黄铁矿的真实对称型是 $3L^2 4L^3 3PC$，而不是具有 $3L^4 4L^3 6L^2 9PC$ 的最高对称型。

第四节　晶体的连生与双晶

一、晶体的连生

自然界中，矿物的晶体不但能够形成多种多样外形的单体，而且常常形成两个或两个以上的单体聚合生长在一起，此现象就称为晶体的连生。如果连生在一起的晶体，彼此之间没有一定的排列规律，而只是以偶然的方式连接在一起，就称为不规则的连生，自然界中多数矿物晶体都是不规则连生的，如水晶晶族、辉锑矿的柱状晶族等。但在有些矿物晶体中，也可以见到它们的连生是有一定的规律性的，这就称为规则的连生（图 2-17）。双晶是晶体的规则连生中最常见、最重要的一种形式。

图 2-17　石英的平行连晶（尼日利亚）

二、双晶

双晶亦称孪晶，是由两个或两个以上互不平行的同种单体，彼此间按一定的对称关系组成的规则连生晶体。构成双晶的相邻两个单体之间可以互成镜像反映关系，也可以由其中一个单体旋转 180° 后与另一单体重合或平行。外观上构成双晶的两个单体间必有部分对应的结晶方向（晶面、晶棱）彼此平行；但它们的结晶方位是完全相反的，因而两者内部格子构造则是互不平行连续的。双晶的规律可借助双晶要素来加以分析。

1. 双晶要素

用来表征双晶中单体间之对称取向关系的几何要素，称为**双晶要素**，它包括：

◎ 双晶面：为一假想的平面，通过此平面的反映变换，可使构成双晶的两个单体重合或达到彼此平行一致的方位，如图 2-18 锡石（$L^4 4L^2 5PC$ 对称型）膝状双晶中的双晶面 tp。例如图 2-18B 中的双晶面 $tp_1 \parallel (101)$ 晶面；双晶面 tp_2 则 $\perp (\bar{1}01)$ 晶面。

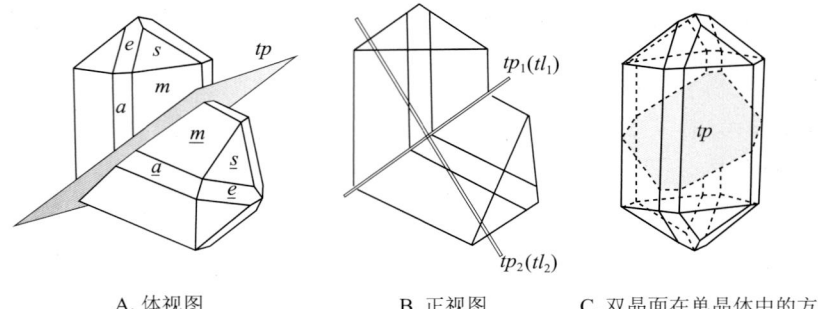

A. 体视图　　　　　　B. 正视图　　　　　　C. 双晶面在单晶体中的方位

图 2-18　锡石的膝状双晶

（据罗谷风，1993）

$a\{100\}$，$m\{110\}$　四方柱；$e\{101\}$，$s\{111\}$　四方双锥

◎ 双晶轴：为一假想直线，双晶中一单体围绕它旋转 180°后，可与另一单体重合或达到彼此平行一致的方位。例如图 2-18B 中平行并包含在 tp_1 中的双晶轴 $tl_1 \parallel (101)$ 晶面，以及平行并包含在 tp_2 中的双晶轴 $tl_2 \perp (\bar{1}01)$ 晶面。

2. 双晶接合类型

按照双晶连生的方式可分为三种类型。

◎ 接触双晶：两个单体间以一个明显而规则的接合面相接触，如锡石的膝状双晶（图 2-18）。

◎ 贯穿双晶（亦称透入双晶）：两个单体相互穿插而成，接合面常不平整曲折而复杂。如正长石的卡尔斯巴律贯穿双晶（图 2-19）和萤石的贯穿双晶（图 2-20）。

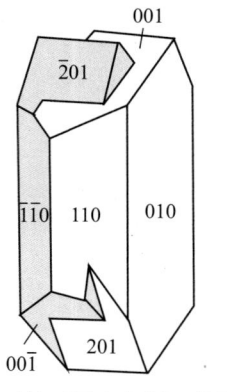　　　　　　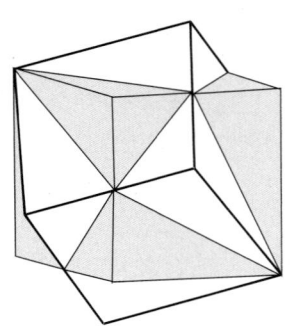

图 2-19　正长石的卡尔斯巴律贯穿双晶　　　　图 2-20　萤石的贯穿双晶

◎ 反复双晶：由两个以上的单体彼此间按同一种双晶律多次反复出现而构成的双晶群。

其中有的接合面和结晶方向相互平行,有的则不平行。前者如斜长石的钠长石律聚片双晶(图2-21),后者如锡石的接触三连晶(图2-22)。

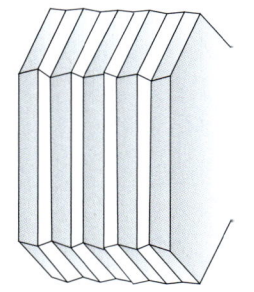 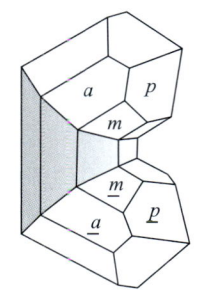

图2-21 斜长石的钠长石律聚片双晶　　　　图2-22 锡石的三连晶

双晶是许多矿物,尤其在造岩矿物中是颇为常见的现象,大约有1/5的已知矿物种。如方解石、辉石、闪石、十字石、黄铁矿等都有双晶存在,特别是斜长石和α-石英几乎总是以双晶的形式产出。不同的矿物它们构成双晶的规律一般也不相同。因此,双晶可以作为它们的重要鉴定特征之一。另外,双晶的存在往往会影响到某些矿物的工业用途,如具有道芬双晶的水晶就不能产生压电效应,又如冰洲石(无色透明的方解石)有双晶存在就会影响其在光学仪器材料中的应用等。有的双晶还是反映一定成因条件的标志。所以,双晶的研究具有重要的实际应用意义。

第五节　晶体习性与矿物形态

矿物形态一般可以概括为单晶体形态和集合体形态两种。

一、晶体习性

矿物晶体在一定生长条件下,常趋向于形成某种特定的、习惯表现的形态特征,称为**晶体习性**。为了强调矿物晶体的总体外貌特征,一般采用通俗形象的几何形态方面的术语加以描述,如针状、柱状、粒状、板状、片状习性,等等(图2-23)。当晶体发育成简单的晶形时,也可采用单形名称进行描述,如黄铁矿的立方体习性、磁铁矿的八面体习性等。

A. 柱状习性(电气石)　　B. 粒状习性(石榴子石)　　C. 片状习性(赤铁矿)

图2-23　矿物晶体习性的三个实例

矿物晶体习性，本质上取决于晶体的化学组成和其内部质点排布的形式，以及生长环境条件的综合体现。例如，辉石、角闪石等链状结构的矿物常呈现柱状习性，而云母、赤铁矿、石墨等层状结构的矿物则呈片状、鳞片状习性。总的来说，在相同条件下生长的同种矿物，它们通常具有相同或近似的晶体习性。而不同生长条件下形成的同种矿物，其晶体习性则可能不同。例如，萤石、金刚石等矿物，随着形成温度的升高，其晶体形态具有从立方体优势单形向菱形十二面体和八面体逐渐演化的趋势（图2-24）。因此，熟悉和研究矿物的结晶习性，不但有助于矿物的鉴定，而且还可以作为判断其形成过程的一种标志，获得有关矿物形成条件的重要科学信息。

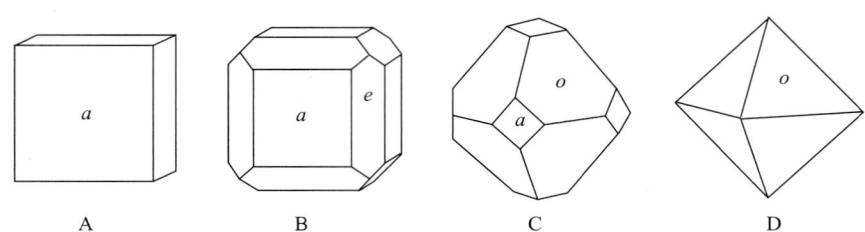

图2-24 不同温度条件下的萤石晶体形态
$a\{100\}$ 立方体；$e\{110\}$ 菱形十二面体；$o\{111\}$ 八面体

此外，对晶体习性的描述，尤其在光学显微镜下还常依据晶体及晶面发育的完好程度分为：

◎ **自形**：晶体发育程度完好，晶体外形由完整的晶面所包围，如变质岩中的石榴子石。

◎ **半自形**：晶体部分发育完好，晶体外形仅部分被发育晶面所包围，如辉长岩中的斜长石。

◎ **他形**：晶体发育程度较差，晶体外形上缺乏发育晶面，显示为不规则的表面或近似球形，有时充填在其他晶体颗粒空隙中，如花岗岩中的石英。

二、矿物集合体形态

自然界中绝大多数的矿物是以集合体形式产出的。集合体的形态特征取决于其矿物晶体的形态及集合方式。根据集合体中矿物单体颗粒可分辨情况分为：①肉眼或放大镜下可分辨个体的显晶质集合体；②普通显微镜下能辨认颗粒界线的隐晶质集合体；③显微镜下也不能辨识的胶态集合体。

1. 显晶质集合体

显晶质集合体通常根据矿物单体的结晶习性来加以描述。组成集合体的矿物单体呈一向延伸类型者，根据单体的粗细可分为**毛发状**、**针状**、**棒状**、**柱状集合体**等。矿物单体呈二向延展类型者，依单体的大小、厚薄可分为**鳞片状**、**片状**、**板状集合体**等。矿物单体呈三向等长类型者则组成**粒状集合体**，按其颗粒大小的不同，一般又可分为**细粒集合体**（粒径<1mm）、**中粒集合体**（粒径1~5mm）和**粗粒集合体**（粒径>5mm）。

此外，还有一些形态特殊的显晶质集合体，常见的有：

◎ **放射状集合体**：呈长柱状、针状或片状的矿物单晶体，围绕某些中心向外呈放射状排列而成的集合体，如放射柱状集合体（图2-25）。

◎ **纤维状集合体**：由一系列呈细长针状或纤维状的矿物单晶体，相互平行而密集排列所组成的集合体，如石棉（图2-26）或纤维石膏等。

图2-25 红柱石的放射柱状集合体

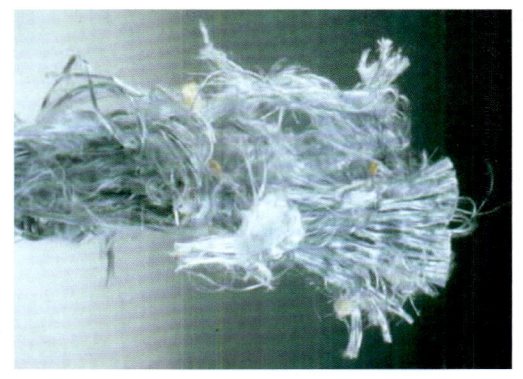

图2-26 青石棉的纤维状集合体

◎ 树枝状集合体：某些矿物晶体在生长过程中，由于棱角处结晶生长速度快，从而不断分叉连接形成树枝状集合体，如自然金、自然银等。这种集合体多见于岩石裂隙缝壁上，状如植物化石，亦有"假化石"之称，如树枝状铁锰矿等。

◎ 晶簇：以岩石的洞壁或裂隙壁作为一个共同基底，而自由向上发育生长成完好晶形的单晶体群所组成的集合体，如辉锑矿晶簇（图2-27）、方解石晶簇等。

2. 隐晶质和胶态集合体

◎ 分泌体：在球状或不规则的岩石空洞中，由胶体或晶质物质自洞壁逐层地向中心沉淀（充填）形成的矿物集合体。层与层之间由于在颜色或物质成分上的差异，常具有同心层状构造或不同颜色色环，如环带状玛瑙（图2-28）。分泌作用不完全者中心常留有空腔，有时沿空腔壁还可见有晶簇。分泌体外形常呈卵形，平均直径大于1cm者称为晶腺，如玛瑙晶腺；平均直径小于1cm者，则称为杏仁体，如充填火山熔岩气孔中的次生矿物，常见的有方解石、沸石、蛋白石等矿物所构成的呈杏仁状的矿物集合体（图2-29）。

图2-27 辉锑矿晶簇

图2-28 玛瑙的分泌体

◎ 结核：常由隐晶质或胶凝物质围绕某种其他物质颗粒（如砂粒、生物或岩石碎片等）为核心，自内向外逐渐生长而形成的球状、凸镜状、瘤状或不规则状的矿物集合体，直径一般在1cm以上。内部常具同心层状、放射纤维状等构造，如黄铁矿、磷铁矿等的结核

（图2-30）。结核形状多样，大小不一，如同鱼子大小的圆球群所组成的矿物集合体，称为**鲕状集合体**（图2-31），如鲕状赤铁矿；若是像豌豆大小者则称为**豆状集合体**（图2-32），如豆石（豆状的文石）。

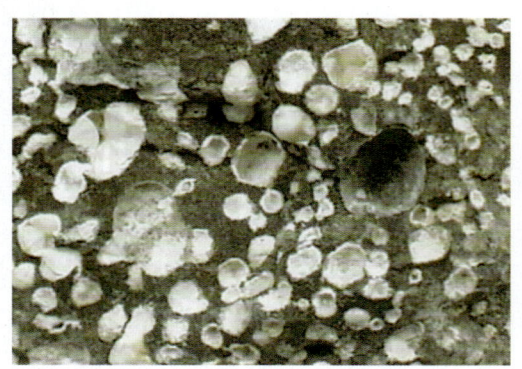

图2-29 充填在火山岩气孔中的方解石和沸石的杏仁体

图2-30 磷铁矿结核

图2-31 鲕状赤铁矿集合体

图2-32 豆石的豆状集合体

◎ 钟乳状集合体：由同一基底向外逐层生长而形成的、呈圆锥形或圆柱形等形状的矿物集合体。通常是由胶体凝聚或真溶液蒸发逐层沉积而成。内部常具同心层状构造、放射状构造、致密块状构造等，有时中心也可以是空心的，空壁上见有晶粒构造。钟乳状集合体（图2-33）多存在于洞穴或岩石裂隙之中，附着于溶洞顶壁下垂者谓之"石钟乳"；由洞底板竖直向上生长称之为"石笋"；由石钟乳与石笋相连者则称为"石柱"。

根据集合体的外表形态特征，还常用形象物体类比的方法来加以描述，外形呈许多相互连接的半球，状如珠串葡萄者，称为**葡萄状集合体**，葡萄石即因其常呈绿色葡萄状集合体（图2-34）产出而得名；外形上如肾状者，则称为**肾状集合体**，如肾状赤铁矿（图2-35）。

此外，矿物集合体还有一些不很常见、但对某些矿物是比较特征的形态，例如毒砂、沸石的**束禾状集合体**（图2-36）；白铁矿的**鸡冠状集合体**；**块状集合体**，如高岭石等；**肉冻状**（水胶凝体矿物常具有的特征），如蛋白石等；**皮壳状、薄膜状**（覆盖于其他矿物或岩石表面的集合体），如孔雀石等。

某些集合体的形态与其生成时的环境条件密切相关，因而具有成因特征。例如鲕状集合体，是在近岸的湖、海的浅水中，且常伴有扰动的高能环境下沉积形成的，因此研究集合体的形态，除了可作为矿物鉴定的依据，同时还具有标型性，可作为矿物成因的标志。

图2-33　钟乳状针铁矿集合体

图2-34　葡萄石的葡萄状集合体

图2-35　肾状赤铁矿集合体

图2-36　辉沸石的束禾状集合体

三、矿物的组合、共生和伴生

自然界地质体中各种矿物，可以是在同一地质作用下同时生成，而更多的是有先后关系之分。不论矿物生成时间的先后，只要在空间上共同存在的就称之为矿物的组合。

属于同一成因类型，或者同一成矿来源与阶段所形成的不同矿物共存于同一空间的现象，称为矿物的共生。例如，中温热液成矿阶段常见的矿物共生组合为方铅矿－闪锌矿－黄铜矿－石英－萤石等。矿物的共生不是偶然的，它是受组成矿物本身化学元素的性质和成矿阶段中的物理化学条件所支配的。由各共生矿物构成的组合称为矿物**共生组合**。

不同成因或不同成矿阶段所形成的各种共同出现在同一空间范围的矿物组合称为**矿物伴生**。例如，在含铜硫化物矿床的氧化带中，常见黄铜矿与孔雀石、蓝铜矿在一起，由于黄铜矿通常系热液作用形成，而孔雀石和蓝铜矿则为表生作用形成，故它们为伴生关系。研究矿物共生组合规律，对矿物鉴定、阐明成矿规律以及找矿勘探有着重要指导意义。

本 章 小 结

1. 晶体是内部质点（原子、离子或分子）在三维空间呈周期性平移重复的规律而做有序排列的固体物质，即晶体是具有格子状构造的固态物质。
2. 对称型是晶体分类的基础，根据对称型的特点可划分和确定7个晶系和3个晶族。
3. 晶体是由晶面、晶棱和角顶三个要素组成的几何多面体。
4. 单形是指由对称要素相互联系起来的一组晶面。同一单形的晶面都应同形等大。
5. 若干个属于同一对称型的单形可以同时组合在一起，形成聚形。
6. 晶体的外形主要是由其内部结构和外部生长条件因素的影响所决定的。
7. 由两个或两个以上互不平行的同种单体，彼此间按一定的对称关系而组成的规则连生晶体，称为双晶。
8. 矿物晶体在一定生长条件下，趋向于形成某种特定形态特征的习惯表现，称为晶体习性。最常见的晶体习性有针状、柱状、粒状、板状、片状等。

作业及思考题

1. 晶体和非晶质体在内部结构和基本性质上的根本区别是什么？
2. 试判别下列生活中常见的物质（玻璃、石盐、冰糖、合成金刚石、水晶、水、冰、沥青、天然气）中哪些是晶体？哪些是非晶质体？
3. 何谓对称面、对称中心、对称轴及旋转反伸轴？
4. 何谓对称型？晶族与晶系的分类依据基础是什么？
5. 属于四方晶系的各种单形，除单面和平行双面外，为什么它们的晶面数目总是4、8或12？在其他晶系中是否也存在着类似的规律？原因何在？
6. 双晶要素（双晶面、双晶轴）与对称元素（对称面、对称轴）有哪些异同点？
7. 何谓晶体习性？如何描述矿物晶体和集合体的形态特征？
8. 何谓单形、聚形？单形相聚应符合什么原则条件？
9. 何谓矿物共生和矿物伴生？
10. 绿柱石、电气石、石英属于柱状习性的中级晶族晶体，为什么总是沿c轴方向延伸？如果是板状、片状习性的中级晶族晶体，它们应平行于晶体的什么方向延展？
11. 晶体中为什么不可能存在五次对称轴或高于六次的对称轴？

第三章 矿物通论

自然界中的每种矿物各自都有特定的化学组成和确定的晶体结构，同时还受其生长的外部环境所影响，从而表现出不同的物理和化学性质。矿物的宏观鉴定特征是指用肉眼（或放大镜）即可感知的矿物直观特征，如矿物的颜色、光泽和硬度等。

第一节 矿物的物理性质

一、矿物的光学性质

矿物的光学性质是指矿物对光的反射、折射，以及光通过矿物体过程中的吸收和透过的程度和性质。在不同的光波强度和波长条件下，矿物可以表现出不同的透明度、光泽和颜色，这些特征都是矿物肉眼鉴定中的重要依据。

1. 矿物的透明度

矿物的透明度是指矿物允许可见光透过的程度。

肉眼鉴别矿物时，以1cm厚度的矿物观察其后的物体清晰程度，并将矿物的透明度大致分为如下三个等级：

◎ 透明：能容许绝大部分可见光透过矿物的现象，可清晰地见到其后物体轮廓和细节，如水晶、萤石、冰洲石等。

◎ 半透明：能容许部分可见光透过矿物的现象，仅能见到其后物体轮廓的阴影，无法分辨其轮廓和细节，如浅色闪锌矿、辰砂等。

◎ 不透明：基本上不容许可见光透过矿物的现象，如磁铁矿、石墨和黄铁矿等。

矿物透明度的等级分类是粗略的，不同级别之间没有明显的标志。值得注意的是，许多矿物在手标本上看来是不透明的，但作为矿物薄片（厚度0.03mm）而言，在显微镜下实际上都是透明矿物，如普通辉石、黑色电气石等。显然，由于不同的矿物对光的反射及吸收的程度不同而表现出不同的透明度。通常对光吸收越强，其反射能力也越强，而透过的光则很少，矿物的透明程度就低，甚至可表现为不透明。

手标本上区分矿物透明度也可以利用光泽的不同来加以判断。凡外表呈现金属光泽或半金属光泽的矿物均属不透明矿物，否则即为透明矿物。在观察矿物的透明度时，应注意选取合适的标本。如果矿物本身含有其他杂质及包裹物，或者具有裂隙，表面风化程度，等等，也将会影响到矿物的透明度。

2. 矿物的光泽

矿物表面对可见光的反射能力称为光泽。矿物反光的强弱主要取决于它对可见光的折射和吸收程度：折射及吸收程度越强，矿物反光能力便越大，光泽也就越强；反之，则光泽弱。

（1）在矿物的肉眼鉴定中，通常根据矿物新鲜平滑的晶面、解理面或磨光面上反光能力的强弱，将光泽自强而弱大致分为以下四个等级：

◎ 金属光泽：反射能力强，呈如同经过抛光的平滑金属表面的反光。如自然金、方铅矿等，天然的金属单质及其互化物，大多数硫化物矿物呈现金属光泽。

◎ 半金属光泽：反射能力较强，一般呈未经抛光的金属表面的反光。如黑钨矿、磁铁矿，一些半金属元素矿物，部分氧化物、硫化物矿物具有此种光泽。

◎ 金刚光泽：反射能力较强，呈现如金刚石表面那样灿烂耀眼的反光。例如辰砂、锡石，部分氧化物矿物和含重金属元素的含氧盐矿物，如锆石等。

◎ 玻璃光泽：反射能力相对较弱，如呈玻璃板表面所呈现的反光。如石英、方解石、萤石晶面上的光泽。绝大多数的透明矿物都具有此种光泽。

（2）由于光泽是矿物表面对光的反射能力，因此表面的平坦、光滑程度或成集合体形态时必然会影响到反射光的强度，从而常常使矿物表面产生一些特殊的光泽，如：

◎ 油脂光泽：见于某些具玻璃光泽或金刚光泽，解理不发育的浅色透明矿物中，其不平坦断口的表面犹如涂了层类似脂肪油似的光泽，如石英、霞石等。

◎ 树脂（松脂）光泽：见于某些具金刚光泽但颜色稍深，特别是呈黄棕色的透明矿物的不平坦状断口上，似松香般的光泽，如浅色闪锌矿、琥珀等。

◎ 蜡状光泽：出现在隐晶质或非晶质透明矿物的致密块体上，矿物表面呈有如蜡烛表面的光泽，如块状叶蜡石、蛇纹石等。

◎ 丝绢光泽：多出现在浅色或无色，具玻璃光泽的纤维状集合体矿物表面，如同丝织品所反射的光泽，如石棉、纤维石膏等。

◎ 珍珠光泽：无色或浅色透明矿物的完全解理面上呈同蚌壳内壁上的那种柔和而多彩的光泽，如透石膏、滑石、白云母等。

◎ 土状光泽：也称为暗淡光泽或无光泽。出现在细粒、粉末状或疏松多孔状透明矿物的集合体表面上，就像土块表面那样显得暗淡无光泽，如高岭石、褐铁矿等。

（3）当某些矿物晶体中存在着一系列垂直于光带方向延长而平行密集分布的丝状包裹体时，其反光呈一条亮带的特殊的反光现象，且随入射光方向的改变而发生侧向游动，状如猫的眼睛，称为**猫眼光**。如果此种包裹体同时沿几个方向对称分布，则可形成呈六射、四射等形式的星状光芒，称为**星光**。具有猫眼光或星光的宝石其经济价值倍增，典型的如金绿宝石猫眼、星光蓝宝石等都是贵重高档的宝石品种。

矿物光泽的等级一般是确定的，但特殊光泽却因矿物产出的状态不同而异。因此，光泽是矿物鉴定的依据之一，也是评价宝玉石的重要标志。

3. 矿物的颜色

图3-1 牛顿颜色色盘

矿物的颜色是矿物最明显、最直观的光学性质。通常意义上的矿物颜色是指矿物在自然光照射下所呈现的颜色。自然光呈白色，它是由红、橙、黄、绿、蓝、青、紫7种颜色的可见光波（波长范围390～770nm）所组成。不同颜色的互补关系如图3-1所示，对角扇形区内为相应的互补颜色。

当矿物受入射的自然光照射时，将对光波产生吸收、透射和反射等各种光学作用。如果矿物对自然光中各种波长的光波是同等程度地均匀吸收时，根据吸收程度的大小，矿物将表现为黑色或不同深度的灰色；若基本上都不吸收，则为无色或白色。但是当矿物从自然光中只是选择性地吸收某些特定波长范围的色光时，矿物将呈现出相当于这些透射或反射色光波长的混合色。

在矿物学中，传统上将矿物的颜色分为以下三类：

◎ 自色：系由矿物本身固有的化学成分和内部结构直接有关的颜色，如赤铁矿的樱红色，孔雀石的翠绿色等。自色是相当固定且具特征性的，因而是矿物的鉴定特征之一。

◎ 他色：是指矿物本身非固有的因素所引起的颜色。它包括色素离子的类质同象替代，如刚玉（Al_2O_3）结构中含有微量的 Cr^{3+} 替代 Al^{3+} 元素时，而形成红色的红宝石。或当矿物中含有染色杂质的细微机械混入物，以及矿物晶格中存在某种晶格缺陷时，都可能引起他色，如紫水晶的紫色等。他色不是矿物固有的颜色，因而在矿物中不具鉴定意义。

◎ 假色：由于光的干涉、衍射和散射等物理光学因素所引起的颜色，常见的假色有：

——锈色：在不透明矿物表面因风化产生的氧化薄膜引起反射光相互干涉而产生的彩色。如黄铁矿、黄铜矿氧化表面上呈现的蓝紫斑驳的彩色，即是常见的一种锈色。

——晕色：指在无色透明的矿物晶体内部，沿尖劈状解理面或裂隙面对光连续反射，而引起光的相互干涉后所呈现彩虹般的彩色色带。晕色常见于白云母、方解石和透石膏等具完全解理的无色透明晶体中。

——变彩：是指某些透明矿物中不均匀分布的各种不同色调的颜色，且随观察角度的变化而变化的彩色。这是由于在矿物内部存在着与可见光波长属于同一数量级的微细叶片状或层状结构，导致不同色光的衍射而形成的。贵蛋白石和某些拉长石是具有变彩的典型矿物。

——乳光（亦称蛋白光）：指矿物中一种类似蛋清般具柔和淡蓝色调的乳白色光。它是由于矿物内部含有许多远比可见光波长为小的其他矿物或胶体微粒，对入射的白光发生漫反射所造成的。在月长石和乳蛋白石中均可见到乳光。

4. 矿物的条痕

条痕是矿物粉末的颜色。通常是以矿物在无釉瓷板上擦划所留下的粉末痕迹的颜色。矿物的条痕可以消除假色的干扰，减弱他色的影响，充分突显出矿物的自色。它比矿物颗粒的颜色更固定，因而更具鉴定意义。例如，不同形态的赤铁矿可分别呈铁黑（板状晶体）、钢灰（鳞片状集合体）、褐红（鲕状集合体）等颜色，但它们的条痕色均为特征的樱红色。

条痕对于不透明矿物和色彩鲜明的透明、半透明矿物具有重要鉴定意义。但对于无色、白色或浅色的透明矿物来说，由于它们的条痕色都呈白色或近于白色，因此在矿物鉴定上不具实际意义。

5. 矿物的发光性

自然界某些矿物在外界能量激发下，能够发出可见光的性质称为矿物的发光性。能使矿物发光的激发源很多，主要有：紫外线、阴极射线、X 射线、γ 射线和高速质子流等各种高能辐射等，以及由于加热、摩擦、电致发光等。

矿物在外界能量的激发下发光，而当撤除激发源后，发光现象便迅速消失，这种发光现象称为**荧光**；如果在激发作用停止后仍能持续在 10^{-8}s 以上发光时，则称为**磷光**。自然界中并非所有矿物在受激发时都能发光，只有少数具有性质较稳定发光现象的矿物，在矿物鉴定上才具有意义。例如，萤石是典型的具有荧光效应的矿物，并由此而得名；又如白钨矿在紫外线下总是发鲜明的浅蓝色荧光；金刚石在 X 射线下则发天蓝色荧光等。

目前，矿物的发光性质和技术已广泛应用于地质学领域，用于提供岩石和矿床的成因、地质年龄的测定、地层对比和划分、岩相古地理分析研究等；以及矿物岩石材料、工业选矿、陨石和考古研究，以及核试验与环境保护等领域方面均有深入和独特的应用。

二、矿物的力学性质

矿物的力学性质是指矿物在外力作用下，所表现的各种物理性质，包括硬度、韧度、解理、裂理和断口等。

1. 矿物的硬度

矿物的硬度是指矿物抵抗外力机械作用（如刻划、压入或研磨等）的能力。在矿物的手标本鉴定中，通常采用刻划硬度即摩氏硬度作为鉴定依据。以十种常见硬度不同的矿物作为标准，构成了摩氏硬度计，硬度值由低到高依次为：

1. 滑石 2. 石膏 3. 方解石 4. 萤石 5. 磷灰石 6. 正长石 7. 石英 8. 托帕石（黄玉）9. 刚玉 10. 金刚石

摩氏硬度是一种相对硬度测试方法，它只表示硬度的相对大小，各级间的硬度差并不均等（若无特殊说明，本书提及的硬度均指摩氏硬度）。在实际应用中，通常还可借助一些代用工具作为辅助依据，例如：钢锉（6.5），窗玻璃（5.5～6），小钢刀（5～5.5），铜钥匙（3～3.5），指甲（2～2.5）。利用摩氏硬度计或辅助代用工具，与待鉴定的矿物相互刻划，根据刻划的难易程度与刻痕的深浅等可以方便地判断和确定矿物的硬度。由于大部分造岩矿物的硬度都在 7 以下，因此，此种方法尽管较为粗略，但在使用上却仍然是较为方便且为有效的。

测定矿物硬度时，应注意选择纯净、致密而新鲜的矿物晶体。呈土状或松散粒状集合体的矿物，以及受风化破坏影响的矿物，它们的实际硬度往往偏低。

矿物硬度的大小，主要取决于其内部结构中原子或离子间的化学键结合能力的强弱，键结合能力强者，抵抗外力作用的强度就大，硬度就高。

2. 矿物的延展性、脆性、弹性和挠性

◎ 延展性：矿物在受到外力的拉引或锤击、滚轧时，易延伸成细丝或平展为薄片而不断裂的性质，分别称为矿物的延性和展性。物体的延性和展性几乎总是并存，故一般即统称为延展性。延展性是金属矿物的一种特性，如自然金、自然铜等均具有强延展性。当用小刀刻划具延展性的矿物时，仅留下光亮的刻痕而不产生粉末或碎粒，借此可与脆性矿物相区别。对于某些不透明矿物，延展性亦可作为肉眼鉴定的特征之一。

◎ 脆性：是指矿物在受外力作用时，易于碎裂的性质。它与矿物的硬度间并无特定的联系，例如硬度分别为 2 和 10 的自然硫和金刚石，都表现出明显的脆性。自然界绝大多数非金属矿物都具脆性，如萤石、石英和石榴子石等。

◎ 弹性和挠性：弹性是指某些片状或纤维状的矿物，在受到外力作用时能发生明显弯曲而并不断裂，当外力解除后又能恢复原状的性质，例如云母等矿物。挠性与弹性相反，片状或纤维状矿物在受力变形后，虽解除作用力亦不能够自行恢复原状的性质，如绿泥石、石墨等矿物。矿物的挠性是晶体塑性形变的表现形式之一。由于具明显弹性或挠性的矿物很少，因此它们可作为这些矿物的肉眼鉴定特征。

3. 矿物的解理

矿物晶体受外力作用后，沿晶格中某些特定方向的面网发生破裂的固有特性，称为解理

（图3-2）。这些破裂成一系列光滑的平面称为解理面。解理是晶体异向性的具体体现，它严格受其晶体结构的制约，解理面的分布必定与晶体所固有的对称性相一致，即沿着同一个单形中的所有晶面方向同时发生。因此，解理通常可以采用相应的单形名称和单形符号来表示。

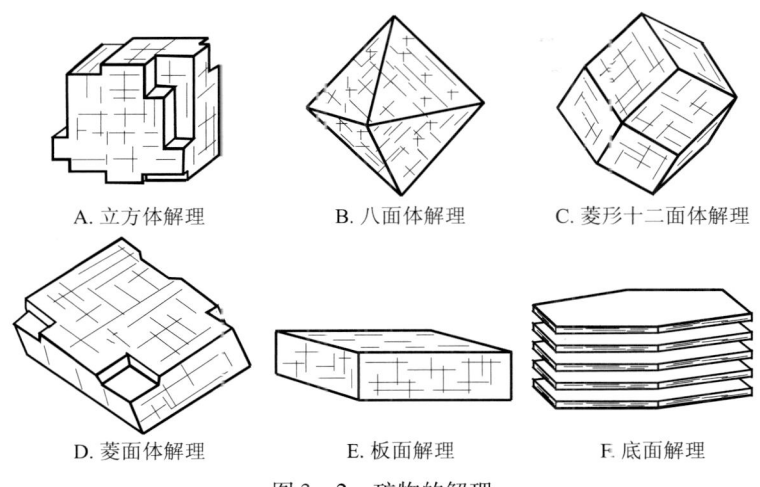

A. 立方体解理　　B. 八面体解理　　C. 菱形十二面体解理

D. 菱面体解理　　E. 板面解理　　F. 底面解理

图3-2　矿物的解理

在矿物鉴定中，根据解理产生的难易程度及其完好性，通常将其分为以下五级：

◎ 极完全解理：矿物晶体受力后极易裂成薄片，解理面平整而光滑。例如，云母的 {001} 解理、石墨的 {0001} 解理、透石膏的 {010} 解理等。

◎ 完全解理：矿物晶体受力后，沿解理面易裂成显著的光滑平面或规则的解理块。例如，方解石的 {101̄1} 菱面体解理、萤石的 {111} 八面体解理等。

◎ 中等解理（亦称解理清晰）：矿物晶体受力后，常可沿解理面分裂。解理面清楚，但不很平整，且常不连续。例如，金红石的 {110} 柱面解理、普通辉石的 {110} 解理等。

◎ 不完全解理：矿物晶体受力后，沿解理面分裂较为困难，仅断续可见小或零星的不明显的解理缝，解理面不平整，例如，磷灰石的 {0001} 底面解理、橄榄石的 {100} 解理等。

◎ 极不完全解理（亦称无解理）：矿物晶体受力后，很难出现解理面，多形成断口。例如，α-石英、黄铁矿等。

解理是矿物晶体的固有特性，对于同种晶体来说，它们的解理方向和完好程度总是相同的。因此，解理可作为许多矿物的一个主要鉴定特征。对于已知矿物，还可根据其解理面的方向来确定矿物晶体的空间取向。对矿物解理的观察与描述，不但要注意解理的方向、组数及夹角，还应确定解理完好程度等级。例如，方铅矿具有平行 {100} 的立方体一组完全解理，它代表了分别平行于立方体中（100）、（010）和（001）三个方向的解理。又如：石膏则具有 {010} 极完全解理，以及 {100} 和 {011} 中等程度的三组解理。

4. 矿物的裂理

裂理（亦称裂开）是指：某些矿物晶体在受外力作用下，有时可沿着晶格中除解理以外的特定方向面网发生破裂的非固有特性。沿裂理裂开的平面称为裂理面。

从现象上来看，裂理与解理很相似，但它产生的原因与解理不同。解理是晶体的固有特性，在同种晶体的任何一个个体上，都同样会出现，且必定都符合于晶体本身的对称特点。

而裂理则不然，它不直接受晶体结构的控制，其形成往往取决于沿定向排列的外来杂质的夹层及机械双晶的接合面等外界因素。例如，刚玉常见的 {0001} 和 (10$\bar{1}$1) 裂理是沿着双晶接合面发生的。

裂理不是矿物晶体本身固有的特性，在不同条件下形成的同种晶体中，有的个体具有裂理，有的就不具有裂理。同时，裂理的方向可能也不遵循晶体的对称性。例如，方解石平行 {01$\bar{1}$2} 的裂理；可以在平行 {01$\bar{1}$2} 菱面体的三组晶面方向上同时出现，但也可以只在其中的一个或两个方向上见到，因此裂理通常不用单形符号表示，而是用晶面符号来表示。

裂理作为鉴定特征，不如解理稳定可靠，它只是对方解石、白云石、磁铁矿、刚玉和辉石族等少数矿物具有鉴定意义。

5. 矿物的断口

矿物的断口是指：矿物在受外力作用下，在任意方向发生断裂并形成各种不平整的断开面。断口在矿物晶体、矿物的集合体及非晶质体中均可出现。矿物的断口与解理之间产生的难易程度是互为消长的，在具有几个方向完全解理的单晶体中，一般都只沿解理面发生破裂，而不易出现断口。

断口在形态上往往有一定的特点，可作为矿物鉴定的辅助特征。按其形态，常见的断口有以下几种：

图 3-3 α-石英的贝壳状断口

◎ 贝壳状断口：呈椭圆形曲面的形态，且具有以受力点为中心的不很规则的同心圆波纹，形似蚌壳表面。例如，α-石英（图 3-3）、玻璃常具此种断口。

◎ 次贝壳状断口：与贝壳状断口相似，但一般不具同心圆弧纹。许多变生非晶质矿物以及呈隐晶质块体者（如玉髓）常具此种断口。

◎ 平坦状断口：断面较平坦，无粗糙起伏。见于一些呈土状块体或致密块体的矿物集合体，如块状高岭石等。

◎ 参差状断口：断面粗糙起伏，呈参差不平状。许多脆性矿物以及呈块状或粒状集合体者，多具此种断口，如磷灰石、石榴子石等。

◎ 锯齿状断口：断面呈尖锐锯齿状形态。多见于具强延展性的自然金属元素矿物，如自然铜、自然金等矿物。

◎ 纤维状或刃片状断口：断面呈纤维丝状或呈现如同重叠排列的刀片状。前者如针铁矿、纤维石膏等，后者如蓝晶石等。

◎ 阶梯状断口：断面是由解理面和参差状断口反复交替出现而引起，呈阶梯状。多出现于具中等或完全解理的单晶体上，例如长石、角闪石等矿物。

应当指出的是，断口的性质不如解理那样固定，因此，断口只作为矿物鉴定的一种辅助依据。

三、矿物的其他物理性质

1. 矿物的密度和相对密度

矿物的密度是指：矿物单位体积的质量，其常用单位为 g/cm³。密度是矿物非常重要的物理性质之一，它反映了矿物的化学组成及晶体结构特点。矿物的密度值可利用浮力法使用分析天平精确测定，或根据矿物的晶胞大小及其所含的分子数和分子质量计算而得出。

矿物手标本鉴定中通常使用相对密度，曾称比重。它是指纯净的单矿物在空气中的质量与4℃时同体积的水的质量之比。显然，相对密度量纲为一，其数值与密度值相同。

矿物密度的分布范围相当大。例如草酸铵石仅 1.48g/cm³，而铱锇矿则达到 22.4g/cm³。矿物手标本鉴定中，通常只是凭经验用手掂量，将矿物的相对密度分为三级：

◎ 轻级：相对密度小于 2.5，如石盐（2.1～2.2），石膏（2.3）等。
◎ 中等：对大多数非金属矿物而言，它们的相对密度均在 2.5～4 之间，如石英（2.65）、方解石（2.71）、萤石（3.18）和金刚石（3.52）等。
◎ 重级：相对密度大于 4。硫化物和大多数金属矿物的相对密度基本上都大于4，如白钨矿（5.9～6.1）、锡石（6.8～7.1）、方铅矿（7.4～7.6）、黑钨矿（7.0～7.5）等。

密度是矿物的一种特性，不同的矿物种属由于其组成矿物元素的原子量，原子或离子半径大小，以及结构形式不同，其密度一般是不尽相同的。在矿物之间用相对密度做比较时，注意所取矿物的体积要相近，而且必须是纯净、新鲜的单矿物块体。

2. 矿物的磁性

矿物的磁性是指：在外磁场作用下，矿物被磁化时而呈现出能被外磁场所吸引、排斥，以及被磁化的矿物对外界产生磁场的性质等。在物理学中，根据物体在外磁场中被磁化的强弱可以分为弱磁性和强磁性两类。强磁性物体不仅易被强烈磁化，且本身还能对外界产生磁场，因而它们既可被永久磁铁所吸引，本身又能吸引铁针等物体。

在矿物的肉眼鉴定工作中，一般只用永久磁铁测试，通常按矿物磁性强弱分为三类：

◎ 强磁性：矿物块体或较大的颗粒能被吸引，如磁铁矿、磁黄铁矿等。
◎ 弱磁性：矿物粉末能被吸引，如铬铁矿、黑钨矿等。
◎ 无磁性：矿物粉末也不能被吸引。绝大多数矿物都属于此类，如黄铁矿等。

在矿物手标本鉴定中，一般使用永久磁铁作为测试工具。因而磁性只是对具有强磁性的矿物有效，如磁铁矿、磁黄铁矿等。目前矿物磁性在矿物鉴定、分选、找矿勘探和古地磁等方面都具有重要的研究意义。

第二节 矿物形成的地质作用

矿物是地质作用过程中一定的物理化学条件下的产物。通常根据地质作用的性质和能量的来源，一般可以将形成矿物的地质作用分为内生作用、外生作用和变质作用。

一、内生作用

内生作用主要指由地球内部热能（地幔及岩浆热能、放射性元素蜕变能等）所导致矿物形成的各种地质作用。它包括岩浆作用、火山作用、伟晶作用和热液作用等各种地质过程。

1. 岩浆作用

岩浆作用是指在地下深处的高温高压下形成的岩浆熔融体，上侵达到地壳或喷出地表过程中发生冷却结晶而形成矿物的地质作用。岩浆是形成于上地幔或地壳深处的、通常以硅酸盐（极少数为碳酸盐质）为主要成分并富含挥发分的高温（700~1300℃）高压（500~2000MPa）的熔融体。硅酸盐岩浆一般由造岩元素（O、Si、Al、Fe、Mg、Ca、Na、K等）、挥发分（以H_2O为主，还包括CO_2、H_2S、Cl、F、B等），和微量的金属元素（Cu、Pb、Zn、Cr、Ni、Ag、Sb等）组成。

随着地壳运动的发生，岩浆沿断裂构造向上运动，由于温度、压力的降低，从岩浆中首先晶出的是一些熔点高、含量高的矿物。随着温度、压力的进一步缓慢降低，以及各种组分相对浓度的不断改变，从岩浆中相继晶出颗粒较粗的各种不同矿物晶体。

岩浆由于其来源和成因的不同，又由于在上升运动过程中岩浆成分不断变化，不同组分的岩浆由于晶出的主要硅酸盐造岩矿物的种类和数量不同，而构成成分各异的岩石类型。例如，超基性岩中主要矿物有橄榄石、辉石等，不含石英；酸性的花岗岩中则主要由石英、长石和云母等矿物所组成。同时，一系列岩浆成因矿床也与相应的岩浆岩共同产出，例如，在基性和超基性岩浆岩中，常有铬铁矿、磁铁矿、铂族矿物、金刚石、铜镍硫化物等矿物的富集，形成了极为重要的矿产；中酸性岩浆岩中，如花岗岩中则常有钨、锡和铌钽等稀有元素矿物的富集产出。

火山作用是岩浆作用的一种特殊形式，由地下深处的岩浆沿断裂构造脆弱带侵入到地壳的最表层，或突破上覆岩层喷溢出地表。由于地表压力骤降，喷出的岩浆迅速冷凝和固结，促使一些高温低压的特征矿物如透长石、鳞石英等的形成。由火山作用所形成的矿物除斑晶外，一般结晶颗粒细小，多为隐晶质，甚至形成非晶质的火山玻璃。火山作用的产物是各种类型的火山岩，包括熔岩和火山碎屑岩等。

2. 伟晶作用

伟晶作用是指岩浆作用或混合岩化变质晚期，由岩浆结晶过程中产生的富含挥发分的残余熔体形成伟晶岩及其有关矿物的地质作用。伟晶岩形成的温度约在700~400℃之间，形成的深度，一般在地面以下3~8km深处，其压力介于100~300MPa之间。伟晶岩常呈脉状产出，并往往成群出现。

由伟晶作用形成的矿物特点表现在：以晶体结晶粗大而区别于深成岩，个别的晶体可达数米，甚至几十米，重达数百吨。常见的花岗伟晶岩中以长石、石英、云母为主；同时含挥发分（如F、B等）的矿物和含稀有元素的矿物数量显著增多，如电气石、绿柱石、黄晶等。由于伟晶岩中富集一系列稀有、稀土和放射性元素矿物，从而构成重要的伟晶岩矿床类型。

3. 热液作用

热液作用是指从气水溶液到热水溶液过程中形成矿物的地质作用。按热液来源主要可分为岩浆期后热液、火山热液、变质热液和地下水热液等形式。火山热液是火山喷出作用晚期或间歇期喷出的气水热液。

岩浆期后热液是由在岩浆侵入并冷却的过程中从中分泌出来，以H_2O为主的挥发分，随着温度的下降，从气水溶液转变而成的热水溶液。变质热液则主要来自变质作用过程中所释放出来的沉积岩中的孔隙水，以及矿物中的吸附水、结晶水和化合水。地下水热液是地表下渗的水渗透到地壳深部，与保存在岩石中的各种水汇合在一起，受地热等影响而形成的热液。

除岩浆期后热液中有一部分成矿物质直接来自岩浆外，各种来源的热液在其沿裂隙运移过程中均可淋滤和溶解围岩中的成矿物质，并在一定物理化学条件下沉淀出矿物。当热液与围岩发生化学反应，并使围岩在化学成分、矿物成分和岩石结构上发生变化的作用，称为**围岩蚀变**。

热液作用所形成的矿物以硫化物、氧化物等为主，硅酸盐矿物次之，且绝大部分硅酸盐矿物又往往以围岩蚀变的产物出现。热液活动的深度变化很大，可从5~8km直到地表。温度范围为500~50℃。热液作用按照矿物形成温度的不同，分为高温、中温和低温三种类型。

◎ 高温热液作用：常与气化作用联系在一起，温度范围在500~300℃之间。主要形成氧化物、含氧盐和部分硫化物，如黑钨矿、锡石、金红石、自然金、绿柱石、电气石、以及辉钼矿、辉铋矿、毒砂、磁黄铁矿等。蚀变围岩中的矿物以石英和云母为主。

◎ 中温热液作用：其温度范围在300~200℃之间。主要形成以铜、铅、锌等金属硫化物，如黄铜矿、方铅矿、闪锌矿、黄铁矿、自然金等，还常见萤石、重晶石，以及方解石、菱镁矿、白云石等碳酸盐矿物。蚀变围岩中的矿物以绿泥石、绢云母、石英为主。

◎ 低温热液作用：其温度范围在200~50℃之间。低温热液作用主要形成雄黄、雌黄、辉锑矿、辰砂等硫化物和辉银矿、自然金等，以及蛋白石、方解石、重晶石等矿物。蚀变围岩中的矿物以高岭石、明矾石、方解石、石英等为主。

二、外生作用

外生作用又称表生作用，是指发生在地表或近地表较低的温度和压力条件下，在太阳能的作用影响下，在岩石圈、水圈、大气圈和生物圈的相互作用过程中导致矿物形成的各种地质作用。按其性质的不同主要可分为风化作用和沉积作用。

1. 风化作用

出露于地表或近地表环境中，由于温度变化及大气、水和生物等的作用，矿物和岩石发生机械破碎，同时也可发生化学分解而使其组分转入溶液被带走或改造为新的矿物和岩石的过程，称为风化作用。

不同矿物抵抗风化作用的能力各不相同。在地表条件下化学性质不稳定的矿物容易发生分解，如硫化物、碳酸盐最易风化，而氧化物、硅酸盐相对较稳定。例如，黄铜矿 $CuFeS_2$ 在风化作用过程中分解为硫酸铜和硫酸亚铁溶液。硫酸铜溶液当与富含碳酸的水溶液起反应时，可以形成铜的表生矿物孔雀石或蓝铜矿；硫酸亚铁溶液，极易氧化而转变为硫酸铁，后者易水解而变为氢氧化铁胶体凝聚于地表，即构成了褐铁矿的主要组分。

在风化作用过程中形成的系列稳定于地表的矿物，主要是各种氧化物、氢氧化物和黏土矿物，如蛋白石、铝土矿、硬锰矿、高岭石等。风化后一些化学性质稳定的矿物，如石英、自然金、金刚石、锆石等，则残留在原地或成为碎屑物被搬运至他处而重新沉积。

2. 沉积作用

由于风化作用所形成的矿物和岩石风化产物，被流水、风、冰川和生物等介质携带，搬运至其他适当环境中沉积下来，形成新的矿物或矿物组合的作用，称为沉积作用。如果其物质来源于火山喷发的产物，经过沉积或搬运一定距离再沉积，这种作用则特别称为火山沉积作用，它是沉积作用中的一种特殊形式。

根据沉积机理和作用方式，可分为机械沉积、化学沉积和生物化学沉积三种类型。

◎ **机械沉积**：主要被水流、风介质等搬运的地表难溶、稳定的矿物和岩石碎屑物，由于水流或风力速度降低，碎屑物质便按颗粒粗细、相对密度大小而先后分选机械沉积下来，形成砂岩、泥岩等沉积岩。机械沉积可以使一些有工业意义的矿物富集，如自然金、锡石、黑钨矿、锆石等，以及优质的宝石矿物，如金刚石、刚玉、尖晶石、碧玺等，形成砂矿床。

◎ **化学沉积**：风化作用下遭受分解的矿物，其成分中可溶组分溶解于水所形成的真溶液，或沿断裂带上升携带矿物质的深部卤水等，进入内陆湖泊、封闭或半封闭的潟湖或海湾以后，如果处于干热的气候条件下，水分将不断蒸发，溶液浓度不断增高，当溶液达到过饱和时，便发生化学沉积的结晶作用，主要形成石膏、石盐、钾石盐、芒硝、硼砂等一系列易溶盐类矿物。

至于风化作用产生的胶体溶液，被水流带入湖、海盆，受到电解质的作用可发生凝聚、沉淀，发生胶体沉积作用，主要形成铁、锰、铝等的氧化物和氢氧化物的胶体矿物，如赤铁矿、硬锰矿、铝土矿、玉髓等。此外，海底火山喷气在海底也可直接形成铁、硅等胶体。

◎ **生物化学沉积**：是指某些生物的新陈代谢的产物和骨骼遗体的堆积，以及在细菌等有机质参与下，通过复杂的生物化学作用形成矿物和矿床的沉积作用。例如，形成硅藻土、方解石（贝壳石灰岩的矿物成分）和珊瑚、磷灰石、煤、油页岩和石油等。而一些沉积型的铁、铜、锰矿等的形成，也与生物化学沉积作用，特别是与细菌和某些生物作用有关，如黑海淤泥中的 Cu、Zn、Mo、Ag、U 等重金属的富集。

三、变质作用

在地表以下一定深度内，由于受地壳构造变动、岩浆活动及地热流体变化的影响，已经形成的矿物和岩石结构的改变或成分的改组，而导致一系列变质矿物或新的岩石形成的地质作用，称为变质作用。

变质作用根据产生的原因和形成条件的不同，可分为接触变质作用和区域变质作用。

1. 接触变质作用

由岩浆侵入活动释放出的热能，使侵入体与围岩接触带附近岩石的矿物成分和结构等发生变化的作用，称为接触变质作用。它包括：

◎ **接触热变质作用**：是指由于岩浆上侵，围岩受岩浆高温的烘烤及挥发分的影响而发生的变质作用。它主要引起围岩中矿物的再结晶，使颗粒变粗，如碳酸盐岩变为大理岩。也可以形成新生的矿物组合，如由富铝泥质岩石形成红柱石、堇青石、硅灰石等矿物。

◎ **接触交代作用**：是指岩浆侵入围岩时，岩浆侵入体中的某些组分与围岩发生化学反应而形成新的变质矿物的作用。与接触热变质作用的显著区别在于，侵入体与围岩之间有物质组分的化学反应和交换，即**双交代作用**。

接触交代作用通常易发生在中酸性侵入体与碳酸盐沉积岩等围岩接触带附近，岩浆侵入体中 SiO_2、Al_2O_3、FeO 等组分被带进围岩，而围岩中部分 CaO、MgO 等组分则被带出进入侵入体，形成一系列接触交代形成的新的变质矿物组合。常见的变质矿物有透辉石、钙铁辉石、钙铁榴石、钙铝榴石、硅灰石，以及透闪石、阳起石、绿帘石等硅酸盐矿物，它们共同组成了**矽卡岩**。矽卡岩形成的温度范围在 600~400℃ 之间，形成深度一般在地表以下几百米至 2km 左右。同时伴随有磁铁矿、黄铜矿、辉钼矿、方铅矿、闪锌矿和白钨矿等金属的富集和矿化，形成矽卡岩矿床。

2. 区域变质作用

由于受区域性造山运动所导致的地壳升降、褶皱和断裂构造等影响，而出现的高温、高压及以 H_2O、CO_2 为主要活动组分的流体，使原岩的结构和矿物成分发生变化而形成区域变质岩和变质矿物的作用，称为区域变质作用。区域变质作用按温压条件的不同，可分为高、中和低级区域变质作用。

由区域变质作用形成的矿物种类和组合取决于变质程度和原岩的化学成分。低级区域变质作用一般形成的变质矿物主要为白云母、绿帘石、绿泥石、蛇纹石、滑石、黑云母等含 OH^- 的硅酸盐矿物。中级区域变质作用形成的变质矿物主要有角闪石、斜长石、石英、石榴子石、透辉石、绿帘石等。高级区域变质作用主要形成高温高压下稳定的不含 OH^- 的变质矿物，如斜长石、正长石、辉石、橄榄石、石榴子石、刚玉、尖晶石等。

随着区域变质作用程度的加深，形成的变质产物一方面向着不含 OH^- 和 H_2O 的矿物演化，另一方面是向着结构紧密、体积小、密度大的矿物转化。在长期的定向压力作用下，片状和柱状矿物则趋向定向排列，形成特殊的片理和片麻理等变质构造。

应当指出，形成矿物的地质作用是各种因素的综合表现，上述的几种地质作用并非彼此孤立、截然可分的。因此在分析矿物的成因时，应全面综合考虑，做出合理的推断。

第三节 矿物的化学组成

一、地壳中化学元素的丰度与矿物形成的关系

矿物是地壳中各种地质作用的产物，自然界中迄今已发现的矿物约有 4100 余种，且新矿物还在不断地被发现。矿物的形成与地壳中元素的丰度有着密切的关系，但地壳中各化学元素的分布是极不均匀的，最多的氧元素与最少的氡元素的含量相差竟达 10^{18} 倍，其中 O、Si、Al、Fe、Ca、Na、K、Mg 等 8 种元素就占了地壳总质量的 99.2%（图 3-4）。根据资料统计，地壳中的矿物主要是由上述 8 种元素为主结合而形成的各种含氧盐和氧化物，其中硅酸盐矿物约占矿物种总数的 24%，占地壳总质量的 75%；而氧化物约占矿物种总数的 14%，占地壳总质量的 17%。

自然界矿物的形成不仅取决于地壳中元素的丰度，还与元素的地球化学行为有关。有些元素虽然丰度很低，如 Sb、Bi、Hg、Ag、Au 等，但趋于集中，可以形成独立的矿物种，甚至富集成工业矿床。例如铜（Cu）元素在地壳中的平均含量为 55×10^{-6}，但在自然界形成的矿物却很常见。又如铷（Rb）和锑（Sb）元素在地壳中的平均含量分别为 90×10^{-6} 和 0.2×10^{-6}，前者为后者的 450 倍；但自然界中铷的独立矿物仅一两种，而锑的矿物却达 140 多种，并能富集形成独立的锑矿床。它们之间的差异主要是受这两种元素在地球化学过程中分别趋向于集中和分散的特性所决定的。

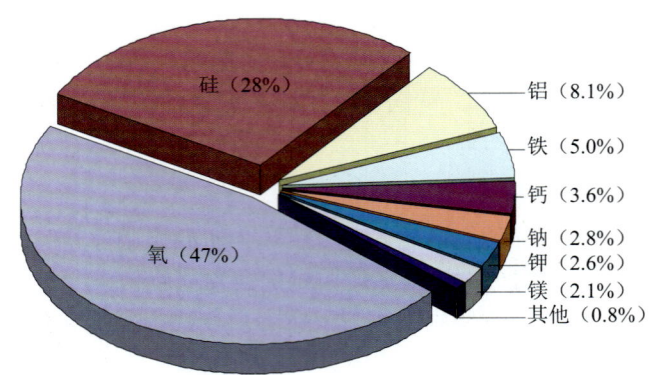

图 3-4 地壳中主要元素的质量百分比
(引自《Earth Geology》, 2006)

二、矿物的化学成分类型

化学成分是矿物的基本属性，是决定矿物各项性质的最根本的因素之一。自然界的矿物，就其化学组成来说，大体可分为两类：一类是单质，即由同一种元素构成的矿物，如自然金（Au）、金刚石（C）等。另一类是化合物，即由多种离子或离子团构成的矿物，其中由一种阳离子和一种阴离子组成的称作简单化合物，如石盐（NaCl）、方铅矿（PbS）、赤铁矿（Fe_2O_3）等；而由一种阳离子与一种络阴离子（酸根）组成的称为单盐化合物，如方解石（$Ca[CO_3]$）、锆石（$Zr[SiO_4]$）、重晶石（$Ba[SO_4]$）等；若由两种以上的阳离子与同种阴离子或络阴离子组成的称作复化合物，如黄铜矿（$CuFeS_2$）、磁铁矿（$FeFe_2O_4$）等；其中含络阴离子的复化合物称为复盐，如白云石（$CaMg[CO_3]_2$）及大部分硅酸盐类矿物等。复化合物的组成可以看成是由两种或两种以上的简单化合物或单盐以简单的比例组合而成，例如黄铜矿（$CuFeS_2$）可以看成是 CuS 和 FeS 的组合；白云石为 $Ca[CO_3]$ 和 $Mg[CO_3]$ 的组合。后者也可以用最简单的氧化物形式表示成 $CaO·MgO·2CO_2$ 的组合。

三、类质同象

自然界每种矿物都有其确定的化学成分，各组分间遵守定比、倍比定律，可用一定的化学式表达，但是天然矿物并非是理想的化学纯物质。例如，水晶几乎是由纯 SiO_2 组成，但是做精确分析时，可以发现它常含有极微量的 Al 或 Fe 等元素，通常仍视这类矿物为具有固定成分的矿物。

由于自然界生长环境的复杂性，大多数矿物因类质同象替代，其化学组成可在一定范围内发生变化。类质同象现象是指：物质结晶时，在确定的某种晶体的晶格中，本应全部由某种质点（原子、离子、络阴离子等）占有的结构位置，一部分被性质相似的其他质点所替代占有，共同结晶成均匀的、呈单一相的混合晶体（即类质同象混晶）。例如，镁橄榄石（$Mg_2[SiO_4]$）晶体，其晶格中 Mg^{2+} 的部分配位位置可以被 Fe^{2+} 所替代占据，由此而形成的贵橄榄石（$(Mg,Fe)_2[SiO_4]$）晶体就是一种类质同象混晶。在类质同象混晶中，如果将彼此成类质同象替代关系的元素作为一个整体看待时，则它们各组分数量总和之间仍然遵循定比、倍比定律，如贵橄榄石（$(Mg,Fe)_2[SiO_4]$）的阳离子之和与络阴离子的比值仍为 2:1。通常仍将这类具严格化合比的矿物称为**化学计量化合物**，对于化学成分不符合定比定律的矿物称为**非化学计量化合物**。

类质同象是自然界矿物中普遍存在的一种现象。地壳中的稀散元素绝大部分通常不形成独立的矿物，主要是以类质同象形式赋存在一定矿物的晶格中。例如，硒（Se）常赋存在黄铜矿、黄铁矿等硫化物中；镉（Cd）、铟（In）元素常存在于闪锌矿中；铼（Re）元素主要存在于辉钼矿中等。这些呈类质同象存在的微量稀有元素，其经济价值往往不低于主要元素的工业价值。因此加强矿物的类质同象和有用化学组分赋存规律的研究，对寻找某些特殊矿种和合理的综合利用各种矿产资源，以及探讨矿物形成的条件有着极为重要的实际意义。

四、同质多象

同质多象是指一种物质（单质或化合物）在不同的热力学条件下，能结晶成若干种不同晶体结构的现象。例如，碳（C）在压力不很大的条件下结晶成三方或六方晶系的石墨；但在很高的压力条件下则结晶成等轴晶系的金刚石。像这样化学成分相同而结构不同的晶体，称为同质多象变体。金刚石和石墨就是碳的两种同质多象变体。若一种物质成分以两种变体出现，称为同质二象；以三种变体出现，就称为同质三象，或泛称为同质多象。例如，金红石、锐钛矿和板钛矿就是 TiO_2 的同质三象变体；而已知的 SiO_2 同质多象变体数目至少有 13 种之多，α - 石英只是其中最常见的一种变体。同质多象的每一个变体都是一个独立的矿物种，并给予不同的矿物名称，如金刚石和石墨；或在矿物名称之前标以希腊字母作前缀，如 α - 石英和 β - 石英；或罗马数字作后缀以示区别，冰Ⅰ、冰Ⅱ……冰Ⅷ等。

矿物晶体中的同质多象现象是相当普遍的。由于不同的变体的出现与形成各自都有一定的热力学稳定范围，因此可以利用它们作为地质温压计，用以推测地质体形成时的物理化学条件。例如，辰砂和黑辰砂（HgS 的两种变体）分别形成于酸性和碱性介质中，根据它们的存在，就可推测成矿介质的酸碱性。又如，当柯石英和斯石英（SiO_2 的两种超高压变体）在地表大陷坑中出现时，则可以作为该地曾发生过陨石超高压冲击陨落作用的铁证。

同质多象变体的晶体结构随着温压条件的变化而发生转变时，其各项物理性质也相应发生明显的变化，但原来变体的晶体形态可被新的变体所继承下来，此种晶体称为副象。例如，常见的 α - 石英有时呈现高温 β - 石英的六方双锥晶形，它的存在反映了该地质体曾经历了由高温向低温转变这一过程的确凿证据。

五、胶体矿物及其化学组成特征

胶体是一种或多种物质的微粒（粒径一般介于 1~100nm 之间）分散在另一种物质之中而形成的不均匀的混合细分散体系。前者称为**分散相（分散质）**，后者称为**分散媒（分散剂）**，相当于溶液中的溶质和溶剂。显然，胶体是一个由两相或多相物质组成的混合物。分散相和分散媒均可以是固体、液体或气体。其中，分散媒远多于分散相的胶体，称为**胶溶体**（sol）；而分散相远多于分散媒的胶体，则称为**胶凝体**（gel）。

地壳中的胶体矿物，主要是形成于表生风化作用和沉积作用的产物。在表生风化作用中出露地表的矿物，由于机械破碎和磨蚀而形成难溶胶粒大小的质点（如结晶质的铝、铁、锰、硅的氧化物或氢氧化物等）分散于水中形成水胶溶体。胶溶体具有很大的比表面积，能吸附大量离子，从而带有一定的电荷。当水胶溶体在被迁移过程中或汇聚于低洼的水盆地后，与带有相反电荷的质点遭遇时发生电性中和而沉淀，或因水分蒸发而凝聚，从而形成各种水胶凝体，即胶体矿物，如蛋白石、铝土矿、胶磷矿和大多数黏土矿物等。由于表面的正负电荷远未达到平衡，胶体微粒的表面能极大，其吸附量也相当可观，当某些被吸附杂质的量相当大时，如 MnO_2 胶体选择性吸附 Ni^{2+} 元素，并达到一定的富集量时，便可以形成具有工业价值的矿床。

胶体矿物是隐晶质或非晶质的，其成分通常很复杂，含有不少被吸附的杂质和胶体水，如蛋白石（SiO_2 的水胶凝体）。随着时间的推移或温度压力等的改变，已经形成的胶体矿物，胶粒会自发地凝聚，并进一步发生脱水作用，颗粒逐渐增大而成为隐晶质，最终可转变为显晶质矿物，这种自发转变过程称为**胶体陈化作用**。由胶体陈化作用形成的结晶度高，脱失水分的矿物称为变胶体矿物。只有变胶体矿物才是真正的矿物，如乳石英（含气体分散相）、红色重晶石（含氧化铁分散相）。胶体矿物是非晶质或隐晶质的，因此不具有晶体的多面体外形，但常可形成独特的集合体形态，如钟乳状、葡萄状、肾状等。

胶体矿物在陈化作用过程中，由于脱水作用将发生体积的收缩，并使矿物的硬度和承压能力增大，这种特性在水文地质和工程地质中亦是尤其值得注意的。

六、矿物中水的存在形式

水是许多矿物的重要的化学组成之一，绝大多数矿物或多或少都含有水。水的存在形式、数量，必然影响到矿物的许多性质。根据矿物中水的存在形式及其在晶体结构中的作用和性质，可分为以下五种。

1. 吸附水

以中性水分子 H_2O 的形式被机械地吸附于矿物颗粒的表面或缝隙中的水。其中，附着于矿物颗粒表面的称为薄膜水；充填在矿物颗粒间细微裂隙中的称为毛细管水。吸附水不属于矿物固有的化学组成，因此，不写入矿物化学式。

作为分散媒吸附在胶粒表面上的称为胶体水，是吸附水的一种特殊类型。它是水胶凝体矿物本身的固有特征，故应作为重要的组分计入矿物化学成分中，如蛋白石（$SiO_2 \cdot nH_2O$）（n 表示水含量不固定）。

吸附水的含量不定，随环境的温度、湿度等条件而变化。常压下，当温度加热到 100～110℃时，吸附水全部逸散。但胶体矿物中吸附水的逸失温度稍高，一般为 100～250℃。

矿物中吸附水的存在，对矿物的风化作用起着很重要的作用。

2. 结晶水

以中性水分子 H_2O 的形式存在于晶体结构中，其数量固定，并与矿物中其他组分的含量常成简单的比例关系，如石膏（$Ca[SO_4] \cdot 2H_2O$）。

结晶水由于受到晶格的束缚，结合较牢固。其脱失温度一般在 200～500℃范围内或更高。由于不同的矿物晶体结构不同，各有确定的脱水温度，但一般不超过 600℃；有的矿物其结晶水还可分次逐步脱失。如石膏（$Ca[SO_4] \cdot 2H_2O$），80℃时开始脱水，120℃时，脱去原结晶水的 3/4，形成具有成分为（$Ca[SO_4] \cdot 0.5H_2O$）的半水石膏，当温度继续升高至 150℃时，半水石膏中的水全部脱去成为硬石膏（$Ca[SO_4]$）。伴随着结晶水的脱失，原矿物的晶体结构也将发生破坏或被改造,从而形成一种新矿物。

3. 结构水

结构水(也称化合水),是以 OH^-、H^+ 或 $(H_3O)^+$ 的形式存在于晶体结构中,有固定的配位位置和确定含量比的"水",其中尤以 OH^- 最为常见,如高岭石($Al_4[Si_4O_{10}](OH)_8$)等。

结构水在晶格中的结合强度远比结晶水强,只有在高温(一般为600~1000℃或更高)下晶体结构遭受到破坏时,才能使之逸出,如高岭石的失水温度为580℃。结构水主要存在于氧化物和层状结构的硅酸盐矿物中。

4. 沸石水

沸石水是介于结晶水和吸附水之间的一种水,以中性水分子的形式主要存在于沸石族矿物晶格中宽大的空腔和通道中而得名。沸石水在晶格中也占据确定的配位位置,水的含量随温度和湿度在一定范围内变化,其含量有一个上限值,此数值与其他组分的含量间有确定的比例关系。

随着温度升高,沸石水一般在80℃时可以通过结构孔道逐渐逸失,至400℃时可全部析出,在失水过程中并不导致结构的破坏,仅是矿物的某些物理性质随含水量的变化而呈现线性的变化。沸石水的含量随外界温度、湿度等条件的变化而变化,它对晶体结构不产生影响,如部分脱水后的沸石,在潮湿环境中,又能重新从外界吸收水分,并恢复到原来的含水限度,从而再现矿物原来的物理性质,如钠沸石($Na_2[Al_2Si_3O_{10}]\cdot 2H_2O$)等。

5. 层间水

层间水是存在于某些具有层状结构的硅酸盐矿物晶格的结构层之间,性质介于结晶水与吸附水之间的一种中性水分子。层间水的含量不定,并随所吸附的阳离子的种类以及外界环境的温度和湿度而变化,同时矿物的物理性质也将发生相应的变化。当温度升高时,层间水逐渐逸出,常压下约至110℃时,其大部分水可逸失。脱失层间水后的矿物固有的层状结构并不因之而破坏,仅相邻结构层间堆积趋向紧密,矿物密度变大。而在潮湿环境中,水分子又可以重新被吸入进入晶格的层间,并使晶格相应发生膨胀,具有明显的吸水膨胀的特性,如蒙脱石($(Na,Ca)_{0.33}(Al,Mg)_2[(Si,Al)_4O_{10}](OH)_2\cdot nH_2O$)。而有的含层间水的矿物,在加热过程中,水的气化压力可使晶格结构层间距离迅速扩大,而表现出显著的热膨胀性,如蛭石($(Mg,Ca)_{0.5}(Mg,Fe^{3+},Al)_3[(Si,Al)_4O_{10}](OH)_2\cdot 4H_2O$),此现象是蛭石的主要鉴定特征之一。

含有层间水和沸石水的矿物,大都具有吸附性阳离子,而这些吸附阳离子又可伴随着水分子的逸出和进入与介质中的阳离子发生离子交换,因而具有实用价值。研究水在矿物中的特性,尤其对于水文地质及工程地质、石油地质和环境科学将具有重要的实际意义。

七、矿物的化学式及其表示方式

1. 矿物的化学式

矿物的化学式是表示组成矿物各种成分的数量比,以及它们在晶格中的赋存状态、相互关系和晶体结构特征的表达形式。通常矿物的化学式的表示方法有实验式和结构式两种。

(1)实验式

实验式仅表示出矿物中各元素的种类及其原子数之比,如白云母的实验式即写成

$H_2KAl_3Si_3O_{12}$，或者按元素的简单氧化物组合而写成 $K_2O \cdot 3Al_2O_3 \cdot 6SiO_2 \cdot 2H_2O$ 的形式。

（2）结构式

亦称晶体化学式。除表示出组成元素的种类及其原子数之比外，还能在一定程度上表示出原子在结构中的关系及其存在形式。例如白云母的结构式即写为 $KAl_2[(AlSi_3)O_{10}](OH)_2$。结构式是矿物学中普遍采用的方法，其书写规则和所代表的意义如下：

1）基本原则是阳离子在前，阴离子在后，例如：石英—SiO_2，黄铜矿—$CuFeS_2$ 等。若含有络阴离子，则用方括号将其括起来，例如：方解石—$Ca[CO_3]$，透辉石—$CaMg[Si_2O_6]$。

2）附加阴离子通常写在络阴离子之后，例如：氟磷灰石—$Ca_5[PO_4]_3F$，滑石—$Mg_3[Si_4O_{10}](OH)_2$ 等。

3）相互间成类质同象置换关系的元素，均写在同一个圆括号内，并按含量由高到低依序排列。例如：铁闪锌矿—$(ZnFe)S$，普通辉石—$Ca(MgFe^{2+}Fe^{3+}Al)[(SiAl)_2O_6]$ 等。

4）矿物中的水分子则写在其他组分之后，并用圆点与其他组分相隔开，如石膏—$Ca[SO_4] \cdot 2H_2O$。沸石水的含量以其上限值为准，如钠沸石—$Na_2[Al_2Si_3O_{10}] \cdot 2H_2O$ 等。当水含量不确定时，则可用 nH_2O 或 aq（"水"的拉丁文 $aqus$ 的缩写）来表示，如蛋白石—$SiO_2 \cdot nH_2O$ 或 $SiO_2 \cdot aq$。

2. 矿物化学式的计算

矿物的化学式是根据单矿物的定量化学全分析数据或电子探针微区分析结果经过计算得出的。前者一般允许误差≤1%，后者的理论误差≤5%。但由此而得到的只是实验式，如果要写出矿物的结构式，还需要根据已有的晶体结构知识和晶体化学的原理，对矿物中各种元素的存在形式做出合理的判断，并按照电价平衡原则进行适当的分配。

表3-1和表3-2分别给出了矿物晶体化学式的具体计算过程的实例。

表3-1 某黄铜矿化学式计算实例

成分	w_B/% （化学全分析结果）	原子数		原子数比例（近似值）	化学式
		换算（以相对原子质量除）	结果		
Cu	34.40	34.40/63.5	0.541	1	
Fe	30.47	30.47/56.0	0.544	1	$CuFeS_2$
S	35.87	35.87/32.0	1.120	2	
合计	100.74				

表3-2 某绿柱石化学式计算实例

成分	w_B/% （化学全分析结果）	分子数		分子数比例（近似值）	化学式
		换算（以相对分子质量除）	结果		
BeO	14.01	14.01/25.1	0.5919	3	$3BeO \cdot Al_2O_3 \cdot 6SiO_2$
Al_2O_3	19.26	19.26/102.2	0.1884	1	或写成
SiO_2	66.37	66.37/60.3	1.1007	6	$Be_3Al_2[Si_6O_{18}]$
合计	99.64				

第四节 矿物的分类和命名

一、矿物的分类

目前世界上发现的矿物已有 4100 余种。为了系统而全面地研究矿物,就必须对数以千计的矿物进行科学的分类。矿物的分类方案很多,如工业分类、成因分类、晶体化学分类等。目前,在矿物学中广泛应用、比较合理的是以晶体化学为基础的矿物分类方案,本教材即采用这一分类方案,见表 3-3。

表 3-3 矿物大类的晶体化学分类

矿物类别		阴离子或络阴离子的基本形式	矿物举例
自然元素矿物		单质元素	自然铜 Cu, 自然金 Au
硫化物		S^{2-}	方铅矿 PbS, 黄铜矿 $CuFeS_2$
氧化物、氢氧化物		O^{2-}, $(OH)^-$	赤铁矿 Fe_2O_3, 水镁石 $Mg(OH)_2$
卤化物		Cl^-, F^-, Br^-, I^-	食盐 NaCl, 萤石 CaF_2
含氧盐	硅酸盐	SiO_4^{4-}	正长石 $K[AlSi_3O_8]$, 橄榄石 $Mg_2[SiO_4]$
	碳酸盐、硝酸盐、硼酸盐	CO_3^{2-}, NO_3^-, BO_3^{3-}	方解石 $Ca[CO_3]$, 钠硝石 $Na[NO_3]$, 硼砂 $Na_2[B_4O_5(OH)_4]\cdot 8H_2O$
	硫酸盐、钨酸盐、磷酸盐	SO_4^{2-}, WO_4^{2-}, PO_4^{3-}	重晶石 $Ba[SO_4]$, 白钨矿 $Ca[WO_4]$, 磷灰石 $Ca_5[PO_4]_3(F,Cl)$

需要说明的是,矿物分类的基本单元是矿物种,它是指具有相对固定的化学组成和确定的晶体结构的矿物。如金刚石、闪锌矿、磁铁矿、方解石、正长石等都是矿物种的名称。对于同质多象变体而言,虽然各个变体的化学组成相同,但其晶体结构有明显差别,因而应分为不同的矿物种,如 α-石英和 β-石英,属于同一个矿物种,但在次要的化学成分或物理性质、形态某一方面有较明显的差异者,称为亚种(亦称变种或异种)。例如,红宝石是含 Cr^{3+} 的刚玉亚种,紫水晶是紫色石英的亚种。

为了便于说明某些矿物种之间的内在联系,我们还将化学组成类似且晶体结构类型相同的一组矿物,包括同质多象变体归之为同一矿物族,如石英族、蓝晶石族等。

此外,考虑到某些大类中常见矿物种类较少,为节省篇幅,故本教材将含氧盐大类中本属于不同类的,但结构类型相似的矿物,如碳酸盐、硝酸盐和硼酸盐矿物合并进行阐述。

二、矿物的命名

为了区别和认识不同的矿物,人们对每个矿物种都给予各自独立的固定名称。在我国现用的矿物名称中,有些仍沿用我国古代的矿物名称(如水晶、雄黄等)以及传统的命名习惯:呈金属光泽或主要用于提炼金属的矿物称"××矿",如方铅矿、黄铜矿等;具非金属光泽者称"××石",如方解石、橄榄石等;宝玉石类矿物常称"×玉",如刚玉、硬玉等;呈透明晶体者称"×晶",如水晶、黄晶等;常以细小颗粒产出的矿物称"×砂",如辰砂、硼砂等;地表次生的并呈松散状的矿物称"×华",如镍华、钙华等;易溶于水的矿物常称为"×矾",如黄钾铁矾等。此外,也有些矿物是我国首先发现而命名的,但大部分矿物名称是据其化学成分、晶系、形态、物理性质特征等转译和采用混合命名,如三方闪锌矿、锂辉石等;还有少数矿物名称并不是作为矿物种的名称,而是包括了若干个类似的矿物种,作为矿物族的名称使用,如长石(feldspar)、云母(mica)、辉石(pyroxene)等。

现今的矿物命名方法主要可归纳为以下几种:

(1) 以化学成分命名:如金银矿(AuAg),汞铅矿($HgPb_2$)。

(2) 以物理性质命名:如金红石(rutile 来源于拉丁文,意为 red),重晶石(barite 来源于希腊文,意为 weight)。

(3) 以形态命名:如十字石(staurolite 来源于希腊文,意为 across);方柱石(晶形常呈四方柱状)。

(4) 以产地命名:如香花石(shianghualite,首先发现于湖南临武香花岭),高岭石(kaolinite,源于江西景德镇高岭),柴达木石(chaidamuite),古巴矿(cubanite),伊拉克石(iraqite)。

(5) 以人名命名:如张衡矿(zhanghengite),伦琴石(roentgenite)。

本 章 小 结

1. 矿物的透明度是指矿物允许可见光透过的程度,大致分为透明、半透明、不透明三个等级。
2. 矿物光泽是指矿物表面对可见光的反射能力,自强而弱大致分为金属光泽、半金属光泽、金刚光泽、玻璃光泽四个等级。还有油脂光泽、树脂(松脂)光泽、蜡状光泽、丝绢光泽、珍珠光泽、土状光泽等特殊光泽。
3. 矿物的自色是相当固定且具特征性的,因而是矿物的鉴定特征之一;他色不是矿物固有的颜色,因而在矿物鉴定中不具意义。
4. 条痕是矿物粉末的颜色,通常是以矿物在无釉瓷板上擦划所留下的粉末痕迹的颜色。条痕对于不透明矿物和色彩鲜明的透明、半透明矿物具有重要鉴定意义。
5. 摩氏硬度计的十种矿物是:滑石、石膏、方解石、萤石、磷灰石、正长石、石英、托帕石(黄玉)、刚玉、金刚石。
6. 矿物晶体受外力作用后,沿晶格中某些特定方向的面网发生破裂的固有特性称为解理,通常将其分为极完全解理、完全解理、中等解理、不完全解理、极不完全解理五级。
7. 矿物的相对密度分为三级:轻级,相对密度小于2.5;中等,相对密度在2.5~4之间;重级,相对密度大于4。
8. 根据形成矿物的地质作用,可把矿物分为内生矿物(岩浆作用形成的矿物)、外生矿物(地表地质作用形成的矿物)和变质矿物(变质作用形成的矿物)。
9. 类质同象是指物质结晶时,在确定的某种晶体的晶格中,本应全部由某种质点(原子、离子、络阴离子等)占有的结构位置,一部分被性质相似的其他质点所替代占有,共同结晶成均匀的、呈单一相的混合晶体的现象。
10. 同质多象是指一种物质(单质或化合物)在不同的热力学条件下,能结晶成若干种不同晶体结构的现象。
11. 按矿物晶体化学特征可将矿物分为:自然元素矿物、硫化物矿物、氧化物、氢氧化物矿物、卤化物矿物、含氧盐（硅酸盐、碳酸盐、硫酸盐等）矿物。
12. 胶体矿物通常是隐晶质或非晶质的，如蛋白石、铝土矿、胶磷矿和大多数黏土矿物等。

作业及思考题

1. 试总结矿物的颜色、条痕、透明度和光泽之间的相互关系。
2. 何谓类质同象？闪锌矿 ZnS 中常含有铁元素，化学式写成 ZnFeS，此种写法对吗？为什么？
3. 何谓同质多象和副象？萤石晶形有时呈立方体，有时呈八面体，这是同质多象吗？
4. 矿物中的水有哪几种形式？各自的特点是什么？在晶体化学式中如何表示？
5. 什么是矿物种和变种？金刚石与石墨的化学成分都是 C，它们是否同属一种矿物？
6. 简述矿物形成的主要地质作用及影响因素。
7. 解理与裂开有何异同？在一个矿物晶体上如有解理就不会出现断口，此说法对吗？
8. 胶体矿物在成分、形态、物理性质和成因上有何特点？
9. 试简述矿物种的命名原则。矿物名称中词尾为××矿、××石、××玉、××华和××砂分别具有什么意义？
10. 试述矿物的透明度、光泽、颜色及其在总体上的相互对应关系。
11. 矿物密度的大小与什么有关？决定矿物硬度大小的因素是什么？
12. 属于不同晶系的晶体，有无可能属于同一个矿物种？为什么？

第四章 矿物各论

第一节 自然元素矿物

自然界已知有 30 种左右的元素可呈单质形式而形成自然元素矿物。目前已知的自然元素矿物超过 50 种，这是因为某些元素可形成两种或两种以上的同质多象变体。例如，碳有金刚石、石墨、六方金刚石和赵击石四种同质多象变体；硫有三种同质多象变体。此外，一些金属元素间还可以形成金属互化物，其原子间以金属键相结合，且它们中的原子数有确定的比例，如铜金矿（CuAu）等。

自然元素矿物在地壳中的分布很不均匀，占地壳总质量还不足 0.1%，但其中有些元素如 Au、Pt、C 和 S 等可以显著富集，甚至形成具有重要经济价值的大型或超大型矿床。自然元素矿物是铂、金、金刚石、石墨、硫等最重要甚至唯一的来源。

本大类矿物可分为自然金属元素矿物、自然半金属元素矿物和自然非金属矿物。

一、自然金属元素矿物

组成自然金属元素矿物的元素，最主要的是铂族元素，金、铜和银其次，其他金属 Pb、Zn、Sn 偶见，而 Fe、Co、Ni 的单质形式则主要见于铁陨石中。金呈单质状态是它在自然界最主要的存在形式。银或铜成单质形式存在比较少，它们往往形成硫化物和其他化合物。

本族矿物的物理性质表现为：金属色，金属光泽，反射力强而不透明，无解理，硬度低，密度大，强延展性、导电性和导热性。常呈树枝状连生，并常形成双晶。

在矿物成因上，自然金往往为热液成因的，而自然铜和自然银除了热液成因的以外，更常见于硫化物矿床氧化带中，系含铜或含银硫化物矿物氧化后所形成的硫酸铜或硫酸银溶液，被其他硫酸盐或硫化物所还原而成。

（一）自然铜族

自然铜 Copper Cu

等轴晶系。单晶体很少见。通常呈不规则树枝状（图 4-1）、片状或致密块状集合体。铜红色，表面常带有锈色；条痕铜红色；金属光泽；不透明。硬度 2.5~3；具强延展性；无解理；断口呈锯齿状。密度 8.95g/cm³（纯铜）。熔点 1083℃。具有良好的导电和导热性。

自然铜形成于多种地质过程中的还原条件下。热液成因的自然铜，往往呈散染状与沸石、方解石等共生。充填于玄武岩气孔中与沸石、葡萄石等矿物共生的自然铜，其成因与火山热液作用有关。沉积成因的自然铜见于富含有机质的一些沉积岩层中。

自然铜最为常见的是形成于含铜硫化物矿床氧化带下部，系含铜硫化物氧化后，又被其他硫酸盐或硫化物还原而成，常与赤铜矿、赤铁矿、孔雀石等矿物伴生。

图 4-1 自然铜集合体形态

★ 以铜红色，金属光泽，富延展性，密度大为主要鉴定特征。

大量积聚时可作为铜矿石利用。铜广泛用于电线电缆，以及用于制造合金。

（二）自然金族

自然金 Gold Au

等轴晶系。单晶体少见。通常呈分散粒状、片状、树枝状等形态的集合体，偶尔呈较大的金块体（俗称"狗头金"）。

金黄色，条痕色与颜色相同，随其成分中含 Ag 量的增高则颜色逐渐变为淡黄；金属光泽，不透明；硬度 2.5～3；无解理；具强延展性；可以锤打成金箔或拉成金丝。密度 19.3g/cm³（纯金）。熔点 1062℃。热和电的良导体。化学性质稳定，不溶于酸，只溶于王水。

自然金几乎是金的唯一来源。主要形成于高、中温热液成因的含金石英脉中，或产于蚀变岩以及与火山热液作用有关的中、低温热液矿床中。由于自然金密度大，化学性质稳定，常常在外生条件下，富集形成重要的砂金矿床。

我国许多省区均有自然金产地，其中原生矿床以山东胶东半岛一带最著名，而砂金矿床以金沙江、黑龙江、吉林和湖南沅水流域分布最多。

★ 以金黄色的颜色与条痕色，低硬度，强延展性，密度大，不溶于一般强酸为主要鉴定特征。

黄金在国际金融市场为流通货币。此外，用于制作珠宝首饰、制备各种合金，以及制造尖端电子技术装置的部件。

二、自然非金属元素矿物

组成自然非金属元素矿物的最主要元素是硫和碳。自然非金属矿物由于彼此间的晶体结构类型和化学键性差异较大，因而所呈现的物理性质很不相同。

（一）自然硫族

自然硫有斜方晶系的 α-硫，单斜晶系的 β-硫和 γ-硫三个同质多象变体，自然界中只有α-硫才是稳定的。此外，还有呈胶状非晶质态的硫。

自然硫 Sulphur α-S

斜方晶系。晶形常呈双锥状或厚板状，由菱方双锥、菱方柱、板面等组成（图4-2）。通常呈块状、粒状、粉末状、钟乳状集合体等。

图4-2 自然硫晶体

带有各种不同色调的黄色；条痕白色至淡黄色；晶面呈金刚光泽，而断面显油脂光泽。贝壳状断口；解理不完全；性脆；硬度1~2。密度2.05~2.08g/cm³；熔点低，易燃，有硫臭味。

自然硫为硫蒸气直接凝华或由硫化物，如硫化氢、黄铁矿等不完全氧化或氧化后经还原形成于地表。自然硫矿床最主要的成因是由细菌参与的生物化学沉积和火山喷发作用形成的。由生物化学作用形成的沉积硫矿床，是在封闭型潟湖中由细菌还原硫酸盐而成，常与碳酸盐层、石膏层等形成互层，具有很高的工业价值。我国自然硫的主要产地是台湾北部的大屯火山区。

★ 以其颜色，光泽，低硬度，性脆和易熔，易燃为主要鉴定特征。

主要用来制取工业硫和硫酸的原料，也用于生产化学肥料和合成洗涤剂、染料、合成树脂、炸药和药品等。

（二）金刚石-石墨族

本族包括碳的四个同质多象变体：金刚石、六方金刚石、石墨和赵击石。但六方金刚石和赵击石在自然界很罕见。近年来发现的仅以痕量见于陨石中的碳物质富勒烯（fullerene），其分子组成为C_{60}，由60个碳原子组成，结构以5个或6个碳原子组成的环相互连接成球状，构成一个中空类同足球形状的球状分子。

金刚石 Diamond C

等轴晶系。晶体常呈八面体、菱形十二面体及聚形，也见由立方体、四六面体等组成的聚形（图4-3，图4-4）。晶面上常有蚀象，八面体晶面上呈倒三角形凹坑，自然界中金刚石大多数因溶蚀晶面常弯曲，而

图4-3 金刚石的晶体

呈浑圆粒状、凸晶状或碎粒状产出。无色透明，通常带有深浅不同的黄色或褐色色调。也有少数金刚石呈现蓝色、黑色、黄色和粉红色等。晶面呈标准金刚光泽，断口为油脂光泽。硬度10；性脆；平行{111}解理中等。密度3.50~3.52g/cm³。纯净金刚石热膨胀系数小，导热性好，室温下其导热率几乎是银的5倍。

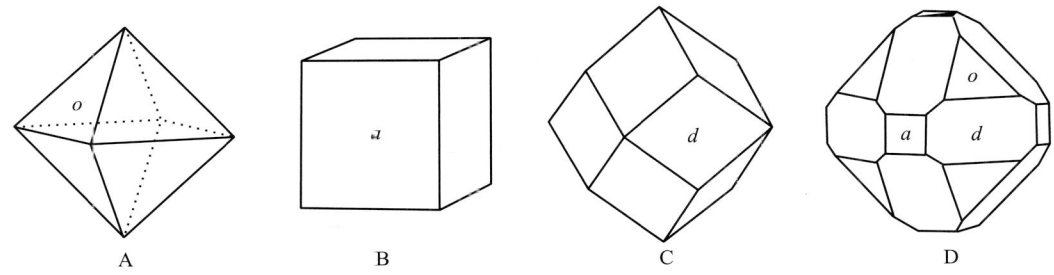

图4-4 金刚石的晶体形态（A、B、C）与聚形（D）

o{111} 八面体；a{100} 立方体；d{110} 菱形十二面体

金刚石结晶发生于高温高压条件下，是岩浆作用的产物，主要产于超基性岩的金伯利岩和钾镁煌斑岩中。与金刚石共生的矿物有橄榄石、镁铝榴石、铬透辉石、金云母等。此外，在高压变质的榴辉岩中也见有零星的金刚石产出。当含金刚石的岩石遭受风化后，在外生作用下，可以聚集形成重要的金刚石砂矿。

世界上著名金刚石产地有南非、刚果（金）、塞拉利昂、澳大利亚和俄罗斯亚库梯亚，以及印度、巴西等地。目前世界上最大的金刚石是1906年发现于南非普雷梅尔，质量3106ct（1ct=200mg）。我国金刚石的产地主要有山东、辽宁和湖南。1977年山东临沭地区曾发现一颗由立方体与曲面四六面体所成聚形的金刚石，质量158.786ct，称为"常林钻石"。

★ 以极高的硬度，标准金刚光泽，晶形轮廓常呈浑圆状，紫外线照射下显磷光为其主要鉴定特征。

无色或色泽鲜艳透明者可作宝石。工业金刚石用作高硬切割材料和钻头、金属和化纤业的拉丝模、集成电路中的散热片、原子能工业上的高温半导体材料，以及人造卫星、宇宙飞船和远程导弹上的红外激光器窗口材料等。

石墨 Graphite C

自然界中最常见的石墨是属于六方晶系2H型。

通常为鳞片状、块状或土状集合体。钢灰至铁黑色，条痕黑色；半金属光泽；隐晶质土状集合体的光泽暗淡。硬度1~2；平行{001}解理极完全；薄片具挠性；性软，有滑感，易污手。密度2.09~2.26g/cm³。化学性质稳定；电、热良导体。

自然界中石墨往往在高温条件下形成。分布最广的是沉积变质成因的石墨，系由富含有机质或碳质的沉积岩经受区域变质作用而成。接触变质成因的石墨，可由煤系或碳质页岩经热变质或碳酸盐矿物分解而成。我国石墨储量和产量均居世界首位，很多省区都有产出，如黑龙江萝北县云山、山东南墅等。

★ 以颜色，光泽，一组极完全解理，硬度低，密度小，有滑感，易污手为其主要鉴定特征。

石墨由于其熔点高、抗腐蚀、不溶于酸等特性，用于制作冶炼用的高温坩埚；碳素和石墨纤维复合材料。具滑感，作为机械、航空等工业的高温、高速润滑剂；导电性良好，可制作电池电极等。成分纯净的高碳石墨可作原子能反应堆中的中子减速剂、防辐射外壳，是国防和核能工业的重要材料。3R型石墨是人工合成金刚石的原料。

第二节 硫化物矿物

自然界中已发现的硫化物矿物种数约有370多种。本大类矿物虽然数量有限,仅占地壳总质量的0.15%,但可以富集成具有工业意义的重要有色金属和稀有元素矿床。组成硫化物的阳离子部分的最主要元素为Fe、Co、Ni、Mo、Cu、Pb、Zn、Ag、Hg、As、Sb、Bi等,是主要有色金属的重要来源,因此本大类矿物在国民经济建设中具有重大意义。

硫除了可以单质S^0在自然界中形成自然硫矿物外,还可以阴离子形式出现。硫往往具有不同的价态,大部分呈S^{2-},如方铅矿PbS;也可呈对阴离子$[S_2]^{2-}$,如黄铁矿(FeS_2);或与As、Sb等元素形成$[AsS]^{2-}$、$[SbS]^{2-}$对阴离子形式,如毒砂(FeAsS)、硫锑铁矿(FeSbS)等。此外,As、Sb、Bi还可以呈阳离子与S结合构成$[AsS_3]^{3-}$、$[SbS_3]^{3-}$复杂的络阴离子,形成复杂的硫盐矿物。

本大类矿物类质同象替代广泛,且在阳离子和阴离子间都可以发生。一些稀散元素往往可以类质同象混入物形式存在于本类矿物中,如Ga、In等分散元素常替代闪锌矿中的Zn;Re替代辉钼矿中Mo元素;Au、Ag、Cd等替代黄铜矿中的Cu元素等。

依据阴离子价态不同和络阴离子结合方式的特点,本大类矿物相应地可分为单硫化物、对硫化物和硫盐矿物三类。由于自然界中硫盐矿物稀少罕见,在此不另描述。

绝大多数硫化物呈金属色,显金属光泽,条痕色深而不透明,如方铅矿、黄铁矿等。仅少数硫化物呈非金属色,金刚光泽,半透明,如雄黄、辰砂、闪锌矿等。

本大类矿物的熔点低,密度一般在$4g/cm^3$以上。硬度变化较大。其中单硫化物和硫盐矿物硬度低,其摩氏硬度在2～4之间,尤其具层状结构者,甚至降低到1～2之间。具对阴离子$[S_2]^{2-}$硫化物,其硬度增高至5～6.5左右,同时缺乏解理或解理不完全,而其他硫化物大多具有明显解理性。

一、单硫化物矿物

(一) 辉铜矿族

Cu_2S有三个同质多象变体,辉铜矿是自然界中稳定的低温变体。

辉铜矿 Chalcocite Cu_2S

斜方晶系。通常呈致密块状、粉末状。

暗铅灰色;条痕暗灰色;金属光泽。硬度2～3;略具延展性,小刀刻划时不成粉末,留下光亮刻痕。相对密度5.5～5.8。

部分见于某些热液成因的铜矿床中。外生作用形成的辉铜矿见于某些含铜硫化物矿床的次生硫化物富集带,系氧化带渗滤下去的硫酸铜溶液与原生硫化物(黄铜矿、斑铜矿、黄铁矿等)进行交代作用的产物。此外也见于某些沉积成因(包括火山沉积成因)的层状铜矿中。

★ 以其暗铅灰色、低硬度和弱延展性(小刀刻划后,划痕光亮)区别于其他含铜硫化物。

为提炼铜的重要矿物原料。辉铜矿是含铜量最富的硫化物矿物。

（二）方铅矿族

方铅矿 Galena PbS

等轴晶系。常呈立方体晶形，有时以八面体与立方体聚形出现（图4-5）。通常呈粒状、致密块状集合体。

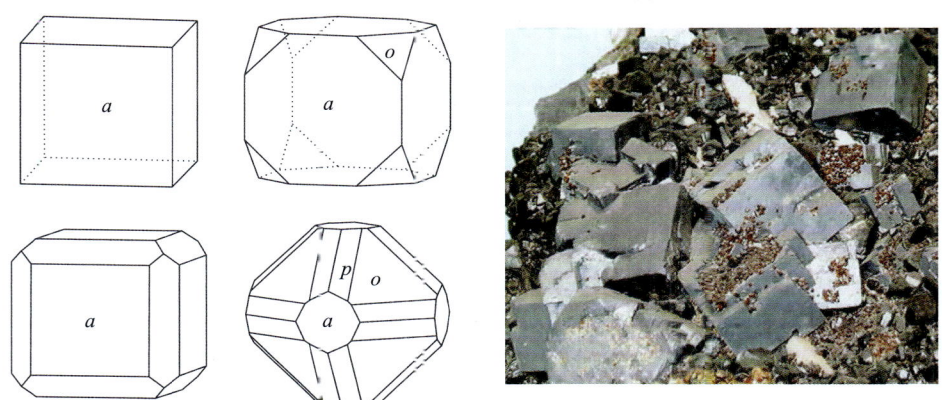

图4-5　方铅矿的晶体形态和晶簇
$a\{100\}$ 立方体；$o\{111\}$ 八面体；$p\{212\}$ 三角三八面体

铅灰色；条痕灰黑色；金属光泽。硬度2~3；解理平行立方体$\{100\}$完全。密度7.4~7.6g/cm³。具弱导电性和良检波性。

方铅矿是自然界中分布最广的含铅矿物。形成于不同温度的热液过程中，其中以中、低温热液过程最为主要，经常与闪锌矿一起形成铅锌硫化物矿床。在大多数铅锌矿床中，方铅矿、闪锌矿还经常与黄铁矿、黄铜矿等矿物共生。方铅矿在氧化带不稳定，易转变为白铅矿和铅矾等一系列次生矿物。

我国方铅矿产地很多，其中以云南金顶、广东凡口、甘肃厂坝、青海锡铁山以及湖南水口山等地最为著名。

★以其铅灰色，金属光泽，立方体完全解理，硬度小，密度大为主要鉴定特征。

提炼铅的最重要的矿物原料；含Ag的方铅矿是提炼银的重要矿物原料。铅主要用于蓄电池和金属产品的制造，还可用于制造玻璃和陶瓷的釉料。铅化物也是成药制剂的主要原料。

（三）闪锌矿-纤锌矿族

闪锌矿 Sphalerite ZnS

等轴晶系。晶体常呈四面体状（图4-6），低温条件下有时呈菱形十二面体状。以（111）为接合面成双晶。集合体通常呈粒状块体。胶体成因的闪锌矿呈隐晶质的肾状、葡萄状、同心圆状等形态特征。当含铁量增多时，颜色由浅变深，从浅黄、棕褐直至黑色（铁闪锌矿）；条痕由白色至黄色、褐色；光泽由树脂光泽至半金属光泽；透明至半透明。硬度3.5~4；解理平行菱形十二面体$\{110\}$完全。密度3.9~4.1g/cm³，随含Fe量的增加而降低。

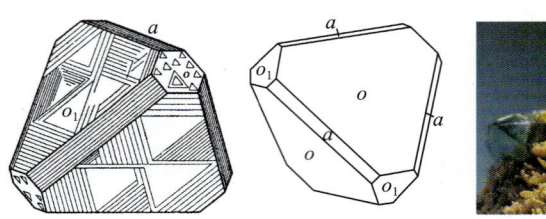

图 4-6 闪锌矿晶体

$a\{100\}$ 立方体；$o\{111\}$ 八面体；$o_1\{1\bar{1}\bar{1}\}$ 四面体

闪锌矿常见于接触交代矽卡岩和各种热液成因矿床中，是分布最广的锌矿物。我国闪锌矿产地很多，以云南金顶、广东凡口、青海锡铁山、甘肃厂坝以及湖南水口山等地最著名，与方铅矿紧密共生。在地表易氧化成 $Zn[SO_4]$，表生条件下可形成菱锌矿、异极矿等。

★ 以其菱形十二面体完全解理，解理面上呈金刚光泽，较浅的条痕颜色，以及经常与方铅矿密切共生等为主要鉴定特征。

提炼锌的最重要的矿物原料。其成分中所含镉、铟、锗、镓、铊等一系列稀散元素可综合利用。闪锌矿的单晶可用作紫外半导体激光材料、红外窗口材料，以及显像管涂料等，氯化锌用于木材防腐剂。

（四）辰砂族

HgS 有三个同质多象变体：三方晶系的辰砂、等轴晶系的黑辰砂以及六方晶系的六方辰砂。后两者在自然界分布稀少。此外，在自然界还发现非晶质 HgS。

辰砂 Cinnabar HgS

三方晶系。单晶体呈菱面体形，或呈厚板状、柱状（图 4-7）。双晶常见，常为贯穿双晶。集合体多呈不规则粒状，有时为致密块状、粉末状及被膜状等。

猩红色；有时表面呈铅灰的锖色；条痕红色；金刚光泽。性脆；硬度 2~2.5；具平行六方柱 $\{10\bar{1}0\}$ 的完全解理。密度 $8.05 g/cm^3$。

辰砂是分布最广的汞矿物。主要形成于低温热液过程中，在碱性介质中沉淀晶出。常与辉锑矿、雄黄、雌黄、黄铁矿、石英等矿物共生。

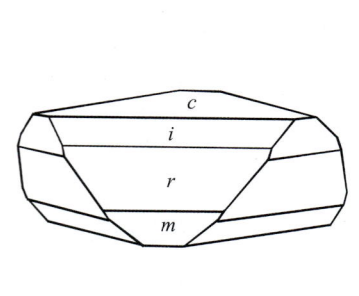
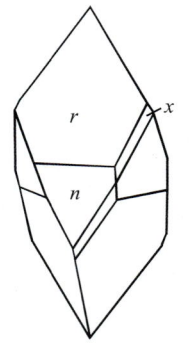

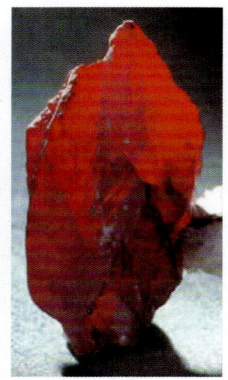

图 4-7 辰砂的晶体形态

$c\{001\}$ 平行双面；$m\{10\bar{1}0\}$ 六方柱；$r\{10\bar{1}1\}$，
$n\{20\bar{2}1\}$，$i\{20\bar{2}5\}$ 菱面体；$x\{4\bar{2}\bar{6}3\}$ 三方偏方面体

图 4-8 辰砂双晶和贵州"辰砂王"

我国是世界辰砂主要生产国之一。湖南晃县、贵州婺源和铜仁等地是辰砂的著名产地。1980年我国贵州岩屋坪矿山发现一颗"辰砂王"，晶体长65.4mm，宽35mm，高37mm，净质量237g，质纯无瑕，是辰砂晶体的罕见珍品（图4-8）。

★ 以其猩红色及红色条痕色，密度大，硬度低为主要鉴定特征。

提炼汞的最重要矿物原料。辰砂的单晶可作激光调制晶体材料，可用作油漆、油墨、橡胶等的颜料，医药上用作防腐剂及治疗药物等。

（五）磁黄铁矿族

磁黄铁矿 Pyrrhotite $Fe^{2+}_{1-x}S$

六方晶系。单晶很少见，呈六方片状、板状或柱状（图4-9）。常呈致密块状、粒状集合体。

暗青铜黄色，表面常具暗褐锈色；条痕灰黑色；不透明；金属光泽。硬度4，性脆；解理平行$\{10\overline{1}0\}$不完全，平行$\{0001\}$裂理发育。密度4.6~4.7g/cm³。具导电性和磁性。

磁黄铁矿分布于各种类型内生矿床中。在基性岩体内的铜镍硫化物岩浆矿床中，它是主要矿物成分之一，与黄铜矿、镍黄铁矿紧密共生。在接触交代矿床和各热液矿床中可形成富集矿体，与黄铜矿、黄铁矿、磁铁矿、毒砂等矿物共生。在氧化带，它极易分解而最后转变为褐铁矿。

图4-9 磁黄铁矿晶簇

★ 以其暗青铜黄色，硬度小，具磁性为主要鉴定特征。

用于制作硫酸的原料，含镍较高时可作为镍矿石利用。

（六）黄铜矿族

黄铜矿有低温四方晶系和高温等轴晶系两种同质多象变体，二者转变温度为550℃。

黄铜矿 Chalcopyrite $CuFeS_2$

四方晶系。晶体常见单形呈四方四面体、四方双锥等，但单晶体较少见。通常为致密块状或分散粒状。

铜黄色，但往往带有暗黄或斑状锈色；条痕绿黑色；金属光泽；不透明；解理不发育。硬度3~4；性脆；密度4.1~4.3g/cm³；能导电。

黄铜矿分布较广，可形成于多种地质条件下。出现于与基性岩、超基性岩有关的铜镍硫化物岩浆矿床、斑岩铜矿、各种热液（包括火山热液）成因铜矿床中，以及某些沉积成因（包括火山沉积成因）的层状铜矿中。在氧化带，黄铜矿易于氧化、分解，而转变为易溶于水的硫酸铜，后者与含碳酸的水溶液作用可形成孔雀石、蓝铜矿。

我国黄铜矿的主要产地集中在长江中下游地区、川滇地区、山西南部的中条山地区、甘肃的河西走廊以及青海、青藏高原等地。

★ 黄铜矿与黄铁矿相似，但以更黄的颜色和较低的硬度加以区别。与自然金的区别在于绿黑色的条痕，性脆及溶于硝酸。

提炼铜的主要矿物原料。

（七）辉锑矿族

辉锑矿 Stibnite Sb_2S_3

斜方晶系。单晶体呈柱状或针状，柱面具有明显的纵纹，较大的晶体往往显现弯曲。集合体常呈放射状、柱状晶簇（图4-10），或致密粒状块状集合体。

铅灰色，条痕黑色；晶面常带暗蓝锖色；金属光泽；不透明。解理平行 $\{010\}$ 完全，解理面上常见有横的聚片双晶纹；硬度2；性脆；密度 $4.6g/cm^3$。

辉锑矿为分布最广的锑矿物，见于中低温热液矿床中，与辰砂、石英、萤石、重晶石、方解石等共生。我国湖南新化锡矿山是世界上最著名最大的辉锑矿产地。

★ 以其铅灰色，柱状晶形，解理面上有横纹为主要鉴定特征。

提炼锑的最重要矿物原料，用于制取各种锑化物，玻璃工业中可作着色剂、橡胶硫化剂等。

图4-10 辉锑矿晶簇　　　　　　图4-11 雌黄晶簇

（八）雌黄族

雌黄 Orpiment As_2S_3

单斜晶系。常见板状或短柱状（图4-11），集合体呈片状、梳状、土状等。

柠檬黄色；条痕鲜黄色；油脂光泽至金刚光泽，解理面为珍珠光泽。解理平行 $\{010\}$ 极完全，薄片具挠性。硬度 $1.5\sim2$。密度 $3.5g/cm^3$。

低温热液矿床中的典型矿物，常与雄黄密切共生。此外，还见于热泉沉积物和火山凝华物中，与自然硫、氯化物等共生。我国湖南、云南、贵州、四川、甘肃等省均有产出，尤以湖南和云南著名。

★ 以其柠檬黄色，硬度低，一组极完全解理为主要鉴定特征。与自然硫相似，但自然硫不具极完全解理。

为砷及制造各种砷化物的主要矿物原料，还可用于医药药剂。

（九）雄黄族

雄黄 Realgar As_4S_4（通常简写为 AsS）

单斜晶系。晶体通常细小，呈针状或柱状。一般以致密粒状或土状块体或皮壳状产出。

橘红色；条痕淡橘红色；晶面上具金刚光泽，断面上呈现树脂光泽。硬度 1.5~2；性脆；解理平行 {010} 完全。密度 3.6g/cm³。长期受光照射作用，可转变为淡橘红色粉末。

低温热液矿床中的典型矿物，亦见于温泉和硫质喷气孔的沉积物中，与雌黄共生。

★ 以其橘红色，条痕淡橘红色，硬度低为主要鉴定特征。与辰砂相似，但辰砂条痕色为鲜红色，密度大。

提取砷及制造各种砷化物的主要矿物原料，用于农药、颜料和玻璃等工业。

（十）辉钼矿族

辉钼矿 Molybdenite MoS$_2$

辉钼矿在自然界已确定有两种多型：2H 型（六方晶系），3R 型（三方晶系）。

单晶体常呈不完整六方板状、片状，底面上常有条纹。通常以鳞片状集合体产出。

铅灰色；条痕为亮铅灰色，在上釉瓷板上为带微绿的灰黑色。金属光泽；不透明。硬度 1。解理平行 {0001} 极完全；薄片具挠性。有滑腻感。密度 5.0g/cm³。

辉钼矿是分布最广的钼矿物，其中经常含分散元素铼（Re）。主要是高、中温热液成因的，常与黑钨矿、锡石、石榴子石、透辉石等共生。与酸性岩有关的最重要钼矿床为斑岩型和接触交代型。在高温钨锡石英脉中，也经常出现辉钼矿。在表生氧化带，辉钼矿可转变成黄色粉末状钼华。

我国钼矿储量居世界首位。最著名的产地有辽宁、河南、山西、陕西等。

★ 以其铅灰色，金属光泽，硬度低，底面解理极完全为主要鉴定特征。以其密度较大、光泽较强、颜色及条痕较淡可与相似的石墨相区别。

提炼钼和铼的最重要矿物原料。

二、对硫化物矿物

（一）黄铁矿－白铁矿族

FeS$_2$ 有两种同质多象变体。等轴晶系变体为黄铁矿；斜方晶系变体为白铁矿。自然界中白铁矿的分布远比黄铁矿少，且在氧化带中比黄铁矿更易分解，转变为褐铁矿或黄钾铁矾。

黄铁矿 Pyrite FeS$_2$

等轴晶系。晶形常呈立方体（图 4-12A）、五角十二面体（图 4-12B），较少呈八面体。在立方体晶面上常能见到两相邻晶面上相互垂直的晶面条纹，这种条纹系由立方体与五角十二面体反复交替生长形成的聚形条纹。双晶主要依（110）和（111）而成。其中以（110）为双晶面的贯穿双晶，称为铁十字律双晶（图 4-12C）。集合体常呈致密块状、粒状以及草莓状、结核状等。

浅黄铜色，表面带有黄褐锈色；条痕绿黑色；金属光泽；不透明。硬度 6~6.5；性脆；断口参差状。密度 4.9~5.27g/cm³。

黄铁矿是地壳中分布最广的硫化物矿物，形成于多种不同地质条件下，如铜镍硫化物岩浆矿床、接触交代矽卡岩型矿床、多金属热液矿床以及与火山作用有关的矿床中。外生成因的黄铁矿见于还原环境的沉积矿床、含煤地层及黑色页岩、砂岩中，由沉积作用形成的黄铁矿往往呈结核状和团块状等。在氧化带，黄铁矿易分解而形成各种铁的氢氧化物和硫酸。铁的氢氧化物中以针铁矿为最常见，是构成褐铁矿的主要矿物成分。褐铁矿有时保留黄铁矿晶体外形，形成假象。

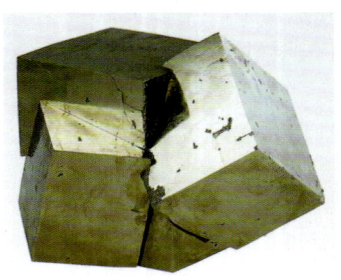  

A. 立方体　　　　　　　　B. 五角十二面体　　　　　C. 由五角十二面体组成的铁十字律双晶

图 4-12　黄铁矿晶体形态

★ 以其晶形、晶面条纹、颜色、硬度等特征可与相似的黄铜矿、磁黄铁矿相区别。

制取硫酸的主要原料，量大也可用以提炼硫黄。含金或钴、镍的黄铁矿应注意综合利用。其次用于生产染料、油漆、洗涤剂、合成纤维、药物和炸药等。

（二）毒砂族

毒砂　Arsenopyrite　FeAsS

单斜晶系。单晶体常呈柱状（图 4-13），(012) 上有晶面条纹。有时依（101）形成接触双晶；依（012）形成穿插双晶或三连晶。集合体往往为粒状或致密块状。

锡白色；表面常带浅黄的锖色；条痕灰黑色；金属光泽；不透明。硬度 5.5~6；性脆；解理平行 {101}、{010} 不完全。密度 5.9~6.3g/cm³。锤击之发砷之蒜臭味。灼烧后具磁性。

毒砂是分布最广的一种硫砷化物，其形成的温度变化范围很大。但大多数的毒砂都见于

图 4-13　毒砂晶簇

高温和中温热液矿床和某些接触交代矿床中。高温条件下形成的常见于钨锡石英脉中，与黑钨矿、锡石等共生。中温热液作用形成的毒砂与铜、铅、锌硫化物共生。在含金石英脉中，它亦是常见的矿物。

★ 以其锡白色，硬度高，锤击之发蒜臭味为主要鉴定特征。

提取砷及制造砷化物的原料。

第三节　卤素化合物矿物

卤素化合物为金属阳离子与卤族（氟、氯、溴、碘）阴离子相化合的化合物。卤素化合物矿物的种数约 140 余种。其中主要是氟化物和氯化物，而溴化物和碘化物则极为少见。

在卤素化合物中，阴离子 F^- 主要与 Ca^{2+}、Mg^{2+} 等组成稳定的化合物，并且大都不溶于水；而 Cl^-、Br^-、I^- 往往与 K^+、Na^+ 等形成易溶于水的化合物。

卤素化合物矿物的物理性质与其所组成的阳离子（如 K、Na、Ca、Mg、Al 等）有着密切关系，一般为透明无色，玻璃光泽，密度小，导电性差。与其他卤素化合物相比氟化物的硬度较高，并具有较高的稳定性和较小的溶解度。萤石和石盐是地壳上最主要的卤化物矿物。

一、氟化物矿物

自然界中与氟组成化合物的元素有 15 种左右，其中以钙元素的作用最为突出。形成的矿物种类有 50 种左右，其中萤石是最为常见的矿物。

萤石族

萤石 Fluorite CaF_2

等轴晶系。萤石呈立方体、八面体或菱形十二面体晶形及其聚形（图 4-14）。在立方体面上有时出现镶嵌式花纹。双晶常见，由两个立方体相互贯穿而成，双晶面（111）（图 4-15）。集合体呈粒状、块状、球粒状或钟乳状。

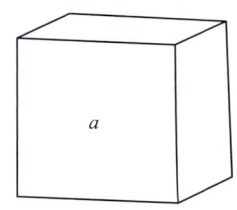 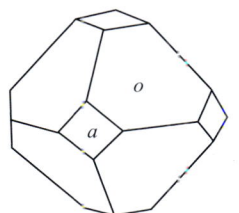 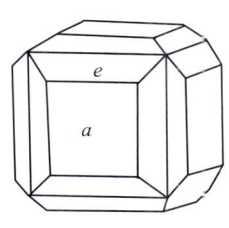 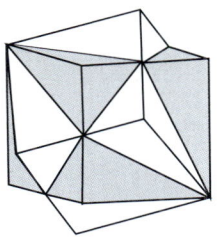

图 4-14 萤石的晶体形态与贯穿双晶

$a\{100\}$ 立方体；$o\{111\}$ 八面体；$e\{110\}$ 菱形十二面体

图 4-15 萤石的实际晶体与贯穿双晶

萤石的颜色多种多样，常见的是白色、紫色、蓝色或绿色，而无色、黄色少见。玻璃光泽；硬度4；性脆；解理平行{111}完全。密度3.18g/cm³。具荧光性，稀土含量高者具热发光性。

萤石主要形成于热液作用和沉积作用。热液矿床主要产于流纹岩、花岗岩、片岩中，聚集成为独立的中、低温萤石脉或产于花岗伟晶岩的晶洞中。沉积成因的萤石呈层状，与石膏、硬石膏、方解石等共生。我国是世界上出产萤石最多的国家之一，最主要的萤石产地是浙江武义、义乌、金华地区，以及福建等省区。

★ 以其晶形、八面体完全解理和硬度为鉴定特征。

无色透明的萤石用于制作光学透镜；一般萤石用作冶金工业上的助熔剂、化工业制取氢氟酸的工业原料，也是生产火箭用高级燃料的催化剂。

二、氯化物矿物

在自然界中与氯组成化合物的元素约16种，其中以Na、K和Mg为最主要，其次为Cu、Ag和Pb等。氯化物矿物的分布远比氟化物更为广泛。

石盐族

石盐 Halite NaCl

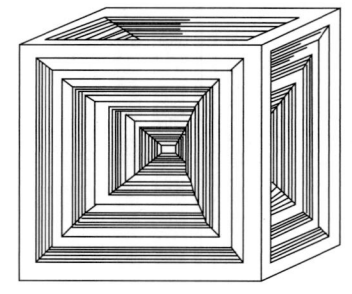

图4-16 石盐漏斗晶

等轴晶系。单晶体呈立方体形。盐湖中形成的晶体，在(100)面常见有漏斗状阶梯凹陷的骸晶，特称漏斗状晶体（图4-16）。我国西北盐湖中的有些石盐，盐粒如珠，特称**珍珠盐**。集合体常呈块状、粒状或疏松状盐华。

纯净者透明无色，结构中存在中性钠原子时呈蓝色；含机械混入物者则呈现各种颜色：灰色（泥质）、黄色（氢氧化铁）、红色（氧化铁）和黑褐色（有机质）等；玻璃光泽，风化面现油脂光泽。硬度2；性脆；解理平行{100}完全。密度2.1~2.2g/cm³。易溶于水，味咸。

石盐为典型的化学沉积成因的矿物。主要聚集形成于干热气候条件下的内陆盆地盐湖和滨海浅水潟湖、海湾的蒸发沉积作用。我国石盐资源丰富，除沿海盛产海盐外，其他地区也有大面积石盐产出，其中以柴达木盆地最为著名（"柴达木"在藏语中意即"盐泽"）。

★ 以其立方体的晶形和完全解理，易溶于水，味咸为主要鉴定特征。

作为食品添加剂和防腐剂，也是制取金属钠、盐酸和其他多种化学产品的原料。地下厚大盐层常因密度小于围岩而上"浮"，形成有利储油气的隆起构造，因而也是寻找石油的地质标志。

钾盐 Sylvine KCl

等轴晶系。单晶体常呈立方体，或立方体与八面体的聚形。依(111)的双晶常见。集合体为粒状、致密块状。

纯净者无色透明，当存在细微气态包裹体时呈白色，存在Fe_2O_3混入物时呈红色；玻璃光泽。硬度2；解理平行{100}完全。密度1.97~1.99g/cm³。易溶于水，味咸且涩。

典型的化学沉积作用的产物，产于气候干旱的内陆盆地、盐湖的含盐沉积岩层中，层位一般在盐层之上，其下为石盐、石膏或硬石膏等。钾盐在自然界的分布远较石盐为少。我国钾盐主要产于青海柴达木盆地和云南勐野井。

★ 鉴定特征与石盐很相似，但味苦且咸涩。

主要用于制造钾肥和化学工业上的钾的化合物。

第四节 氧化物和氢氧化物矿物

氧化物和氢氧化物是一系列金属阳离子和某些非金属阳离子（如 Ti、Mn 和 Si、Al 等）与 O^{2-} 或 OH^- 相结合的化合物。与 O^{2-} 和 OH^- 组成化合物的元素有 40 种左右。少数氧化物中还含有水分子。自然界中已发现的本类矿物的种数在 470 种左右，仅次于含氧盐大类而居第二位。它们中有些是主要造岩矿物，如石英；有些是工业上提取 Fe、Mn、Ti、Gr、Sn、Nb、Ta、Tr 等金属元素的主要来源；有些矿物晶体本身亦是重要的工业和宝玉石工艺材料，如具有压电性能的水晶，高档宝玉石材料，如欧泊、红宝石和蓝宝石等。

由 Mg、Al、Si 等离子组成的氧化物和氢氧化物，通常呈浅色或无色，半透明至透明，以玻璃光泽为主。而由 Fe、Mn、Ti、Cr 等离子组成的则呈深色或暗色，不透明至微透明，表现出半金属光泽，并且磁性增高。

氧化物的密度，由于化学组成中所含阳离子和结构的紧密程度不同，彼此间相差较大。其中以含重金属元素，如 W、Sn 等氧化物的密度为最大，一般大于 $6.5g/cm^3$。在 SiO_2 的同质多象变体中，α-石英的密度为 $2.65g/cm^3$，结构最紧密的斯石英密度达 $4.28g/cm^3$。与其相应的氧化物相比，氢氧化物的密度则趋向减小，如方镁石的密度为 $3.6g/cm^3$，而水镁石仅为 $2.35g/cm^3$。

氧化物的硬度一般均在 5.5 以上，正石英、黄玉、刚玉硬度则依次为 7、8、9；氢氧化物的硬度则显著降低，多在 5 以下。例如方镁石（MgO）的硬度为 6，而水镁石（$Mg(OH)_2$）仅为 2.5。此外，氧化物矿物的解理一般较差，而氢氧化物矿物的解理往往发育较完全。

本大类矿物按阴离子的组成和不同，可分为氧化物和氢氧化物两类。

一、氧化物矿物

（一）刚玉族

刚玉 Corundum Al_2O_3

三方晶系。晶体常呈完好的六方柱状、桶状或近似腰鼓状，常见依菱面体（$10\bar{1}1$），较少依（0001）的聚片双晶，以至在晶面上常见几组相交的双晶纹（图 4-17）。

纯净刚玉为无色透明，一般为灰色、蓝灰色或黄灰色。含不同杂质时呈不同颜色，含铁者呈黑色；含铬元素而呈红色者，称**红宝石**；含铁、钛元素而呈蓝色者称**蓝宝石**；含镍者呈黄色。在有些红宝石和蓝宝石的（0001）面上可以看到成定向密集分布的针状金红石包体而呈六射星彩状，称为**星彩红宝石**或**星彩蓝宝石**。玻璃光泽；硬度 9；无解理；常因聚片双晶或细微包裹体产生 {0001} 或 {$10\bar{1}1$} 的裂理。密度 $3.95\sim4.10g/cm^3$。

刚玉多形成于高温富 Al_2O_3 贫 SiO_2 的岩浆结晶作用中，因而见于刚玉正长岩和斜长岩、玄武岩或刚玉正长岩质伟晶岩中。接触交代作用形成的刚玉，见于火成岩与碳酸盐岩的接触带中。黏土质岩石经区域变质作用则可以形成刚玉结晶片岩或富铝片麻岩。此外，由于刚玉性质很稳定，原岩遭受风化破坏后，也可出现于砂矿中。

★ 以其晶形，双晶条纹和高硬度作为鉴定特征。

由于高硬度刚玉可作为研磨材料和精密仪器的轴承；单晶可作激光材料；色彩鲜艳者可作名贵宝石，如鸽血红色红宝石、帝王色蓝宝石等。具有星彩的红宝石、蓝宝石则更为珍贵。

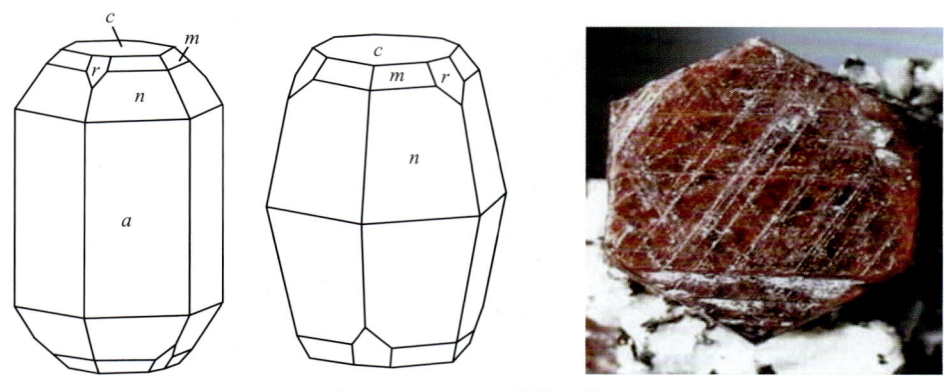

图 4-17　刚玉的晶形和裂理

$c\{0001\}$ 平行双面；$a\{11\bar{2}0\}$ 六方柱；$r\{10\bar{1}1\}$ 菱面体；$n\{22\bar{4}3\}$ 和 $m\{14\cdot14\cdot\overline{28}\cdot3\}$ 六方双锥

赤铁矿　Hematitie　Fe_2O_3

三方晶系。单晶体常呈板状，主要由板面与菱面体等所组成之聚形（图4-18）。在 (0001) 面上常出现由 $(10\bar{1}1)$ 双晶条纹组成的三角形花纹。集合体形态多样：显晶质的有片状、鳞片状或块状，其中具金属光泽的片状集合体称为**镜铁矿**；具金属光泽的细鳞片状集合体称为**云母赤铁矿**；隐晶质集合体有鲕状、肾状、粉末状和土状等，其中土状赤铁矿称**铁赭石**。

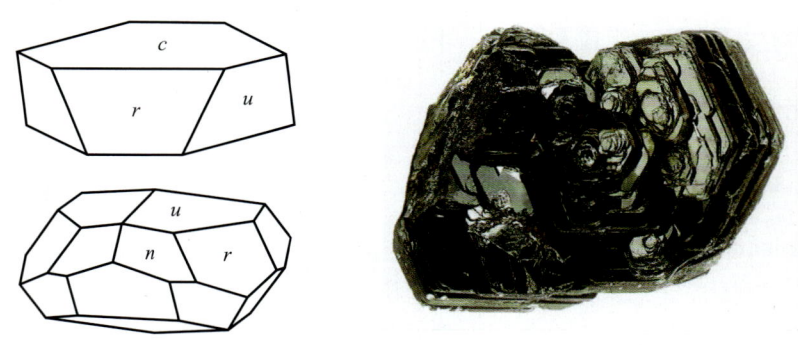

图 4-18　赤铁矿的晶体与晶簇

$c\{0001\}$ 平行双面；$r\{10\bar{1}1\}$，$e\{10\bar{1}2\}$，$z\{01\bar{1}8\}$ 菱面体；$n\{22\bar{4}3\}$ 六方双锥

显晶质的赤铁矿呈铁黑至钢灰色；隐晶质的鲕状、肾状和粉末状者呈暗红色；条痕均为樱红色，故俗称"红铁矿"；金属光泽（镜铁矿、云母赤铁矿）至半金属光泽，或土状光泽。不透明。硬度5.5~6，土状者显著降低。密度5.0~5.3g/cm³。镜铁矿常因含磁铁矿细微包裹体而具较强的磁性。

赤铁矿是自然界分布很广的铁矿物之一。它可形成于各种地质作用之中，但以热液作用、沉积作用和沉积变质作用为主，可形成有工业意义的矿床。我国河北宣化、湖南宁乡等地是著名的沉积成因的赤铁矿产地；辽宁鞍山等地是著名的沉积变质成因的赤铁矿产地。

★ 樱红色条痕和某些形态特点是鉴定赤铁矿的最主要特征。

提炼铁的最主要矿物原料之一，其粉末可用作红色颜料。

（二）金红石族

在自然界中，TiO_2 有三个同质多象变体，即金红石、锐钛矿和板钛矿。其中金红石分布最广，而锐钛矿和板钛矿少见。

金红石 Rutile TiO_2

四方晶系。单晶体呈柱状、棒状或针状。双晶常见依（101）为接合面成肘状双晶或轮式双晶（图4-19）。集合体呈不规则粒状或致密块状。

通常呈棕褐色至褐红色；条痕浅黄棕色至浅褐色；金刚光泽；半透明至不透明。硬度6；性脆；解理平行 {110} 中等。密度 $4.2 \sim 4.3 g/cm^3$。

金红石分布很广，形成于高温条件下，主要产于变质岩系的含金红石石英脉和伟晶岩脉中。此外，在岩浆岩中作为副矿物出现，亦常呈粒状见于片麻岩等变质岩中。金红石由于化学稳定性好，常见于砂矿中。

★ 以其颜色、四方柱形、膝状或轮式双晶为特征。与相似矿物锡石和锆石的区别是：锡石具较大密度（$6.8 \sim 7.0 g/cm^2$），而锆石具较大的硬度（7.5）。

我国金红石产地主要分布于湖北枣阳、山西代县和河南。

提炼钛的重要矿物原料。主要用于颜料、玻璃等工业，以及光学材料和特殊陶瓷等。

图 4-19 金红石的双晶

图 4-20 锡石双晶与晶簇

(www.fortunecity.com)

锡石 Cassiterite SnO_2

四方晶系。单晶体常呈由四方双锥和四方柱所组成的聚形。以（101）为双晶接合面的肘状双晶常见（图4-20）。集合体呈不规则粒状或致密块体。

纯净的锡石很少见，几乎无色，一般为黄棕色至深褐色；条痕白色至淡黄褐色；金刚光泽，断口油脂光泽。透明度随颜色的深浅而异，大多为半透明至不透明。硬度 $6 \sim 7$；性脆；解理平行 {110} 不完全；贝壳状断口。密度 $6.8 \sim 7.0 g/cm^3$。

锡石的形成主要与酸性岩，尤其与花岗岩有密切的关系，其中以气化-高温热液成因的钨锡石英脉和热液锡石硫化物矿床最有价值。此外也常见于伟晶岩、矽卡岩和砂矿中。

我国云南个旧、广西大厂及南岭一带是最著名的锡石产地。

★ 锡石的晶形和颜色很相似于金红石和锆石，但其密度远较后二者为大。

提炼锡的最重要矿物原料。

（三）石英族

本族矿物包括 SiO_2 的一系列同质多象变体：α-石英、β-石英、α-鳞石英、$β_1$-鳞石英、$β_2$-鳞石英、β-方石英、柯石英、斯石英等，其主要特性列于表 4-1 中。此外，将含水的 SiO_2 蛋白石矿物，也合并在本族内描述。

表 4-1 SiO_2 同质多象变体的主要特性

变体名称	稳定范围	晶系	形态	密度/(g·cm^{-3})	成因和产状
α-石英（低温石英）	573℃以下稳定	三方	单晶体为菱面体与六方柱所成之聚形	2.65	形成于各地质作用
β-石英（高温石英）	573~870℃稳定	六方	单晶体呈六方双锥	2.53	产于酸性火山岩中
β-鳞石英	870~1470℃稳定	六方	单晶体呈六方板状	2.22	产于酸性火山岩中
β-方石英	1470~1723℃稳定	等轴	单晶体呈八面体	2.20	产于酸性火山岩中
柯石英	1900~7600MPa 稳定，常温常压下准稳定	单斜	呈不规则粒状	2.93	产于陨石坑中，由陨石撞击变质形成。亦见于榴辉岩中
斯石英	约 7600MPa 以上稳定，常温常压下准稳定	四方	呈极细小的针状晶形（20~25μm）	4.28	产于陨石坑中，由陨石撞击变质形成

在 SiO_2 的各种天然同质多象变体中，由于不同的变体结构中质点的排布紧密程度有所差异，从而反映在形态和某些物理性质上（如密度等）有所不同。

在石英、鳞石英及方石英各自的高、（中）低温变体之间，其同质多象转变过程迅速且是可逆的。但石英与鳞石英间及鳞石英与方石英间的转变过程随温度的降低，相当缓慢直至最后转变为本身的低温变体。

α-石英 α-Quartz SiO_2

三方晶系。单晶通常呈六方柱和菱面体等单形所成之聚形（图 4-21）。柱面上常具横纹。集合体呈粒状、梳状、晶簇状或致密块状。

α-石英因含各种杂质，颜色多种多样，形成不同的变种。常见无色、白色和灰色等。纯净无色透明的石英晶体，称**水晶**；烟灰、烟黄色者称**烟水晶**；暗棕色者称**茶晶**；黑色者称**墨晶**；紫色者称**紫水晶**；黄色者称**黄水晶**；呈浅红色、粉红色的石英称**蔷薇石英**；呈乳白色的称**乳石英**。内含针状金红石、电气石等包裹体者称为**发晶**；含有液态和气体共同组成的包裹体，摇晃时水珠分合，称**水胆水晶**。含密集定向规则排列的纤维状、针状包裹体而呈现猫眼效应者，称为**石英猫眼**。由石英交代纤维状石棉具丝绢光泽者呈黄褐色者称**虎睛石**；而淡蓝色者称**鹰眼石**。玻璃光泽，断口呈油脂光泽。硬度 7；无解理；贝壳状断口。密度 2.65g/cm^3。具压电性。

隐晶质的石英集合体，单晶呈纤维状，杂乱或略具定向排列者称**玉髓（石髓）**，外形常

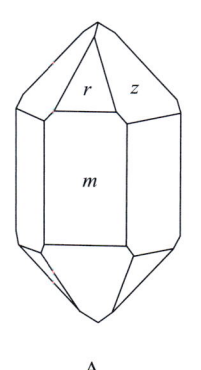 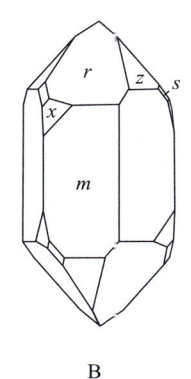 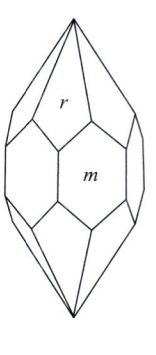 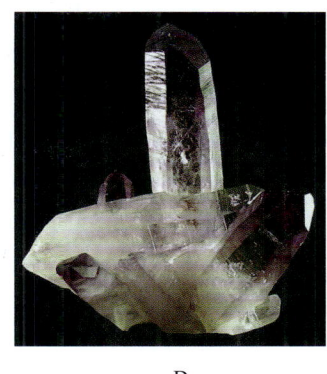

A B C D

图 4-21 石英的晶体形态与紫水晶晶簇

A、B—α-石英理想形态：$m\{10\bar{1}0\}$ 六方柱；$r\{10\bar{1}1\}$、$z\{0\bar{1}11\}$ 菱面体；$s\{11\bar{2}1\}$ 或 $\{2\bar{1}\bar{1}1\}$ 三方双锥；$\{5\bar{1}\bar{6}1\}$ 或 $\{\bar{6}1\bar{5}1\}$ 三方偏方面体。C—β-石英晶体的理想形态：$m\{11\bar{2}0\}$ 六方柱；$r\{10\bar{1}1\}$ 六方双锥。D—紫水晶晶簇

成肾状、钟乳状、葡萄状、皮壳状等。一般为淡黄、乳白色（**白玉髓**）；灰蓝至蓝绿色（**蓝玉髓**）；橙红至红褐色（**红玉髓**）；不同色调的绿色（**绿玉髓**）、绿色中夹红色斑点者（**血玉髓**）。呈红褐色、黄褐色和暗绿色含杂质不透明致密块状玉髓称为**碧玉**。具有不同颜色条带、环带状或花纹相间分布的玉髓称为**玛瑙**（图4-22）。蜡状光泽，微透明。硬度6.5。

 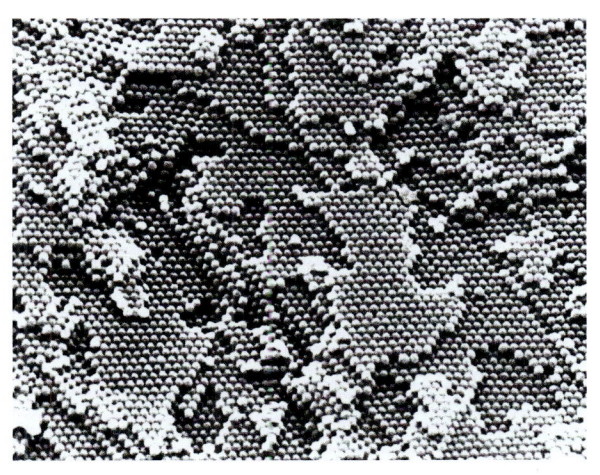

图 4-22 玛瑙   图 4-23 蛋白石的电子扫描电镜照片
（据 Darragh et al.，1976）
SiO_2 球体直径约300nm

α-石英在自然界分布极广，是许多火成岩、沉积岩和变质岩的主要造岩矿物，也是多种金属、非金属矿脉的主要脉石矿物。隐晶质石英多为外生作用的产物，玛瑙为低温热液的胶体成因产物，主要充填产于喷出岩的孔洞中。

★ α-石英以其晶形，无解理，贝壳状断口，硬度为其鉴定特征。如由高温β-石英转变而成，则仍可保持六方双锥的假象。

α-石英的用途很广。晶体中没有任何包裹体、双晶或裂缝的部分纯净水晶，是制作石英谐振器和滤波器的压电材料，用于手表和半导体无线电工业。此外，由于水晶对红外和紫外光谱具有良好的透明性，是制作光谱棱镜、透镜等光学装置的重要光学材料。玛瑙、紫水

晶、黄水晶、蔷薇石英、玉髓、碧玉等可作为首饰和工艺雕刻品的材料。纯净的石英砂用作光纤玻璃、光伏太阳能材料、照明灯具泡壳、耐酸碱耐高温化学器具、玻璃原料、研磨材料、耐火材料及瓷器配料等。

蛋白石 Opal $SiO_2 \cdot nH_2O$

通常认为，蛋白石为非晶质矿物。但根据扫描电子显微镜（图4-23）和X射线的研究发现，其内部存在着方石英雏晶和SiO_2球体的亚显微晶质结构堆积，并存在一定量的水分子。通常呈肉冻状块体或葡萄状、钟乳状、皮壳状等。

颜色不定，通常为蛋白色，因含各种杂质而呈现不同颜色。通常微透明；玻璃光泽或蛋白光泽。无色透明者称**玻璃蛋白石**；半透明而具强烈的橙、红等反射色者称**火蛋白石**；半透明带乳光的或具变彩效应的蛋白石称**贵蛋白石（欧泊）**。硬度5~5.5。密度视含水量和吸附物质的多少介于$1.9 \sim 2.3 g/cm^3$之间。

低温热液形成，其中从火山温泉中沉淀而成的称**硅华**。在外生条件下可由硅酸盐矿物遭受风化分解而产生的硅酸溶液凝聚而成。带至海水中的硅酸溶液，被硅藻、放射虫等生物吸收后构成硅质骨骼，死亡后堆积而成为**硅藻土**。

★ 以其蛋白光泽和变彩为其特征。与石髓之区别是蛋白石硬度较低。

宝石级的贵蛋白石、火蛋白石等可作名贵首饰和工艺雕刻品材料，如黑欧泊、白欧泊、火欧泊。硅藻土质轻多孔，用于制作过滤剂，也是重要的建筑保温材料和隔音材料。

（四）尖晶石族

在尖晶石族矿物中，根据其成分中三价阳离子的不同，分为**尖晶石系列**，如尖晶石（$MgAl_2O_4$）；**磁铁矿系列**，如磁铁矿（$FeFe_2O_4$）；**铬铁矿系列**，如铬铁矿（$FeCr_2O_4$）三个系列。

尖晶石 Spinel $MgAl_2O_4$

尖晶石与铁尖晶石（$FeAl_2O_4$）之间存在着完全类质同象的关系。

等轴晶系。单晶体常呈（111）八面体形，有时八面体与菱形十二面体组成聚形。双晶依尖晶石律（111）成接触双晶（图4-24）。无色者少见，通常呈红色（含Cr）、绿色（含Fe^{3+}）或褐黑色（含Fe^{2+}和Fe^{3+}）；玻璃光泽。硬度8；无解理；偶有平行{111}裂理。密度$3.55g/cm^3$。

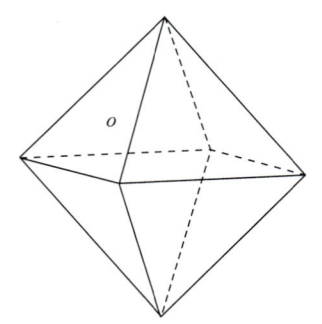
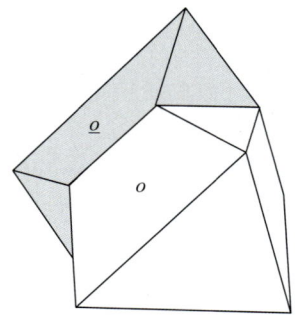

(www.fortunecity.com)

图4-24 尖晶石的晶形和双晶
o {111} 八面体

形成于侵入岩与白云岩或镁质碳酸盐岩的接触交代带中，在富铝贫硅的泥质岩的热变质带亦可形成尖晶石。作为副矿物，见于基性、超基性岩浆岩中。此外，也常见于砂矿中。

★ 以其八面体晶形，尖晶石律接触双晶和高硬度为主要鉴定特征。

透明色美者可作为宝石材料。

磁铁矿 Magnetite $FeFe_2O_4$

等轴晶系。单晶体常呈八面体（图4-25），较少呈菱形十二面体。双晶依尖晶石律（111）成接触双晶。集合体常呈致密块状和粒状。

铁黑色；条痕黑色；半金属光泽；不透明。硬度6；无解理；有时具{111}裂理；性脆。密度$5.20g/cm^3$。具强磁性。

主要形成于内生作用和变质作用过程中，作为副矿物几乎见于所有岩石类型中。是岩浆成因铁矿床、接触交代铁矿床、气化-高温含稀土铁矿床、沉积变质铁矿床以及一系列与火山作用有关铁矿床中的主要铁矿物。因其稳定性好，亦常见于砂矿中。我国磁铁矿的产地很多，其中以四川攀枝花（岩浆成因铁矿床）、辽宁鞍山（沉积变质铁矿床）、湖北大冶（接触交代铁矿床）、内蒙古白云鄂博（气化-高温热液矿床）等最为著名。

图4-25 磁铁矿的八面体晶体

★ 以其晶形，黑色条痕和强磁性可与其相似的矿物如赤铁矿、铬铁矿等相区别。

提炼铁的最重要的矿物原料之一。所含的V、Ti、Cr等元素可综合利用。

（五）黑钨矿族

黑钨矿（钨锰铁矿） Wolframite $(Fe, Mn)WO_4$

黑钨矿是钨锰矿和钨铁矿的完全类质同象系列的中间成员。

单斜晶系。晶体常呈板状或短柱状，平行柱延伸方向常具纵向条纹。双晶常依（100）或（023）成接触双晶（图4-26）。集合体为板状、刃片状或粗粒状。

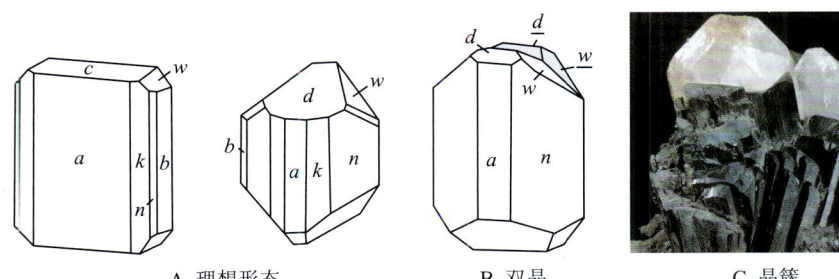

A. 理想形态　　　　B. 双晶　　　　C. 晶簇

图4-26 黑钨矿晶体形态、双晶与晶簇

$a\{100\}$, $b\{010\}$, $c\{001\}$, $d\{102\}$ 平行双面; $w\{011\}$, $k\{210\}$, $n\{110\}$ 菱方柱

暗红褐至铁黑色；条痕黄褐色（随含Fe量的增加而加深）至褐黑色；半金属光泽；性脆；解理平行{010}完全。密度$7.12\sim7.51g/cm^3$（随含Fe量的增高而增大）。具弱磁性。

黑钨矿成因上与花岗岩关系密切，主要产于高温热液石英脉及云英岩化花岗岩中。常与石英、锡石、毒砂、萤石、电气石等共生。黑钨矿也能形成砂矿。我国是世界上最大的产钨国，矿床类型丰富，华南一带是世界著名的黑钨矿产区，具代表性的钨矿产地如广东锯板坑、湖南柿竹园、福建洛坑、广西大明山，等等。

★ 黑钨矿以其板状、刃片状形态，褐黑色，$\{010\}$ 完全解理和密度大为其鉴定特征。

提炼钨的最主要的矿物原料。钨的特种合金钢用于军工武器制造、坦克装甲、火箭发动机、高速切削工具等。钨丝用于电光源灯丝及 X 射线发生器的阴极材料等。

二、氢氧化物矿物

氢氧化物是指由羟离子或氧离子和羟离子同时与阳离子化合而成的化合物。前者如水镁石 $Mg(OH)_2$，后者如纤铁矿（$FeO(OH)$）。此外，还包括含水分子的氧化物。

氢氧化物主要形成于低温表生条件下，其中多数矿物系胶体凝聚而成。胶体的吸附作用使其化学成分变得复杂。

（一）三水铝石族

本族矿物包括 $Al(OH)_3$ 的三个同质多象变体。其中以单斜晶系的三水铝石在自然界中分布最广，而三斜晶系的三斜铝石和单斜晶系的三羟铝石则很少见。

三水铝石 Gibbsite $Al(OH)_3$

单斜晶系。单晶体呈假六方形极细片状。通常呈结核状、豆状集合体或隐晶质块状体。

白色，常带灰、绿和褐色；玻璃光泽，集合体和隐晶质光泽暗淡。硬度 2.5~3；解理平行 $\{001\}$ 极完全，解理面现珍珠光泽。密度 $2.30~2.43 g/cm^3$。无可塑性。

主要是长石等铝硅酸盐矿物分解和水解的产物，形成于热带风化作用过程中。部分三水铝石系低温热液成因。我国福建玄武岩风化型的铝土矿主要成分为三水铝石。这种铝土矿又称为"三水型"铝土矿。

通常所谓的**铝土矿**，实际上并不是一个矿物种，而是以三水铝石、硬水铝石或软水铝石为主要组分，并包含数量不等的高岭石、蛋白石、赤铁矿、针铁矿等组成的混合物。

★ 以其极完全解理、低硬度、密度小、玻璃光泽为主要鉴定特征。

提炼铝的主要矿物原料，也可用于制造耐火材料和高铝水泥原料。

（二）针铁矿族

本族矿物包括 $FeO(OH)$ 的四个同质多象变体。其中以斜方晶系的针铁矿分布最广，而纤铁矿较为少见；其余两个同质多象变体四方纤铁矿和六方纤铁矿则为罕见。

针铁矿 Goethite $\alpha-FeO(OH)$

斜方晶系。单晶体少见。常见呈针状或鳞片状、肾状、钟乳状、结核状或土状集合体。褐黄至褐红色；条痕褐黄色；半金属光泽；结核状，土状者光泽暗淡。硬度 5~5.5；解理平行 $\{010\}$ 完全；参差状断口；性脆。密度为 $4.28 g/cm^3$，但土状者可低至 $3.3 g/cm^3$。

针铁矿是分布很广的矿物之一，为褐铁矿中的最主要的成分，并常与纤铁矿共生。它主要是含铁矿物风化作用的产物，常分布在铜铁硫化物矿床的露头部分构成"铁帽"。沉积成因的针铁矿见于湖沼或泉水中。在区域变质作用中可脱水而转变成赤铁矿或磁铁矿。

通常所谓的**褐铁矿**，实际上并不是一个矿物种，而是以针铁矿或水针铁矿为主要组分，并包含数量不等的纤铁矿、黏土等而组成的混合物。呈各种色调的褐色，条痕黄褐色。常呈钟乳状、葡萄状、致密和疏松的块状等产出，亦常呈黄铁矿晶形的假象出现。

★ 以其胶体形态和褐黄色条痕为特征。

可作为炼铁原料。"铁帽"是找寻原生铜铁硫化物矿床的标志。

（三）硬锰矿族

硬锰矿有两种含义：作为一般术语，是指矿物成分尚未确切鉴定的呈块状、葡萄状且硬度较高的氢氧化锰物质。此外，指一种钡和锰的氢氧化物。作为矿物种的描述则指后者。

硬锰矿 Psilomelane $BaMn^{2+}Mn^{4+}_9O_{20} \cdot 3H_2O$

斜方晶系。通常呈葡萄状、钟乳状（图4-27）、树枝状或土状集合体。单晶极为罕见。

暗灰黑至黑色；条痕褐黑至黑色；半金属光泽至暗淡光泽。硬度5~6；呈土状而硬度低者称为**锰土**。性脆。密度4.71g/cm³。

主要为外生成因，见于锰矿床的氧化带。主要由锰的碳酸盐或硅酸盐风化而成。此外也常见于沉积锰矿床中。

★ 以其胶体形态，黑色条痕和硬度较高为鉴定特征。

提炼锰的重要矿物原料。

图4-27　钟乳状和放射状硬锰矿

第五节　硅酸盐矿物

硅酸盐矿物是由一系列金属阳离子与各种硅酸根络阴离子相化合而成的含氧盐类矿物。硅酸盐矿物种类繁多，目前已知的矿物1100多种，约占现已发现矿物种总数的27%，占地壳总体积约80%。硅酸盐矿物分布广泛，是构成三大岩类岩石（除个别岩石如碳酸盐岩、可燃性有机岩外）的主要造岩矿物。此外，一些硅酸盐矿物，如橄榄石、顽火辉石等，还是组成岩石圈乃至其他已知天体（如月球、火星和陨石等）的最主要矿物组成。

硅酸盐矿物是许多金属元素，尤其是提炼Be、Li、Rb、Cs、Zr、Hf等稀有金属元素的主要或唯一的来源，如从锆石中提炼Zr、Hf；从绿柱石中提炼Be；而石棉、云母、高岭石、蛭石、沸石、蒙脱石等不少硅酸盐矿物本身还是工业、国防和尖端技术上用途广泛的重要矿物材料；有些硅酸盐矿物则是珍贵的宝玉石矿物材料，如祖母绿和海蓝宝石（绿柱石）、碧玺（电气石）、和田玉（透闪石和阳起石）、翡翠（以硬玉为主的辉石族矿物）等。

硅酸盐矿物结构中的基本构造单元是稳定的[SiO_4]四面体型的硅酸根离子，它既可以孤立存在，也可以通过共用四面体角顶上氧离子的方式彼此相接而形成多种复杂的络阴离子。这些不同形式的络阴离子很大程度上决定了硅酸盐矿物的性状。根据[SiO_4]$^{4-}$在结构中连接方式的不同，可以分为下列五种基本的络阴离子类型。

◎ 岛状络阴离子：单个硅氧四面体[SiO_4]或双四面体[Si_2O_7]形式（图4-28），在结构中犹如孤岛状孤立存在，它们彼此间靠其他金属阳离子相连接，如镁橄榄石

（$Mg_2[SiO_4]$）。孤立四面体和双四面体还可以混合同时存在于同一晶体结构中，如绿帘石（$Ca_2(Al,Fe)_3[SiO_4][Si_2O_7]O(OH)$）。

◎ 环状络阴离子：由有限的若干个硅氧四面体以角顶相连接组成的封闭环状的络阴离子。按环中四面体的数目，较常见的有三联环［Si_3O_9］、四联环［Si_4O_{12}］、六联环［$Si_{12}O_{18}$］等（图4-29）。环与环之间则借助其他金属阳离子来维系。其中最常见的是六联环，如绿柱石（$Be_3Al_2[Si_6O_{18}]$）。

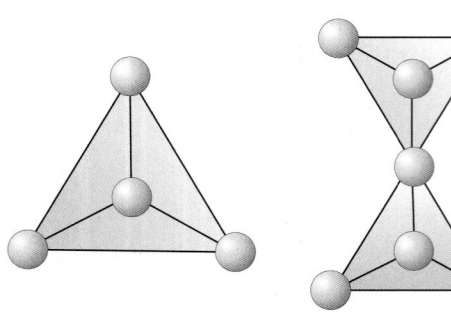
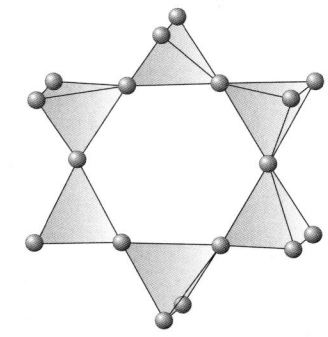

A. 孤立四面体　　B. 孤立双四面体

图4-28　岛状络阴离子　　　　图4-29　六联环［Si_6O_{18}］环状络阴离子

◎ 链状络阴离子：由无限的硅氧四面体彼此借助于每个硅氧四面体的两个角顶而连接成一维无限延伸的络阴离子。最常见的有单链和双链两种基本形式。例如辉石族矿物中的单链［Si_2O_6］$_n$（图4-30A）。双链则相当于两个单链组合而成，例如角闪石族矿物中的双链［Si_4O_{11}］$_n$（图4-30B）。无论是单链或双链，链与链之间则通过其他链间的金属阳离子而相互联系。

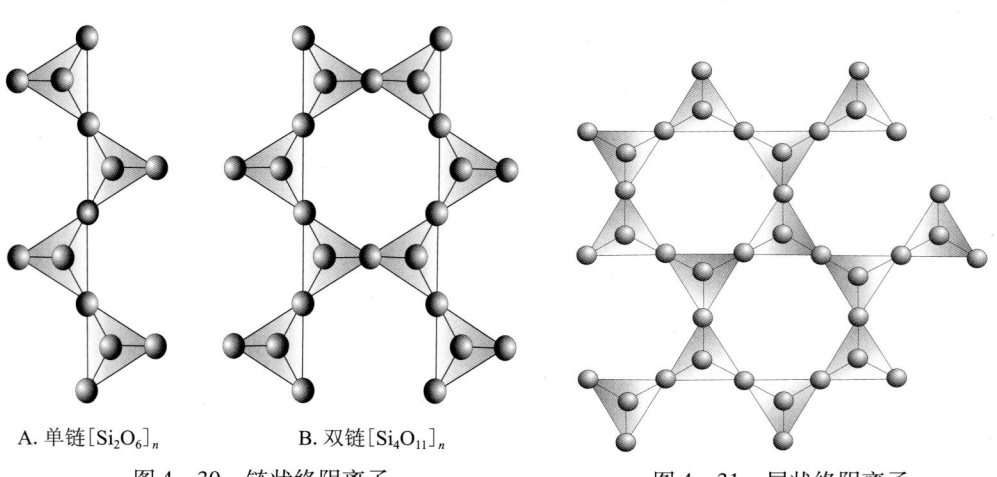

A. 单链［Si_2O_6］$_n$　　B. 双链［Si_4O_{11}］$_n$

图4-30　链状络阴离子　　　　图4-31　层状络阴离子

滑石结构中的硅氧四面体层［Si_4O_{10}］$_n$

◎ 层状络阴离子：每一硅氧四面体均以三个角顶分别与相邻的三个硅氧四面体相连接，组成在二维空间内无限延展的层（图4-31）。例如滑石（$Mg_3[Si_4O_{10}](OH)_2$），其络阴离子可以用［Si_4O_{10}］$^{4n}_n$来表示。最常见的层状络阴离子是由无限的硅氧四面体在同一平面内按六方网格状相互连接的层。此外，也有其他形式的单层或双层的层状络阴离子形式存在。

◎ 架状络阴离子：每一硅氧四面体均以其全部四个角顶与相邻的四面体连接，组成在三维空间中无限扩展的骨架,此时,Si^{4+}与O^{2-}间的电荷已达到平衡,这样就形成石英的架状结构(图4-32)。但在硅酸盐中有一部分的硅氧四面体被铝氧四面体[AlO_4]所代替,这时就出现过剩的负电荷,这种络阴离子可以用[$(Al_xSi_{n-x})O_{2n}$]$^{x-}$来表示。由于结构中剩余的负电荷存在,此时可由一定数量的阳离子进入晶体结构来平衡电价,例如正长石($K[AlSi_3O_8]$)。

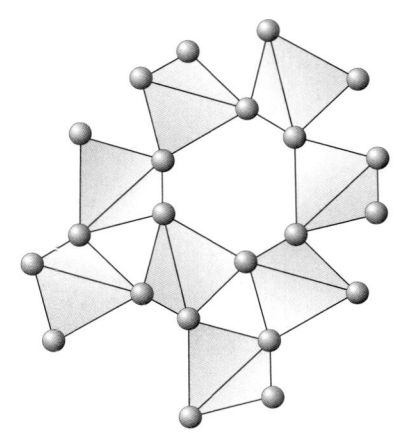

图4-32 架状络阴离子
c-石英结构中的硅氧四面体骨架

由于硅酸盐矿物具有不同的结构和化学组成,因而表现在晶体形态上以及物理性质方面也各有不同的特性。一般来说,岛状结构硅酸盐矿物大多呈现三向等长的形态,一般无完全解理,如石榴子石、橄榄石等。环状结构硅酸盐矿物多呈柱状形态(如电气石),如有解理则平行柱状或平行于环平面的底面解理,如绿柱石。至于链状结构的辉石族或角闪石族矿物,都是呈柱状形态,甚至可以成纤维状,解理亦多为平行晶体延长的方向,如角闪石石棉。层状结构硅酸盐矿物,则呈片状形态,同时几乎无一例外地具底面完全解理,如云母族、绿泥石族矿物。架状结构硅酸盐矿物比较复杂,如沸石族矿物,晶形呈柱状(钠沸石)、片状(片沸石)、粒状(方沸石);而钾长石多呈板柱状并发育有{001}和{010}解理。

硅酸盐矿物都是透明矿物(在薄片中),但可以有不同的透明度,因而都表现为非金属光泽。绝大多数硅酸盐矿物为玻璃光泽,但少数岛状结构硅酸盐矿物可以具有较强的光泽,如锆石呈金刚光泽。

硅酸盐矿物的密度主要取决于结构的紧密程度和主要阳离子的原子序数。架状结构硅酸盐矿物由于结构疏松,空隙大,主要阳离子多系半径大而原子序数小的元素,如K^+、Na^+、Ca^{2+}等,故矿物密度小,例如长石族、沸石族矿物的密度都不超过$2.8g/cm^3$;而岛状结构硅酸盐则相反,结构紧密,且阳离子多系原子序数偏高的元素,如Zr^{4+}、Ti^{4+}等,故矿物密度大,一般在$3.5g/cm^3$左右或以上,如锆石的密度则大于$4.5g/cm^3$。至于介于其间的链状、层状或环状结构硅酸盐矿物,其密度也介于其间,为$3\sim3.5g/cm^3$。

硅酸盐矿物的硬度(除具层状结构外)一般均较高。其中岛状、环状结构硅酸盐矿物,硬度最高,通常为6~8;链状结构者稍低,在5~6之间;而在架状结构硅酸盐矿物中,硬度也并不低,仍在5~6之间。只有层状结构硅酸盐矿物,硬度明显降低,最低者如滑石、高岭石等,仅1左右;云母族矿物为2.5左右。值得指出的是,当矿物结构中存在有水分子或沸石水时,硬度亦普遍下降,密度变小,并引起结构中某些方向的解理发生。

按结构中络阴离子类型的不同,硅酸盐矿物可分为岛状结构硅酸盐矿物、环状结构硅酸盐矿物、链状结构硅酸盐矿物、层状结构硅酸盐矿物和架状结构硅酸盐矿物五个亚类。

一、岛状结构硅酸盐亚类矿物

(一)锆石族

锆石 Zircon $Zr[SiO_4]$

四方晶系。晶体常呈带双锥的柱状(图4-33)。晶体内部常显环带状构造。

常呈黄色至红棕色，灰、绿色少见。金刚光泽，有时现油脂光泽；透明至半透明。硬度7.5，{100}解理不完全。密度4.6~4.7g/cm³。熔点在3000℃以上，属难熔物质。常现荧光性。

锆石是三大岩类中分布广泛的副矿物，尤以花岗岩、碱性岩及有关的伟晶岩中更为常见。由于其性质稳定，作为碎屑物常见于沉积岩和沉积变质岩中或富集在砂矿中。我国除华南及沿海一带有大量盛产锆石的冲积砂矿和海滨砂矿外，在新疆、内蒙古等地的伟晶岩中亦有产出。

★ 常以其呈四方柱及四方双锥的聚形为特征。与金红石的区别是锆石具较大的硬度以及较高的密度；与锡石的区别是锆石密度小。

为锆和铪的主要来源，是近代尖端工业中不可缺少的矿物原料。主要用于化学工业和核反应堆工业，航天器的绝热材料，也用于铸造、陶瓷、玻璃、特殊合金和医药等方面。

此外，地质上常用于地质体的地质年龄测定，以及岩体和地层对比。

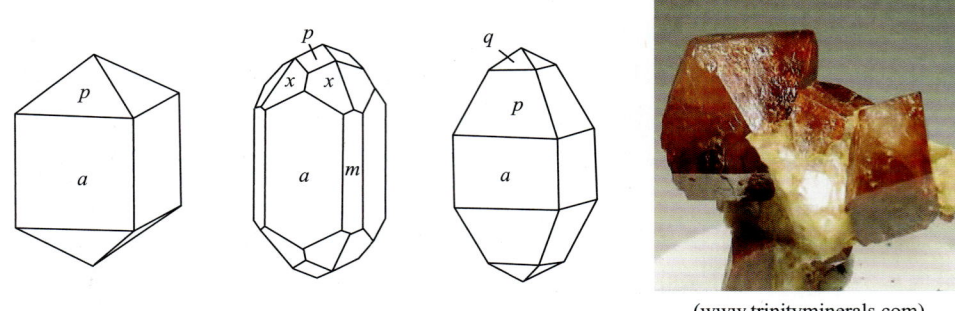

图4-33 锆石的晶形与晶簇

a{100}，m{110} 四方柱；p{101}，q{201} 四方双锥；x{211} 复四方双锥

（二）橄榄石族

本族矿物以镁橄榄石（$Mg_2[SiO_4]$）及铁橄榄石（$Fe_2[SiO_4]$）为两个端元组分的完全类质同象系列，Mg^{2+}和Fe^{2+}的组分相互置换，形成自然界最为重要的造岩矿物橄榄石。

橄榄石 Olivine （Mg,Fe）$_2[SiO_4]$

斜方晶系。单晶体少见，多呈平行于（100）或（010）（图4-34）的短柱状或厚板状。通常呈粒状集合体。镁橄榄石色浅，通常为白色至浅黄色，含铁越高则颜色越深，一般呈黄绿色至橄榄绿色；玻璃光泽。断口常呈次贝壳状；硬度6~7；{010}中等解理和{100}不完全解理。密度3.3~4.3g/cm³。

橄榄石是地幔岩的主要组成矿物之一，也是基性、超基性岩中的主要造岩矿物。在接触变质和区域变质过程中，镁质碳酸盐岩层会因变质作用而生成镁橄榄石。在热液蚀变以及风化作用过程中，橄榄石极易蚀变。最常见的蚀变产物是蛇纹石、滑石等。此外，橄榄石也是构成石陨石和石铁陨石的主要矿物之一。

★ 以黄绿色，粒状，解理性差，难熔为主要鉴定特征。

贫铁富镁的橄榄岩，可用作耐火材料。透明纯净的绿色橄榄石可作宝石，如河北万全县、吉林蛟河等地玄武岩幔源包体中的橄榄石。

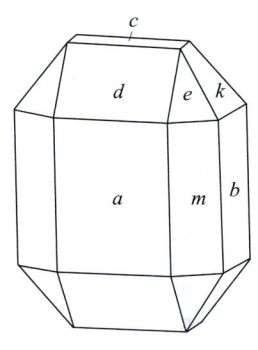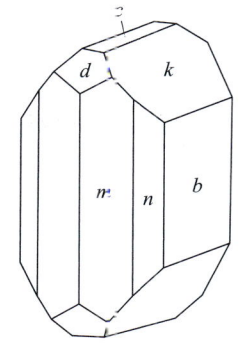

图4-34 橄榄石的晶形与晶体

$a\{100\}$，$b\{010\}$，$c\{001\}$ 平行双面；$n\{120\}$，$m\{110\}$，$d\{101\}$，$k\{021\}$，$e\{111\}$ 菱方柱

（三）蓝晶石族

蓝晶石 Kyanite $Al_2[SiO_4]O$

三斜晶系。单晶体常呈平行于（100）的长板状或刃片状（图4-35）。双晶常见，呈简单的接触双晶或聚片双晶，通常以（100）为双晶面。集合体多为板条状或放射状。

一般呈蓝色，浅蓝色，也可呈白、灰、黄、浅绿等色；玻璃光泽，解理面上有时显珍珠光泽；$\{100\}$ 解理完全；$\{010\}$ 解理中等到完全；另有平行 $\{001\}$ 的裂理。硬度表现出显著的各向异性，在（100）晶面上，平行晶体延长方向的硬度为 $4.5\sim5.5$，垂直此方向为 $6.5\sim7$。故蓝晶石又名**二硬石**。密度 $3.53\sim3.65\text{g/cm}^3$。

蓝晶石多由泥质岩经变质而成，主要形成于中级变质作用压力较高的条件下，属典型区域变质矿物。与十字石、铁铝榴石等变质矿物共生。我国山西繁峙等地变质岩中常产晶体较大的蓝晶石。

★ 板条状形态，颜色以及硬度的各向异性较易识别。

高级耐火材料。

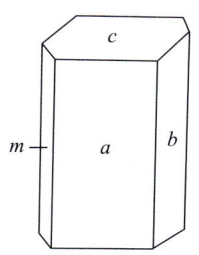 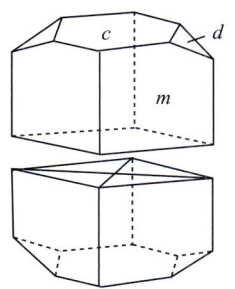 

图4-35 蓝晶石晶体形态 图4-36 红柱石晶体与空晶石

$a\{100\}$，$b\{010\}$，$c\{001\}$，$m\{110\}$ 平行双面 $c\{001\}$ 平行双面；$d\{111\}$，$m\{110\}$ 菱方柱

红柱石 Andalusite $Al_2[SiO_4]O$

斜方晶系。单晶体呈类似四方柱状，横断面接近于正方形。晶体内部含有定向排列碳质包裹体的红柱石，称为**空晶石**（图4-36）。集合体呈粒状或放射柱状，后者又称为**菊花石**。

常呈灰白色或肉红色；玻璃光泽。硬度 $6.5\sim7.5$；解理平行 $\{110\}$ 中等，解理交角为

90°48′，平行｛100｝解理不完全。密度3.13~3.16g/cm³。

红柱石主要是变质成因，常形成于温度和压力都较低的热变质和区域变质作用中，多由富铝的泥质岩变质而成。北京西山、湖南浏阳、醴陵等地产有菊花石。

★ 以柱状形态，解理交角近于垂直，常呈肉红色为鉴定特征。

高级耐火材料。呈蓝、绿、紫色，透明纯净的红柱石也是宝石矿物之一。

矽线石　Sillimanite　Al[AlSiO$_4$]O

斜方晶系。一般呈针状、纤维状或放射状集合体。

常呈灰白色；玻璃光泽。硬度7，｛010｝解理完全。密度3.23~3.27g/cm³。不溶于酸。典型的高温变质矿物，主要由富铝的泥质岩经高温变质而成，与刚玉、白云母等共生。

★ 以其针状、放射状或纤维状形态，具完全解理以及产状为主要鉴定特征。

高级耐火材料。

（四）石榴子石族

本族矿物的化学组成中的二价阳离子，主要为Ca^{2+}、Mg^{2+}、Fe^{2+}、Mn^{2+}等；三价阳离子，主要为Al^{3+}、Fe^{3+}、Cr^{3+}等。石榴子石族矿物之间的类质同象置换现象极为普遍。依据主要阳离子间类质同象关系，通常可将本族矿物分成以三价阳离子为Al^{3+}的铝系和二价阳离子为Ca^{2+}的钙系，即：

铝系 $\begin{cases} \text{铁铝榴石} & Fe_3Al_2[SiO_4]_3 \\ \text{镁铝榴石} & Mg_3Al_2[SiO_4]_3 \\ \text{锰铝榴石} & Mn_3Al_2[SiO_4]_3 \end{cases}$ 　钙系 $\begin{cases} \text{钙铝榴石} & Ca_3Al_2[SiO_4]_3 \\ \text{钙铁榴石} & Ca_3Fe_2[SiO_4]_3 \\ \text{钙铬榴石} & Ca_3Cr_2[SiO_4]_3 \end{cases}$

本族矿物均属等轴晶系。晶形常呈菱形十二面体、四角三八面体，或二者之聚形（图4-37）。通常在富钙质岩石中（如矽卡岩），多形成钙系石榴子石，它们以菱形十二面体为主，四角三八面体为次；而在富铝岩石中（如花岗伟晶岩），多形成铝系石榴子石，往往呈四角三八面体晶形。

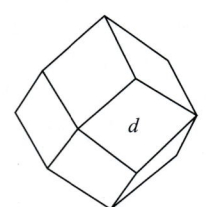
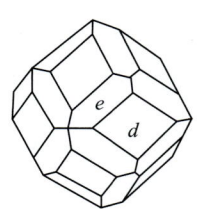
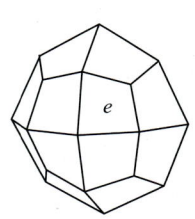

图4-37　石榴子石的晶形
$d\{110\}$ 菱形十二面体；$e\{211\}$ 四角三八面体

石榴子石族矿物间物理性质近似。无解理；玻璃光泽；次贝壳状或参差状断口；钙系硬度为6.5~7；铝系硬度多为7~7.5。此外，某些石榴子石矿物还具有找矿指示意义，如镁铝榴石是探寻金刚石矿的常用指示矿物。钙铬榴石是一种稀有矿物，可以用作寻找铬铁矿的指示矿物。

★ 本族矿物间的相互区别可根据密度、颜色（表4-2）和产状特征进行鉴别和判定。

本族矿物由于硬度高可作研磨材料。透明色美者可作宝石材料，如镁铝榴石、钙铬榴石、铁铝榴石等。

表 4-2　石榴子石族矿物的晶胞参数和某些物理性质

矿物名称		密度/(g·cm^{-3})	主要颜色	成因与产状
铝系	铁铝榴石	4.318	褐色、深红色至黑色	区域变质的片岩、片麻岩为主，次为伟晶岩
	镁铝榴石	3.582	粉红色、血红色至暗红色	金伯利岩、橄榄岩、玄武岩、榴辉岩、蛇纹岩
	锰铝榴石	4.190	暗红色至黑色	富锰区域变质岩、锰矿床接触变质带、花岗伟晶岩
钙系	钙铁榴石	3.859	黄色、褐色、褐黑至黑色	接触交代成因的矽卡岩
	钙铝榴石	3.594	黄白色、绿色或红褐色	接触交代成因的矽卡岩、矽卡岩白钨矿矿床
	钙铬榴石	3.90	翠绿色至墨绿色	富含铬铁矿的超基性岩

（五）十字石族

十字石　Staurolite　$Fe_2^{2+}Al_9[SiO_4]_4O_3(O,OH)_2$

单斜晶系。晶体呈短柱状。贯穿双晶很常见，以（031）为双晶面时呈十字形，交角近 90°；以（231）为双晶面时呈"X"形，交角近 60°（图 4-38）。集合体呈不规则粒状。

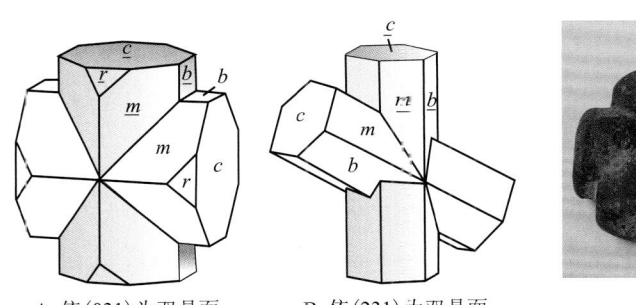

A. 依(031)为双晶面　　B. 依(231)为双晶面　　C. 实际矿物

图 4-38　十字石的双晶和实际形态

$c\{001\}$，$b\{010\}$ 平行双面；$r\{101\}$，$m\{110\}$ 菱方柱

红棕、黄褐至暗褐色；玻璃光泽，表面风化后，光泽暗淡或土状光泽。平行 $\{010\}$ 解理中等；硬度 7~7.5；密度 3.74~3.83g/cm^3。

十字石是泥质岩石的区域变质作用产物，见于典型的十字石片岩中。

常与蓝晶石、白云母和铁铝榴石等共生。由于它的形成仅局限于一定的温压范围内，所以被看成是中级变质作用的标型矿物。

★ 以其柱状晶形，棕褐色，高硬度，以及十字石特有的双晶形态为鉴定特征。

二、环状结构硅酸盐亚类矿物

（一）绿柱石族

绿柱石　Beryl　$Be_3Al_2[Si_6O_{18}]$

六方晶系。单晶体呈柱状，通常发育完整（图 4-39）。柱面上有细纵纹。绿柱石的晶形随形成时温度由高向低，从长柱状经短柱状直至板状。集合体呈散染状或晶簇状。

一般呈不同色调的绿色，但也有白色或无色透明者；含 Cr 呈翠绿色的亚种称**祖母绿**；透明而呈蔚蓝色的亚种称**海蓝宝石**，成分中含铁；呈玫瑰色的亚种称**绿宝石（铯绿柱石）**，

图 4-39 绿柱石晶体

成分中含铯；玻璃光泽；透明至半透明。硬度 7.5~8；{0001} 和 {10$\bar{1}$0} 解理不完全。密度 2.66~2.83g/cm³。

主要产于花岗岩的晶洞或花岗伟晶岩中。在伟晶岩中产出的晶体，个体可以非常巨大，如我国新疆阿尔泰地区曾有巨大的绿柱石晶体产出，重达 60t。海蓝宝石晶体，重达 14.64kg。绿柱石也产在云英岩或高温热液脉中。

★ 以六方柱状形态和柱面上具纵纹为特征。与磷灰石不同的是硬度较大。

提炼铍的最重要矿物原料。祖母绿、绿宝石和海蓝宝石等亚种是名贵和重要的宝石材料。

（二）电气石族

本族矿物的主要阳离子 Mg^{2+}、Fe^{2+}、Li^+、Al^{3+}、Fe^{3+} 等之间类质同象置换普遍。其中黑电气石和镁电气石之间、黑电气石与锂电气石之间，均为完全类质同象系列；而锂电气石和镁电气石间为不完全类质同象。

锂电气石 Elbaite $Na(Li,Al)_3Al_6[Si_6O_{18}](BO_3)_3(OH,F)_4$
黑电气石 Schorl $NaFe_3Al_6[Si_6O_{18}](BO_3)_3(OH,F)_4$
镁电气石 Dravite $NaMg_3Al_6[Si_6O_{18}](BO_3)_3(OH)_4$

三方晶系。单晶体呈短柱状、长柱状甚至针状。最常见的单形是三方柱 {10$\bar{1}$0} 和六方柱 {11$\bar{2}$0}，柱面上常有纵纹，晶体的横断面呈弧线三角形（图 4-40）。集合体成放射状或纤维状，少数情况下成致密块状或粒状。

黑电气石一般呈绿黑色至深黑色；锂电气石常呈玫瑰色、蓝色或绿色，也有呈无色者；镁电气石的颜色变化于无色到暗褐色之间。此外在同一个电气石晶体横切面上，还会出现不同颜色所组成的环带，或在柱状晶体两端呈现不同的颜色。玻璃光泽。硬度 7；无解理；参差状断口。密度 3.03~3.25g/cm³。具明显的压电性和焦电性。

黑电气石-锂电气石系列常见于花岗伟晶岩、气化高温热液矿脉和云英岩中。黑电气石-镁电气石系列多见于由交代作用形成的变质岩中。此外，电气石在碎屑沉积物中也是常见矿物之一。

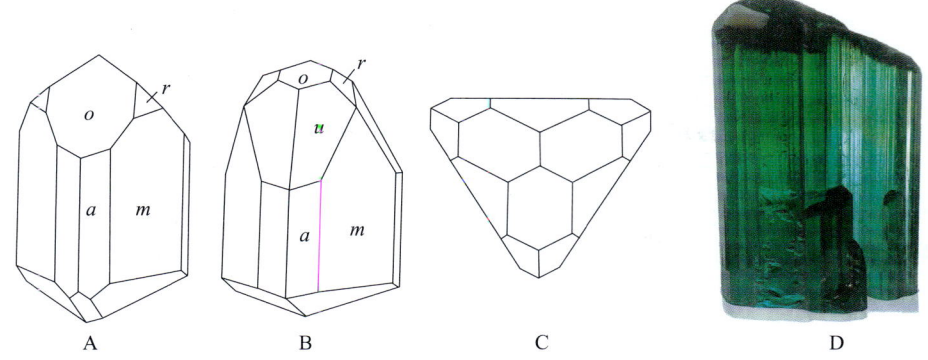

图 4-40 电气石的晶形（A，B）、顶视图（C）和晶体（D）

$m\{10\bar{1}0\}$ 三方柱；$a\{11\bar{2}0\}$ 六方柱；$r\{10\bar{1}1\}$，$o\{02\bar{2}1\}$ 三方锥；$u\{32\bar{5}1\}$ 复三方单锥

★ 以其柱状形态，柱面上有纵纹，横切面呈弧线三角形，无解理和高硬度为鉴定特征。

透明、色泽美丽者可作宝石，宝石学中称为碧玺。电气石具有压电性，制作压力测量计测量瞬间爆炸压力。其焦电性具有较强的离子吸附性，用于空气的过滤与净化装置。

三、链状结构硅酸盐亚类矿物

（一）辉石族

辉石族矿物是重要的造岩矿物，广泛出现于中性、基性、超基性岩浆岩和变质岩中。本族矿物结晶成斜方晶系或单斜晶系，因此可以分为斜方辉石亚族和单斜辉石亚族。

辉石族矿物是单链结构的典型代表，链与链之间借 Mg、Fe、Ca、Al 等金属阳离子相联系。辉石族的链状结构决定了其柱状晶体形态，且发育平行于延伸方向的 {210}（斜方辉石）或 {110}（单斜辉石）柱状解理。横截面呈假正方或八边形，解理夹角为 93°和 87°（图 4-41）。

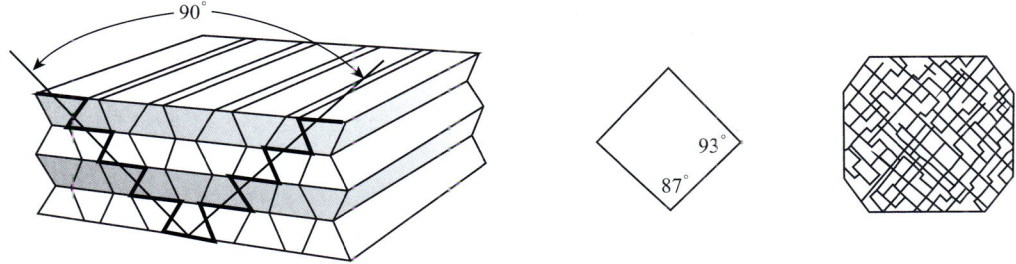

图 4-41 辉石族矿物垂直晶体延伸方向的晶体结构与解理夹角的关系

1. 斜方辉石亚族

本亚族矿物是由顽火辉石（$Mg_2[Si_2O_6]$）和铁辉石（$Fe_2[Si_2O_6]$）两个端元组分构成的完全类质同象系列。考虑到传统的应用习惯和分类方案，仅描述常见的中间成员。

顽火辉石 Enstatite $Mg_2[Si_2O_6]$ 含铁辉石分子 $Fe_2[Si_2O_6]$ <10%
古铜辉石 Bronzite $(Mg,Fe)_2[Si_2O_6]$ 含铁辉石分子 $Fe_2[Si_2O_6]$ 10%~30%
紫苏辉石 Hypersthene $(Mg,Fe)_2[Si_2O_6]$ 含铁辉石分子 $Fe_2[Si_2O_6]$ 30%~50%

斜方晶系。单晶体呈短柱状。集合体呈粒状、块状或放射状。颜色随 Fe 含量的增高而加深：顽火辉石为无色或带浅绿的灰色，也可呈褐绿色或褐黄色；紫苏辉石呈绿黑色或褐黑色；古铜辉石呈特征性的古铜色，故名。玻璃光泽。硬度5～6；{210}解理完全。密度也随Fe含量的增高而增大（3.20～3.87g/cm³）。

本亚族主要是基性、超基性岩浆结晶作用的产物，见于纯橄榄岩或苦橄岩，辉石岩、斜长岩中。也是区域变质程度较深的变质岩，如变粒岩、片麻岩和麻粒岩中常见的矿物。

★ 以短柱状形态，颜色和两组近于正交的完好解理为鉴定特征。

2. 单斜辉石亚族

透辉石 Diopside CaMg[Si$_2$O$_6$]

钙铁辉石 Hedenbergite CaFe[Si$_2$O$_6$]

透辉石（CaMg[Si$_2$O$_6$]）和钙铁辉石（CaFe[Si$_2$O$_6$]）是类质同象系列的两个端元矿物，其中间成员包括次透辉石（Mg＞Fe^{2+}）和铁次透辉石（Mg＜Fe^{2+}）。

单斜晶系。单晶体呈短柱状，其横切面近于正方形。常依（100）或（001）呈接触双晶或聚片双晶。集合体呈柱状、粒状或致密块状。

透辉石无色至浅绿色。钙铁辉石深绿色至墨绿色，条痕微具浅绿色；氧化后呈褐色或褐黑色。玻璃光泽。硬度5.5～6.5；{110}解理中等至完全，解理交角87°；有时具{001}或{100}裂理。密度3.22～3.56g/cm³。

透辉石、钙铁辉石和次透辉石是矽卡岩主要矿物之一，经常与石榴子石等共生。透辉石也是一些基性和超基性岩浆岩中或在中、高级区域变质作用和热变质作用岩石中的常见矿物。此外，钙铁辉石也见于受热变质作用的含铁沉积物中。

★ 具辉石式解理和柱状形态。透辉石颜色较浅，而钙铁辉石则较深，且风化表面常呈褐色。

普通辉石 Augite (Ca,Mg,Fe,Al)$_2$[(Si,Al)$_2$O$_6$]

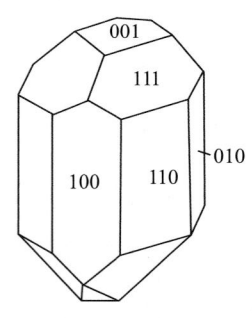

图4-42 普通辉石晶形
{001}，{100}，{010}平行双面；
{110}，{111}菱方柱

单斜晶系。单晶体呈短柱状，其横切面多呈八边形（图4-42）。依（100）而成的简单双晶或聚片双晶比较常见。集合体呈粒状或块状。绿黑色或黑色，少数情况下呈暗绿色或褐色；玻璃光泽。硬度5.5～6；{110}解理完全或中等，解理交角87°；有时见到平行{100}或{001}的裂理。

普通辉石是岩浆岩，尤其是基性岩浆岩中极为普遍的造岩矿物之一。见于各种基性、超基性岩中，与橄榄石、斜长石和角闪石等共生。在中、高级区域变质岩和接触变质的辉石角岩中也常见到。普通辉石亦见于陨石中。

★ 以短柱状形态，横切面近于呈正八边形、色黑和{110}解理交角接近直角作为鉴定特征。普通辉石最易与普通角闪石相混，仔细观察其解理角的不同，是比较可靠的识别依据。

霓石 Aegirine NaFe[Si$_2$O$_6$]

霓辉石 Aegirine-augite (Na,Ca)(Fe^{3+},Fe^{2+},Mg,Al)[Si$_2$O$_6$]

霓石与钙铁辉石或透辉石之间能形成类质同象，而霓辉石则是其间的过渡性产物。

单斜晶系。单晶体呈长柱状或针状。柱面上经常发育有纵纹。集合体呈柱状、针状或放射状。暗绿色、墨绿色至黑色，有时带褐色；条痕浅绿色；玻璃光泽。硬度6；{110}柱面解理中等至完全；有时有{100}或{001}裂理。密度3.40～3.60g/cm³。

是碱性岩浆岩的造岩矿物之一，常见于霞石正长岩、响岩等碱性岩及其伟晶岩中，与霞石、正长石等共生。也见于碱性变质岩中。

★ 以其颜色、长柱状形态及产状最为特征。

硬玉（翡翠） Jadeite NaAl[Si_2O_6]

单斜晶系。晶体极少见，通常以粒状、显微纤维状或致密块状集合体产出。

纯的硬玉为无色透明或白色，常因含 Cr、Fe、Mn 等元素而呈不同色调的绿色，浅蓝、黄褐或紫色；玻璃光泽。硬度 6.5~7；刺状断口；质地坚韧。密度 3.24~3.43g/cm³。

主要产于碱性变质岩和榴辉岩中。可作为高压变质作用的标志矿物。

★ 以其颜色、致密块状及高硬度为特征。

是组成名贵的翡翠玉石材料的主要矿物。质地细腻、色艳者用于制作高档首饰和玉器。

（二）闪石族

闪石族矿物也是重要的造岩矿物。闪石族矿物结晶成斜方晶系或单斜晶系，因此可以进一步分为斜方闪石亚族和单斜闪石亚族。

闪石族矿物是双链结构的典型代表，链与链之间由金属阳离子相连。晶体的双链结构决定了其长柱状或针状形态，平行{010}和{110}（单斜闪石）或{210}（斜方闪石）柱状解理发育良好。晶体横截面常呈六边形，形成了特有的角闪石式解理（图 4-43），解理交角分别为 56°和 124°。

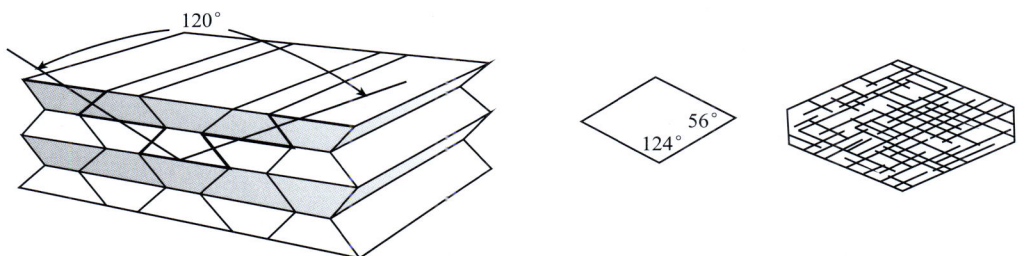

图 4-43 角闪石族矿物垂直晶体延长方向的结构及其与解理交角的关系

1. 斜方闪石亚族

直闪石 Anthophyllite (Mg,Fe)$_7$[Si_4O_{11}]$_2$(OH)$_2$

斜方晶系。晶体呈柱状、板状，集合体通常呈放射状或纤维状，后者称为**直闪石石棉**。

颜色随 Fe 含量之增高而变深，有白色、灰色、绿色及黄褐色等；玻璃光泽，纤维状集合体呈丝绢光泽。硬度 5.5~6；{210}解理完全。密度 2.85~3.57g/cm³。

变质成因矿物，一般仅见于中级变质的结晶片岩中。

★ 以其纤维状形态为特征。

直闪石石棉是工业石棉原料之一。

2. 单斜闪石亚族

透闪石 Tremolite Ca$_2$Mg$_5$[Si_4O_{11}]$_2$(OH)$_2$

阳起石 Actinolite Ca$_2$(Mg,Fe)$_5$[Si_4O_{11}]$_2$(OH)$_2$

单斜晶系。单晶体常呈柱状或针状。依（100）而成的简单接触双晶或聚片双晶较常见。集合体呈放射柱状或细长柱状，也有呈粒状或块状。纤维状者，称**透闪石石棉**或**阳起石**

石棉。致密坚韧并具刺状断口的隐晶质块体，称为**软玉**。自古以来，软玉以新疆和田所产最为著名，故俗称"和田玉"，洁白温润高品质的和田玉又称"羊脂白玉"。

透闪石色浅，常呈白色或灰白色；阳起石呈绿色，由浅绿色至墨绿色；玻璃光泽，纤维状者呈丝绢光泽。硬度5~6；{110}解理完全，解理交角56°。密度随Fe含量之增高而增大，在3.02~3.44g/cm³之间。

透闪石主要产于接触变质作用形成的矽卡岩中，也常见于区域变质作用形成的大理岩、片岩中，是常见矿物之一。阳起石是区域变质的绿片岩相中的特征矿物之一。此外，在热液蚀变过程中也可形成阳起石，这种作用过程称**阳起石化**作用。

★ 以闪石式解理，细长柱状形态，带绿的颜色（阳起石）以及产状可作为特征。

纤维状者石棉可用制作各种石棉复合材料制品。软玉是贵重玉石材料，用于雕刻各种饰物和工艺品。

普通角闪石　Hornblende　$(Ca,Na)_{2\sim3}(Mg,Fe,Al)_5[(Si,Al)_4O_{11}]_2(OH,F)_2$

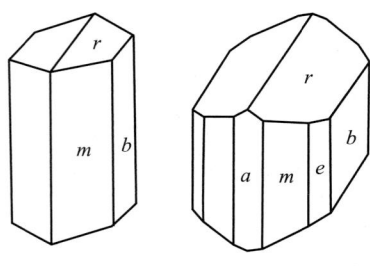

图4-44　角闪石晶形
$m\{110\}$，$r\{011\}$，$e\{210\}$ 菱方柱；
$a\{100\}$，$b\{010\}$ 平行双面

单斜晶系。单晶体呈柱状（图4-44）。由于经常发育{110}和{010}单形，故晶体横切面呈六边形。依(100)而成的接触双晶或聚片双晶常见。集合体常呈柱状或纤维状。

浅绿至深绿色或黑绿色；氧化后则呈浅褐或深褐色；条痕白色略带浅绿色；玻璃光泽。硬度5~6；{110}解理完全，解理夹角56°。密度3.02~3.45g/cm³，含Fe量越高者密度越大。

普通角闪石是分布很广的主要造岩矿物之一。广泛分布于各类岩浆岩与变质岩中，尤以中性岩浆岩中最为常见，是其中的最主要暗色矿物；在区域变质作用的角闪片岩、角闪片麻岩等岩石中也有大量产出，是角闪岩相的典型矿物。

★ 以其柱状形态，横切面呈六边形，{110}解理且夹角为56°为特征。

蓝闪石　Glaucophane　$Na_2Mg_3Al_2[Si_4O_{11}]_2(OH)_2$
钠闪石　Riebeckite　$Na_2Fe^{2+}_3Fe^{3+}_2[Si_4O_{11}]_2(OH)_2$

单斜晶系。蓝闪石单晶体极少见，常呈纤维状集合体。钠闪石单晶体呈长柱状，柱面上有纵纹。集合体呈纤维状、棒状或粒状；钠闪石呈纤维状者，称为**青石棉（蓝石棉）**。

蓝闪石常呈灰蓝色、深蓝色至蓝黑色，条痕色是带浅蓝的灰色；钠闪石呈黑色，条痕色为蓝灰色；玻璃光泽或丝绢光泽。硬度5~6；{110}解理完全，解理夹角为56°。密度3.02~3.42g/cm³。

蓝闪石为低温高压变质成因的特征矿物之一，主要产于蓝片岩、云母片岩和榴辉岩中。钠闪石见于碱性岩、碱性伟晶岩以及钠质粗面岩等岩石中。青石棉多在动力变质条件下，由热液提供钠、镁质交代含铁硅质岩而成。

★ 细长柱状或纤维状，色深往往带有蓝色调，具角闪石式解理以及产状为鉴定特征。

青石棉为优良的纤维材料，具有过滤和吸附化学毒物和净化放射性微粒污染空气等的独特性能，故在核反应堆及国防工业中具有特殊用途，是重要战略物资之一。此外，还可以作黏合剂、增强塑料、抗酸抗水的矿物材料。

四、层状结构硅酸盐亚类矿物

层状结构硅酸盐矿物在地壳中分布最广,尤其在黏土矿物中分布最多。**黏土矿物**是指产于黏土和黏土质岩石中,结晶颗粒微细(一般小于 $2\mu m$),且化学组分上主要为 Al、Mg、Fe 含水的层状结构的硅酸盐矿物。

层状结构硅酸盐矿物的许多性质,是由其特殊的层状结构决定的。就形态而言,均呈假六方片状或短柱状,有完全的{001}解理。在物理性质上表现为硬度小,密度也不高。云母族矿物还具有弹性。

由于黏土矿物颗粒的粒径极其微细(有些属于纳米级),具有极大的比表面积以及特殊的层状结构,甚至呈现出某些纳米效应。在黏土矿物的诸多性质中,最引人注目的是膨润性(或膨胀性)、离子吸附的可交换性、催化性和可塑性等特殊功能。这些性能在石油、工程地质、环境保护和材料科学等领域有着广泛的用途。

1. 膨润性

黏土矿物因吸水(溶液)而体积增大的现象,即称为黏土矿物的膨润性。黏土矿物的膨润性有内部膨润和外部膨润两种。当水被黏土矿物吸入结构单元层之间,从而使结构层间距扩大,此即为内部膨润。此外因黏土矿物粒径极小,具有较大的比表面能,部分水分子被吸附在黏土矿物表面,使黏土矿物晶粒间产生膨大,是为外部膨润。

在油田注水采油时,地层中膨润性大的黏土矿物,常常会造成运油空间被堵塞而降低出油率。又由于黏土矿物的膨润性,而使地质体发生体积膨胀,以至于影响工程地基和建筑物的安全与稳定。

2. 离子吸附的可交换性

可用一种离子取代原先吸附于黏土矿物颗粒上的另一种离子的性质,称为离子吸附的可交换性。与胶体质点的性质相似,黏土矿物的颗粒表面也是带有电荷的,并依表面的荷电性不同,离子交换可分为阳离子交换性和阴离子交换性。

至于离子的置换能力,一般地说,在其他条件相同时,阳离子电价愈高,置换能力愈强;在电价相同时,置换能力随离子半径增大而增强,这是因为随着半径的增大,离子的水化能减小,即以较小的能量与水联系的缘故。

3. 催化性

黏土矿物由于颗粒细小和结构上的原因,对有机质具有很强的亲和力。有机质不仅可被吸附于黏土矿物的颗粒表面,而且也可呈结晶状态进入黏土矿物的结构单元层之间的氧原子面上,或者形成黏土矿物与有机质之间的混合层结晶,由此而形成的物质,即称为**黏土-有机质复合体**。

有机质与黏土矿物形成复合体后,可使有机质在沉积、埋藏后的早期阶段不被破坏。但随着成岩作用和脱水作用(层间水或结构水)的进行,出现在黏土矿物表面上的质子酸中心对烃类裂解的催化作用增强,从而可促使有机质向石油转化。

4. 可塑性

掺水或溶液揉和的黏土矿物块体在外力作用下会出现变形,在逐渐加大压力过程中,这种块体并不发生破裂而呈现出连续地变形,撤去外力后也不再恢复原状的性质即谓之可塑性。可塑性是评价一些以黏土矿物为主要成分的岩石力学性质的基础，同时也是选择和确定建筑物和工程地基土质许可承载力的依据。

(一) 蛇纹石 – 高岭石族

1. 蛇纹石亚族

蛇纹石 Serpentine $Mg_6[Si_4O_{10}](OH)_8$

单斜晶系。单晶体极为罕见。一般呈显微叶片状、显微鳞片状、致密块状集合体，或呈具胶凝体特征的肉冻状块体（图4–45）。呈纤维状的蛇纹石，称作**蛇纹石石棉**或**温石棉**。

一般呈不同色调的绿色和黄绿色，也有呈白色、浅黄色、灰色、蓝绿色或褐黑色等；常见的块体呈油脂光泽或蜡状光泽，纤维状者呈丝绢光泽。硬度2.5~3.5；除纤维状外，{001}解理完全。密度2.55g/cm³左右。蛇纹石石棉具良好的柔韧性。

蛇纹石主要是由超基性岩如橄榄岩或辉石岩和白云岩等，经过热液蚀变而形成的。此种作用称为**蛇纹石化**。大规模蛇纹石化的产物为蛇纹岩。

蛇纹石板材可以用作建筑饰面材料。色泽鲜艳的致密块体，称作**岫玉（岫岩玉）**，是玉石雕刻的工艺材料。1997年辽宁岫县发现了重达60000t的一块巨大岫玉。

★ 根据其颜色、光泽、较小的硬度、纤维状或块状形态以及产状加以识别。

温石棉的抗张强度高，柔韧性好可以制成各种石棉织物和制品，用于隔热、阻燃和绝缘等，广泛应用于建筑、化工、医药、冶金等部门。

图4–45 含脉蛇纹石

图4–46 高岭石电子显微照片
(据 Ray Frost)

2. 高岭石亚族

高岭石 Kaolinite $Al_4[Si_4O_{10}](OH)_8$

三斜晶系。单晶体呈细小的菱形片状或六方片状（图4–46）。通常为致密块状或土状集合体。

白色，因含杂质而有时染成浅黄、浅灰、浅红、浅绿、浅褐等色；致密块体集合体呈土状光泽或蜡状光泽。硬度2；{001}解理完全。密度2.61~2.68g/cm³。具吸水性、可塑性。

高岭石是黏土矿物中分布最广的一种，也是黏土中最主要的组分之一。由长石、似长石等矿物风化或蚀变而成，有时可以形成规模巨大的矿床。我国盛产优质高岭石，著名产地有江西景德镇，江苏苏州的羊山，河北唐山，福建福清，湖南醴陵等地。

★ 土状块体，硬度低，具可塑性，吸水性（吸水后体积不膨胀）等易于鉴别。

高岭石可塑性好，耐火度高，焙烧后强度增高而且成型性好，又呈洁白色，所以是上等陶瓷原料。此外在电器、建材，以及化工、橡胶和造纸等工业中，作主要或辅助原料。

（二）滑石－叶蜡石族

1. 滑石亚族

滑石 Talc $Mg_3[Si_4O_{10}](OH)_2$

单斜晶系。偶见假六方或菱形片状晶体。通常呈致密块状、鳞片状、片状集合体产出。

无色透明或白色，但因含少量杂质而可呈现浅绿、浅黄、浅棕甚至浅红色。玻璃光泽，致密块状呈油脂光泽，解理面上呈珍珠光泽。{001}解理完全；硬度1；手触之有滑腻感；薄片具挠性。致密块状集合体具贝壳状断口。密度 $2.58\sim2.83g/cm^3$。耐火、绝缘性能好。

主要成因是由富镁的超基性岩、白云岩经热液蚀变交代而成。低温热变质作用形成的滑石见于硅质白云岩中。我国辽宁盖州市一带是滑石主要产地之一。

★ 以其低硬度，有滑感，薄片具挠性，以及产状为主要鉴定特征。

在造纸、陶瓷和橡胶工业中用作填充剂，纺织工业中用作漂白剂，电子工业用于制作绝缘器件，冶金工业中用作耐火材料。此外也用于化妆品、润滑剂等，亦可作雕刻材料。

2. 叶蜡石亚族

叶蜡石 Pyrophyllite $Al_2[Si_4O_{10}](OH)_2$

单斜晶系。单晶体极为罕见。通常呈鳞片状、叶片状、放射花瓣状或致密块状集合体。

白色，或呈黄色、浅蓝、浅绿或灰色等；玻璃光泽，致密块状呈蜡状光泽，解理面上显珍珠光泽。{001}解理完全。薄片具挠性。硬度1~2；具滑腻感；密度 $2.65\sim2.84g/cm^3$。

叶蜡石绝缘性好。加水后不能水化，无膨胀性。对有机分子也不能吸附，难以染色。

叶蜡石主要是由富铝的中、酸性火山岩、凝灰岩经热液蚀变而成。在某些富含铝的变质岩中亦有产出，系由黏土矿物在高温下变质而成。

★ 以其低硬度，颜色浅，有滑感与产状为主要鉴定特征。

在工业上可代替滑石的部分用途。致密块状者用作工艺雕刻材料。

3. 蒙脱石亚族

蒙脱石 Montmorillonite $(Na,Ca)_{0.33}(Al,Mg,Fe)_2[(Si,Al)_4O_{10}](OH)_2\cdot nH_2O$

单斜晶系。通常呈土状或块状集合体产出。

白色或灰白色，因含杂质而染有黄、浅玫瑰红、蓝或绿等色；蜡状光泽或土状光泽。硬度1~2。密度 $2\sim3g/cm^3$。有滑感。具强吸附性和离子交换性。因此可以作漂白剂。蒙脱石是构成膨润土和漂白土中最主要的组成矿物。蒙脱石吸水后体积急剧膨胀，并分散成糊状。受热脱水后产生体积收缩。在工程地基和建筑中必须充分考虑到这种膨胀性和体积收缩性所造成的潜在危害性。

主要由基性火山岩，特别是基性的火山凝灰岩在碱性环境中经蚀变或风化而成。海底沉积的火山灰的分解产物经低温热液蚀变作用也可形成。

★ 土状、吸水后膨胀并分散成糊状是其鉴定特征。

蒙脱石因其强的吸附能力和大的离子交换性能用于脱色、漂白工艺，被广泛应用于陶瓷、染料、造纸、橡胶等工业部门，以及油脂及石油的净化工艺中。钻探工程中用作泥浆原料。

(三) 蛭石族

蛭石 Vermiculite $(Mg,Ca)_{0.5}(Mg,Fe^{3+},Al)_3[(Si,Al)_4O_{10}](OH)_2 \cdot 4H_2O$

单斜晶系。晶体常保持黑云母或金云母的片状或鳞片状假象；集合体与其他黏土矿物呈土状。

褐黄色至褐色，青铜黄色，有时带有绿色色调。珍珠光泽，但较黑云母弱。硬度 1~1.5；{001} 解理完全；薄片具挠性。密度 $2.4 \sim 2.7 g/cm^3$，因含水量不同而有变化。蛭石最特征的性质是灼烧加热时，体积骤然膨胀并卷曲形如水蛭（蚂蟥）状，呈银灰或古铜色的膨胀体，此时密度亦迅速下降到 $0.6 \sim 0.9 g/cm^3$ 间，可以漂浮于水面上。经过焙烧过的蛭石膨胀体，具有极高的隔热和隔音性能。

由黑云母或金云母经低温热液蚀变或风化作用所形成。也可由基性岩受酸性岩浆的热变质作用而成。

★ 结晶粗的蛭石，颜色、形态似金云母，具明显的挠性；灼烧爆裂成蛭虫状，特征显著。

焙烧后的蛭石，用作隔热、消声材料，也用于造纸、涂料和农业肥料基中。

(四) 云母族

1. 金云母亚族

本亚族金云母（$KMg_3[AlSi_3O_{10}](OH,F)_2$）和铁云母（$KFe[Si_3AlO_{10}](OH)_2$）间成完全类质同象系列，中间成员为黑云母。

金云母 Phlogopite $KMg_3[AlSi_3O_{10}](OH,F)_2$

黑云母 Biotite $K(Mg,Fe)_3[AlSi_3O_{10}](OH,F)_2$

单斜晶系。单晶体呈假六方短柱状、板状或片状。集合体成鳞片状或片状。

金云母呈无色、浅黄、浅棕色、红棕色、浅绿色；黑云母因含铁量高，故颜色较深，呈深褐、绿黑乃至黑色；玻璃光泽，解理面显珍珠光泽。{001} 解理极完全。薄片具弹性。硬度 2~3。金云母的密度 $2.76 \sim 2.90 g/cm^3$；黑云母为 $3.02 \sim 3.12 g/cm^3$。含铁量很少的金云母，绝缘性良好，热稳定性强。黑云母因含铁量高，绝缘性极差。

金云母主要产于富镁质超基性岩如金伯利岩，以及白云质大理岩的接触变质带中。

黑云母是主要造岩矿物之一。广泛分布于岩浆岩中，特别是酸性或偏碱性的岩石中。亦见于遭受热变质或区域变质作用的泥质岩石中。在花岗伟晶岩中，常可见到粗大的黑云母，如我国内蒙古大青山和新疆阿勒泰等地区的伟晶岩中产有粗大的黑云母晶体。

★ 片状形态，颜色以及弹性等为特征。金云母与黑云母的不同之处，是金云母颜色较浅或无色。黑云母与蛭石之间最大不同是灼烧受热后不会膨胀。

金云母粗大者可用作绝缘材料。鳞片状黑云母、金云母可作建筑填充材料。

2. 白云母亚族

白云母 Muscovite $KAl_2[AlSi_3O_{10}](OH)_2$

单斜晶系。晶体呈假六方柱状、板状或片状（图 4-47）。集合体呈片状、鳞片状；细鳞片状集合体并具丝绢光泽者，称为绢云母。

薄片无色透明，含杂质者则微具浅黄、浅绿、浅红等色；玻璃光泽，解理面显珍珠光泽。薄片具弹性；硬度 2.5～3；{001} 解理极完全。密度 2.77～2.88g/cm³。绝缘性和隔热性优良。

白云母是分布很广的造岩矿物之一，在三大岩类中均有产出。在酸性岩浆结晶晚期以及伟晶作用阶段，均有大量白云母生成。由高温热液蚀变作用形成的白云母和石英共生体的作用过程称云英岩化作用。而在中低温蚀变作用中将长石和泥质岩石大规模改造为绢云母的作用过程，称绢云母化作用。

泥质岩在低级区域变质过程中可以形成绢云母。变质程度稍高时，形成白云母。风化破碎成细鳞片状白云母，可以成为碎屑沉积物中的碎屑物，也是泥质岩的矿物成分之一。

★ 以其无色或浅色，片状形态，{001} 极完全解理，薄片具弹性为特征。

图 4-47　白云母晶簇

电气、电子、航空等工业的重要矿物材料。细鳞片用于建筑、橡胶业以及耐火材料中。

（五）绿泥石族

绿泥石　Chlorite　(Mg,Al,Fe)₆[(Si,Al)₄O₁₀](OH)₆

单斜晶系。单晶体呈假六方片状，板状。集合体成土状、鳞片状或球粒状。

带有黄褐、棕、紫、蓝或黑色调的绿色，一般含 Fe 量越高，颜色越深；玻璃光泽或土状光泽，解理面上可显珍珠光泽。密度 2.6～3.3g/cm³。硬度 2～3。片状绿泥石具 {001} 完全解理；薄片柔软，具挠性。

低级变质带中绿片岩相的主要矿物。在岩浆岩中，绿泥石多为铁镁质矿物如角闪石、辉石、黑云母等的次生矿物。热液蚀变形成的绿泥石在中低温热液矿床中分布广泛，这种围岩蚀变叫作**绿泥石化**。在沉积岩中和地表的黏土中常作为细小的碎屑物广泛分布。

★ 以其片状形态，浅绿至深绿色，较低的硬度和 {001} 完全解理为主要鉴定特征。

五、架状结构硅酸盐亚类矿物

（一）长石族

长石族矿物是地壳中分布最广的矿物，约占地壳总质量的 50%。它是绝大多数岩浆岩、许多变质岩以及某些沉积岩的主要或重要造岩矿物。许多岩石的定名，其主要依据就是长石的种类和含量。岩浆岩中含长石极为普遍，且数量也最多，约占长石总量的 60%。另有 30% 分布在变质岩中，尤以结晶片岩和片麻岩中为主。其余的 10% 则分布在其他岩石中，主要是碎屑岩和泥质沉积岩中。

长石族矿物的主要端元组分有钾长石（Or）K[AlSi₃O₃]，钠长石（Ab）Na[AlSi₃O₃] 和钙长石（An）Ca[Al₂Si₂O₈] 三种（图 4-48）。自然界绝大多数的长石，均由上述三种端元组分以不同比例组合而成。按其类质同象组分和结构特点，长石可以分成两个系列即：碱性长石系列和斜长石系列。

◎ **碱性长石系列**：钾长石（Or）与钠长石（Ab）的类质同象混晶统称为**碱性长石**（钾

钠长石）系列。所有的钾长石的组成成分中均含有一定数量的 Ab 分子和低于 5% ~ 10% 的 An 分子。

在高温（660℃以上）条件下，Or 和 Ab 形成完全类质同象系列中，Ab_0 ~ Ab_{67} 区间的成员，具单斜对称，称为**透长石**；Ab_{67} ~ Ab_{90} 区间的成员，称作**歪长石**；而 Ab_{90} ~ Ab_{100} 近端元组分为钠长石的高温变体，也称**高钠长石**，后两种长石均属三斜对称。

随着温度的降低，Or 和 Ab 两者的混溶性减小，类质同象置换的范围趋向狭窄，而出现互不混溶区。在该区范围内的碱性长石，是由富 Ab 的低温钠长石和富 Or 的钾长石两种相组成的条带状嵌晶交生体。这种嵌晶交生体如果以钾长石为主体，钠长石为客体，称作**条纹长石**；反之，如果嵌晶交生体以钠长石为主体而钾长石为客体，则称作**反纹长石**。

在**钾长石**中，透长石形成于高温条件下。如果长石形成时的温度稍低，或是形成时的温度虽高，但形成后冷却速度很慢，此时晶体结构状态仍能保持单斜对称的钾长石叫作**正长石**。若矿物形成温度更低，或虽在高温时结晶而成，但结晶后有充分的冷却时间，而导致了对称程度降低，形成三斜对称的钾长石，称作**微斜长石**。

◎ **斜长石系列**：实际上在高温条件下，由钠长石（Ab）和钙长石（An）两端元组分之间才近于形成完全类质同象系列。按斜长石中 Ab 分子和 An 分子的含量比不同，可人为地分为六个矿物种（图 4 - 48）。斜长石系列中各矿物种，虽均属三斜对称，但结构类型存在一定的差异。随着温度的降低，而在不同结构类型的斜长石之间存在由 An 含量不同的两种斜长石组成的超显微的两相交生体。平行叠置相邻的两种不同成分斜长石的页片交生体对入射光产生不同方向的反射和干涉，形成美丽变彩效应，如拉长石（图 4 - 49）。

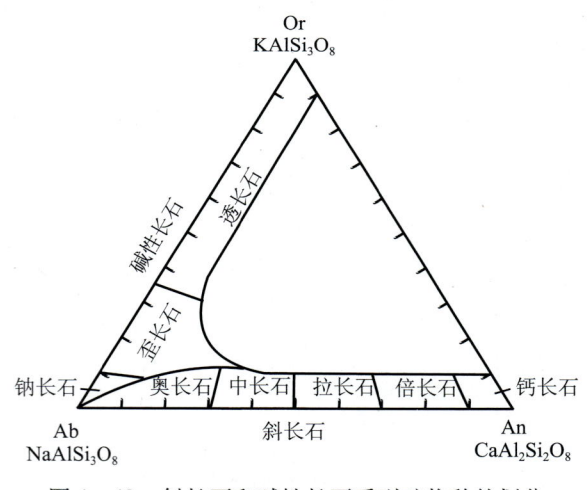

图 4 - 48 斜长石和碱性长石系列矿物种的划分
（据 Deer et al.，1963）

图 4 - 49 拉长石的变彩

长石族的矿物中晶形和双晶发育完好的很常见，是本族矿物的显著特征之一。双晶类型多，既有简单双晶，也有复合双晶；既有接触双晶，也有贯穿双晶。因此长石双晶常可以作为鉴别长石矿物种属的重要依据。

1. 碱性长石亚族

本亚族包括所有的钾长石（透长石、正长石、微斜长石），也包括以钠长石分子为主的歪长石。钠长石习惯上归之于斜长石亚族。本亚族中除透长石和正长石属单斜晶系外，其余的均属三斜晶系。

钾长石的单晶体和双晶常见。其中透长石和正长石的双晶，以卡尔斯巴律双晶最为常见，巴温诺律和曼尼巴律双晶较次之（图4-50）。集合体形态有块状、粒状等各种形态。

钾长石常呈肉红色，有时呈浅黄色或灰白色；玻璃光泽，解理面上有时呈珍珠光泽；薄片透明。{001}和{010}解理完全；有时发育有{100}、{110}、{$\bar{1}$10}和{$\bar{2}$01}裂理；硬度6~6.5。密度2.55~2.63g/cm³。呈绿色变种者，称为**天河石**，多为微斜长石或条纹长石。

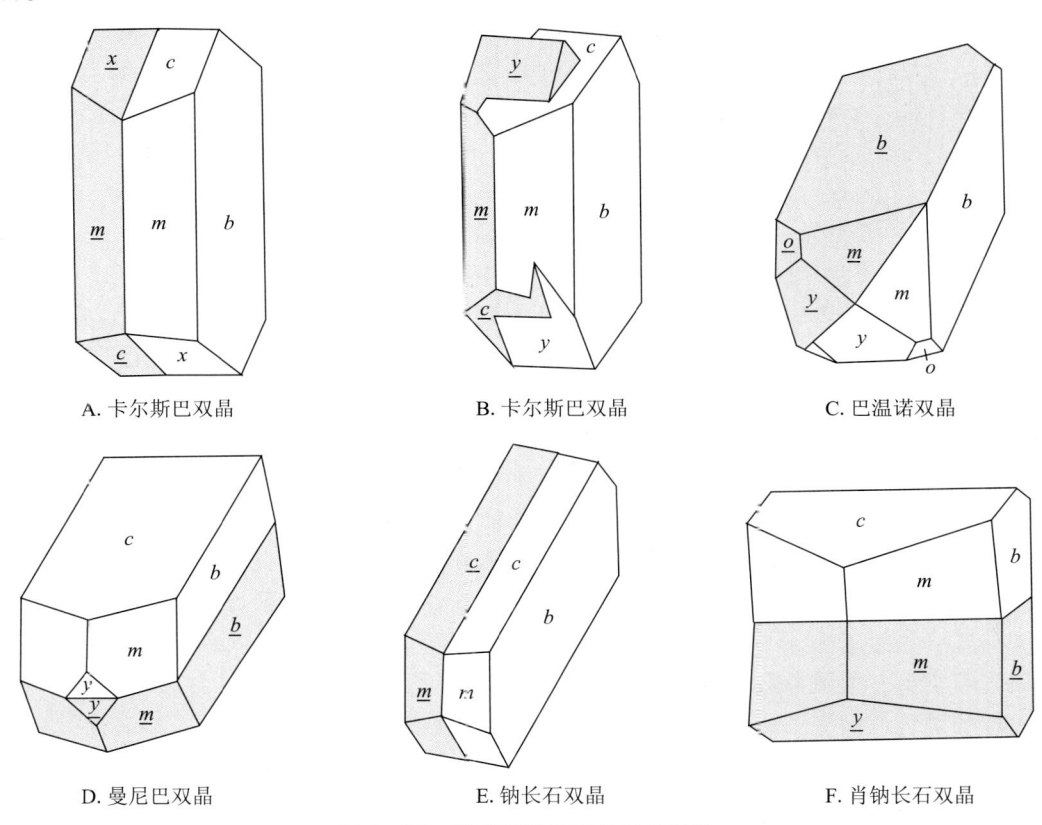

A. 卡尔斯巴双晶　　B. 卡尔斯巴双晶　　C. 巴温诺双晶

D. 曼尼巴双晶　　E. 钠长石双晶　　F. 肖钠长石双晶

图4-50　常见碱性长石的双晶类型

透长石为高温相钾长石矿物，通常产于中酸性和碱性火山岩中，粗面岩中尤为常见。

正长石和微斜长石广泛产于各种成因类型的岩石中。正长石是中酸性和碱性岩浆岩中的主要浅色造岩矿物之一。伟晶岩和长英质岩石中以微斜长石为主，伟晶岩中可见粗大的晶体。在变质岩中，深变质带里以正长石为主；浅变质带中，则以微斜长石居多。热液蚀变过程中的钾长石化，多为微斜长石。沉积碎屑岩里也常含有相当数量的钾长石颗粒，如长石砂岩等。此外，沉积岩中的自生作用过程中也可以形成微斜长石。

★ 手标本上通常以肉红色，具有完好的两组正交或近于正交的解理加以识别。

钾长石可以用作陶瓷原料。色泽美丽的天河石可用作玉石材料。

2. 斜长石亚族

斜长石亚族是由钠长石（Ab）和钙长石（An）两个端元组分组成的类质同象系列，常温下在某些区间内只形成两相混合物，因此在结构、物理性质等方面均有突变，但通常仍习惯地把它看作是完全类质同象系列。本亚族人为地划分成六个矿物种：

钠长石　Albite　$Ab_{100\sim90}An_{0\sim10}$
奥长石（更长石）　Oligoclase　$Ab_{90\sim70}An_{10\sim30}$
中长石　Andesine　$Ab_{70\sim50}An_{30\sim50}$
拉长石　Labradorite　$Ab_{50\sim30}An_{50\sim70}$
培长石　Bytownite　$Ab_{30\sim10}An_{70\sim90}$
钙长石　Anorthite　$Ab_{10\sim0}An_{90\sim100}$

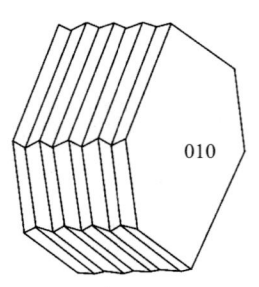

图 4-51　钠长石律聚片双晶

单晶体呈平行（010）延展的板状。呈叶片状的钠长石，称**叶钠长石**。斜长石的双晶极为常见，其中以钠长石律最为普遍（图 4-51）。此外卡尔斯巴律双晶也常出现。

白色或灰白色；基性斜长石也可呈灰黑色；某些拉长石还具有变彩效应。玻璃光泽。{001}及{010}解理完全，{110}解理不完全。硬度 6~6.5。密度 $2.61\sim2.76g/cm^3$，随 An 分子含量增多，密度变大。

斜长石是分布很广的重要造岩矿物。广泛出现于各种成因类型的岩石中。随着岩浆岩类型的不同，所出现的斜长石的成分也有所不同。岩石学上通常将斜长石分成酸性、中性及基性三类。An>50 者为基性斜长石，它们主要出现在基性岩或超基性岩中；An 30~50 者，称作中性斜长石，主要产于中性岩类中；而 An<30 者，称为酸性斜长石，主要产在酸性和碱性岩中。一般伟晶岩中通常仅见有酸性斜长石，钠长石或奥长石；只有少数基性伟晶岩中才见到有粒径粗大的中基性斜长石。区域变质作用过程中所形成的斜长石，其 An 含量将随变质作用的加深而增高。

沉积岩中可以有自生的钠长石；斜长石也可以作为碎屑矿物存在于碎屑岩中，但远不及碱性长石普遍。遭受风化和热液作用的斜长石常转变为高岭石、绢云母等黏土矿物。

★ 在岩石中，斜长石可以根据其颜色、形态、解理以及聚片双晶纹加以识别。同时依据所属岩石类型，大致可区分出酸性、中性和基性斜长石。

可以作玻璃或陶瓷工业原料。具有变彩的拉长石或月长石也可作为宝石或装饰材料。

（二）霞石族

霞石是似长石中最常见的矿物。所谓似长石（副长石）是指组分类似长石，但其 Si:Al 低于碱性长石中的 3:1 这一比值的无水架状结构硅酸盐矿物，如霞石、白榴石等。

霞石　Nepheline　$Na_3K[AlSiO_4]_4$

六方晶系。单晶体呈柱状或厚板状。通常成粒状或块状集合体。

无色、灰白色或灰色，有的带浅黄、浅褐、浅红等色调；透明；晶面上呈玻璃光泽，断口上现油脂光泽，油脂光泽明显的块状霞石称为**脂光石**。{10$\bar{1}$0}及{0001}解理不完全；贝壳状断口。硬度 5.5~6；密度 $2.56\sim2.66g/cm^3$。

霞石为富钠质碱性岩中的典型矿物。主要产于与正长岩有关的侵入岩、伟晶岩以及碱性玄武岩、富碱的基性岩或超基性火山岩中，与碱性长石、碱性辉石、碱性角闪石和磷灰石等共生，不与石英共生。受热液作用或风化作用易转变为沸石、高岭石等黏土矿物。

★ 断口油脂光泽，无完好的解理，硬度可与长石相区别。

用作玻璃、陶瓷的工业原料。

(三) 白榴石

白榴石　Leucite　$K[AlSi_2O_6]$

四方晶系，605℃以上时，结晶成等轴晶系；常温常压下则转变成四方晶系，但仍保持原有的高温变体的晶形。晶体常见完好的四角三八面体 {211}（图4-52）。集合体呈粒状。

白色或无色，有时呈淡黄、淡肉红、浅绿或灰色等；玻璃光泽或暗淡光泽。{110} 解理极不完全。硬度 5.5～6。密度 2.47～2.50g/cm³。

白榴石主要见于新近纪以后或近代富钾而贫硅的碱性火山熔岩及浅成岩中，常以斑晶产出，与碱性辉石、霞石等共生，但不与石英族矿物共生。时代老的熔岩，其中所含的白榴石已经蚀变殆尽。

★ 白榴石色浅，完好的四角三八面体晶形，产于碱性火山岩中，可作为鉴定特征。

图 4-52　白榴石晶体形态

可用作提炼钾和铝的原料。含白榴石的火山岩风化后所形成的土壤富钾，故较肥沃。

(四) 沸石族

沸石是含水的碱金属和碱土金属的架状铝硅酸盐矿物的一种统称。已知的天然沸石约 40 种，人造沸石已超过 100 种。最常见的有：斜发沸石、丝光沸石、钙十字沸石、片沸石、毛沸石、菱沸石、浊沸石和方沸石等。它们是当前工、农业生产和科学技术方面应用广泛的一些非金属矿产资源。

与其他架状铝硅酸盐相比，沸石的晶体结构是一种具有较大空旷性的架状结构。孔道与笼内常被中性水分子和可交换阳离子所充填，沸石受热（约250℃）时，结构中的水分子可以完全逸出，但晶体结构并不因此而被破坏。脱水后的沸石，其结构好像是疏松多孔的海绵体，具有很强的吸附性。它除了能重新吸附水分子外，还能吸附一些气体、液体、有机分子或其他物质，如氨水、酒精、NO_2、H_2S 等，因此可以用作吸附剂或清洁剂等。同时脱水后的沸石，由于空腔内的金属离子失去了与之配位的极性水分子，它的活性增加，因而可以用作化学触媒剂、催化剂。沸石结构中孔道都有一定的孔径，可以允许直径小于该孔道的分子或离子自由地进入或通过，而大于该孔道者则被"拒之于门外"，从而能起到对分子或离子进行筛选的特有功能，所以常用作为分子筛、离子交换剂等。沸石族矿物这些特殊的物理和化学性质，可以用于纯化气体、硬水软化、废水净化处理、从海水中提取钾、处理放射性物质污染等，因此在环境保护、石油、化工、轻工、食品等工业方面具有广泛和重要的用途。

沸石族矿物所属晶系不一，因而晶体形态及物性各异。晶体呈柱状，部分为板状或短柱状，集合体多呈纤维状、毛发状、束状或放射状等。

通常为无色或白色，含杂质可染成其他不同色调的浅色。玻璃光泽；硬度 3.5～5；密度 1.9～2.5g/cm³。

沸石族矿物主要形成于低温（100～350℃）、低压、碱性介质以及碱金属活动较强的环境条件中，因此，盐湖、碱湖内都是形成沸石的有利场所。从地质特征来说，沸石的成因有内生和外生作用两种：

（1）内生作用形成的沸石常与侵入岩、伟晶岩、喷出岩的晚期低温热液作用阶段或接触交代作用等有关。

（2）沸石族矿物主要是外生作用形成，大多数是含玻璃质较高的各种火山熔岩、凝灰岩受碱性水溶液的蚀变作用，发生脱玻璃化后的产物。此外，在碱性岩风化壳的下部、埋藏很深的砂岩和现代海洋底部淤泥中也常有沸石族矿物的广泛分布。由外生作用形成的沸石矿床，规模大、质量好，具有重要工业意义。

第六节 碳酸盐、硝酸盐和硼酸盐矿物

一、碳酸盐矿物

碳酸盐类矿物是金属阳离子与碳酸根 $[CO_3]^{2-}$ 相化合而成的含氧盐矿物，与碳酸根化合的金属阳离子主要是 Ca^{2+}、Mg^{2+}、Fe^{2+}、Mn^{2+}、Ba^{2+}、Sr^{2+}、Pb^{2+}、Cu^{2+}、Zn^{2+} 和稀土元素等20余种。已知的碳酸盐矿物种数有240余种。其中分布最广的是钙和镁的碳酸盐，是重要的造岩矿物。不少碳酸盐矿物和岩石也是重要的非金属原料（如石灰岩、大理岩等），具有重要的经济意义。

碳酸盐矿物的物理性质特征是硬度不大，一般为3~5。非金属光泽。大多数为无色或白色，含铜者呈鲜绿或鲜蓝色，含锰者呈玫瑰红色，含稀土或铁者呈黄色或褐色，含钴者呈淡红色。碳酸盐矿物在盐酸中具有不同程度的溶解度。

（一）方解石-文石族

1. 方解石亚族

本族矿物中，各矿物组分阳离子间的类质同象置换普遍。在 Ca^{2+} 与 Mn^{2+} 间、Mn^{2+} 与 Fe^{2+} 间、Fe^{2+} 与 Mg^{2+} 间是完全的类质同象系列；而 Ca^{2+} 与 Zn^{2+} 以及 Fe^{2+} 之间是不完全的类质同象系列。

方解石 Calcite $Ca[CO_3]$

$Ca[CO_3]$ 在天然矿物中有三个同质多象变体：最常见的是三方晶系变体方解石；其次是斜方晶系变体文石；而六方晶系变体六方球方解石，在自然界中很少见。

三方晶系。方解石在自然界经常出现良好的晶形。常见的单形有：六方柱、菱面体以及复三方偏三角面体等（图4-53）。依（01$\bar{1}$2）为双晶面的聚片双晶或接触双晶为常见，依（0001）为双晶面的接触双晶也较普遍（图4-54）。集合体的形态多种多样。常呈晶簇状、片状、粒状（大理岩），以及鲕状、豆状、结核状、块状、钟乳状（**钟乳石**）、土状（白垩土）等。

无色或白色，因含杂质而呈灰、黄、褐、浅红、紫、绿、黑等不同的颜色；纯净无色透明的方解石，称**冰洲石**。玻璃光泽；硬度3；性脆；解理平行 $\{10\bar{1}1\}$ 完全。密度2.6~2.9g/cm³。遇冷稀盐酸即剧烈反应产生气泡。某些方解石具有发光性。

方解石是分布最广的矿物之一。外生地质作用主要是由于海水或风化过程中，溶解所形

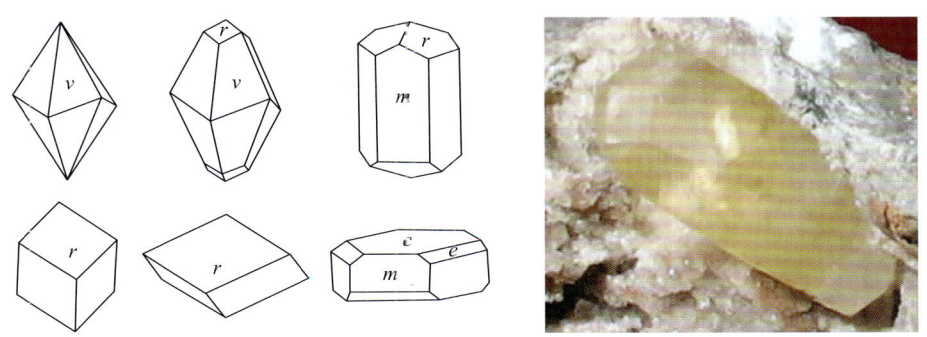

图 4-53 方解石的晶体形态

$m\{10\bar{1}0\}$ 六方柱；$c\{0001\}$ 平行双面；$r\{10\bar{1}2\}$，$e\{02\bar{2}1\}$ 菱面体；$v\{2\bar{1}\bar{3}1\}$ 复三方偏三角面体

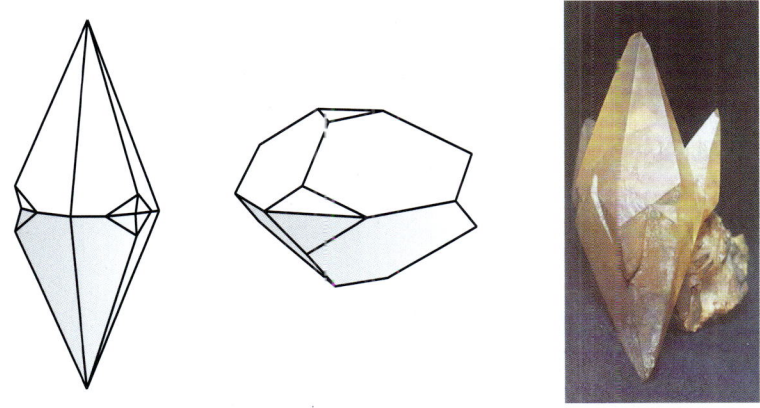

图 4-54 方解石的双晶，双晶面为（0001）

成的重碳酸钙溶液，由于 CO_2 的大量逸散，使方解石结晶析出，形成大量海相沉积的石灰岩，或在石灰岩溶洞或裂隙中，形成风化型的**石钟乳**和**石笋**，或在泉水出口处沉淀出**石灰华**。生物摄取 $Ca[CO_3]$ 形成的介壳亦可在海底堆积形成石灰岩。沉积形成的石灰岩，在区域变质或接触变质作用中，其中的方解石常常重结晶形成晶粒状集合体大理岩。至于内生岩浆成因的方解石则是碱性岩浆分异的产物，或由上地幔中物质形成的碳酸盐熔融体，侵入到地壳冷凝结晶而成。中低温热液矿脉中经常伴有方解石的出现。

★ 以其菱面体完全解理，硬度 3，与冷稀盐酸相遇剧烈起泡为主要鉴定特征。

冰洲石是制造光学棱镜的贵重材料；石灰岩是烧制石灰和制造水泥的原料，以及在冶金工业上作为助熔剂，大理岩是重要的建筑和装饰工艺材料。由方解石制取的重质碳酸钙是优良的填充剂和改性剂，广泛应用于塑料、橡胶、造纸、涂料、油漆、电缆绝缘、医药、玻璃和陶瓷等领域。

菱镁矿 Magnesite $Mg[CO_3]$

三方晶系。晶体常呈菱面体。通常呈粒状集合体。在风化壳中呈瓷状块体。

白色、灰白色，含铁者呈黄或褐色；玻璃光泽。硬度 3.5~4.5；解理平行 $\{10\bar{1}1\}$ 完全；瓷状块体具贝壳状断口。密度 $2.98\sim3.48 g/cm^3$，随 Fe^{2+} 含量的增高而增大。

热液成因的菱镁矿，系由沉积碳酸盐岩经含镁热液交代作用而成。富含镁的超基性岩受到含碳酸盐热液的作用，也可以形成菱镁矿。在风化作用过程中，含镁的岩石由于受地表含碳酸水溶液的作用，常在风化壳底部形成菱镁矿的细脉或呈胶态状填充于岩石裂隙之中。

我国辽宁大石桥是世界最著名的菱镁矿产地之一。

★ 以其白色，致密粒状，菱面体解理作为鉴定特征。与方解石的区别在于硬度稍高于方解石；与冷稀盐酸作用不起反应，加热后才剧烈产生气泡。

用于制作耐火材料和提炼金属镁。

菱铁矿　Siderite　$Fe[CO_3]$

三方晶系。单晶体以呈 $\{10\bar{1}1\}$ 菱面体者最常见，晶面常弯曲。集合体呈粗粒至细粒块状体，亦有呈结核状、葡萄状、土状者。灰黄至浅褐色，部分因受氧化而呈深褐色，条痕白色；玻璃光泽。硬度 3.5~4.5；性脆；解理平行 $\{10\bar{1}1\}$ 完全。密度 $3.96g/cm^3$ 左右。

外生成因的菱铁矿见于灰黑色页岩、黏土岩或含煤地层中，系在缺氧的还原环境条件下，由生物作用或化学沉积作用形成，其形态常呈致密块状或呈具有放射状构造的结核状。热液成因的菱铁矿见于金属矿脉中。菱铁矿在氧化条件下，易于氧化分解而转变为针铁矿、纤铁矿或褐铁矿。

★ 以其菱面体完全解理，和遇冷稀盐酸缓慢起泡为鉴定特征。与本亚族其他矿物的区别在于密度大，燃灼后的残渣具磁性。

提炼铁的矿物原料，焙烧后的矿石多孔，易炼。

菱锰矿　Rhodochrosite　$Mn[CO_3]$

化学组成为 MnO 61.71%，CO_2 38.29%。与菱铁矿和方解石分别组成完全类质同象系列。

三方晶系。单晶体以呈 $\{10\bar{1}1\}$ 菱面体，通常呈粒状、肾状、块状集合体。新鲜晶体呈玫瑰红色、粉红色。含杂质或氧化呈灰黄，褐黑色等；玻璃光泽。硬度 3.5~4；性脆；解理平行 $\{10\bar{1}1\}$ 完全。密度在 $3.70g/cm^3$ 左右，随铁和钙含量的变化而变化。

内生热液成因的菱锰矿主要见于铜、铅、锌硫化物热液矿脉中，与菱铁矿、萤石和石英等共生。外生沉积作用形成的菱锰矿大量分布于海相沉积锰矿床中。在风化作用中，菱锰矿易氧化形成软锰矿、硬锰矿等含锰的氧化物。

★ 以其颜色，以及菱锰矿的风化表面或裂缝中，经常有黑色的氧化锰存在可区别于其他类似的碳酸盐矿物。

提炼锰的重要矿物原料。

2. 文石亚族

文石（霰石）　Aragonite　$Ca[CO_3]$

与方解石呈同质二象。

斜方晶系。单晶体常呈柱状或尖锥状；以（110）为双晶面的接触双晶常见，并往往构成假六方柱形的贯穿三连晶（图4-55）。集合体常呈柱状、针状、纤维状或晶簇，也有呈钟乳状、豆状、鲕状产出者。

无色透明或白色；玻璃光泽。解理平行 $\{010\}$ 不完全；贝壳状断口，断口常呈油脂光泽。硬度 3.5~4；密度 $2.94g/cm^3$。遇冷稀盐酸即剧烈发生气泡。

在自然界中，文石的分布远比方解石少得多。主要形成于外生作用，作为生物化学作用的产物，见于许多动物的贝壳或骨骸之中，如头足类和双壳类动物的外壳。珍珠的主要组成部分即为文石。

内生成因的文石是热液作用最后阶段的低温产物，见于玄武岩、安山岩的气孔中或裂隙中。现代海水沉积物和温泉沉淀物中也有文石产出。

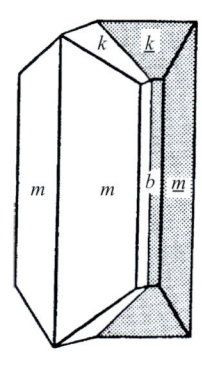 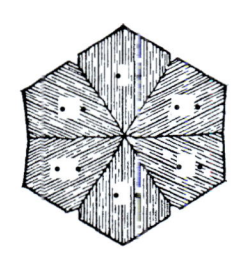 

图 4-55 文石的双晶及贯穿三连晶
$b\{010\}$ 平行双面；$m\{110\}$，$k\{011\}$ 菱方柱

★ 文石与方解石及白云石的区别，可根据解理，文石 $\{010\}$ 菱方柱状解理差，而方解石及白云石 $\{10\bar{1}1\}$ 菱面体解理完全。此外它们的密度不同，将矿物颗粒置放于三溴甲烷中，文石下沉，白云石及方解石均漂浮。

（二）白云石族

白云石 Dolomite $CaMg[CO_3]_2$

三方晶系。单晶体常呈 $\{10\bar{1}1\}$ 菱面体。晶面常弯曲成马鞍状（图 4-56）。双晶常见者有以 (0001)、$(10\bar{1}0)$、$(11\bar{2}0)$ 及 $(0\bar{2}21)$ 为双晶面的聚片双晶，后者常由机械作用所产生的滑移双晶。集合体常呈粗粒至细粒状或致密块状。

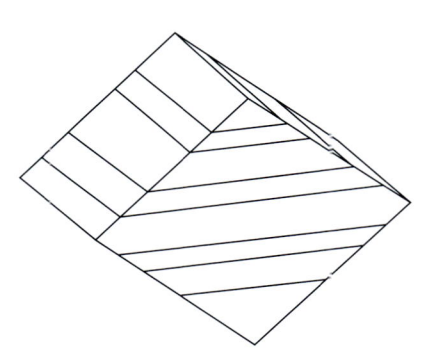 

图 4-56 白云石的马鞍状弯曲晶形和机械双晶滑移面为 $(0\bar{2}21)$

无色、白色或浅灰白色；玻璃光泽。硬度 3.5~4；性脆；解理平行 $\{10\bar{1}1\}$ 完全；解理面亦常呈弧形状。密度 $2.86g/cm^3$。

白云石是沉积岩中广泛分布的矿物之一，是组成白云岩、白云质灰岩的主要造岩矿物。白云石的形成主要有沉积和热液两种成因。原生沉积的白云石是在盐度很高的海盆和湖盆中直接沉积形成的，可以形成巨厚的白云岩层。但是大量的白云石是次生的，是石灰岩受到含镁质的热水溶液交代而形成的，此作用称为**白云岩化作用**。此外，在金属矿脉中也常有白云石作为脉石矿物出现。白云质灰岩在变质作用中可重结晶形成白云质大理岩。

★ 可借其马鞍形弯曲的晶体外形，遇冷稀盐酸反应微弱，而与方解石及菱镁矿相区别。

用作耐火材料、炼钢熔剂和化工原料，白云石大理岩可作建筑石材。也用于黏合剂、密封塑料、油漆、涂料、洗涤剂和日用化妆品等。

（三）孔雀石族

本族矿物包括孔雀石和蓝铜矿，它们均是含铜硫化物矿床氧化带的风化产物，并共生在一起。

孔雀石　Malachite　$Cu_2[CO_3](OH)_2$

单斜晶系。单晶呈针状或柱状，集合体常呈钟乳状、肾状、葡萄状产出，其内部具同心层状或放射纤维状构造（图4-57），皮壳状或纤维状集合体亦常见。土状者称为**铜绿**或**石绿**。

图4-57　钟乳状孔雀石与环带构造　　　　图4-58　蓝铜矿晶簇

深绿至鲜绿色；条痕淡绿色；玻璃光泽至金刚光泽，纤维状集合体呈丝绢光泽，土状者光泽暗淡。硬度3.5~4；性脆；解理平行{201}完全，平行{010}中等。密度3.9~4.0g/cm³。

含铜硫化物矿床氧化带中的风化次生矿物，经常与蓝铜矿共生。我国广东阳春石碌以盛产孔雀石、蓝铜矿著名。

★ 以其绿色，条痕淡绿色，钟乳状、肾状、葡萄状，以及与稀盐酸反应剧烈起泡为特征。

孔雀石是原生硫化物铜矿床的找矿标志。量多时可作为提炼铜的矿物原料；质纯色美者是制作首饰和工艺雕刻品的材料；粉末可作绿色颜料。

蓝铜矿（石青）　Azurite　$Cu_3[CO_3]_2(OH)_2$

单斜晶系。晶体呈厚板状或短柱状。集合体呈晶簇状（图4-58）、钟乳状、粒状、皮壳状或土状。

深蓝色，钟乳状或土状者常为浅蓝色；条痕浅蓝色；玻璃光泽，钟乳状或土状者，光泽暗淡。硬度3.5~4；性脆；解理平行{011}、{100}完全或中等；贝壳状断口。密度3.77g/cm³。

含铜硫化物矿床氧化带中的风化产物，常与孔雀石共生，是原生硫化物铜矿床的找矿标志。

★ 以其深蓝色、条痕淡蓝色和与孔雀石共生，以及与稀盐酸反应剧烈起泡为鉴定特征。

主要用途同孔雀石。

二、硝酸盐矿物

硝酸盐是金属阳离子与硝酸根$[NO_3]^-$相化合形成的含氧盐矿物。自然界中硝酸盐矿物的产出很少,目前已知的矿物仅有10余种。其中以Na^+、K^+的硝酸盐较为常见。

硝石族

钠硝石（智利硝石） Nitratine 或 Nitronatrite $Na[NO_3]$

三方晶系。晶体呈菱面体状,极少见。通常呈致密块状、皮壳状或盐华状集合体产出。

无色或白色,含杂质呈灰色、黄褐色;透明;玻璃光泽。硬度1.5~2;解理平行$\{10\bar{1}1\}$完全;性脆。密度2.24~2.29g/cm³。味微咸涩,易溶于水。具强潮解性。

产在炎热干旱地区的土壤中。主要系腐烂有机物受硝化细菌分解作用而产生的硝酸根与土壤中的钠化合而成,常与石膏、芒硝、石盐等共生。世界最著名的产地为智利（又名智利硝石）。我国青海西宁地区红土层中也有巨厚的钠硝石层分布。

★ 以其易溶于水,易潮解,味微咸涩为特征。

氮肥的主要原料,并用于制造硝酸和其他氮素化合物。

三、硼酸盐矿物

硼酸盐矿物是金属阳离子,其中最主要的是Mg^{2+}、Ca^{2+}、Na^+、Fe^{2+}和Fe^{3+},与硼酸根相化合而形成的含氧盐矿物。目前已知的硼酸盐矿物约有130余种,然而在自然界常见的仅10种左右,并能聚集成有工业意义的硼矿床。

（一）硼镁铁矿族

本族包括硼镁铁矿和硼铁矿,两者间构成完全类质同象系列。其中以硼镁铁矿为常见。

硼镁铁矿 Ludwigite $(Mg,Fe^{2+})_2Fe^{3+}[BO_3]O_2$

斜方晶系。晶体呈柱状或针状。通常呈纤维状、放射状、粒状、致密块状集合体。

墨绿色至黑色,颜色随成分中Fe含量增大而变深;条痕浅黑绿色至黑色;光泽暗淡。纤维状集合体者呈丝绢光泽;微透明至不透明。硬度5.5~6;无解理。密度3.6g/cm³。粉末具弱磁性。

我国的硼镁铁矿主要产于接触交代成因的镁质矽卡岩或不同程度的蛇纹石化白云质大理岩中,常与磁铁矿、硅镁石及金云母、镁橄榄石和硼镁石等共生。

★ 以深的颜色和条痕色,暗淡光泽,硬度和产状特征可与电气石相区别。

提炼硼的矿物原料。

（二）硼砂族

硼砂 Borax $Na_2[B_4O_5(OH)_4]\cdot 8H_2O$

单斜晶系。单晶体常呈$\{100\}$板状或沿Z轴延伸的短柱状。集合体常呈粒状或土块状。

晶体无色透明,白色或微带绿、蓝、黄色调等;玻璃光泽,土状者暗淡。解理平行$\{100\}$完全,平行$\{110\}$中等,平行$\{010\}$不完全;硬度2~2.5;性极脆,密度1.66~1.72g/cm³。易溶于水,微带甜味。烧时膨胀,易熔成透明的玻璃状体。

硼砂是最常见的含水硼酸盐矿物之一,主要产于干旱地区的盐湖或硼湖的蒸发、干涸沉积物中,与钠硼解石、石盐、无水芒硝、石膏等矿物共生。我国西藏拉萨附近的硼湖沉积矿床是世界上著名的硼砂产区之一。

★ 以其白色,易溶于水,具甜味,烧时膨胀熔成玻璃状体为鉴定特征。

提炼硼的最重要矿物原料。硼是重要的化工原料,用于玻璃、玻璃纤维、防腐剂、油漆、涂料、搪瓷制品和洗涤剂等领域。硼的化合物是航空和军事装甲的重要防护材料。硼的氢化物也是液体火箭推进剂常用的燃烧剂等。

第七节 硫酸盐、钨酸盐和磷酸盐矿物

一、硫酸盐矿物

硫酸盐矿物是金属阳离子与硫酸根$[SO_4]^{2-}$相化合形成的含氧盐类矿物。目前已知的硫酸盐矿物种数约有 300 余种,虽然它们在地壳中分布不多,仅占地壳总质量的 0.1% 左右,但其中石膏、硬石膏、重晶石、天青石、明矾石等均能富集成具有工业意义的矿床,部分硫酸盐矿物还是提取 Sr、Ba、Pb 等金属元素的重要矿物原料。

硫酸盐矿物的物理性质主要特征是硬度较低,一般在 2~3.5 之间。密度一般不大,在 2~4g/cm³ 左右,含钡和铅的硫酸盐矿物多在 4g/cm³ 以上,甚至可达 6~7g/cm³。颜色一般呈白色或无色,含铁者呈黄褐或蓝绿色,含铜者呈蓝绿色,含锰或钴者呈红色。透明至半透明;玻璃光泽,少数为金刚光泽。

(一) 重晶石族

本族矿物主要包括重晶石、天青石。两者之间存在着完全的类质同象系列。

重晶石 Barite $Ba[SO_4]$

斜方晶系。常以平行于 {001} 的板状或厚板状良好的单晶体出现,有时呈短柱状(图 4-59),板状晶体常聚集为晶簇状。通常呈块状、粒状、结核状、钟乳状集合体。

常为无色或白色,有时呈黄、褐、淡红等色;玻璃光泽,解理面显珍珠光泽。硬度 3~3.5;性脆;解理平行 {001} 和 {210} 完全,平行 {010} 中等。密度 4.5g/cm³ 左右。

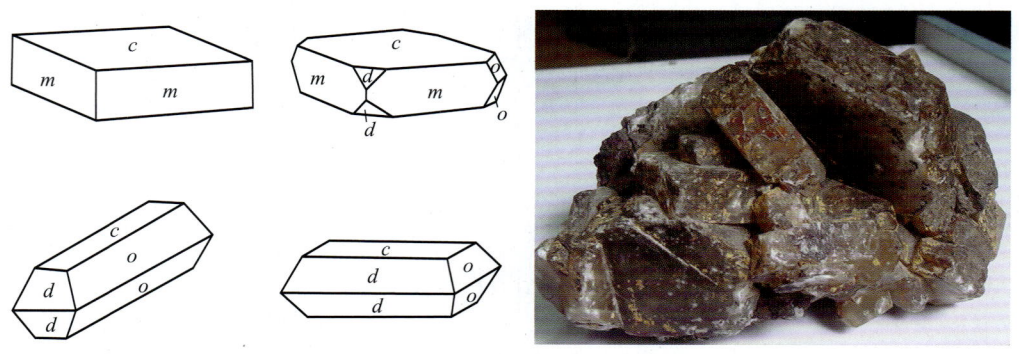

图 4-59 重晶石的晶形及其板柱状晶体
$c\{001\}$ 平行双面;$d\{101\}$,$m\{210\}$,$o\{011\}$ 菱方柱

热液成因的重晶石见于中、低温热液金属矿脉中，与闪锌矿、方铅矿、黄铜矿、辰砂等硫化物以及萤石、石英、方解石等共生，或者以单一的重晶石脉出现。沉积成因的重晶石呈透镜体状或结核状见于沉积锰矿、铁矿和浅海沉积物中。有时也以结核状、块状的次生重晶石产于风化残积的黏土岩中。我国重晶石产地很多，尤以湖南、广西、江西、山东等地最为重要，重晶石呈巨大的热液单矿物脉产出。

★ 以其密度较大，三组发育的解理和板、柱状晶形为特征。

提取 Ba 的重要矿物原料。可作为 X 射线防护剂，并用于化工、颜料、医药、玻璃、橡胶、塑料等工业原料，以及钻井泥浆的加重剂。

天青石 Celestite $Sr[SO_4]$

斜方晶系。常呈厚板状或短柱状，集合体呈粒状、纤维状、钟乳状、结核状等。

常呈带浅蓝或蓝灰色调的灰白色，有时无色透明；玻璃光泽，解理面显珍珠晕彩。硬度 3～3.5；性脆；解理平行 {001} 和 {210} 完全，平行 {010} 中等。密度 3.9～4.0g/cm³。

天青石以外生沉积成因为主，见于白云岩、石灰岩、泥灰岩等沉积岩中，与石膏、硬石膏、石盐和自然硫等共生。热液成因的天青石，则以热液细脉状或基性喷出岩的气孔充填物产出。我国著名的江苏溧水爱景山产出的天青石即属热液成因的。

★ 与重晶石很相似，但密度稍小于重晶石。若将小片矿物置火焰上灼烧，天青石呈深红色的焰色反应，而重晶石的焰色反应呈黄绿色。

提炼锶的主要矿物原料，金属锶用于生产特种合金，亦可用于作难熔金属的还原剂。

（二）硬石膏族

硬石膏 Anhydrite $Ca[SO_4]$

斜方晶系。单晶体呈厚板状、板柱状（图 4-60）。集合体常呈块状、粒状或纤维状。双晶依（011）形成接触双晶或聚片双晶。

纯净者透明，无色或白色，常因含杂质而呈暗灰色，有时带红色、紫色或蓝色；玻璃光泽，解理面显珍珠光泽。硬度 3～3.5；解理平行 {010} 和 {100} 完全，平行 {001} 中等，三组解理面相互垂直。密度 2.9～3.0g/cm³。

硬石膏主要产于蒸发作用所形成的盐湖沉积物中，常与石膏共生。在地表或近地表条件下，由于上部压力减小和易遭受水化作用，硬石膏变得不稳定将转变为石膏。在此转变过程中，硬石膏因吸收水分使体积增大约 30%，因此，对地表工程设施有一定的破坏作用。石灰

图 4-60 硬石膏晶体

岩或白云岩受热液交代而形成的硬石膏以及金属矿脉中的硬石膏，均可能是受含硫酸溶液作用的产物。此外，石膏经过脱水作用也可以形成硬石膏。

★ 硬石膏可以三组相互垂直解理作为鉴定特征。与方解石等碳酸盐矿物的区别是解理的分布方向不同，且遇盐酸不产生气泡。

用于造型塑像、医疗、造纸以及水泥工业。硬石膏的吸水膨胀性对工程设施有一定的安全影响。

（三）石膏族

石膏　Gypsum　$Ca[SO_4] \cdot 2H_2O$

单斜晶系。单晶体常呈平行 {010} 板状；双晶常依（100）为双晶面的燕尾双晶（图4-61）。集合体呈块状、细粒状、纤维状、土状等。

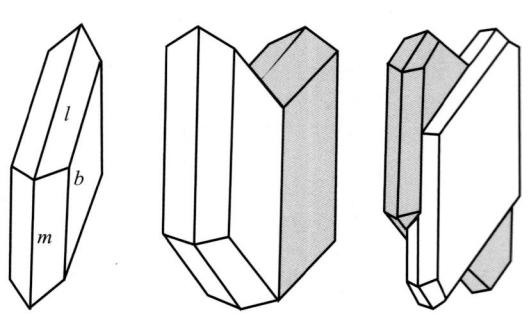

图4-61　石膏的晶形和双晶
b{010} 平行双面；m{120}，l{111} 菱方柱

无色或白色，含杂质时呈灰、浅黄或浅褐色等。无色透明晶体称**透石膏**；玻璃光泽，解理面显珍珠光泽。纤维状集合体称**纤维石膏**，呈丝绢光泽。硬度2；解理平行 {010} 极完全，平行 {100} 和 {011} 中等；薄片具挠性。密度 $2.30 \sim 2.37 g/cm^3$。

石膏广泛形成于沉积作用。在封闭海湾或湖、海盆中化学沉积因蒸发作用沉淀而成，或由硬石膏水化作用而成，常与石灰岩、红色页岩、泥灰岩等成互层。

风化过程中硫化物矿床氧化带中的硫酸水溶液在与石灰岩作用时也可形成石膏。热液成因的石膏通常见于某些低温热液硫化物矿床中。我国石膏储量居世界前列，绝大多数省区都有产出，其中湖北应城、湖南湘潭、山西平陆等地是我国石膏的主要产区。

★ 以其硬度低，密度小和具有 {010} 极完全解理为鉴定特征。与碳酸盐矿物的区别在于遇盐酸时不产生气泡。

用于医疗、造型、水泥、造纸和建筑等工业。

二、钨酸盐矿物

钨酸盐矿物是金属阳离子与钨酸根 $[WO_4]^{2-}$ 相化合而成的含氧盐类矿物。本类矿物在自然界分布不多，目前已知的钨酸盐类矿物种类仅有13种，其中最重要且能常富集成工业矿床的主要是白钨矿。

白钨矿族

白钨矿（钙钨矿）　Scheelite　$Ca[WO_4]$

四方晶系。单晶体呈近于八面体的四方双锥形（图4-62），其晶面上常现斜的条纹。双晶依（110）常见。通常为粒状或致密块状集合体。

通常为白色，有时微带浅黄、浅黄褐或浅绿色；透明至半透明。金刚光泽或油脂光泽。解理依 {101} 中等；参差状断口；性脆。硬度4.5。密度 $6.1g/cm^3$。具发光性，紫外线照射下发淡蓝或黄白至白色荧光。

白钨矿主要产于接触交代矿床中，或产于高温热液脉中。

★ 白钨矿以色浅、油脂光泽、密度大为鉴定特征。紫外线照射下具发光特性，不仅可作为鉴定特征并可应用于找矿上。

提炼钨的重要矿物原料。钨合金用于制造高硬切割具、钻头、火箭发动机喷管和电光源灯丝等。

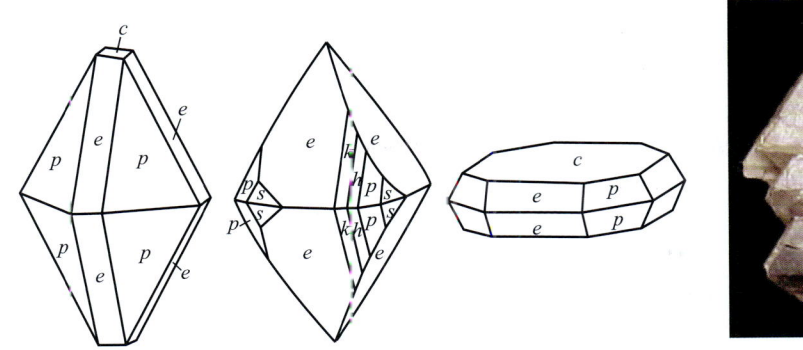

图 4-63 白钨矿的晶形与晶体

$c\{001\}$ 平行双面；$e\{112\}$，$p\{101\}$，$h\{313\}$，$s\{131\}$：四方双锥

三、磷酸盐矿物

磷酸盐矿物是金属阳离子与磷酸根 $[PO_4]^{3-}$ 相化合而成的含氧盐类矿物。本类矿物的种类较多，已知的磷酸盐矿物约有 410 种，但除极少数矿物（如磷灰石）在自然界有广泛分布并可形成有工业价值的矿床外，大多数都为量极少，分布比较局限。

磷灰石族

磷灰石 Apatite $Ca_2^{IX}Ca_3^{VII}[PO_4]_3(F,Cl,OH)$

六方晶系。单晶体呈六方柱状或厚板状（图 4-63）。集合体成块状、粒状、结核状等。

颜色多种多样，其中以黄、绿、黄绿、浅蓝和褐色等为常见，含有机质则可染成深灰至黑色；玻璃光泽，断口呈油脂光泽。硬度 5；解理平行 $\{0001\}$ 及 $\{10\overline{1}0\}$ 不完全；参差状或贝壳状断口。密度 $2.9\sim 3.2 g/cm^3$。加热后常可见磷光发光性。

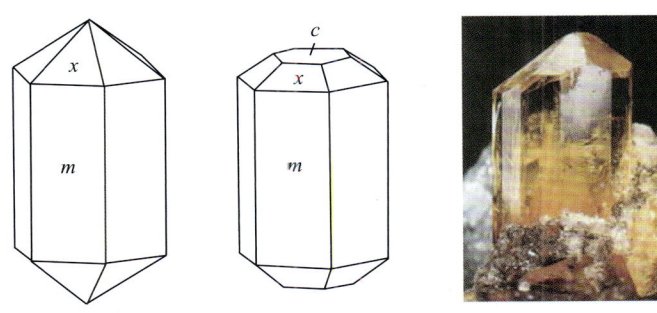

图 4-63 磷灰石的晶形和实际晶体

$c\{0001\}$ 平行双面；$m\{10\overline{1}0\}$ 六方柱；$x\{10\overline{1}1\}$ 六方双锥

作为副矿物见于许多岩浆岩中，有时在碱性岩、基性岩以及与之密切相关的碳酸盐岩中呈致密块状或粒状富集成有经济价值的磷矿床。在伟晶岩、接触交代矿床和热液矿脉中有时也可见粗大的柱状晶体磷灰石生成。海相沉积成因主要形成**胶磷矿**，并往往富集成最有经济价值的磷矿床。胶磷矿在受区域变质作用后可变为显晶质细粒磷灰石。我国磷矿资源较丰富，云南昆阳、贵州开阳、湖北襄阳是著名的沉积成因的磷矿产地；江苏海州等地是沉积变质成因的磷矿产地；河北矾山等处则是岩浆成因的磷矿产地。

★ 磷灰石以其柱状晶形，光泽和硬度作为鉴定特征。但对于结核状磷灰石和胶磷矿则不易识别，可用 HNO_3 滴于其上，再加少许钼酸铵粉末，如粉末由白色变为黄色，则指示有磷的存在。

用于制造磷肥以及化学工业上的各种磷盐和磷酸。

本 章 小 结

1. 自然金往往为热液成因的，而自然铜和自然银除热液成因的以外，更常见于硫化物矿床氧化带中。
2. 金刚石结晶发生于高温高压条件下，是岩浆作用的产物；石墨也往往在高温条件下形成，但分布最广的是沉积变质成因的石墨，系由富含有机质或碳质的沉积岩经受区域变质作用而成。
3. 方铅矿是自然界分布最广的含铅矿物。黄铁矿是地壳中分布最广的硫化物矿物，形成于多种不同地质条件下，外生成因的黄铁矿常指示还原的沉积环境。
4. 萤石和石盐是地壳上最主要的卤化物矿物。石盐是典型的化学沉积成因的矿物，主要聚集形成于干热气候条件下的内陆盆地盐湖和滨海浅水潟湖中。
5. 纯净无色透明的石英晶体，称水晶；烟黄色称烟水晶；暗棕色称茶晶；黑色者称墨晶；紫色称紫水晶；黄色者称黄水晶；呈浅红色、粉红色的石英称蔷薇石英；呈乳白色的称乳石英。
6. 黑钨矿成因上与花岗岩关系密切，主要产于高温热液石英脉及云英岩化花岗岩中。我国是世界上最大的产钨国。
7. 铝土矿并不是一个矿物种，而是以三水铝石、硬水铝石或软水铝石为主要组分，并包含数量不等的高岭石、蛋白石、赤铁矿、针铁矿等组成的混合物。
8. 硅酸盐矿物结构中的基本构造单元是稳定的［SiO_4］四面体型的硅酸根离子，它既可以孤立存在，也可以通过共用四面体角顶上氧离子的方式，彼此相接而形成多种复杂的络阴离子。
9. 根据［SiO_4］在结构中连接方式的不同，可以分为岛状络阴离子、环状络阴离子、链状络阴离子、层状络阴离子、架状络阴离子等五种基本的络阴离子类型。
10. 橄榄石是地幔岩的主要组成矿物之一，也是基性、超基性岩中的主要造岩矿物。
11. 蓝晶石多由泥质岩经变质而成，主要形成于中级变质作用压力较高的条件下，是典型区域变质矿物之一。
12. 石英柱面上发育有横纹。电气石柱面上常有纵纹，晶体的横断面呈弧线三角形。
13. 辉石矿物常呈柱状晶体形态，其横截面呈假正方形或八边形，解理夹角为93°和87°。
14. 角闪石常呈长柱状或针状形态，晶体横截面常呈六边形，解理夹角分别为56°和124°。
15. 蒙脱石吸水后体积急剧膨胀，并分散成糊状。受热脱水后产生体积收缩。这种膨胀性和体积收缩性对建筑地基危害性很大。
16. 白云母是分布很广的造岩矿物之一，在三大岩类中均有产出。
17. 透长石、正长石、微斜长石这3种长石统称为钾长石。钠长石、奥长石、中长石、拉长石、培长石、钙长石这6种长石统称为斜长石。
18. 霞石是富钠质碱性岩中的典型矿物。不与石英共生。

作业及思考题

1. 金刚石和石墨的成分都是C，它们的形态、物理性质有什么区别？
2. 黄铁矿的晶形有时呈立方体、八面体或五角十二面体等，它们之间是同质多象吗？
3. 从晶形、解理、光泽、颜色等特征上，如何区分石英、绿柱石与萤石？
4. 石英族矿物有何特殊的物理特性？有哪些变种，各自有何用途？
5. 从地质产状、形态特征与解理交角，分析辉石和角闪石之间的异同。
6. 白云母最显著的物理性质是什么？此性质有何工业用途？
7. 碱性长石包括哪几个矿物种？斜长石是如何分类的？肉眼如何区分和鉴别碱性长石与斜长石？哪些长石可具有钠长石律聚片双晶？
8. 蒙脱石、石膏、硬石膏最显著的特点是什么？在工业用途和工程地质上有何意义？
9. 什么是冰洲石？如何区别方解石、文石与白云石？
10. 何谓黏土矿物？它们有哪些特殊性质？
11. 何谓似长石？霞石、白榴石在成分和成因上有何特点？
12. 如何区分和鉴别金红石、锡石和锆石？
13. 哪些碳酸盐矿物可作为原生铜矿床的找矿标志？
14. 如何区别石膏和硬石膏，硬石膏和重晶石，石英和白钨矿？
15. 如何区分绿柱石和磷灰石，黑电气石和硼镁铁矿？
16. 自然界中氧化物常形成砂矿，而硫化物矿物在砂矿中却难以见到。为什么？
17. 如何区别黄铁矿和黄铜矿，辉钼矿和石墨，辰砂和雄黄，雌黄和自然硫？
18. 自然元素矿物中包括金属互化物矿物，它们与类质同象混晶矿物有何区别？

第二篇 岩石学

第五章 岩石及岩石学

第一节 岩石及岩石学概述

一、岩石及岩石学的概念

1. 岩石

岩石是天然产出的具有一定结构构造的矿物集合体。地球上的岩石,绝大多数是由一种或几种造岩矿物组成的,极少数是由天然玻璃、胶体或生物遗骸组成的。

按地质成因,岩石分为岩浆岩(火成岩)、沉积岩、变质岩三大类。岩浆岩一般是由岩浆在地下或喷出地表后冷凝形成的岩石,如花岗岩、玄武岩等。沉积岩一般是在地表或接近地表由风化剥蚀作用、生物作用或某些火山作用形成的产物经过搬运、沉积和石化作用形成的岩石,如砂岩、石灰岩等。变质岩是原先存在的岩石,在温度、压力升高的条件下,原来岩石的矿物成分、结构构造等被改造而形成的新的岩石,如片岩、糜棱岩等。

2. 岩石学

岩石学是研究岩石的成分、结构构造、分类命名、产状、分布、成因、与成矿作用的关系、演变历史等的学科。在地球科学中,岩石学是一门基础学科。

岩石学的分支学科有:岩浆岩岩石学、沉积岩岩石学、变质岩岩石学、成因岩石学(岩理学)、描述岩石学(岩类学或岩相学)、构造岩石学、化学岩石学(岩石化学)、实验岩石学、工业岩石学(工艺岩石学)、地幔岩石学、宇宙岩石学等。

二、岩石学的发展简史

岩石学的发展历史可大致分为4个时期。

1. 萌芽时期

指古代人对各种"岩石"进行形象描述,以及关于岩石成因的各种假说和推论时期。世界上最早记述与"岩石"有关的书籍是我国春秋战国时期的《山海经》和古希腊泰奥弗拉斯托斯的《石头论》,这些古代文明已经显现了岩石学的思想萌芽。

2. 孕育时期

从18世纪70年代到19世纪20年代,关于岩石的成因曾发生过水成论和火成论之争。水成论者主张地球上一切岩石都是在水中沉积形成的;而火成论者不否认水的沉积成岩作用,但强调火山喷发和岩浆侵入等作用和由此而形成的火成岩类的重要性。水成论是德国地质学家维尔纳（Werner A G）等于1771年创立的，火成论是英国地质学家赫顿（Hutton J）等于1788年提出的。

维尔纳等认为地球初期，地表全为原始海洋所淹覆，现在地表所有岩石都是从海水沉淀、结晶形成的。最先沉积的是花岗岩，次为结晶片岩，两者都是地球最古老也是最多的岩层，叫"原始层"；而后沉积的叫"过渡层"，再上为含有生物化石的岩层；最上的为松散泥砂等组成的"冲积层"。维尔纳等只强调水的沉积作用，不承认有火成岩一类的岩石。他们认为所有的岩石，包括玄武岩和花岗岩都是从水中沉积的。

赫顿于1788年在爱丁堡皇家学会学报上发表了《地球的理论》一文，反对"水成论"观点，认为"火"和"水"二者都对地壳的地层系统的形成起了重要作用；其根据是1785年他在格林倾斜地层发现了三种不同的岩石类型：灰岩、页岩和花岗岩，且花岗岩呈手指状、脉状的岩脉穿入到灰岩和页岩之中。按照维尔纳的理论，花岗岩是来自水中的化学沉淀物，就不应该有这种穿入现象。赫顿认为这些构成岩脉的花岗岩完全不是水中的沉淀物质，而是熔融岩浆侵入到老的沉积岩（灰岩、页岩）之中冷却的产物。赫顿还发现在花岗岩边上的沉积岩有受烘烤的现象，虽然他没有对此做特别评论，实际上就是变质岩。

1830年，英国自然科学家莱伊尔（Lyell C）提出岩石的多种成因观点，把岩石分为水成的、火成的、变质的等多种成因类型。从"水火之争"到莱伊尔以多种成因观点代替单一成因观点的岩石分类的这段时期，即为岩石学的孕育阶段。

3. 形成时期

从19世纪中期到20世纪50年代，是岩石学的形成时期。这一阶段，人们不但通过大量的野外地质调查和区域地质填图，加深了对岩石成因的了解；而且形成了显微岩石学、岩石化学、岩浆分异作用等分支学科和理论。

从18世纪后期到19世纪初，对岩石的研究一直靠野外观察和肉眼鉴定。直至1858年，英国索尔比（Sorby H C）发明了偏光显微镜，才进入了显微岩石学的研究阶段。

在偏光显微镜下，通过透明薄片对岩石进行研究，德国齐克尔（Zirkel F）于1866年首先提出了岩石（火成岩）结构–矿物分类，并于1873年出版了《矿物和岩石在显微镜下特征》，奠定了显微岩石学的基础。直到目前，偏光显微镜观察与鉴定仍是岩石学研究的一种最基本方法。

从19世纪末到20世纪初，是化学岩石学（岩石化学）的形成时期。1908年，美国化学家克拉克（Clarke F W）采集全球各地大量有代表性岩石样品进行化学分析后，于1922年发表了《火成岩平均成分》，1924年发表了《地壳成分》等重要著作，首次公布地壳中50个元素的平均含量，为地球化学学科的诞生奠定了基础。

1928年，美国岩石学家鲍温（Bowen N L）发表《火成岩的演化》专著，提出了钙碱性岩浆中矿物析出的反应系列及其原理，习称"鲍温反应系列"，奠定了岩浆分异作用理论基础，对岩石学研究产生了深远的影响。

4. 发展时期

20世纪50年代以来，岩石学进入快速发展时期。X射线衍射技术及电子显微技术的发展，使岩石、矿物内部结构研究进入微区领域；微量分析技术如光谱、质谱分析等的发展，可准确测定岩石和矿物中的微量元素及同位素组成，为研究成岩作用、岩浆起源及演化等提供重要信息；高温高压实验，为模拟、探索上地幔岩石和变质岩的形成过程积累了大量资料。板块构造学说的兴起和发展带动着岩石学不断发展，板块的相互作用与岩浆活动、变质作用、沉积盆地演化和各种沉积相的形成分布关系密切。现代计算机的应用，为深入研究岩石学资料拓展了新的方向，不断产生新的岩石学理论。

第二节 岩石学研究的意义

一、岩石学是地球科学的基础学科

岩石学与地球科学的所有分支学科都有密切关系。岩石学是地球科学的基础学科。它既要以结晶学、矿物学、地球化学等学科的知识作为基础，其本身又是构造地质学、地层地史学、矿床学、矿产勘查学、水文地质学、工程地质学等学科的基础。

岩石是一种信息载体，记录了地球上发生的每一次地质事件，因此，研究岩石可以了解地球的演化历史，如岩石中的化石的研究，可以了解岩石所在地区海陆变迁和气候变化的情况。可以说岩石学研究，为解决地质学的各种重大理论问题做出了重大贡献。

二、岩石与矿产资源关系密切

岩石学的研究除发展了地球科学理论之外，主要是为矿产资源的寻找和勘探服务。

矿产资源是指赋存在地壳内部或地壳表面的、由地质作用形成的呈固态、液态或气态的具有现实和潜在经济意义的自然富集物，分为能源矿产、金属矿产、非金属矿产、水气矿产等。

在沉积岩中，蕴藏着大量的矿产，如石油、天然气、煤、油页岩等能源矿产；铁、锰、铝、钒、铜、铅、锌、锡、钛等金属矿产；锗、镓、稀土等分散元素矿产；磷、黄铁矿、石盐、钾盐、石膏、石灰岩、白云岩、耐火黏土等非金属矿产。

岩浆岩与一定类型矿产之间存在着密切成因关系。基性、超基性岩与亲铁元素，如铬、镍、铂族元素、钛、钒、铁、金刚石、磷灰石等的矿产有关。酸性岩浆岩与亲氧元素，如钨、锡、铍、锂、铌、钽、铀等的矿产关系密切。

与变质岩有关的矿产很多。在岩浆岩岩体与碳酸盐岩围岩接触带产生的矽卡岩中，常有铁、铜、铍、锡、钼、钨、铅、锌、硼、水晶等矿产。由高温热水溶液形成的矿产主要有钨、铍、锡、钼、铋、锂、铁、铀、稀土、铌、钽、铜、钴等。

岩石中孔隙、裂隙、溶隙等是地下水和油气资源的储存场所和运移通道。岩石空隙的多少、大小、形状、连通情况、分布规律等，对气液资源的分布和开发具有重要影响。

三、岩石对工程性质的影响

影响岩石工程性质的因素，可归纳为两个方面：一是内因，即岩石自身的内在条件，如组成岩石的矿物成分、结构、构造等；二是外因，即来自岩石外部的客观因素，如气候环境、风化作用、水文性质等。因此，岩石的矿物成分、结构、构造，以及岩石遭受风化作用、水的作用等，都直接影响岩石的工程性质。

1. 矿物成分

组成岩石的矿物成分对岩石的工程性质具有直接影响。单矿岩与复矿岩比较，前者较后者耐风化。例如石英岩（单矿岩）主要矿物为石英，其平均抗压强度可达 250MPa，而花岗岩（复矿岩）除含有石英外，还含有片状云母和中等解理的长石，其平均抗压强度为 200MPa，可见花岗岩的强度较石英岩低。

矿物的硬度对岩石抗压强度有密切关系。如石英岩和大理岩，由于石英岩中的石英要比大理岩中方解石的硬度高得多，故石英岩的抗压强度为 150~300MPa，而大理岩的抗压强度为 100~250MPa。

矿物的密度决定着岩石的密度，含铁镁质矿物多的岩石的密度要比含硅铝质矿物多的岩石密度大。例如辉长岩的主要矿物成分是辉石和基性斜长石，而花岗岩的主要矿物成分是长石和石英，故辉长岩的平均密度（3.28g/cm^3）要比花岗岩的平均密度（2.65g/cm^3）大得多。

再从组成岩石的矿物颜色而论，暗色矿物（橄榄石、辉石、角闪石和黑云母）的抗风化能力要比浅色矿物（石英、长石、白云母）的抗风化能力弱。其中按照原生矿物对化学风化的反应来看，石英、白云母、石榴子石等为稳定的矿物；角闪石、辉石、正长石、酸性斜长石等为稍稳定的矿物；基性斜长石、黑云母、黄铁矿等为不稳定的矿物。因此，一般而言，在岩浆岩中酸性岩比基性岩的抗化学风化能力高；沉积岩抗风化能力要比岩浆岩和变质岩高。

2. 结构

岩石的内部结构对岩石的力学强度有极大的影响。按岩石的结构特征，可将岩石分为结晶联结的岩石和胶结联结的岩石两大类。

（1）结晶联结

结晶联结的岩石，如大部分的岩浆岩、变质岩和一部分沉积岩等，其晶粒直接接触，结合力强，孔隙度小，吸水率低。在荷载作用下变形小，弹性模量大，抗压强度高。例如，闪长岩、辉长岩、玄武岩、石英砂岩等的抗压强度均在 150~300MPa 之间。

结晶结构的晶粒大小对强度有明显的影响。通常是细晶岩石的强度要高于同成分的粗晶岩石的强度，因细晶具有较高的结合力，故强度高。例如细晶花岗岩的强度可达 180~200MPa，而粗晶花岗岩的强度只有 120~140MPa；具有微晶至隐晶质的玄武岩，比中粗晶粒的基性岩强度更高；致密的结晶灰岩要比粗晶大理岩的强度高 2~3 倍。

（2）胶结联结

主要是指以沉积岩的碎屑结构为胶结物充填胶结而成的联结形式。胶结联结的岩石，其强度和稳定性取决于胶结物的成分和胶结的形式，以及碎屑成分。

硅质胶结的岩石的强度和稳定性，远远要高于泥质胶结的岩石。

胶结联结的形式一般可分为基底式胶结、孔隙式胶结和接触式胶结三种形式。

◎ 基底式胶结：是一种碎屑物散布于胶结物中，彼此不接触的联结形式。这种联结形式形成的结构孔隙度小，其物理力学性质完全取决于胶结物的性质。如果胶结物与碎屑物同为硅质或钙质，就有可能经重结晶作用转化为结晶联结，其强度和稳定性也随之增高。

◎ 孔隙式胶结：是指碎屑颗粒互相直接接触，胶结物充填于碎屑之间的孔隙中的一种联结形式。其强度和稳定性取决于碎屑物和胶结物的成分。一般而言，孔隙式胶结是强度和稳定性较好的联结形式。

◎ 接触式胶结：是指在碎屑颗粒的接触处，由少量的胶结物将其彼此结合起来的一种联结形式。这种联结形式形成的结构的孔隙度大、容重小、吸水率高，其强度和稳定性很差。

3. 构造

构造对岩石工程性质的影响，可从两个方面来分析：

一方面，某些构造体现了矿物成分在岩石中分布的极不均匀性，如片理构造、流纹构造等。这些构造能使一些强度低、易风化的矿物常成定向富集，或呈条带状分布，或者呈局部聚集体。当岩石受荷载作用时，首先从这些软弱的部位发生变化，而影响岩石的物理力学性质。

另一方面，在矿物成分均匀的情况下，由于某些构造，如层理、节理、裂隙和各种成因的孔隙，使岩石结构的连续性与整体性受到一定程度的影响或破坏，从而使岩石的强度和透水性在不同方向上发生明显的差异。一般情况下，垂直层面的抗压强度大于平行层面的抗压强度；平行层面的透水性大于垂直层面的透水性；垂直层理的变形模量小于平行层理的变形模量。

如果上述两个方面的情况同时存在，则岩石的强度和稳定性就会明显呈叠加性地降低。

4. 风化作用

岩石在自然力的作用下发生物理化学变化的过程，称为岩石风化。岩石风化使岩体的工程地质特征也发生改变，其表现如下：

（1）岩体的完整性受到破坏。风化作用使岩体原生裂隙扩大，并增加新的风化裂隙，导致岩体破碎为碎块、碎屑，进而分解为黏粒，从根本上改变了岩体的物理力学性质。

（2）岩石的矿物成分发生变化。岩石在化学风化过程中，原生矿物经化学反应，逐渐分化为次生矿物。随着化学风化的发展，层状矿物（如高岭石、蒙脱石之类的黏土矿物等）和鳞片状矿物（如绿泥石、绢云母之类的）不断增多，导致岩体的强度和稳定性大为降低。

（3）风化作用改变了岩石的水理力学性质。风化可使岩石具有一些黏性土的特性，诸如亲水性、孔隙性、透水性和压缩性都极为明显地增大，从而大大降低了岩石的力学强度，抗压强度也可由原来的几十至几百兆帕，降低到几兆帕。但当风化剧烈、黏土矿物增多时，渗透性又趋于降低。

5. 水化作用

任何岩石被水饱和后的强度都会降低。这是因为水能沿着岩石极细微的孔隙、裂隙浸入，在其矿物颗粒间向深部运移，从而降低了矿物颗粒彼此之间的联结力，以及岩石的内聚力和内摩擦力，使岩石的抗压、抗剪强度受到影响。例如，石灰岩和砂岩被水饱和后，其极限抗压强度会降低25%~45%；又如花岗岩、闪长岩和石英岩等一类抗压强度很高的岩石，经水饱和后，其极限抗压强度也会降低10%左右。这实质上是岩石软化性的表现。

水对岩石强度的影响，在一定限度内是可逆的，即被水饱和的岩石，再经干燥后其强度仍可恢复。但是，如果发生干湿循环，由于岩石成分和结构发生了改变，那么强度降低就转化为不可逆过程。

第三节　岩石学研究方法

岩石学研究方法包括野外地质研究方法和实验室分析研究方法。

一、野外地质研究

野外地质研究是岩石学研究工作的基础。其方法包括地质填图、剖面测制、露头观察等。主要研究岩石的组分、结构构造、产状、岩石组合、相变、与围岩关系、次生变化、形成时代、与成矿的关系等。有时还需观察与研究岩石的工程力学性质等。野外地质研究过程中要采集适当的岩石标本、样品,以进一步分析测试。

二、实验室分析研究

(1) 岩相学特征研究。主要应用偏光显微镜、费氏台、X 射线分析、差热分析、电子显微镜等仪器方法,详细研究岩石的矿物成分、含量、结构构造、次生变化等,以及岩石中矿物的内部结构,以确定岩石的类型,探讨岩石成因。

(2) 岩石化学特征研究。采用化学分析、光谱分析、电子探针分析、质谱分析、同位素分析等方法,深入研究岩石的物质组成、成因、演化特征、形成时代、含矿性等。

(3) 实验岩石学研究。应用各种高温、高压或常温、常压设备进行模拟实验,研究不同情况下的物化平衡和转变反应,模拟岩浆熔融、变晶结晶作用过程、变形作用和沉积成岩作用等,以探讨岩石的形成机理,分析岩石的成因问题。

本 章 小 结

1. 岩石是天然产出的具有一定结构构造的矿物集合体。按地质成因,岩石分为岩浆岩(火成岩)、沉积岩、变质岩三大类。
2. 关于岩石的成因曾发生过水成论与火成论之争。水成论是德国地质学家维尔纳(Werner A G)等于 1771 年创立的,火成论是英国地质学家赫顿(Hutton J)等于 1788 年提出的。
3. 美国岩石学家鲍温(Bowen N L)提出的钙碱性岩浆中矿物析出的反应系列及其原理,即"鲍温反应系列",奠定了岩浆分异作用理论基础,对岩石学研究产生了深远的影响。
4. 组成岩石的矿物成分对岩石的工程性质具有直接影响。岩石的内部结构对岩石的力学强度有极大的影响。任何岩石遭受风化和被水饱和后,强度都会降低。
5. 岩石学与地球科学的所有分支学科都有密切关系,是地球科学的基础学科。岩石学的研究不但发展了地球科学理论,更主要的是为寻找矿产资源、评价其工程性质等服务。

作业及思考题

1. 什么是岩石?
2. 岩浆岩、沉积岩、变质岩三大类岩石的地质成因有何不同?
3. 英国地质学家赫顿(Hutton J)反对"水成论"的根据是什么?
4. 研究岩石有什么地质意义?
5. 影响岩石工程性质的因素有哪些?
6. 岩石学研究方法有哪些?

第六章　岩浆岩总论

第一节　岩浆与岩浆岩

一、岩浆的概念与性质

1. 岩浆的概念

岩浆是指地球深部产生的一种炽热的、黏度较大的硅酸盐熔融体。岩浆可以在上地幔或地壳深处运移，或喷出地表。岩浆的主要成分是硅酸盐，还含有大量的挥发组分及成矿金属。岩浆温度范围为 700～1200℃ 之间。

2. 岩浆的性质

岩浆是高温熔融状态的物质，具有一定的黏度和流动性。

岩浆的流动性取决于岩浆自身的黏度，黏度小，流动性好，黏度大，流动性差。岩浆的黏度与其化学组成密切相关。一般情况下，岩浆中 SiO_2 的含量愈高，岩浆的黏度愈大，SiO_2 的含量愈低，其黏度愈小；岩浆中溶解的挥发分（主要是 H_2O，还有少量 CO_2、SO_2、HCl、HF、H_2、N_2、B 等）含量愈高，岩浆的黏度愈小，反之黏度愈大。此外，岩浆的黏度还与温度相关，通常是温度愈高，黏度愈小，温度愈低，黏度愈大。压力对岩浆的性质也有一定影响，压力增大，岩浆的体积压缩、密度变大，黏度也随之增大。

二、岩浆作用与岩浆岩

1. 岩浆作用

地壳深处的岩浆，具有很高的温度，承载着很大的压力，当地壳出现破裂带时，局部压力降低，岩浆向压力降低的方向运移，沿着破裂带上升，侵入到地壳中或喷出到地表，最后在适宜的条件下冷凝、结晶成为固体岩石，该过程被称为岩浆作用。

2. 岩浆岩

岩浆岩一般指由地下深处炽热的岩浆（熔融或部分熔融物质）在地下或在地表冷凝形成的岩石。岩浆岩通常分为侵入岩和喷出岩两类。侵入岩是指岩浆侵入到地壳上部或在地表以下深处结晶和冷凝而形成的岩浆岩；喷出岩是指岩浆喷出或溢出地表冷凝而形成的岩浆岩，包括各种熔岩和火山碎屑岩。由于熔岩和火山碎屑岩都是火山喷溢活动的产物，故又称为火山岩。

第二节　岩浆岩的物质成分

岩浆岩的物质成分包括化学成分和矿物成分，是岩浆岩的最主要特征之一。

一、岩浆岩的化学成分

地壳中的所有元素在岩浆岩中均有发现，其中有10种元素的含量很高：O（46.59%）、Si（27.72%）、Al（8.13%）、Fe（5.01%）、Ca（3.63%）、Na（2.85%）、K（2.60%）、Mg（2.09%）、Ti（0.63%）、H（0.13%），它们的总和约占岩浆岩总质量的99.38%。

在岩浆岩中，主要造岩元素的分析结果一般以氧化物的质量分数的形式给出，在不同的岩浆岩中它们的含量（平均值）变化范围较大（表6-1）。

表6-1 常见岩浆岩平均化学成分（w_B/%）

氧化物	岩浆岩平均	酸性岩浆岩（花岗岩）	中性岩浆岩（安山岩）	基性岩浆岩（玄武岩）	超基性岩浆岩（橄榄岩）
SiO_2	59.12	71.23	57.94	49.20	42.26
Al_2O_3	15.34	14.32	17.02	15.74	4.23
Fe_2O_3	3.08	1.21	3.27	3.79	3.61
FeO	3.80	1.64	4.04	7.13	6.58
MgO	3.49	0.71	3.33	6.73	31.24
CaO	5.08	1.84	6.79	9.47	5.05
Na_2O	3.84	3.68	3.48	2.91	0.49
K_2O	3.13	4.07	1.62	1.10	0.34
TiO_2	1.05	0.31	0.87	1.84	0.63
MnO	0.12	0.05	0.14	0.20	0.41
P_2O_5	0.30	0.12	0.21	0.35	0.10
H_2O	1.15	0.77	1.17	0.95	3.91
CO_2	0.10	0.05	0.05	0.11	0.30

二、岩浆岩的矿物成分

1. 岩浆岩的主要造岩矿物

组成岩浆岩的矿物，常见的约20多种，主要有长石、石英、云母、角闪石、辉石和橄榄石等主要造岩矿物，及少量磁铁矿、钛铁矿、锆石、磷灰石、榍石等副矿物（表6-2）。

表6-2 岩浆岩中常见矿物平均含量（φ_B/%）

矿物		花岗岩	花岗闪长岩	闪长岩	辉长岩	纯橄榄岩
石英		25	21	2		
正长石		40	15	3		
斜长石	富钠斜长石	26				
	中长石		46	64		
	富钙斜长石				65	
黑云母		5	3	5	1	
角闪石		1	13	13	3	

续表

矿物	花岗岩	花岗闪长岩	闪长岩	辉长岩	纯橄榄岩
单斜辉石			8	14	
斜方辉石			3	6	2
橄榄石				7	95
磁铁矿	2	1	2	2	3
钛铁矿	1			2	

根据化学成分的特点和颜色，造岩矿物可分为硅铝矿物和铁镁矿物两类：

◎ 硅铝矿物：是指 SiO_2 与 Al_2O_3 含量较高，不含铁、镁的铝硅酸盐矿物，如石英、长石和似长石类（霞石、白榴石、方钠石等）矿物。由于其颜色浅，也称浅色矿物。

◎ 铁镁矿物：是指富含镁、铁、钛、铬的硅酸盐和氧化物矿物，如橄榄石、辉石、角闪石和黑云母等。由于其颜色深，也称暗色矿物或深色矿物。

岩浆岩中暗色矿物的体积百分含量，通常称为**色率**。一般花岗岩的色率为9，花岗闪长岩的色率为18，闪长岩的色率为30，辉长岩的色率为35，纯橄榄岩的色率为100。

2. 岩浆岩的矿物成分与矿物结晶顺序的关系

根据鲍温反应系列原理，岩浆在结晶过程中常有规律地产生连续反应系列和不连续反应系列两个并行的分支：

◎ 连续反应系列：反映斜长石固溶体矿物从岩浆中结晶的顺序，从高温到低温，依次由钙质斜长石向钠质斜长石连续转化。

◎ 不连续反应系列：反映铁镁矿物从岩浆中结晶的先后顺序，首先结晶的是橄榄石，其后结晶的依次是辉石、角闪石，后期结晶的是黑云母。

随着岩浆的冷却，从岩浆中同时析出一种铁镁矿物和一种斜长石，两者互相独立地进行，两个系列之间位于同一水平线上的矿物可以同时结晶，形成某种岩石类型的主要矿物成分。如辉石和富钙斜长石同时结晶可形成基性岩类，角闪石和中性斜长石同时结晶可形成中性岩类。两个系列在下部汇合成简单的不连续系列，其结晶顺序是钾长石→白云母→石英，石英为最终结晶的产物，通常形成于酸性岩类中（图6-1）。

3. 岩浆岩的矿物成分与化学成分的关系

岩浆中 SiO_2、Al_2O_3、$CaO + Na_2O + K_2O$ 的含量对岩石的矿物组合具有显著的影响。

◎ SiO_2 饱和矿物：当岩浆中 SiO_2 过剩（过饱和）时，岩石中会出现 SiO_2 饱和矿物（长石、辉石、角闪石、黑云母等）与石英（原生的游离 SiO_2）共生的矿物组合；当岩浆中 SiO_2 不足（不饱和）时，岩石中出现 SiO_2 不饱和矿物（霞石、白榴石等）组合，而不出现石英；而当岩浆中 SiO_2 含量适当（饱和）时，岩石中仅出现 SiO_2 饱和矿物（长石、辉石、角闪石、黑云母等）组合，既不出现石英，也不出现霞石和白榴石等。

◎ 过铝质矿物：与 SiO_2 类似，岩浆中 Al_2O_3 的含量也会对岩石的矿物共生组合产生影响。当岩浆中 $Al_2O_3/(CaO + Na_2O + K_2O) > 1$（铝过饱和）时，$Al_2O_3$ 在与 CaO、Na_2O、K_2O 结合生成长石类矿物后还有剩余，可形成刚玉、黄玉、电气石等过铝质矿物。

◎ 过碱性矿物：当岩石中 $Al_2O_3/(CaO + Na_2O + K_2O) < 1$（铝不饱和或碱过饱和）时，$Na_2O$、$K_2O$ 在与 SiO_2、Al_2O_3 结合生成长石和似长石类矿物后还有剩余，这些剩余 Na_2O、

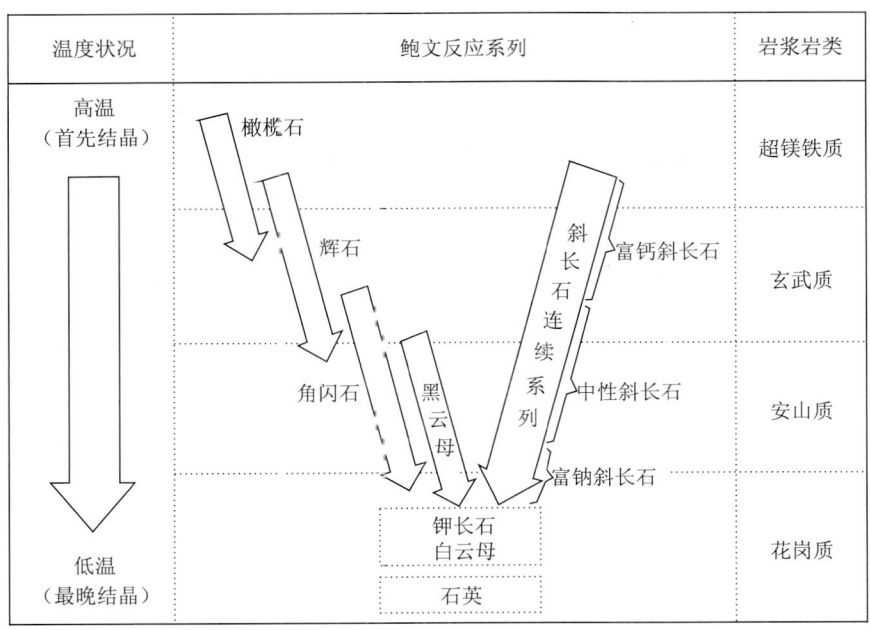

图 6-1 鲍温反应系列
（据 Tarbuck et al., 2006, 修改）

K_2O 可进入辉石、角闪石等暗色矿物中，形成霓石、霓辉石等过碱性暗色矿物。

第三节 岩浆岩的结构和构造

岩浆岩的结构是指岩石中矿物的结晶程度、颗粒大小、晶体形态、自形程度以及它们之间的相互关系等；岩浆岩的构造是指岩石中不同矿物集合体之间或矿物集合体与其他组成部分之间的排列和充填方式等。

一、岩浆岩的结构

根据岩浆岩的结晶程度、矿物颗粒大小、矿物自形程度、矿物之间的关系，可划分出 20 余种结构类型（表 6-3）。

表 6-3 岩浆岩的结构类型划分

按矿物结晶程度	按矿物颗粒绝对大小	按矿物颗粒相对大小	按矿物自形程度	按矿物之间的关系	
全晶质结构	显晶质结构	等粒结构	自形粒状结构	辉长结构	辉绿结构
半晶质结构	（在肉眼或放大镜下	不等粒结构	半自形粒状结构	间粒结构	间隐结构
玻璃质结构	能够分辨出矿物颗粒）	连续不等粒结构	（花岗结构）	粗面结构	交织结构
	隐晶质结构	斑状结构	他形粒状结构	包含结构	嵌晶结构
	（在肉眼或放大镜下			环带结构	球粒结构
	均不能分辨矿物颗粒）			文象结构	蠕虫结构
				反应边结构	响岩结构

◎ 全晶质结构：岩石全部由矿物的晶体组成，不含玻璃质。全晶质结构是岩浆在温度变化缓慢的条件下结晶而成，主要见于深成侵入岩中（图 6-2）。

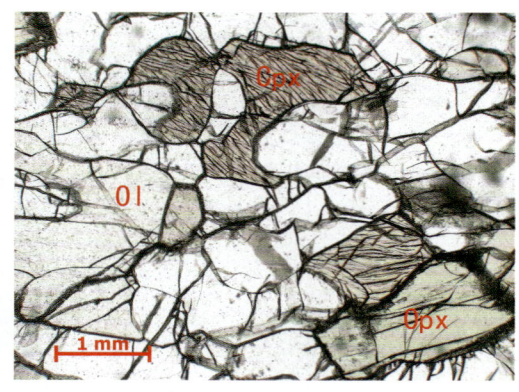

A. 花岗闪长岩，手标本
（据 Tarbuck et al., 2004）

B. 辉石橄榄岩，单偏光
（江苏六合）

图 6-2　全晶质结构

◎ **半晶质结构**：岩石由部分晶体和部分玻璃质组成，玻璃质在正交偏光间全消光（全黑）。多见于火山岩及部分浅成侵入岩体边部，如安山岩等中（图 6-3）。

A. 手标本
（据 Tarbuck et al., 2004）

B. 斑晶为长石、石英等，基质为玻璃质，正交偏光
（www.geo.auth.gr）

图 6-3　半晶质结构

◎ **玻璃质结构**：岩石几乎全部由天然玻璃质组成，是由于岩浆温度快速下降，各种组分来不及结晶就冷凝而形成的，主要见于喷出岩或部分超浅成次火山岩中（图 6-4）。

A. 黑曜岩，手标本
（据 Tarbuck et al., 2004）

B. 黑曜岩中的羽状雏晶，单偏光
（www.earth.ox.ac.uk）

图 6-4　玻璃质结构

◎ 等粒结构：是指同类矿物的颗粒大小相近的全晶质结构（图6-5）。按颗粒大小分为粗粒结构（>5mm）、中粒结构（5~1mm）、细粒结构（1~0.1mm）和微粒结构（<0.1mm）。

A. 橄榄岩，手标本
（www.rockcollector.co.uk）

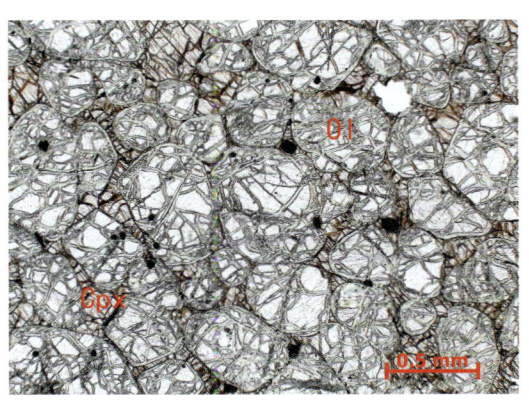
B. 橄榄岩，单偏光，蛇纹石呈网状交代橄榄石
（江苏六合）

图6-5 等粒结构

◎ 不等粒结构：岩浆岩中同类矿物的颗粒大小不等的全晶质结构。如果岩石中矿物粒度依次降低，形成连续的粒级系列，称连续不等粒结构（图6-6A）。如果岩石中矿物颗粒分为大小截然不同的两类，大颗粒（斑晶）散布在小颗粒或玻璃（基质）中，且斑晶和基质粒径有明显粒级间断，则称为斑状结构（图6-6B）。

A. 花岗岩，连续不等粒结构，露头
（海南三亚）

B. 闪长玢岩，斑状结构，露头
（江苏徐州）

图6-6 不等粒结构

◎ 自形粒状结构：岩石中同种主要矿物晶体具有完整的固有晶形（图6-7A，B）。

◎ 半自形粒状结构：岩石中矿物晶体自形程度不一致，其中有些是自形或他形，但多数是半自形的（图6-7C），这种结构以花岗岩中显示的最为典型，故也叫花岗结构。

◎ 他形粒状结构：由晶形不规则的矿物颗粒所构成的结构。岩石中主要矿物晶粒不出现其固有的晶形，形状受相邻晶体或遗留空间所限制，而呈不规则形状（图6-7D）。

◎ 辉长结构：基性斜长石、辉石、橄榄石等矿物呈近似的半自形粒状，互为不规则排列。这表明辉石和斜长石是同时从岩浆中析出，在辉长岩中比较常见（图6-8）。

A. 自形粒状结构
（www.kepu.gov.cn）

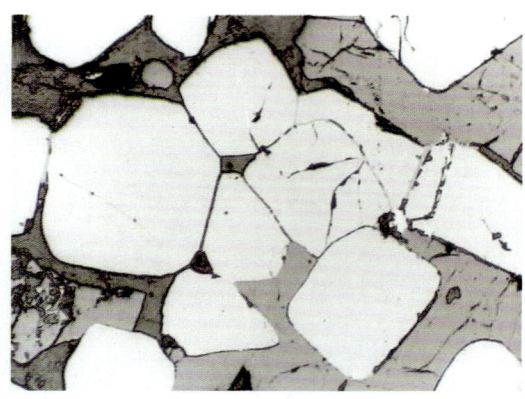
B. 自形粒状结构
（www.jpkc.cug.edu.cn）

C. 半自形粒状结构（花岗结构），正交偏光
（www.geolab.unc.edu）

D. 他形粒状结构，正交偏光
（www.geo.auth.gr）

图 6-7 自形、半自形和他形粒状结构

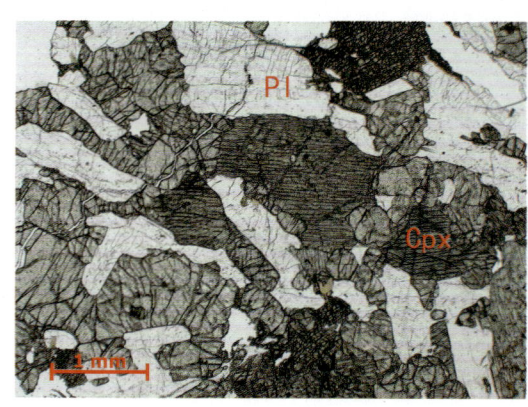
A. 辉长岩，单偏光

B. 辉长岩，交偏光

图 6-8 辉长结构
（山东济南）

◎ 辉绿结构：岩石中斜长石和辉石晶体大小相近，或辉石略大于斜长石，斜长石呈自形板条状交织分布，而辉石多呈他形充填在斜长石板条构成的空隙中，并部分包裹了斜长石

晶体的端缘，是辉绿岩特有的结构（图6-9）。

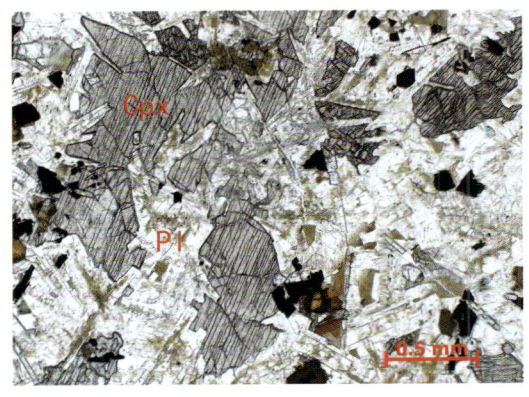
A. 辉绿岩，单偏光

B. 辉绿岩，正交偏光

图6-9 辉绿结构
（河北下花园）

◎ 包含结构：是指岩石中大晶体包含小晶体的一种结构。如在基性侵入岩中常见在辉石大晶体中包含着板条状斜长石的小晶体，称含长结构（图6-10A）。

A. 辉绿岩，含长结构，正交偏光
（www.geo.auth.gr）

B. 闪长玢岩，嵌晶结构，正交偏光
（江苏镇江）

图6-10 包含结构和嵌晶结构

◎ 嵌晶结构：在中性浅成侵入岩（如英安岩和闪长玢岩）的基质中，常见石英包裹大量斜长石微晶，这种特殊的包含结构称为嵌晶结构（图6-10B）。

◎ 间粒结构：也称粒玄结构。岩石中自形的斜长石晶体比辉石颗粒粗大，板柱状自形斜长石杂乱分布，构成交错格架，在斜长石构成的格架空隙内充填着细小的辉石，或橄榄石、磁铁矿等矿物颗粒（图6-11A）。

◎ 间隐结构：也称填间结构。在细柱状斜长石微晶所构成的不规则格架间隙中填充着玻璃质（有时为脱玻化产物）或隐晶物质（图6-11B），这是一种半晶质的基质结构。

◎ 粗面结构：是粗面岩常具有的一种特征结构。岩石（或基质）全由钾长石微晶组成，镜下可见这些钾长石微晶大致呈定向或半定向排列（图6-12A）。

◎ 交织结构：岩石（或基质）由密集的杂乱无章的斜长石微晶组成，在其间隙中充填有隐晶质物质（图6-12B）。如间隙中充填玻璃及其脱玻化产物，称为玻基交织结构。

A. 橄榄玄武岩，间粒结构，单偏光
（内蒙古乌兰察布）

B. 玄武岩，间隐结构，正交偏光
（江苏六合）

图 6-11 间粒结构和间隐结构

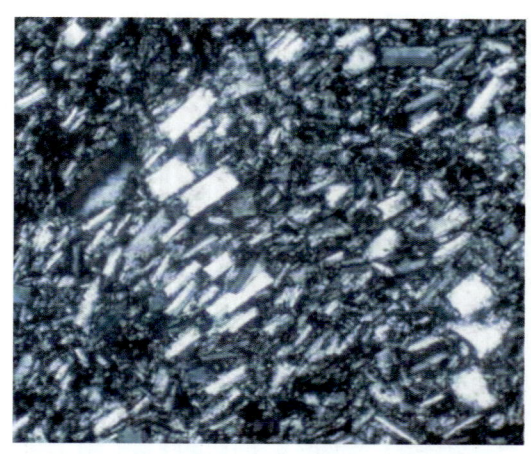 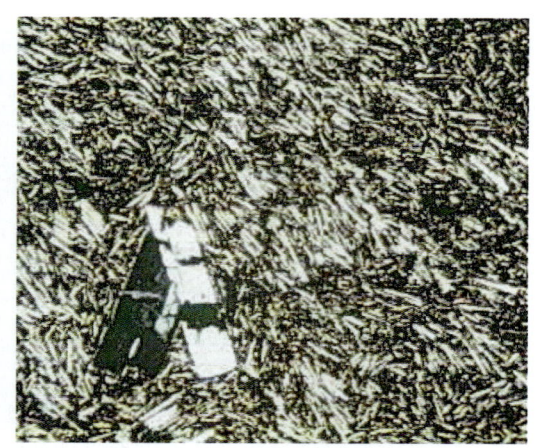

A. 粗面结构，单偏光
（www.planet-terre.ens-lyon.fr）

B. 交织结构，正交偏光
（www.geos.mn）

图 6-12 粗面结构和交织结构

◎ 环带结构：是指在单偏光下为一个晶体外形，而在正交偏光间其干涉色、消光位不一致，呈环带状分布的现象。最常见的环带结构是斜长石环带结构（图 6-13A，B）。

◎ 反应边结构：是指岩浆中早结晶出来的矿物与剩余熔浆反应，当反应不彻底时，环绕或部分环绕早结晶矿物的外围形成新生矿物环边的现象。常见的反应边结构有橄榄石外围出现辉石的反应边，辉石外围出现角闪石的反应边等（图 6-13C，D）。

◎ 球粒结构：是介于非晶质与显晶质之间的一种结构。在酸性熔岩和超浅成侵入岩中比较常见，例如在球粒流纹岩中，针状或纤维状玻璃质或矿物集合体，呈放射状排列，形如球粒，在正交偏光间显示十字形消光（图 6-14）。

◎ 文象结构：是指一种矿物呈一定的外形（楔形、尖棱角形、象形文字等）有规律地镶嵌在另一种矿物中，嵌晶常同时消光的现象。最常见的文象结构是石英镶嵌在钾长石（通常为微斜长石或微纹长石）中构成的文象结构。文象结构常出现在花岗斑岩、花岗伟晶岩中，表示石英与钾长石共同结晶（图 6-15）。

◎ 蠕虫结构：是指一种矿物呈蠕虫状、乳滴状、花瓣状等穿插生长在另一种矿物中，

A. 英安岩，斜长石显示环带，正交偏光
（江苏江宁）

B. 安山岩，斜长石显示环带，正交偏光
（山西临县）

C. 英辉正长岩，辉石周围出现角闪石反应边，单偏光
（内蒙古白云鄂博）

D. 辉石周围的角闪石反应边，正交偏光
（内蒙古白云鄂博）

图 6-13　环带结构和反应边结构

A. 球粒流纹岩，放射状，单偏光

B. 球粒流纹岩，黑十字消光，正交偏光

图 6-14　球粒结构
（福建龙海）

其常具有同一消光位的现象。最常见的蠕虫状结构是石英呈蠕虫状镶嵌在长石（多为斜长石）中，一般认为其成因是岩石中斜长石交代钾长石后，由多余的 SiO_2 析出结晶而成，蠕虫状石英常镶嵌在斜长石的边部（图 6-16A）。

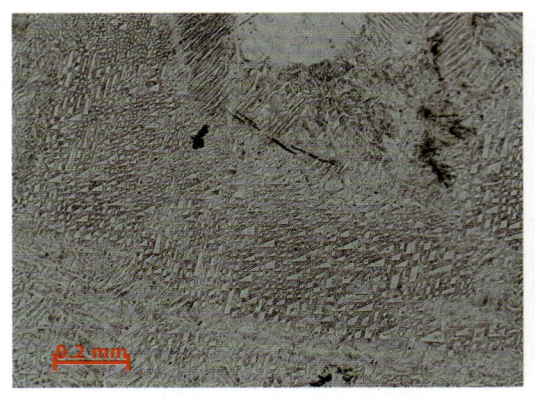
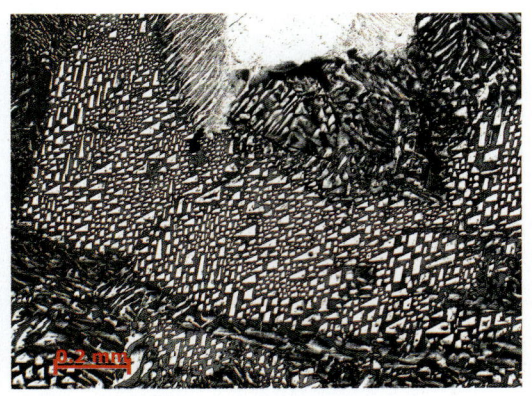

A. 花岗斑岩，楔形石英嵌晶，单偏光　　　　B. 花岗斑岩，石英光性方位一致，正交偏光

图6-15　文象结构

（江苏苏州）

◎ **响岩结构**：在响岩或响岩的基质中，自形的霞石或白榴石之间充填大量的细条状透长石微晶，或同时充填有隐晶质或玻璃质，透长石等环绕霞石或白榴石分布，是响岩的特征结构（图6-16B）。

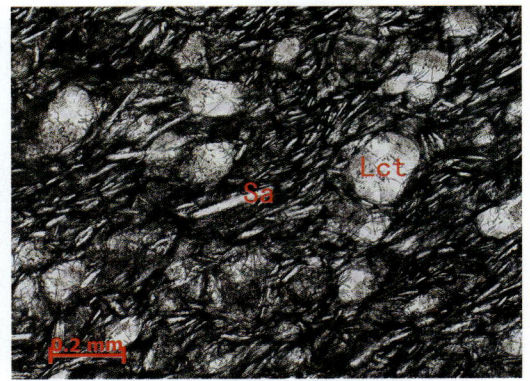

A. 蠕虫结构，正交偏光　　　　　　　　　B. 假白榴石响岩，响岩结构，单偏光

（www.und.nodak.edu）　　　　　　　　　　　　　（江苏江宁）

图6-16　蠕虫结构和响岩结构

二、岩浆岩的构造

岩浆岩的构造是指岩石中不同矿物集合体之间，或矿物集合体与其他组成部分之间的排列方式、充填方式等所显示的岩石特征。岩浆岩中的构造常分侵入岩构造和喷出岩构造两大类（表6-4）。

表6-4　岩浆岩的构造类型划分

常见的侵入岩的构造		常见的喷出岩的构造	
块状构造	斑杂构造	气孔构造	杏仁状构造
带状构造	流动构造	枕状构造	绳状构造
球状构造	晶洞构造	流纹构造	柱状节理构造

◎ 块状构造：又称均一构造。岩石各组成部分的成分和结构是均一的，无气孔，矿物排列无一定次序，无一定方向，且不具任何特殊形象，如巨大花岗岩体都具有块状构造特征（图6-17A）。

◎ 斑杂构造：又称不均一构造。指岩石中不同组成部分在结构构造上、颜色上或矿物成分上有较大的差异，使整个岩石显得不均匀的特征。引起斑杂构造的原因很多，可由于出现析离体和捕虏体形成，也可由岩浆与围岩之间不彻底同化混染作用，或一种岩浆与另一种成分不同的岩浆发生岩浆混合作用所造成的。如橄榄岩中因分布有团块状纯橄榄岩析离体而显示斑杂构造（图6-17B）。

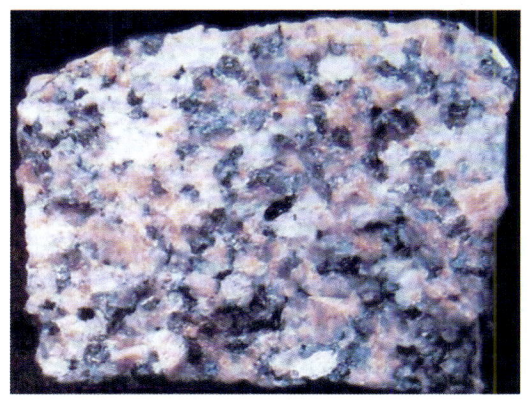
A. 花岗岩，块状构造，手标本
（据Tarbuck et al.，2004）

B. 橄榄玄武岩，斑杂构造，手标本
（astro.com.tw）

图6-17 块状构造和斑杂构造

◎ 流动构造：指岩浆在流动过程中，所产生的流线构造和流面构造。流线构造是岩石中的长柱状矿物，长形捕虏体、析离体等呈定向排列的现象（图6-18A）。流面是岩石中的板状、片状矿物或扁平的捕虏体，析离体等呈面状平行展布的现象（图6-18B）。

A. 黄玉化伟晶岩，流线构造，手标本

B. 辉绿玢岩，长石斑晶显示流面构造，手标本

图6-18 流线构造和流面构造
（国家岩矿化石标本资源数据中心）

◎ 球状构造：指侵入岩中不同成分的矿物围绕某些中心呈同心层状分布，外形呈圆球体或椭球体的一种构造，如球状闪长岩或球状辉长岩（图6-19A）。

◎ 晶洞构造：晶洞指侵入岩中发育的原生近圆形或不规则状孔洞。在晶洞壁上或洞中常生长着晶形完好的矿物晶体，如花岗岩中的晶洞构造（图6-19B）。

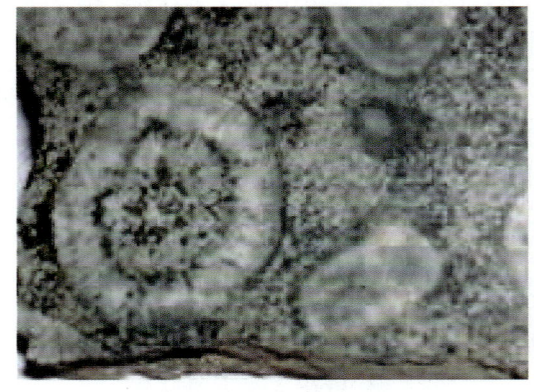
A. 球状构造，手标本

B. 晶洞构造，手标本

图6-19 球状构造和晶洞构造
（南京大学地球科学数字博物馆）

◎ 气孔构造：指岩石中分布的大量圆形、椭圆形或不规则形状的孔洞、空腔的现象。气孔构造在玄武岩中很发育。当岩石中气孔特别多时，岩石的相对密度很低，能浮于水，称为浮岩（图6-20A）。

◎ 杏仁状构造：指气孔被岩浆期后的一些次生矿物（如沸石、石英、方解石等）所充填的现象。如在深色玄武岩的气孔中，常充填了浅色的次生矿物，充填物形状如杏仁，故称杏仁状构造（图6-20B）。

A. 玄武质浮岩，气孔构造，露头
（吉林长白山）

B. 玄武岩，杏仁状构造，露头
（江苏六合方山）

图6-20 气孔构造和杏仁状构造

◎ 流纹构造：是指由不同颜色、不同成分、不同粒度的条纹或条带相间分布显示的构造。流纹构造是由岩浆流动作用造成的，是流纹岩具有的典型构造（图6-21）。

◎ 假流纹构造：如在火山灰流中，塑性或半塑性状态的浆屑及玻屑在流动过程中或在上覆物质的重力作用下被压扁和变形，并绕过岩屑和晶屑呈定向排列，其特征貌似流纹构造，故称假流纹构造，为熔结凝灰岩所特有的典型构造。

◎ 枕状构造：指熔浆自海底溢出或从陆地流入海中形成的一种特殊形状。若干小股熔岩流在海水中过冷却，表面首先结成硬壳，内部尚未凝固而呈塑态，致使顶面形成向上凸起

A. 流纹构造，露头
（www.state.me.us）

B. 流纹构造，露头
（www.gc.maricopa.edu）

图6-21　流纹构造

的曲面，底面平卧海底而成平坦状，形如枕头，故名。有时，枕体内部的熔浆反复从缝隙中流出，结壳凝固，形成大量的枕状体（图6-22A，B）。

A. 枕状玄武岩，露头
（www.hirahaku.jp）

B. 枕状玄武岩，露头
（www.georoom.hp.infoseek.co.jp）

C. 炽热的熔岩流拧成绳状，露头
（www.wdlclytpw.com）

D. 绳状玄武岩，露头
（www.flickr.com）

图6-22　枕状构造和绳状构造

◎ 绳状构造：是指黏度较小、易流动的熔岩流溢出地表后，在向前流动过程中，扭曲拧成状似粗绳或"麻花"的一种构造（图6-22C，D）。绳状熔岩表面往往比较光滑，而内部粗糙，"绳索"延伸方向往往垂直熔岩流动方向。

◎ 柱状节理：是指玄武岩中大量呈六边形或多边形柱状体产出的柱状形态构造特征（图6-23）。长期以来一直认为，柱状节理是熔岩冷却收缩形成的，长柱的方向垂直于熔岩冷却时的等温面。但近来有人认为，单纯冷却难以形成数米至十余米长的节理，提出高度规则的柱状节理是熔岩在冷却过程中由于双扩散对流作用引起的。

A. 玄武岩柱状节理
（www.commons.wikimedia.org）

B. 玄武岩的六方柱
（www.answersincreation.org）

图6-23　柱状节理

第四节　岩浆岩的产状和岩相

一、岩浆岩的产状

岩浆岩的产状主要指岩浆岩岩体的形态、大小及其与围岩接触关系。由于是受岩浆的物质组成、产出的物理化学条件，以及形成时所处的深度和构造环境等制约和控制，岩浆岩的产状多种多样（图6-24），主要归纳为侵入岩产状和喷出岩产状两大类。

1. 侵入岩的产状

侵入岩的产状主要是指侵入体产出的形态。由于侵入体形成后受构造运动和剥蚀的影响，多已不能完整保存，只能根据它在地表的出露情况来判断其产状。

◎ 岩基：是规模极大的侵入体，分布面积 >100km^2，形态不规则，岩性均匀。岩浆侵入位置深，冷凝速度慢，晶粒结晶粗大。岩基内常有崩落的围岩岩块，称为捕虏体。

◎ 岩株：是规模较大的侵入体，平面呈圆形或不规则状，横截面积为 10~100km^2，与围岩接触面不平直，边缘常有规模较小，形态规则或不规则的侵入体分枝插入围岩之中。有的岩株独立产出，有的岩株向下可与岩基相连。

◎ 岩盘与岩盖：岩浆侵入成层的围岩，侵入体的展布与围岩层理方向大致平行，但其中间部分略向下凹或向上凸，下凹者似盘状称为岩盘。如果侵入体底平而顶凸，上凸者似蘑菇状称为岩盖。岩盘与岩盖其下部有管状通道与下面较大的侵入体相通。是岩浆沿层理或片理贯入而形成。

◎ 岩床：侵入体侵入成层围岩后呈层状或板状展布，侵入体与围岩的接触面平行于围岩的层理（图6-25A）。这是一种整合侵入产状。

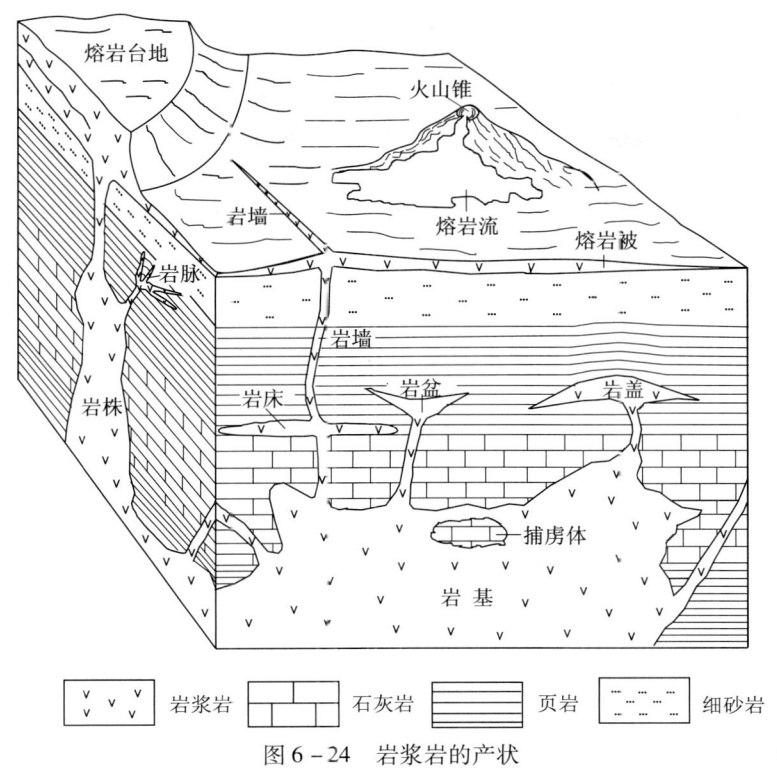

图 6-24 岩浆岩的产状

◎ 岩墙和岩脉：是由侵入的岩浆沿围岩的裂隙或断裂带挤入后冷凝而形成的狭长形的侵入体。它切割围岩的层理，其规模变化较大，通常把岩体较宽厚，且近于直立的称为岩墙（图 6-25B，C）。把较小的枝状侵入岩体称为岩脉（图 6-25D）。

2. 喷出岩的产状

喷出岩的产状与火山喷发形式有关，即不同的喷发类型产生不同的喷出岩产状。同时喷出岩的产状也受其岩浆的成分、黏性、上涌通道的特征、围岩的构造以及地表形态等控制和影响。火山喷发方式主要有裂隙式喷发和中心式喷发两种：

◎ 裂隙式喷发：岩浆沿地壳中狭长的构造裂隙溢出地表（图 6-26A）；也有人称之为熔透式喷发，即推断是花岗岩浆大规模侵入上升时，由于较高的温度及化学能，而熔透顶盘岩石，使岩浆大量溢出地表。这种喷发方式的火山口呈很长的裂隙带，常形成面积广大的厚层"熔岩被"，受构造抬升和风化剥蚀后，常露出狭长的裂隙通道岩体（图 6-26B）。

◎ 中心式喷发：地下上升的岩浆沿管状通道（两组断裂交叉处）上涌，从圆形火山口喷出地表（图 6-26C），形成圆形火山熔岩锥（图 6-26D）。

中心式喷发的火山作用，常伴有间歇性猛烈爆发，除从火山口喷出大量火山碎屑外，还喷出大量的气体物质（图 6-26E），爆发活动常形成火山碎屑岩锥或由熔岩和火山碎屑岩交替堆积形成的复合火山锥（图 6-26F）。

喷出岩常见的产状有火山锥、火山口、熔岩流和熔岩台地等。

◎ 火山锥：黏性较大的岩浆沿火山口喷出地表，猛烈地爆炸喷发出火山角砾、火山弹及火山渣。这些较粗的固体喷发物在火山口附近常堆积成为火山锥，锥体规模不大，高一般为数十米至数百米，锥体坡角可达 30°，锥顶有明显的火山口（图 6-26F）。

A. 岩床，露头
（www.geology.about.com）

B. 岩墙，露头
（www.uua.cn）

C. 岩墙，露头
（www.geology.um.maine.edu）

D. 岩脉，露头
（www.xian.cgs.gov.cn）

图6-25　岩床、岩墙、岩脉

◎ 火山口：是火山锥顶部火山物质出口的地方，常呈圆形凹陷形状，火山熔岩锥的火山口一般比较低平（图6-26D），而火山碎屑岩锥和复合火山锥的火山口比较大。火山熄灭后往往积水而成火山口湖，如长白山天池即为典型的火山口湖。

◎ 熔岩流和熔岩台地：当黏性小、易流动的岩浆沿火山口喷出或沿断裂溢出地表时，常形成分布面积广大的熔岩流。厚度较小的熔岩流也称为熔岩席或熔岩被。岩浆长时间、缓慢地溢出地表，堆积形成的台状高地，称为熔岩台地。

二、岩浆岩的岩相

1. 侵入岩的岩相

侵入岩的岩相指侵入不同深度、不同构造部位的侵入岩的不同外貌特征，主要是结构构造的特征。侵入岩的岩相一般可分为深成相（形成深度 >10km），中深成相（形成深度为3~10km）和浅成相（形成深度为0.5~3km）。

◎ 深成相：是岩浆侵入在较深部后冷却形成的岩体，其温度下降慢，故晶体一般较粗大，形成粗粒至巨粒结构，局部可出现伟晶结构，并常以巨大的岩基出现，岩体主要为花岗岩类，岩体与围岩界线往往不清楚。

A. 裂隙式喷发
（www.uhh.hawaii.edu）

B. 裂隙通道岩体，露头
（www.flickr.com）

C. 中心式喷发
（www.ldeo.columbia.edu）

D. 火山熔岩锥
（南京大学地球科学数字博物馆）

E. 猛烈爆发
（据 Tarbuck et al., 2004）

F. 火山碎屑岩锥或复合火山锥
（据纪江红，2006）

图 6-26　火山喷发方式及喷出岩的产状

◎ 中深成相：其形成的深度介于深成相与浅成相之间，常形成中粒、中粗粒以及似斑状结构，岩体产状多为岩株和规模较小的岩基，也有部分为岩盆和岩墙等。

◎ 浅成相：是岩浆侵入到离地表较近处冷却形成的岩浆岩体，形成时岩浆温度下降快，结晶较细，常有细粒、隐晶质结构及斑状结构等特点。岩体多为小型侵入体，如岩墙、岩床、岩盖和小型岩株等。

2. 喷出岩的岩相

喷出岩是岩浆喷出地表或在近地表形成的，主要由各种熔岩和火山碎屑岩组成。根据火山活动产物的形成条件、喷发强度和成因方式等，喷出岩的岩相细分为6类：

◎ 火山颈相：又称火山通道相。指原来是岩浆运移到地表的通道，后来被熔岩、火山碎屑物及通道壁岩石崩落物充填形成的岩体，也称岩颈、岩筒。火山颈相岩体的横截面近似圆形，产状陡立，形态细而长（图6-27A）。裂隙式喷发的火山通道相多呈岩墙状。

◎ 溢流相：指黏度较小、容易流动的岩浆，喷溢后形成的熔岩流或熔岩被。最常见的溢流相岩石是玄武岩（图6-27B），其次为安山岩。

◎ 爆发相：指火山强烈爆发而形成的火山碎屑物在地表堆积形成的岩体。富含挥发分和黏度大的中、酸性岩浆有利于形成爆发相岩石。火山碎屑物粒度与离火山口的远近有关，粗大的火山角砾岩和集块岩一般堆积在火山口附近，细粒的凝灰岩则远离火山口。

◎ 侵出相：指黏度大、不易流动的中酸性、酸性岩浆，在气体大量释放后，从火山口往外挤出而成的岩体。常在火山口内及附近堆积成岩钟、岩针、穹丘等特殊形状。一般形成在喷发晚期，特别是在猛烈喷发之后。

◎ 次火山岩相：指与喷出岩同源但为超浅成（地表下0.5km内）侵入的岩体。岩性与喷出岩相似，具有熔岩的外貌、又具有侵入岩的产状，如岩墙、岩床、岩盖、岩枝等。

◎ 火山沉积相：指火山喷发和正常沉积作用交替变化形成的岩石。其特征是火山熔岩、火山碎屑岩与正常沉积岩互层共生，层理比较发育，多分布在离火山口较远的地方。

A. 风化剥蚀后露出的火山颈，露头
（www.geology.about.com）

B. 玄武岩熔岩流
（www.gsc.nrcan.gc.ca）

图6-27　火山颈和熔岩流

第五节　岩浆岩的分类和命名

自然界的岩浆岩多种多样，为便于全球性对比，必须进行科学的、统一的分类和命名。

一、岩浆岩的分类

1. 国际地质科学联合会推荐的分类方案

人们依据岩浆岩的矿物含量、化学成分、产地、结构构造等，提出过许多岩浆岩分类方案。目前，国际地质科学联合会（IUGS）推荐使用如下两个分类方案：

（1）深成侵入岩的矿物分类。国际地质科学联合会（IUGS，1976）推荐使用。该分类以石英（Q）、斜长石（P）、碱性长石（A）和似长石（F）4类矿物为端点制成双三角形图，根据岩石中实际矿物含量值在图上投影落点，将岩浆岩分为26类（图6-28）。

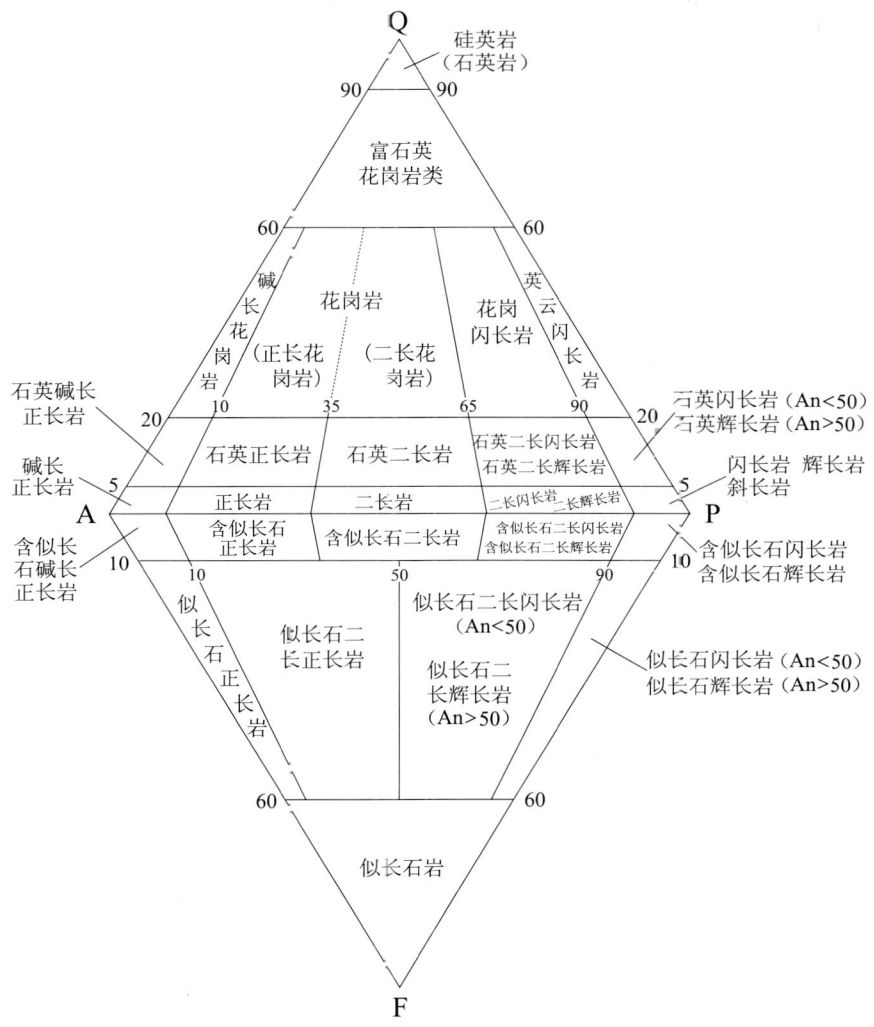

图6-28 岩浆岩（深成侵入岩）的定量矿物成分分类

图6-28中，石英（Q）端包括：石英、鳞石英、方英石；斜长石（P）端包括：斜长石（An>5）、方柱石；碱性长石（A）端包括：碱性长石（正长石、微斜长石、条纹长石、歪长石、透长石）和钠长石（An<5）；似长石（F）端包括：霞石、钾霞石、钙霞石、白榴石、假白榴石、方钠石、黝方石、蓝方石和方沸石等。

（2）火山岩的化学分类。国际地质科学联合会（IUGS，1989）推荐使用。该分类以新鲜火山岩岩石化学分析的 Na_2O 与 K_2O 质量分数之和为纵坐标，以 SiO_2 的质量分数为横坐标，制成全碱-SiO_2化学分类图（TAS图），根据各种火山岩化学分析 $Na_2O + K_2O$ 和 SiO_2 值在图上的投影区域，对火山岩进行分类（图6-29）。

2. 本书采用的岩浆岩分类

（1）岩浆岩的化学成分分类。根据岩浆岩中 SiO_2 含量，将岩浆岩划分为如下四大类：

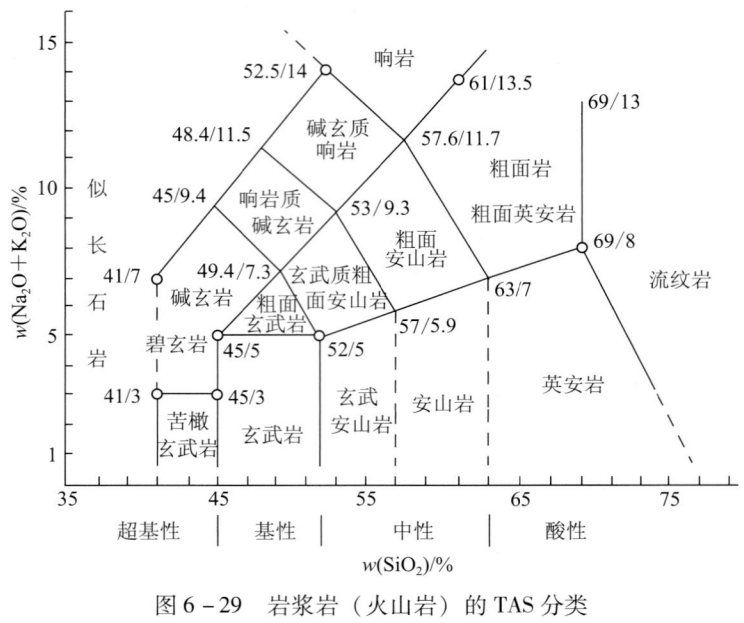

图 6-29 岩浆岩（火山岩）的 TAS 分类

超基性岩　　SiO_2 含量 <45%
基性岩　　　SiO_2 含量为 45%~52%
中性岩　　　SiO_2 含量为 52%~65%
酸性岩　　　SiO_2 含量 >65%

（2）岩浆岩的化学成分-矿物成分-产状综合分类。根据岩浆岩中 SiO_2 和 $Na_2O + K_2O$ 含量、石英含量、似长石和碱性辉石等的含量、产状，进行的综合分类（表 6-5）。

二、岩浆岩的命名

岩浆岩的名称来源很复杂，很多来源于古代，如 basalt（玄武岩）和 porphyry（斑岩）可回溯到罗马时代。有很多岩石是采用首先发现这种岩石的国家中所通用或矿工习用的名称，如 gabbro（辉长岩）来自意大利托卡斯尼的土语。还有不少岩石是以岩石的特征命名，如 trachyte（粗面岩），原是粗糙的意思，因为岩石有粗糙的质感；有些岩石是以首先发现的地点来命名，如 andesite（安山岩）和 kimberlite（金伯利岩）分别以安第斯山和南非金伯利岩地区命名。在我国岩石名称大多数采用岩石中矿物组合的名称，如闪长岩、二长岩等，有些采用外文意译，如粗面岩和响岩，少数还借用日文汉字命名，如玄武岩和花岗岩。以上这些岩石名称已被普遍采用，一般不宜再做改动。在确定岩石种属名称时，可按以下原则进一步定名。

（1）将次要矿物冠于岩石基本名称之前，作为岩石种属的名称。如次要矿物有两种以上，则按含量少者在前，多者在后的原则定名。如角闪石黑云母花岗岩中，黑云母的含量高于角闪石。

（2）"斑岩"和"玢岩"仅用于浅成岩和次火山岩中具斑状结构的岩石。"玢岩"中的斑晶以斜长石为主；"斑岩"中的斑晶以石英、碱性长石和似长石为主。对于深成岩和喷出岩不使用"斑岩"、"玢岩"名称，必要时加"斑状"前缀，如斑状流纹岩等。

（3）对于具特殊结构构造和特殊颜色的岩石，可在基本岩石名称前加特殊结构构造和颜色作为前缀，如杏仁状玄武岩、条带状花岗岩、紫红色安山岩等。

（4）根据研究目的，有时可将岩石中的特殊副矿物和微量元素参与定名，如锆石花岗岩、含铌钽花岗岩等。

表6-5 岩浆岩综合分类表

$w(SiO_2)$/%	<45	45~52	52~65		>65	52~65		45~52	<45
φ(石英)/%	0	0~微	0~20		20~60	0~20	0	0	0
φ(长石总量)/%	0~10	10~90	40~70		30~70	40~70	30~40	10~50	0~10
$w(Na_2O+K_2O)$/%	<3	3~5	5~3	8~9	7~8	8~10	9~10	10~15	4~6	5~10
φ(似长石+碱性辉石)/%	0	0	0	0	0	5~20	5~20	20~50	5~20	5~20
侵入岩 深成岩 全晶质粒状或似斑状结构	橄榄岩 辉石岩 角闪岩	辉长岩 苏长岩 斜长岩	闪长岩	正长岩	花岗闪长岩	花岗岩	碱性花岗岩	碱性正长岩	霞石正长岩	碱性辉长岩	霓霞岩
侵入岩 浅成岩 全晶质细粒斑状结构	苦橄玢岩，金伯利岩	辉绿岩	闪长玢岩	正长斑岩	花岗闪长斑岩	花岗斑岩		霞石正长斑岩		
次火山岩 结构介于浅成岩和喷出岩之间										
喷出岩 斑状、隐晶质或玻璃质结构	苦橄岩，科马提岩，麦美奇岩	玄武岩 细碧岩	安山岩	粗面岩	英安岩	流纹岩	碱性流纹岩，石英角斑岩	碱性粗面岩，角斑岩	响岩	碱玄岩	霞石岩 白榴岩
岩类	橄榄岩-苦橄岩类	辉长岩-玄武岩类	闪长岩-安山岩类	正长岩-粗面岩类	花岗闪长岩-英安岩类	花岗岩-流纹岩类	正长岩-粗面岩-响岩类	霞石正长岩-响岩类	碱辉岩-碱玄岩	霓霞岩-霞石岩
岩类	超基性岩类	基性岩类	中性岩类		中酸性岩类	酸性岩类	碱性酸性岩类	碱性中性岩类	典型的碱性岩类	碱性基性岩	碱性超基性岩

本 章 小 结

1. 岩浆是含有挥发性成分的高温硅酸盐熔融体。岩浆中 SiO_2 含量愈高，岩浆的黏度愈大，反之黏度愈小；岩浆中溶解的挥发性成分含量愈高，岩浆的黏度愈小，反之黏度愈大；温度愈高，黏度愈小。
2. 岩浆侵入到地壳上部、在地表以下深处结晶和冷凝而形成的岩石称侵入岩；岩浆喷出或溢出地表冷凝而形成的岩石称喷出岩或火山岩。
3. 火山喷出的固体物质统称为火山碎屑物。由火山碎屑物堆积而形成的岩石称为火山碎屑岩。
4. 熔岩是喷出地面后丧失了气体等挥发性成分的岩浆。黏性大的熔岩流动性差；黏性小的熔岩流动性强，可以展布很大范围。熔岩在冷凝过程中可发生规律性收缩形成柱状节理。

5. 火山高地的典型形态为锥形，称为火山锥。锥体高度最大的可达数千米。锥顶有圆形洼坑，是岩浆喷出的通道，称为火山口。形成火山锥的称中心式喷发，不形成明显火山锥的称裂隙式喷发。
6. 矿物晶体粗大且晶形较完好的长英质岩浆岩称为伟晶岩。它是在岩浆结晶分异的晚期由残余岩浆所形成的。
7. 侵入岩的产出状态决定于岩浆冷凝的深度、岩浆的成分及其规模以及围岩的产状。重要的产状有岩脉、岩床、岩盆、岩盖、岩株、岩基等。
8. 岩浆岩的结构是指岩浆岩中矿物的结晶程度、晶粒大小与形态特点以及晶粒间的相互关系。结构的特征取决于岩浆冷凝的快慢，而岩浆冷凝的快慢与岩浆的成分、规模、冷凝的深度与温度等因素相关。
9. 显晶质结构（包括粗粒、中粒、细粒及似斑状等）是侵入岩所常见的结构，而非晶质、隐晶质、斑状结构则是喷出岩所常有的结构。
10. 岩浆岩的构造是指岩浆岩中矿物集合体的形态、大小及相互关系。它是岩浆岩形成条件的反映。气孔构造、杏仁构造、流动构造主要见于喷出岩，也能见于侵入体的边缘。
11. 岩浆岩中的矿物可分为两组，一组与石英共存，称为 SiO_2 饱和矿物，如长石、辉石、角闪石、黑云母等；另一组从不与石英共存，称为 SiO_2 不饱和矿物，如似长石类（如霞石、白榴石等）矿物、富镁橄榄石、富铝钛的普通辉石等。在一个岩石样品中不可能同时见到石英和霞石或白榴石。
12. 岩浆岩的肉眼命名主要是根据岩石的矿物成分、颜色、结构与构造。
13. 根据岩浆岩中 SiO_2 含量，可将岩浆岩划分为四大类：超基性岩，SiO_2 含量 <45%；基性岩，SiO_2 含量为 45%~52%；中性岩，SiO_2 含量为 52%~65%；酸性岩，SiO_2 含量 >65%。
14. 根据岩浆侵入深度，可将侵入岩分为深成岩、浅成岩、次火山岩三类。
15. "斑岩"和"玢岩"仅用于浅成岩和次火山岩中具斑状结构的岩石。"玢岩"中的斑晶以斜长石为主；"斑岩"中的斑晶以石英、碱性长石、似长石为主。深成岩和喷出岩不使用"斑岩"、"玢岩"名称。

作业及思考题

1. 岩浆岩是怎么形成的？
2. 岩浆岩的化学成分主要由哪些氧化物组成？
3. 哪些矿物是暗色矿物？哪些矿物是浅色矿物？
4. 岩浆岩的化学成分、矿物成分与颜色（色率）之间有什么内在联系和变化规律？
5. 深成侵入岩的结构与浅成侵入岩和喷出岩的结构有何不同？为什么不同？
6. 喷出岩的典型构造有哪些？
7. 侵入岩的产状有哪些？喷出岩的产状有哪些？
8. 根据 SiO_2 含量，岩浆岩分为几大类？
9. 超基性岩、基性岩、中性岩、酸性岩的代表性侵入岩和喷出岩是哪些？

第七章 岩浆岩各论

第一节 超基性岩类（橄榄岩–苦橄岩类）

一、超基性岩类概述

超基性岩是指 SiO_2 含量小于 45% 的岩浆岩。碱质（$Na_2O + K_2O$）含量 <3%。常与超基性岩并用的术语是超镁铁质岩。

超镁铁质岩是指铁镁矿物（橄榄石、辉石等）含量超过 90% 的岩浆岩。大多数超基性岩都是超镁铁质岩。少数超镁铁质岩的 SiO_2 含量 >45%。如方辉（顽火辉石）辉石岩的 SiO_2 含量为 53.7%。因此，超基性岩与超镁铁质岩是不等同的。超基性岩在地球上的分布有限，出露面积不超过岩浆岩总面积的 0.5%，而且主要是深成岩，其代表性岩石有橄榄岩、金伯利岩、苦橄岩，故称为橄榄岩–苦橄岩类。

二、常见的超基性岩岩石类型

1. 超基性侵入岩

超基性岩一般颜色很深，常呈暗绿色、浅黑色、棕色及绿色，多为中粗粒致密块状，密度较大。主要矿物为橄榄石和辉石，次要矿物为角闪石和云母，副矿物有磁铁矿、钛铁矿、铬铁矿、尖晶石、石榴子石、磷灰石等。橄榄石在地表极易发生蛇纹石化，蛇纹石首先沿橄榄石的边缘和裂隙交代，然后遍及整体，仅保留橄榄石的假象。新鲜岩石常呈自形或半自形粒状结构、反应边结构，蛇纹石化后呈网状结构。

常见的岩石类型有纯橄榄岩、橄榄岩、橄榄辉石岩、辉石岩等。

◎ 纯橄榄岩：岩石几乎全部由橄榄石组成（图 7–1A），含极少量斜方辉石、单斜辉石

A. 纯橄榄岩，手标本
（www.gc.maricopa.edu）

B. 纯橄榄岩，正交偏光
（www.geolab.unc.edu）

图 7–1　纯橄榄岩

和角闪石，副矿物有铬铁矿、磁铁矿、钛铁矿、尖晶石等。显微镜下，橄榄石呈全自形或半自形粒状，正交偏光间显示Ⅱ级蓝紫干涉色（图7-1B）。未蚀变的纯橄榄岩呈橄榄绿色、黄绿色及浅灰绿色，褐铁矿化或伊丁石化后呈棕褐色或灰褐色，蛇纹石化后呈暗绿色或灰黑色。西藏、内蒙古、陕西等地见有分布。

◎ 橄榄岩：新鲜岩石为橄榄绿色，有时呈暗绿色及灰黑色，密度大。具粒状结构，块状构造。主要由橄榄石和不定量的辉石组成。一般情况下，橄榄石占40%～90%、辉石占10%～40%。橄榄石常为镁橄榄石和贵橄榄石，辉石为斜方辉石和单斜辉石。岩石中还含少量角闪石、黑云母、斜长石、铬尖晶石、钛铁矿等。当岩石中橄榄石含量很高、辉石含量小于10%时，称橄榄岩（图7-2A，B），当辉石含量达10%～40%时，称辉石橄榄岩（图7-2C，D）。按其所含辉石成分不同，分为单斜辉石橄榄岩（以单斜辉石Cpx为主）、斜方辉石橄榄岩（以斜方辉石Opx为主）、二辉橄榄岩（单斜辉石和斜方辉石含量大致相等）。显微镜下，辉石的解理发育，橄榄石裂缝较多，辉石干涉色较低，橄榄石（Ol）干涉色较高（图7-2D）。内蒙古、河北、四川、江苏等地见有分布。

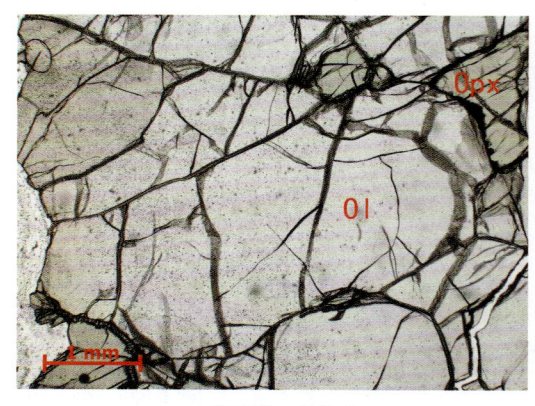
A. 橄榄岩，单偏光

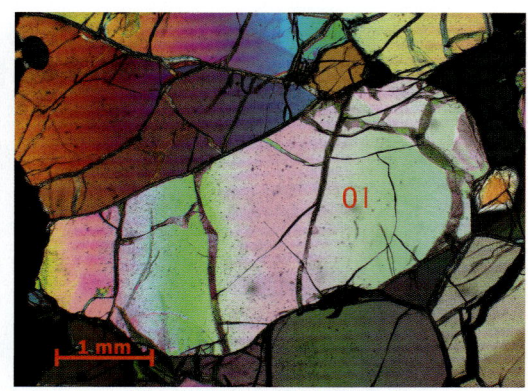
B. 橄榄岩，正交偏光

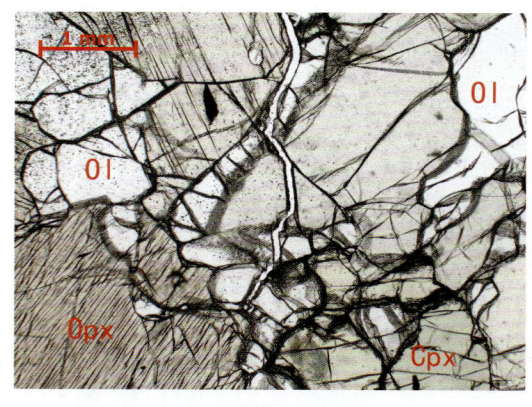
C. 辉石橄榄岩，单偏光

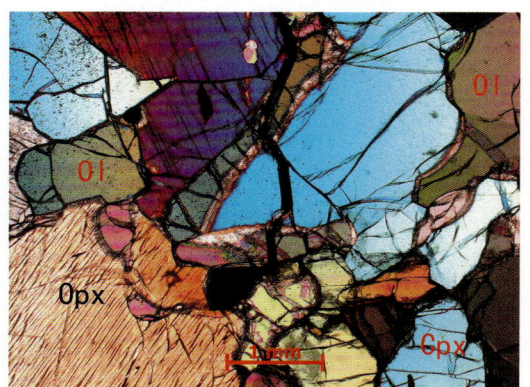
D. 辉石橄榄岩，正交偏光

图7-2 橄榄岩和辉石橄榄岩
（江苏六合方山）

◎ 橄榄辉石岩：主要由斜方辉石、单斜辉石和橄榄石组成，辉石含量60%～90%，橄榄石含量10%～40%，含少量角闪石及金属副矿物。根据辉石种类分为橄榄方辉辉石岩、橄榄单辉辉石岩、橄榄二辉辉石岩等。西藏、内蒙古、河北等地见有分布。

◎ 辉石岩：SiO_2 含量常大于45%，是一种超镁铁质岩石。岩石多呈暗绿色至黑色（图7-3A，B），自形或半自形粒状结构，块状构造。几乎全部由辉石组成，单斜辉石和斜方辉石总量可占90%~100%，含少量橄榄石、角闪石、黑云母、铬铁矿、磁铁矿、钛铁矿等。单偏光下观察，辉石呈淡黄或淡褐色，解理发育（图7-3C）；正交偏光间，辉石呈Ⅱ级黄、红干涉色（图7-3D）。根据辉石种类可将辉石岩分为斜方辉石岩、单斜辉石岩和二辉岩等；根据次要矿物又可将辉石岩分为角闪石辉石岩、黑云母辉石岩等。四川、河北、甘肃、宁夏等地见有分布。

A. 辉石岩，手标本
（www.geology.about.com）

B. 辉石岩，手标本
（www.newarkcampus.org）

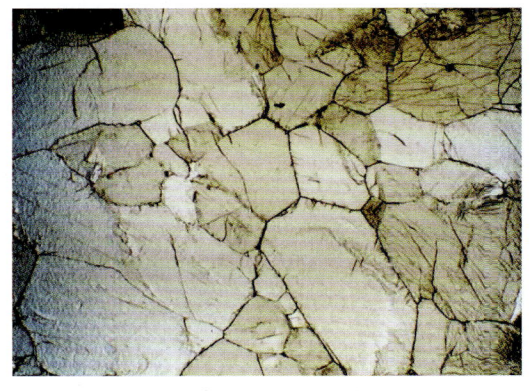

C. 辉石岩，单偏光
（www.web.uct.ac.za）

D. 辉石岩，正交偏光
（www.web.uct.ac.za）

图7-3 辉石岩

◎ 金伯利岩：属超浅成次火山岩，普称角砾云母橄榄岩，是一种角砾化的钾质超镁铁质岩。最初见于南非一个叫金伯利的地方，故名。金伯利岩常呈岩筒、岩墙产出。颜色较深，以绿色居多。SiO_2 含量常小于35%。矿物成分很复杂，既有原生的矿物橄榄石、金云母、镁铝榴石、金刚石等，又有蚀变矿物蛇纹石、绿泥石、碳酸盐矿物等，还有来自地壳深处其他岩石和围岩捕虏体中的矿物。常具斑状结构和角砾状构造（图7-4A），斑晶主要为橄榄石和金云母（Phl），橄榄石呈浑圆状并普遍受到强烈的蛇纹石化和碳酸盐化蚀变，基质呈显微斑状结构，由橄榄石、金云母、磁铁矿、铬铁矿等组成（图7-4B）。

金伯利岩是金刚石最主要的母岩，有价值的原生金刚石矿床常产于岩筒之中。岩筒面积一般 <10000m²，常成群出现，其中以具斑状结构且富含颗粒粗大橄榄石的金伯利岩，含金

 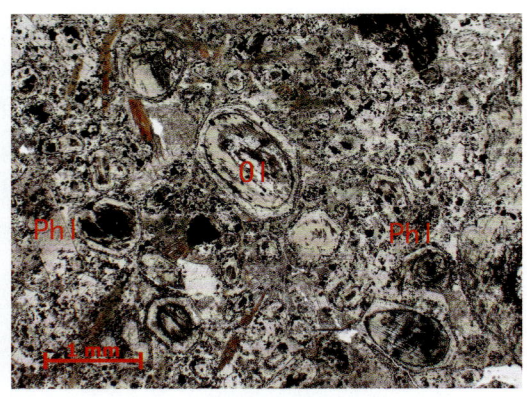

A. 金伯利岩，手标本　　　　　　　　　　　B. 金伯利岩，单偏光
（www.upload.wikimedia.org）　　　　　　　　（辽宁瓦房店）

图 7-4　金伯利岩

刚石较富，而呈显微斑状结构，富含金云母的金伯利岩，含金刚石贫。我国山东、辽宁、贵州、湖北、河南等地分布有金伯利岩，山东的金伯利岩体产出很有价值的金刚石。

◎ 苦橄玢岩：为次火山岩，斑状结构。斑晶为蛇纹石化橄榄石、普通辉石，基质为普通辉石、古铜辉石、黑云母、培长石（Pl）和大量玻璃质（图 7-5）。

A. 苦橄玢岩，露头　　　　　　　　　　　B. 苦橄玢岩，正交偏光

图 7-5　苦橄玢岩
（www.largeigneousprovinces.org）

2. 超基性喷出岩

超基性喷出岩矿物成分与超基性侵入岩相似，富含橄榄石、辉石等铁镁矿物，有时含一定量的玻璃质。多为细粒、隐晶质和玻璃质结构，颜色较暗，色率大于 90。超基性喷出岩在自然界分布很少，目前已发现的岩石类型有苦橄岩、科马提岩、麦美奇岩、玻基橄榄岩、玻基辉橄岩、玻基辉石岩等。

◎ 苦橄岩：是富含橄榄石的超基性或超镁铁质火山岩。深色，具粒状结构。其化学成分特征是 $SiO_2 < 47\%$，$Na_2O + K_2O < 2\%$，$MgO > 18\%$。矿物成分以橄榄石（50%~75%）、辉石（<40%）为主，有时含少量（<10%）基性斜长石、角闪石，副矿物为钛铁矿、磁铁矿及磷灰石等（图 7-6）。

◎ 科马提岩：1969 年首次发现于南非巴伯顿山地的科马提河流域，故名。原意只限于太古宙绿岩中枕状岩流顶部的、具鬣刺结构的超镁铁质熔岩（图 7-7A，B）。

A. 苦橄岩，露头
（www.flickr.com）

B. 苦橄岩，正交偏光
（www.minerva.union.edu）

图 7-6 苦橄岩

科马提岩主要由橄榄石、辉石的斑晶（或骸晶）和少量铬尖晶石以及玻璃基质组成。具枕状构造、碎屑构造和典型的鬣刺（鱼骨状或羽状）结构（图 7-7C，D），其特点是橄榄石呈细长的锯齿状斑晶，是淬火结晶的产物。在化学成分上，典型的科马提岩以 MgO > 18%，$CaO/Al_2O_3 > 1$，低碱为特征。

A. 科马提岩，手标本
（www.cite-sciences.fr）

B. 科马提岩，手标本
（www.instruct.uwo.ca）

C. 科马提岩，单偏光
（www.f10.aaa.livedoor.jp）

D. 科马提岩，正交偏光
（www.f10.aaa.livedoor.jp）

图 7-7 科马提岩

◎ 麦美奇岩（玻基纯橄岩）：是相当于纯橄榄岩而具有玻基斑状结构的超基性熔岩。首次发现于俄罗斯西伯利亚地区麦美奇河流域，故名。主要由橄榄石斑晶和黑色玻璃基质组成，有时在玻璃基质中有少量含钛普通辉石微晶及磁铁矿等。如辉石含量较多时，可称玻基辉橄岩。在化学成分上，以 $MgO>18\%$，$TiO>1\%$，$Na_2O+K_2O<1\%$ 为特征。

第二节 基性岩类（辉长岩 – 玄武岩类）

一、基性岩类概述

基性岩是指 SiO_2 含量介于 $45\%\sim52\%$ 之间的岩浆岩。碱质（Na_2O+K_2O）含量大约为 $3\%\sim5\%$。主要矿物成分为辉石、基性斜长石，有时含少量橄榄石，不含石英或石英含量极低，颜色较深，密度较大。基性岩常见的深成岩为辉长岩，浅成岩为辉绿岩、辉长辉绿岩，喷出岩为玄武岩。基性岩类分布很广，尤其玄武岩是地壳上分布最广的一类岩浆岩。与其有关的矿产是铁、钛、钒、铜、镍等。

二、常见的基性岩岩石类型

1. 基性侵入岩

基性岩一般颜色也很深，常呈深灰色、灰黑色、墨绿色等。主要矿物有基性斜长石和辉石等。次要矿物有橄榄石、普通角闪石、黑云母、碱性长石（正长石）、石英等。副矿物主要有磁铁矿、钛铁矿、钒钛磁铁矿、磷灰石、尖晶石等。辉石主要为普通辉石、透辉石；基性斜长石常为拉长石或培长石。岩石具中粗粒全晶质半自形粒状结构、辉长结构、辉绿结构等结构，块状构造。辉长结构是辉长岩的典型结构，辉绿结构是辉绿岩的常见结构。

主要岩石类型有辉长岩、橄榄辉长岩、碱性辉长岩、苏长岩、斜长岩、辉绿岩。

◎ 辉长岩：灰黑色，中粒到粗粒。主要矿物成分为单斜辉石和富钙斜长石（Pl），两者含量近于相等（图7–8A，B）。次要矿物为橄榄石、角闪石、黑云母等。副矿物主要有磷灰石、磁铁矿、钛铁矿等。按浅色矿物斜长石和深色矿物辉石的相对含量，分为浅色辉长岩（色率10~35）、辉长岩（色率35~60）和深色辉长岩（色率65~90）。显微镜下，辉长岩具辉长结构，斜长石和辉石均呈半自形或他形粒状（图7–8C，D）。

◎ 橄榄辉长岩：指深色矿物中橄榄石与普通辉石共存的一种辉长岩类型。当色率大于65时称暗色橄榄辉长岩；色率小于35时称浅色橄榄辉长岩。当辉石中斜方辉石占绝对多数时，称橄榄苏长岩；当单斜辉石与斜方辉石并存时，称为橄苏辉长岩或橄辉苏长岩。

◎ 苏长岩（紫苏辉长岩）：指深色矿物中几乎全部为斜方辉石（紫苏辉石Hy或古铜辉石），不含或很少含单斜辉石的一种辉长岩类型（图7–9）。同样也可按色率的大小，细分为浅色苏长岩和暗色苏长岩。当普通辉石增多时则过渡为辉长苏长岩。

◎ 斜长岩：常呈灰色的浅色深成岩，半自形或他形粗粒结构。主要由基性斜长石（>90%）组成。普通辉石、紫苏辉石、角闪石等次要矿物及磁铁矿、钛铁矿等副矿物含量极少（<10%），常充填于斜长石间隙中。基性斜长石一般为拉长石，肉眼观察有闪光变彩现象，也有更基性的培长石或钙长石。我国河北大庙至黑山一带分布有大量的斜长岩，它与钒钛磁铁矿的形成有着密切的联系（图7–10）。

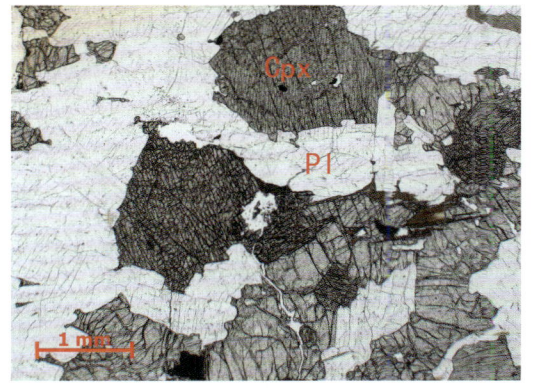
A. 辉长岩，单偏光

B. 辉长岩，正交偏光

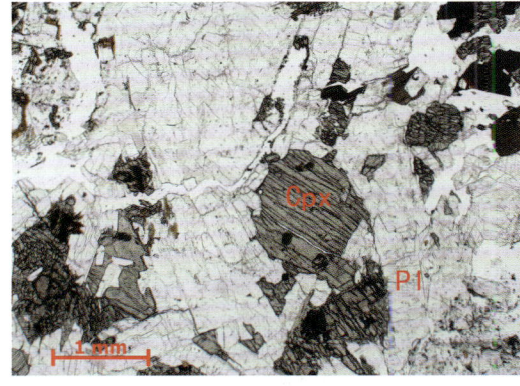
C. 浅色辉长岩，单偏光

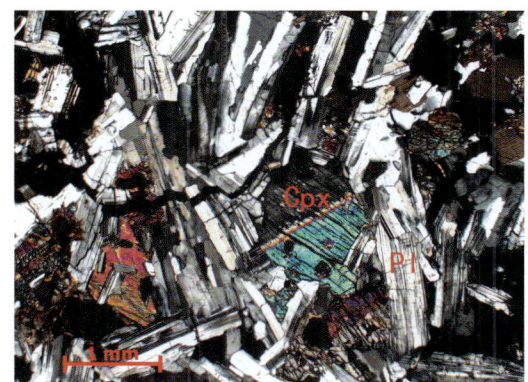
D. 浅色辉长岩，正交偏光

图 7-8 辉长岩
（山东济南）

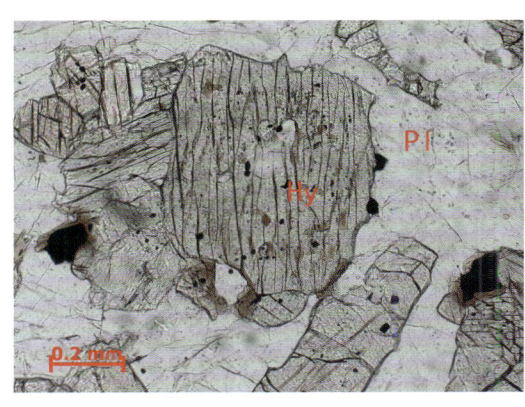
A. 紫苏辉长岩，单偏光

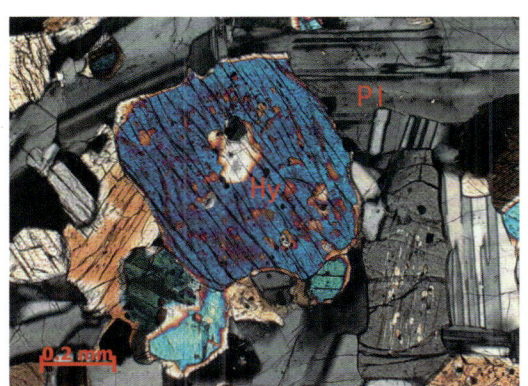
B. 紫苏辉长岩，正交偏光

图 7-9 辉长岩
（山东济南）

◎ **辉绿岩**：是成分相当于辉长岩的基性浅成岩。显晶质，细粒，常呈暗灰-灰黑色、暗绿或黑绿色。显微镜下，具辉绿结构，斜长石呈自形长条状，颗粒较小；斜方辉石呈他形粒状，颗粒稍大；辉石通常都充填在斜长石构架的空隙中，有时较大的辉石部分地包含斜长石（图 7-11）。根据次要矿物种类又可分为石英辉绿岩、橄榄辉绿岩等。如斜长石呈斑晶

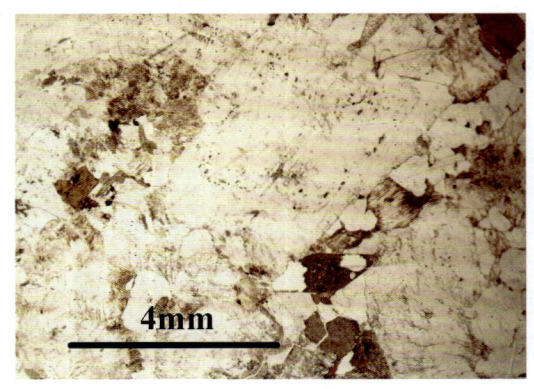

A. 斜长岩，单偏光　　　　　　　　　　　　B. 斜长岩，正交偏光

图7－10　斜长岩
（河北大庙）

出现时，又称为辉绿玢岩。辉绿岩常呈岩床、岩墙、岩脉和岩席，有时也呈岩颈或岩株充填于玄武岩火山口中，辉绿岩的这些产状是区别于辉长岩和玄武岩的主要标志。

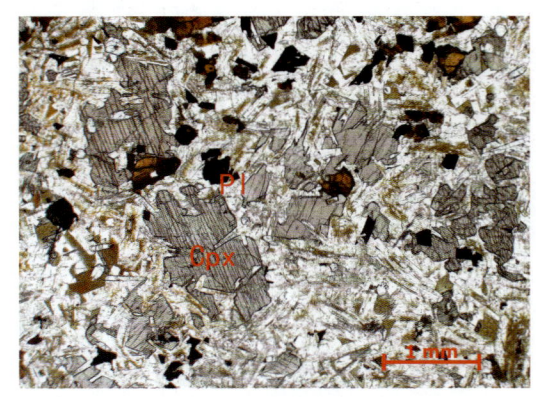

A. 辉绿岩，单偏光　　　　　　　　　　　　B. 辉绿岩，正交偏光

图7－11　辉绿岩
（河北下花园）

2. 基性喷出岩

基性喷出岩常呈黑灰色、暗绿色，氧化后可呈紫红色或猪肝色等。

基性喷出岩的主要矿物成分为基性斜长石和辉石，有时可含较多的橄榄石，次要矿物和副矿物有磁铁矿、钛铁矿、赤铁矿、磷灰石等。辉石主要为普通辉石、易变辉石和紫苏辉石，斜长石多为拉长石，斑晶可为培长石或钙长石。基性喷出岩还常含绿色、暗绿色至黑色的"橙玄玻璃"，分布于基质中。常见间粒结构、间隐结构、填间结构和玻基斑状结构：①间粒结构是在不规则排列的板条状基性斜长石微晶组成的多角形孔隙中，充填有若干粒细小他形粒状辉石、橄榄石、磁铁矿等晶粒所组成的结构。②间隐结构则是在板条状斜长石微晶构成的空隙中充填着隐晶质和玻璃质的结构。③填间结构是在板条状斜长石微晶构成的空隙中，既充填有辉石和磁铁矿等细小晶粒，又充填有隐晶质或玻璃质的过渡结构类型。④具玻基斑状结构的岩石主要由褐色"橙玄玻璃"组成，但岩石中除隐晶质和玻璃质外，还有少量（<5%）斜长石或其他矿物斑晶。

基性喷出岩普遍发育气孔构造、杏仁状构造、熔渣状构造、碎块构造及绳状构造等，基性熔岩发育有原生柱状节理。在海底或水下喷发的基性熔岩中，还有枕状构造。

基性喷出岩的代表性岩石为玄武岩和细碧岩。

◎ **玄武岩**：是地球洋壳的最主要组成物质，在陆地上也广泛分布，常形成广大的熔岩台地。常呈灰黑色、钢灰色、暗绿色等，氧化后常呈紫红色或猪肝色。

玄武岩在矿物成分上相当于辉长岩。主要矿物是基性斜长石、富钙单斜辉石及橄榄石；次要矿物有斜方辉石、易变辉石、角闪石、云母、似长石、沸石、磷灰石、锆石等。

玄武岩通常呈细粒结构，有时呈隐晶质结构或玻璃质结构，少数为中粒结构。常含橄榄石、辉石和斜长石斑晶，构成斑状结构。斑晶在流动的岩浆中可以聚集，形成聚斑结构。基质结构变化大，随岩流的厚薄、降温的快慢和挥发组分的多寡，在全晶质至玻璃质之间存在各种过渡类型，但主要是间粒结构、填间结构、间隐结构等。

在江苏六合方山的橄榄玄武岩中，早结晶出来橄榄石斑晶自形程度高，晚结晶的辉石呈细粒状充填在斜长石格架空隙之间（图7-12A）。在内蒙古乌兰察布的橄榄玄武岩中，橄榄石和辉石一起充填在斜长石格架空隙之间（图7-12B）。在河北张家口的玄武岩中，部分斜长石早结晶形成斑晶，斑状斜长石和基质斜长石都构架成空隙（图7-12C，D）。

A. 橄榄玄武岩，单偏光
（江苏六合）

B. 橄榄玄武岩，正交偏光
（内蒙古乌兰察布）

C. 玄武岩，单偏光
（河北张家口）

D. 玄武岩，正交偏光
（河北张家口）

图7-12 玄武岩

按SiO_2饱和程度和碱性强弱，常将玄武岩分为拉斑玄武岩和碱性玄武岩两大类。

——拉斑玄武岩：是SiO_2过饱和或饱和的岩石。富硅、贫碱，SiO_2含量为45%~52%，

$Na_2O + K_2O$ 含量为 1.5%~3.0%。主要矿物成分为斜长石和辉石，斜长石为拉长石-培长石。辉石为贫钙贫钛普通辉石，有时含少量石英，不含橄榄石和霞石（图7-13A）。

A. 拉斑玄武岩，正交偏光　　　　　　　　　　　B. 碱性玄武岩，单偏光
（www.f10.aaa.livedoor.jp）　　　　　　　　（www.paleogeology.blogspot.com）

图7-13　拉斑玄武岩和碱性玄武岩

——碱性玄武岩：SiO_2 不饱和，富碱，$Na_2O + K_2O$ 含量 >4%。主要矿物成分为基性斜长石和单斜辉石。斜长石是中长石-拉长石，辉石为富钙的单斜辉石（即透辉石质普通辉石）和钛辉石。含橄榄石和霞石、白榴石、沸石等，似长石和沸石有时与碱性长石或钾质中长石、钾质更长石一起，呈填隙物产于基质中（图7-13B）。

在黑龙江五大连池玄武岩层中，分布有玻基辉橄岩。显微镜下观察，岩石呈斑状结构，斑晶主要是橄榄石、辉石，斑状自形橄榄石有时显示双晶，斑状辉石主要是单斜辉石，呈细长柱状。基质为隐晶质及玻璃质，在正交偏光间，玻璃质全消光（全黑），其中散布着辉石和少量斜长石微晶，故可定名为橄榄玻基玄武岩（图7-14）。

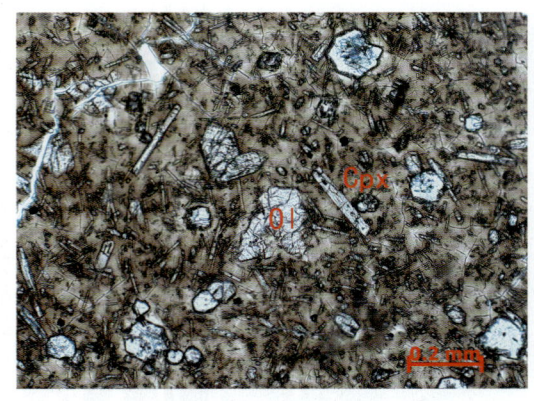 

A. 橄榄玻基玄武岩，单偏光　　　　　　　　　B. 橄榄玻基玄武岩，正交偏光

图7-14　橄榄玻基玄武岩
（黑龙江五大连池）

玄武岩的产状取决于火山喷发方式。裂隙式喷发，往往构成大面积的泛流玄武岩，如我国西南部大面积分布的峨眉山玄武岩；中心式喷发，构成玄武岩火山锥及其邻近的熔岩流和火山碎屑岩；如黑龙江五大连池、吉林长白山、内蒙古乌兰察布、山西大同、江苏南京地

区、云南腾冲、广东雷琼、台湾等地分布的新生代玄武岩火山锥。

◎ 细碧岩：是一种富含钠质斜长石的玄武质熔岩。呈浅色，隐晶质，主要矿物成分为钠长石和辉石斑晶、绿泥石和铁钛氧化物，有时含绿帘石、阳起石、方解石和少量石英。偶含橄榄石。常具填间结构、间粒结构。细碧岩的 SiO_2 含量与玄武岩相似，但变化范围较大（44%～55%），富碱，并常以 Na_2O 含量（一般为 4%～6.5%）显著高于 K_2O 含量为特征。

第三节　中性岩类（闪长岩－安山岩类，正长岩－粗面岩类）

一、中性岩类概述

中性岩是指 SiO_2 含量中等（52%～65%）的岩浆岩。矿物成分的特点是浅色矿物含量比基性岩高，深色矿物含量比基性岩低，色率 20～35；浅色矿物以长石族矿物为主，不含或含少量石英，偶含少量似长石；暗色矿物以角闪石为主，其次为辉石和黑云母。中性岩很少形成独立岩体，常与酸性岩或基性岩共生过渡。

根据岩石中斜长石占全部长石的比例，可将中性岩进一步划分为闪长岩－安山岩、二长岩－粗面安山岩、正长岩－粗面岩三类（表 7-1）。

表 7-1　中性岩矿物分类

斜长石/长石	>2/3	1/3～2/3	<1/3
深成岩	闪长岩	二长岩	正长岩
喷出岩	安山岩	粗面安山岩	粗面岩

1. 闪长岩－安山岩类的一般特征

在化学成分上，闪长岩－安山岩的 SiO_2 含量为 52%～65%，与基性岩相比，铁、镁、钙的含量显著减少，而碱金属的含量明显增多（$Na_2O + K_2O$ 为 5%～8%），且 Na_2O 含量仍明显高于 K_2O 含量。

在矿物成分上，闪长岩的主要矿物为中性斜长石和普通角闪石，次要矿物为黑云母，常见的副矿物有磷灰石、磁铁矿、榍石等。岩石中暗色矿物总量在 30%左右，浅色矿物总量在 60%左右。浅色矿物以中长石为主，环带结构发育。安山岩分布很广，约占全部岩浆岩出露面积的 23%，仅次于玄武岩，而闪长岩仅占 2%。本类岩石与铁、铜、金及黄铁矿等金属矿床密切相关。

2. 正长岩－粗面岩类的一般特征

在化学成分上，正长岩－粗面岩的 SiO_2 含量为 60%左右，$Na_2O + K_2O$ 达 8%～9%，且 K_2O 含量一般高于 Na_2O 含量。

在矿物成分上，正长岩－粗面岩类的主要矿物是碱性长石（正长石），次要矿物有斜长石、普通角闪石、黑云母、普通辉石和石英等，副矿物常有磷灰石、磁铁矿、榍石和锆石等。正长岩－粗面岩类是一类较少见的岩石，在地壳中出露仅占岩浆岩的 0.6%。

二、常见的中性岩岩石类型

1. 中性侵入岩

◎ 闪长岩：一般呈深灰、灰色或灰白色，全晶质半自形粒状结构，块状构造。主要由普通角闪石和中性斜长石所组成，次要矿物有黑云母或辉石，不含或含少量的钾长石和石英，副矿物有磷灰石、磁铁矿、榍石等。角闪石多呈深绿、褐色长柱状晶体，玻璃光泽，有较好的解理面。斜长石呈浅灰或灰白色长板条状晶体，玻璃光泽，解理明显，可见聚片双晶。显微镜下，斜长石普遍具有聚片双晶，颗粒较大者，具有卡-钠长石复合双晶，环带结构发育；角闪石，横切面呈菱形，多色性强，由黄至深棕黄色（图7-15）。

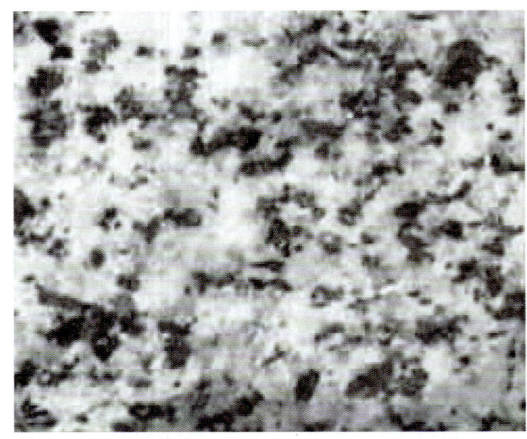 

A. 闪长岩，手标本　　　　　　　　B. 闪长岩，正交偏光
　　　　　　　　　　　　　　　　　（www.lucieberger.org）

图 7-15　闪长岩

◎ 闪长玢岩：是一种常见的中性浅成岩或超浅成岩。在矿物成分上与闪长岩相似，具斑状或似斑状结构，斑晶主要是中性斜长石，其次为角闪石（Hbl）和黑云母（Bt）；基质由细粒状或微晶质中长石、角闪石、黑云母等组成。斑晶斜长石具环带结构（图7-16）。

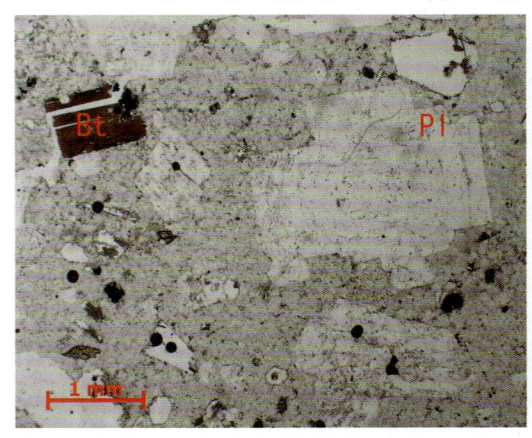 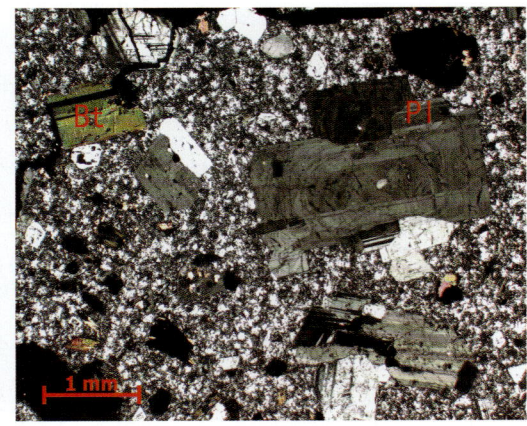

A. 闪长玢岩，单偏光　　　　　　　B. 闪长玢岩，正交偏光

图 7-16　闪长玢岩
（江苏镇江）

◎ **二长岩**：是一种呈浅灰色、浅玫瑰色的中性深成岩。岩石性质介于闪长岩与正长岩之间。岩石中斜长石（An = 40~50）与碱性长石（正长石 Kfs、微斜长石）的含量近于相等；暗色矿物以角闪石为主，含量约30%；含少量辉石和黑云母。当岩石中石英含量达5%~20%时，称为石英二长岩。二长岩的典型结构是二长结构，即自形斜长石和自形、半自形深色矿物被他形碱性长石所包裹（图7-17）。其浅成或超浅成相可具斑状结构，斑晶为斜长石和正长石，称为二长斑岩。与二长岩有关的矿产主要是矽卡岩型铁矿。

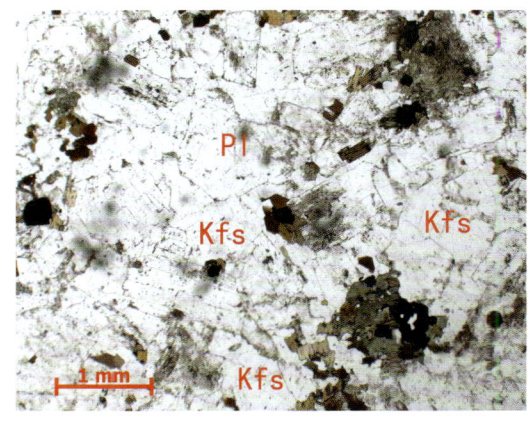 

A. 石英二长岩，单偏光　　　　　　　　　　B. 石英二长岩，正交偏光

图7-17　二长岩

（福建平和）

◎ **正长岩**：是指主要由碱性长石（正长石、微纹长石、条纹长石）组成的中性深成岩。一般为浅灰、灰白或玫瑰红色。块状构造，半自形等粒状结构。岩石中暗色矿物约占20%，浅色矿物含量很高，不含或仅含少量石英，碱性长石占长石总量的2/3。根据石英和暗色矿物含量，可分出石英正长岩（石英含量>5%）、黑云母正长岩、角闪正长岩、辉石正长岩（图7-18）等。其浅成或超浅成相可具斑状或似斑状结构，斑晶主要为碱性长石，基质为微粒、细粒或隐晶质，称为正长斑岩。

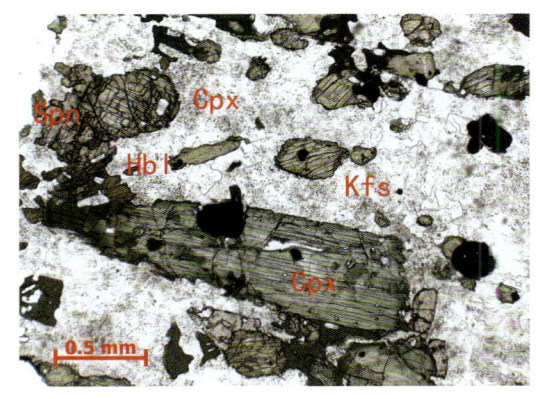 

A. 辉石正长岩，单偏光　　　　　　　　　　B. 辉石正长岩，正交偏光

图7-18　辉石正长岩

（山西临县）

2. 中性喷出岩

◎ **安山岩**：是与闪长岩成分相当的中性喷出岩。颜色呈灰、黑、红、紫、褐等色，蚀

变后呈绿色。斑状结构，斑晶主要为斜长石（以中长石、拉长石为主）及角闪石及少量黑云母、辉石，斜长石斑晶常具环带及熔蚀结构（图 7-19）。基质主要为交织结构及安山结构（玻基交织结构），由斜长石（以奥长石、中长石为主）微晶、辉石、绿泥石、安山质玻

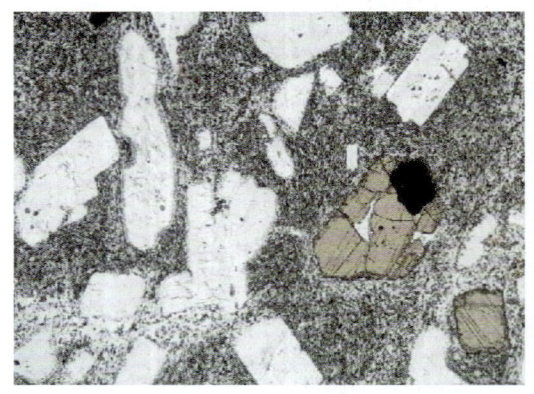

A. 安山岩，单偏光
（www.earth.ox.ac.uk）

B. 安山岩，正交偏光
（山西临县）

图 7-19 安山岩

A. 粗面岩，手标本
（www.domenicus.malleotus.free.fr）

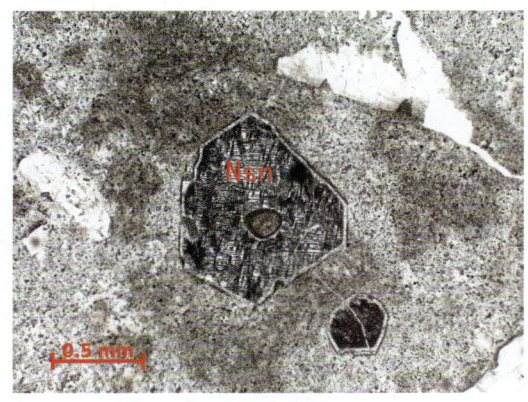

B. 粗面岩，黝方石斑晶，单偏光
（安徽铜陵）

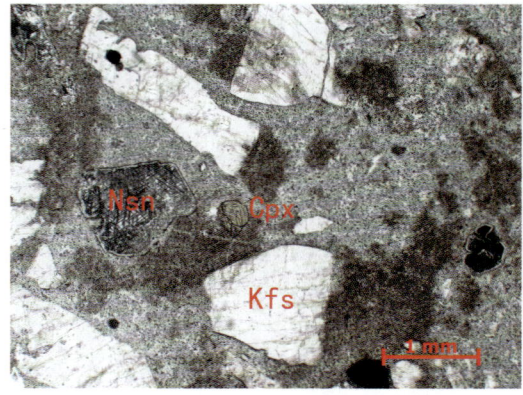

C. 黝方石粗面岩，单偏光
（安徽铜陵）

D. 黝方石粗面岩，正交偏光
（安徽铜陵）

图 7-20 粗面岩

璃等组成。据暗色矿物斑晶种类及特征结构，可分为角闪安山岩、黑云母安山岩、辉石安山岩等。安山岩分布很广，主要产于环太平洋活动大陆边缘及岛弧地区。

◎ 粗面岩：是成分相当于正长岩的喷出岩。呈浅灰、浅灰黄和灰绿等色（图7-20A）。常具斑状结构，斑晶主要为碱性长石和更长石、角闪石、黑云母等。基质为全晶质粗面结构，主要由碱性长石组成，并含少量斜长石、石英和铁镁矿物。根据所含长石性质的不同，分为钾质粗面岩和钠质粗面岩。钾质粗面岩以碱性长石（透长石、正长石）占优势，钠质粗面岩以钠长石和歪长石占优势。在安徽铜陵的粗面岩中，含有黝方石（Nsn）斑晶和钾长石、辉石斑晶，据此定名为黝方石粗面岩（图7-20B，C，D）。

◎ 粗面安山岩：是成分与二长岩相当、介于粗面岩和安山岩之间的喷出岩。粗面安山岩呈白、灰、浅黄或红色。常为斑状及粗面结构，块状构造。斑晶主要由斜长石（中长石、更长石）和暗色矿物组成。在一般情况下，斜长石斑晶有钾长石镶边，形成正边结构，或者碱性长石充填斜长石微晶的间隙。基质具有交织结构和玻基交织结构，基质矿物主要为斜长石及碱性长石，常含数量不等的玻璃质。江苏、安徽的中生代火山岩中，常见粗面安山岩，并与铁、铜、黄铁矿矿床等有成因联系。

◎ 角斑岩：是一种海底火山作用形成的中性喷出岩。岩石呈灰色或灰绿色。通常呈斑状结构，斑晶主要是钠长石或钠长石化的更长石，偶见少量黑云母、角闪石和辉石斑晶。基质为隐晶质，具霏细结构、粗面结构，主要由钠长石或钠长石-更长石组成，此外还有绿泥石、绿帘石、方解石。显微镜下可见石英斑晶，且常有溶蚀现象。长石斑晶往往变化为绢云母和高岭土的集合体。暗色矿物斑晶多已绿泥石化。

第四节　酸性岩类（花岗岩-流纹岩类）

一、酸性岩类概述

酸性岩是指SiO_2含量大于65%的岩浆岩。碱质（$Na_2O + K_2O$）含量为7%~8%，钙、铁、镁含量很低。矿物成分特点是石英大量出现（>20%），钾长石和酸性斜长石含量增高（>50%）。浅色矿物含量大大超过暗色矿物含量，色率一般小于15。

酸性岩类分布极广，但主要是深成岩（花岗岩），约占陆壳所有火成岩的一半以上。与酸性岩有关的最重要矿产是钨、锡、铍、铜、铅、锌、铁、金、铌、钽、稀土以及沸石、叶蜡石、明矾石、萤石等。代表性岩石有花岗岩、花岗闪长岩、流纹岩、英安岩。

二、常见的酸性岩岩石类型

1. 酸性侵入岩

◎ 花岗岩：是一种显晶质粒状酸性深成岩，呈肉红色至浅灰色（图7-21A）。主要矿物成分为石英（20%~50%）和长石（60%~70%）。次要矿物为黑云母、普通角闪石或辉石等，含量一般为5%~10%。副矿物有磁铁矿、钛铁矿、锆石、磷灰石等，含量<1%。

镜下观察，花岗岩常呈半自形等粒结构，暗色矿物较早结晶，晶形较完整，长石部分为自形，石英一般为他形（图7-21B）。长石主要是钾长石（正长石和微斜长石）和斜长石，微斜长石常具格子状双晶。

苏州花岗岩中产有文象花岗岩，镜下观察，主要由钾长石和石英组成，暗色矿物含量很低。岩石常呈斑状结构。石英和长石相互交生成楔形文字样式的文象结构，故称文象花岗岩（图7-21C，D）。

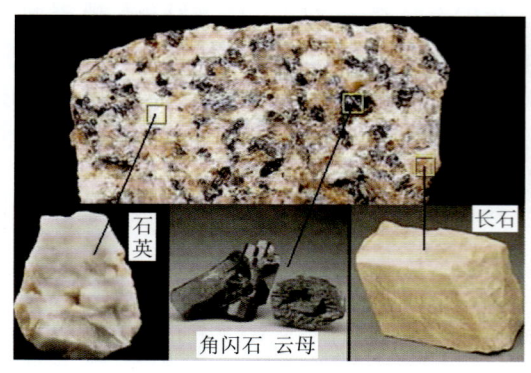

A. 花岗岩，手标本
（据 Tarbuck et al., 2004）

B. 花岗岩，正交偏光
（www.our-earth.net）

C. 文象花岗岩，单偏光
（江苏苏州）

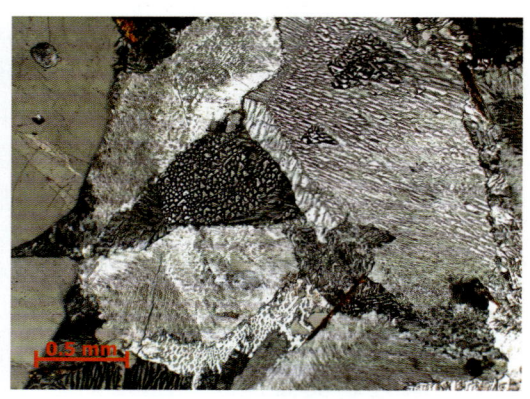

D. 文象花岗岩，正交偏光
（江苏苏州）

图7-21　花岗岩

◎ 花岗闪长岩：常与花岗岩伴生，常见于花岗岩岩体的边缘。SiO_2含量在65%左右，石英含量>20%，斜长石（更长石或中长石）含量高于碱性长石，暗色矿物为角闪石和黑云母。副矿物有榍石、磷灰石、磁铁矿、锆石等。灰绿色或暗灰色（图7-22A）。斜长石常具明显的环带构造。常呈半自形粒状结构，似斑状结构（图7-22B）。

◎ 英云闪长岩：是一种显晶质中酸性深成岩，矿物组成大体与石英闪长岩相似。主要由斜长石（中长石、更长石）和石英、黑云母等组成（图7-23A）。斜长石常具环带构造。深色矿物除黑云母外，有时含角闪石、辉石。斜长石占长石总量的60%，碱性长石（正长石）不足长石总量的10%，并往往呈填隙物产出。常见的副矿物有磷灰石、榍石、磁铁矿。

◎ 更长（奥长）环斑花岗岩：是花岗岩的特殊变种，呈红色或灰色，其主要特征是具有一种特殊的斑状结构（更长环斑结构）。即斑晶为卵形的肉红色钾长石，外面包围一圈灰白色更长石（奥长石）外壳（图7-23B）。钾长石斑晶为具卡式双晶的单个晶体，或为几个不规则状、扇状晶体组成的集合体。该花岗岩基质矿物主要为石英、钾长石、黑云母，有时还有角闪石。副矿物为锆石、磷灰石、金属矿物等。主要形成于前寒武纪，北京密云、河北赤城、江西上饶、辽宁桓仁、陕西商州、福建漳州等地见有分布。

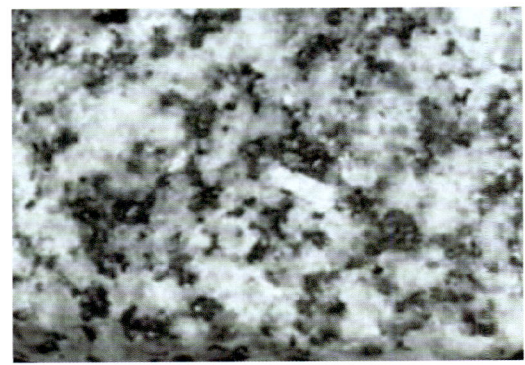
A. 花岗闪长岩，手标本
（www.csmres.jmu.edu）

B. 花岗闪长岩，正交偏光
（www.earth.ox.ac.uk）

图 7-22 花岗闪长岩

A. 英云闪长岩，正交偏光
（www.soest.hawaii.edu）

B. 更长环斑花岗岩，手标本
（www.qqscw.com）

图 7-23 英云闪长岩和更长环斑花岗岩

◎ **花岗斑岩**：是常见的酸性浅成岩。矿物成分与花岗岩基本相同。具斑状结构，基质呈微花岗结构（图 7-24A）。斑晶主要为石英和长石，也可有黑云母和角闪石。石英斑晶往往晶形很好（图 7-24B）。钾长石为正长石或透长石。黑云母和角闪石有时见暗化边。

A. 花岗斑岩抛光面，标本

B. 花岗斑岩，石英斑晶，正交偏光
（据常丽华，2006）

图 7-24 花岗斑岩

2. 酸性喷出岩

◎ **流纹岩**：是由花岗质岩浆喷出地表冷凝形成，常发育流纹构造（图7-25A，B）。一般呈绛红、肉红、灰黄等色。常呈斑状结构，斑晶主要是石英（Qz）和透长石（San），偶见斜长石和黑云母，基质为致密隐晶质或玻璃质，显霏细、球粒、玻璃质结构（图7-25C，D）。

A. 流纹岩，手标本
（www.gc.maricopa.edu）

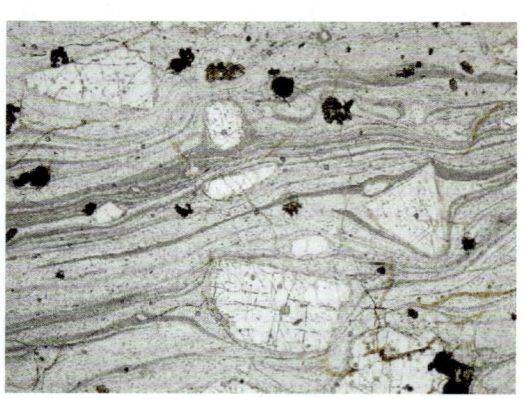

B. 流纹岩，手标本
（www.earth.ox.ac.uk）

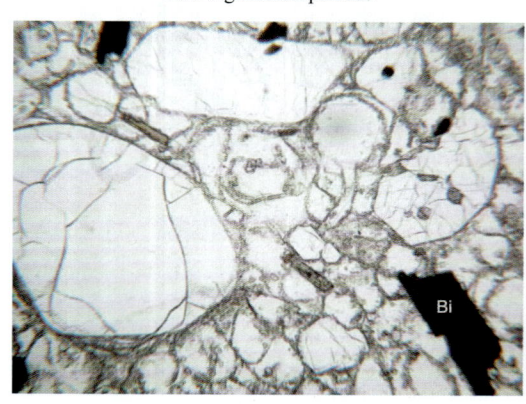

C. 流纹岩，单偏光
（www.geo.auth.gr）

D. 流纹岩 正交偏光
（www.geo.auth.gr）

图7-25 流纹岩

流纹岩分布面积较广，常与熔结凝灰岩等共生。与其有关的金属矿产有铅、锌、银、金和铀等，非金属矿常见的有沸石、蒙脱石、高岭石、叶蜡石、明矾石和萤石等。

◎ **英安岩**：是化学成分和矿物成分与花岗闪长岩相当的火山岩。颜色较浅，灰-灰白色。斑状结构，斑晶多为中性斜长石、石英和碱性长石，斑晶斜长石环带发育（图7-26）；基质为细粒的长石、石英等，含少量黑云母、角闪石等，基质通常为嵌晶结构、玻基交织结构及玻璃质结构。英安岩常与流纹岩、粗面岩和安山岩共生，组成巨厚的火山岩系。

◎ **熔结凝灰岩**：岩石比较致密，貌似熔岩（图7-27A），但具火山碎屑结构。主要由岩屑、晶屑、浆屑、玻屑等组成（图7-27B，C），其粒径<2mm。塑性的浆屑和玻屑常被压扁拉长，绕过刚性的岩屑和晶屑呈平行排列，形成假流纹构造（图7-27D）。

一般认为，熔结凝灰岩是由高黏度的富含挥发分的酸性、中酸性和碱性熔浆，上升到近地表处，由于外界压力骤降，而膨胀起泡，犹如牛奶沸腾一样；气泡壁愈来愈薄，最终发生爆炸，泡壁破裂，熔浆被粉碎，并大量涌出火山口，呈炽热状态悬浮于气体之中，形成沿山

A. 英安岩，正交偏光

B. 英安岩，正交偏光

图 7-26 英安岩
（江苏江宁）

A. 熔结凝灰岩，手标本
（南京大学地球科学数字博物馆）

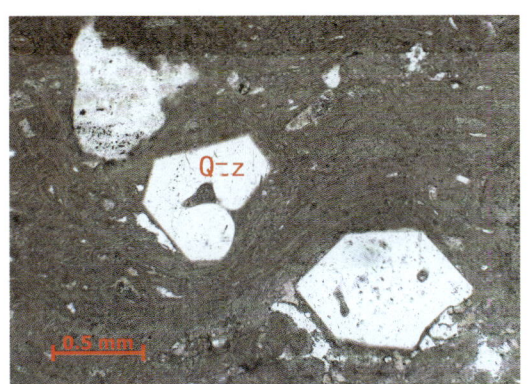
B. 熔结凝灰岩，高温石英，单偏光
（福建永安）

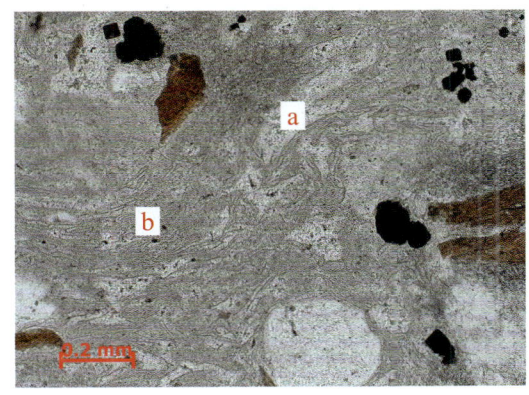
C. 熔结凝灰岩，图中 a 为浆屑，b 为玻屑，单偏光
（江苏溧阳）

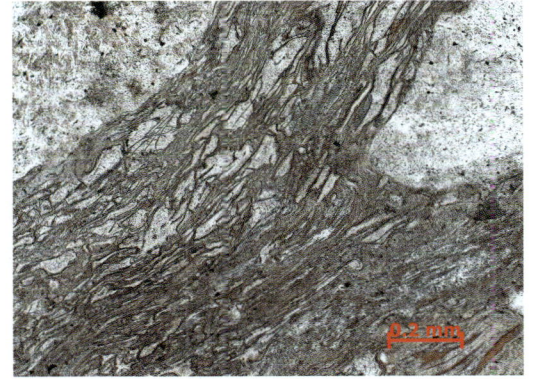
D. 熔结凝灰岩，假流纹构造，单偏光
（福建永安）

图 7-27 熔结凝灰岩

坡流动的火山灰流或火山碎屑流，然后火山灰流迅速堆积，在热力和重荷的影响下，塑性岩屑（即浆屑）和玻屑受挤压变形，彼此熔结而形成的岩石。

◎ 酸性玻璃质火山岩：是黑曜岩、松脂岩和珍珠岩的统称。其组成物质的 80%~100%

为玻璃质，是流纹质和英安质岩浆在地表快速冷凝的产物。黑曜岩、松脂岩和珍珠岩三者主要的区别是含水量不同，其中黑曜岩含水量很低（<1%），松脂岩含水量很高（4%~10%），珍珠岩居中（3%~4%）。

——黑曜岩：呈黑色或深褐色，贝壳状断口，玻璃光泽（图7-28A）。成分与花岗岩相当，但全部由玻璃质组成，有时在玻璃质中含有羽状微晶和雏晶（图7-28B）。

——松脂岩：呈深灰色，带深褐色调，其光泽和结构很像松脂，具贝壳状断口。在玻璃基质中含有一些雏晶或斑晶。

——珍珠岩：呈深灰-黑色，具珍珠光泽和珍珠状裂开构造，有时显示珍珠球粒与周围胶结物颜色不一现象，球粒呈褐红色，胶结物为浅灰绿色。在单偏光下，显示圆弧状裂纹构造和少量钾长石斑晶（图7-28C），在正交偏光间，玻璃质全消光（图7-28D）。

A. 黑曜岩，手标本
（www.geology.com）

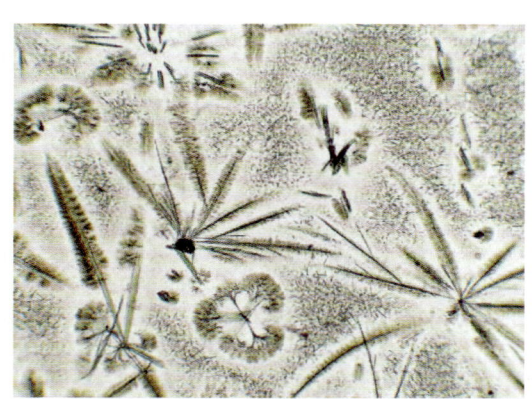

B. 黑曜岩中的羽状雏晶，单偏光
（www.earth.ox.ac.uk）

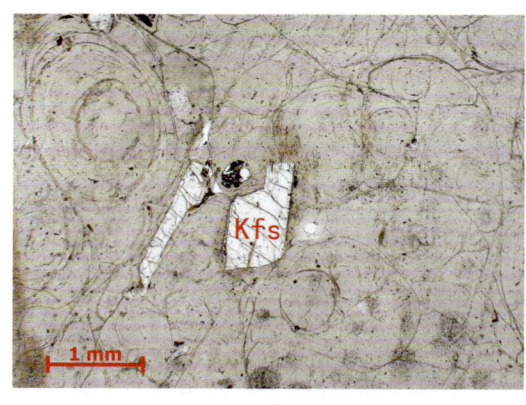

C. 珍珠岩，单偏光
（河北张家口）

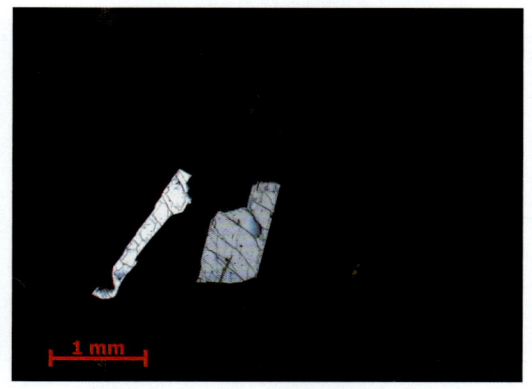

D. 珍珠岩，正交偏光
（河北张家口）

图7-28 酸性玻璃质火山岩

第五节 碱性岩类

一、碱性岩类概述

碱性岩是指碱质（$Na_2O + K_2O$）含量较高或很高的岩浆岩。一般认为，碱性岩中必须含有似长石（霞石、白榴石、方钠石、钙霞石）和（或）碱性辉石（钠质辉石）、碱性角闪石（钠质闪石）等碱性矿物。其中霞石和白榴石最为重要，是碱性岩的主要造岩矿物。

正常的岩浆岩中，氧化物分子数的关系有 $CaO + Na_2O + K_2O > Al_2O_3 > Na_2O + K_2O$，通常称为钙碱性系列。而碱性岩中氧化物分子数的关系为 $Na_2O + K_2O > Al_2O_3$，因碱质过饱和，通常称为碱性系列。从超基性－基性－中性－酸性岩浆岩，都有可能出现碱质过饱和（$Na_2O + K_2O > Al_2O_3$）而分为钙碱性系列和碱性系列两大化学类型。

应用（$Na_2O + K_2O$）－SiO_2 化学分类图（TAS），直接将岩石化学分析获得的 $Na_2O + K_2O$ 和 SiO_2 的氧化物质量分数投影到图上，根据上述氧化物分子数关系，可以大致勾画出岩浆岩的碱性系列与钙碱性系列的界线（图 7－29）。最典型的碱性岩是（$Na_2O + K_2O$）－SiO_2 化学分类图中最上部的霞石正长岩－响岩类。

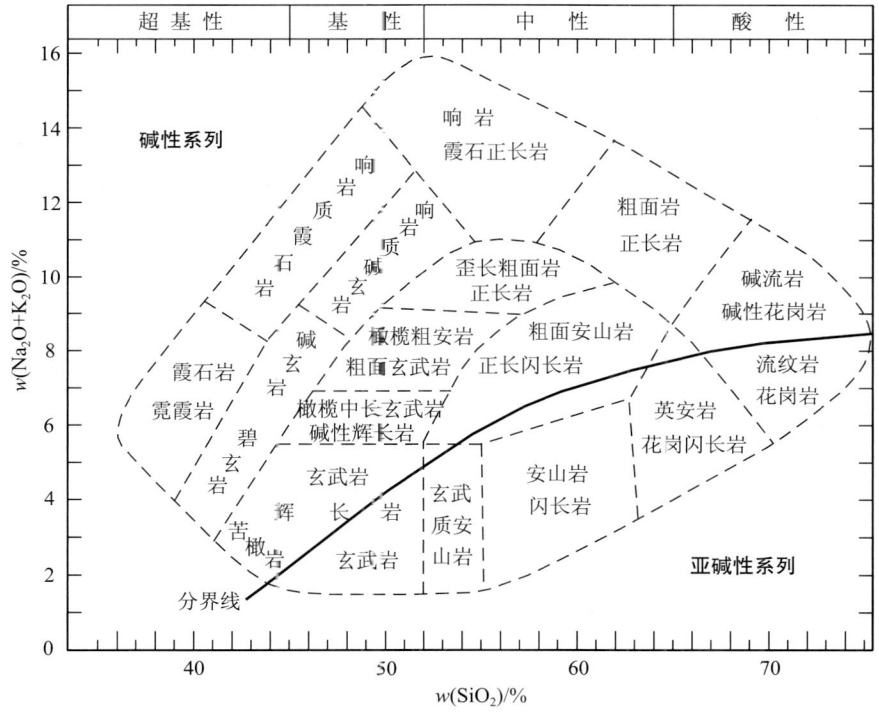

图 7－29　岩浆岩的（$Na_2O + K_2O$）－SiO_2 化学分类图（TAS 图）

（据陈骏等，2004，修改）

二、常见的碱性岩岩石类型

1. 碱性超基性岩类（霓霞岩－霞石岩类）

岩石中 SiO_2 含量 <45%，$K_2O + Na_2O$ 含量 5%~10%，为过碱性超基性岩，矿物成分以霞石等似长石类和碱性深色矿物为主，不含长石。

◎ 霓霞岩：是侵入的碱性超基性岩。主要由霞石、霓石或霓辉石组成，霞石含量达 50%~70%，霓石或霓辉石含量达 70%~30%（图 7－30）。

◎ 霞石岩：是与霓霞岩成分相当的喷出岩。主要矿物是霞石，辉石次之，可含少量似长石矿物及透长石（图 7－31A）。

A. 霓霞岩，手标本　　　　　　　　　　　B. 霓霞岩，正交偏光
（www.umanitoba.ca）　　　　　　　　（www.umanitoba.ca）

图 7-30　霓霞岩

◎ **白榴岩**：也是与霓霞岩成分相当的喷出岩。深灰至灰黑色，主要矿物为白榴石和辉石，不含长石或长石含量 <10%，白榴石见于斑晶和基质中，辉石主要是含钛普通辉石、霓辉石和霓石（图 7-31B）。

 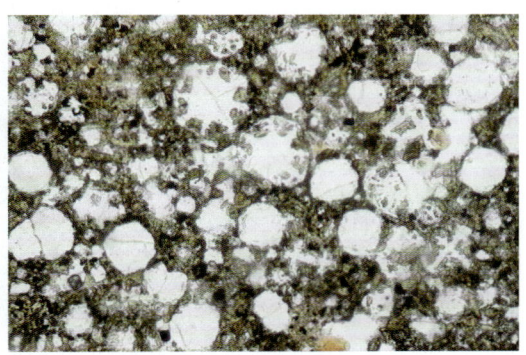

A. 霞石岩，单偏光　　　　　　　　　　　B. 白榴岩，单偏光
（www.umanitoba.ca）　　　　　　　　（www.umanitoba.ca）

图 7-31　霞石岩和白榴岩

2. 碱性基性岩类（碱性辉长岩-碱性玄武岩类）

岩石中 SiO_2 含量为 45%～53%，FeO、MgO、CaO 含量较高，$K_2O + Na_2O > 4\%$。矿物成分含碱性长石、碱性暗色矿物、富钛辉石、富铁云母。如岩石碱性较强时，可出现似长石。

◎ **碱性辉长岩**：一种含正长石、似长石的辉长岩。基本组分是基性斜长石、正长石、单斜辉石和似长石。如美国麻省的碱性辉长岩由斜长石（28%）、正长石（20%）、霞石（20%）及暗色铁镁矿物（30%）、副矿物（2%）组成。

◎ **碱玄岩**：为含似长石的碱性玄武岩。矿物成分有基性斜长石、单斜辉石和霞石、白榴石等（图 7-32），可含少量橄榄石（<5%）；斑状结构，气孔构造。

3. 碱性中性岩类（碱性正长岩-碱性粗面岩类）

◎ **碱性正长岩**：主要由碱性长石（80%～85%）、碱性暗色矿物（10%～20%）组成，不含斜长石，有时可见少量似长石。如主要由碱性长石和霓辉石组成，称为霓辉正长岩；如

A. 霞石玄武岩，正交偏光
（www.geolab.unc.edu）

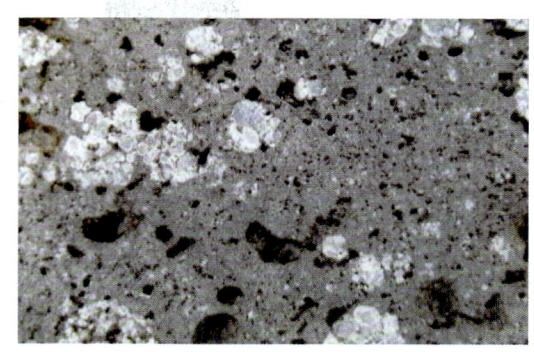
B. 白榴石玄武岩，正交偏光
（国家岩矿化石标本资源数据中心）

图 7 - 32 碱性玄武岩

主要由钾长石和碱性角闪石组成，称为碱性正长岩（图 7 - 33A）。

◎ 碱性粗面岩：主要由碱性长石组成，含碱性辉石、碱性角闪石，有时有似长石，不含斜长石，斑状结构，斑晶为碱性长石、钠铁闪石、霓石、霓辉石等，基质为粗面结构。

4. 碱性酸性岩类（碱性花岗岩 - 碱性流纹岩类）

◎ 碱性花岗岩：富含钠质。主要矿物成分为石英、碱性长石和碱性暗色矿物。碱性长石是钾钠长石（微纹长石、歪长石、正长石、微斜长石）和钠长石（图 7 - 33B）；碱性暗色矿物为碱性角闪石、碱性辉石（霓辉石、霓石）、含钛黑云母及铁锂云母等。副矿物主要有磷灰石、磁铁矿、锆石等。根据碱性暗色矿物种类，可细分为霓辉石花岗岩、霓石花岗岩、钠铁闪石花岗岩、铁云母花岗岩等。

A. 碱性正长岩，手标本
（www.dkimages.com）

B. 碱性花岗岩，正交偏光
（www.jeffreycreid.com）

图 7 - 33 碱性正长岩和碱性花岗岩

◎ 碱性流纹岩：又称钠质流纹岩。斑状结构。斑晶主要为钠质长石、钠透长石、歪长石（或钠长石）和双锥状石英，以及钠闪石、钠铁闪石、霓石、霓辉石等碱性暗色矿物；基质为隐晶质或半晶质。

5. 典型碱性岩类（霞石正长岩 - 响岩类）

岩石中 $K_2O + Na_2O$ 含量很高（>10%），$K_2O + Na_2O > Al_2O_3$，属 SiO_2 不饱和的过碱性中性岩。其矿物成分的主要特点是铁镁矿物都是碱性辉石、碱性角闪石、富镁黑云母，含量一般为15%～20%，硅铝矿物主要是碱性长石和似长石，不含石英。

◎ 霞石正长岩：常呈浅灰、绿、红、黄色等色，中-粗粒，似粗面结构和似花岗结构（图7-34A）。浅色矿物中碱性长石65%～70%，霞石（Ne）20%，暗色矿物中霓辉石（Agt）等10%～15%。长石主要为正长石、歪长石、微斜长石和钠长石，霞石常与长石交生（图7-34B）。暗色矿物为辉石类矿物，辉石斑晶发育环带构造，自中心向外为透辉石、霓辉石、霓石。基质中的霓石常呈针状。钛辉石为紫色，常构成霓辉石或透辉石的环边。

 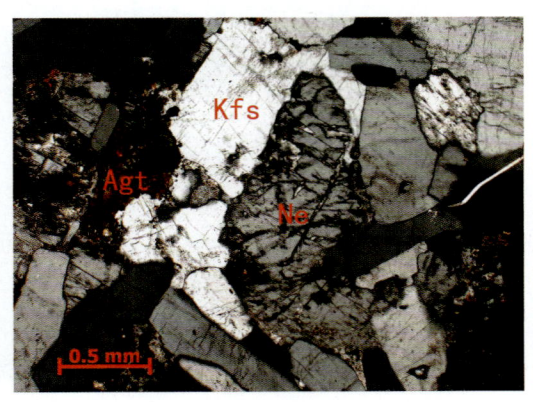

A. 霞石正长岩，单偏光　　　　　　　　　　B. 霞石正长岩，正交偏光

图7-34　霞石正长岩

（山西临县）

◎ 响岩：是成分与霞石正长岩相当的喷出岩。用锤击打这种岩石，叮当作响，故名。响岩呈浅绿或浅褐灰色，油脂光泽，致密。常具斑状结构，有时为无斑隐晶结构。主要矿物成分是碱性长石、似长石和碱性暗色矿物。碱性长石以透长石为主，而斜长石少见。似长石中常见的有霞石、白榴石（Lct）、方沸石、方钠石、黝方石、蓝方石等。暗色矿物以斑晶形式出现，主要为富钠质辉石和角闪石，如霓辉石、霓石、棕闪石、红钠闪石、钠铁闪石、钠闪石等。副矿物有磁铁矿、磷灰石、锆石、榍石、黑榴石等（图7-35）。

 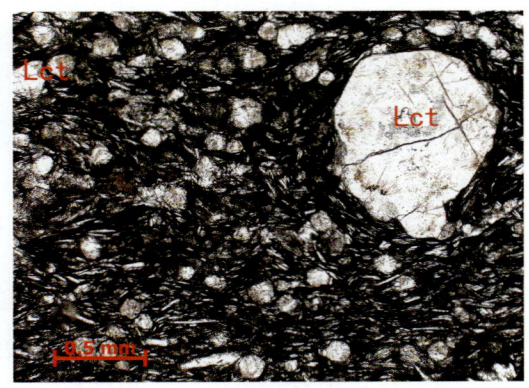

A. 白榴石响岩，单偏光　　　　　　　　　　B. 假白榴石响岩，单偏光
（www.people.carleton.edu）　　　　　　　　　　（江苏江宁）

图7-35　响岩

第六节 脉岩类

一、脉岩类概述

在火成岩体，尤其在深成岩体内部或附近的围岩中，常见到一些火成岩呈脉状体产出，它们经常充填裂隙而构成岩墙和岩脉等产状，这类岩石统称脉岩。脉岩岩体规模不大，多数形成的深度较浅，具有特有的结构和构造。代表性岩石有伟晶岩、细晶岩和煌斑岩。

二、脉岩类岩石类型

◎ **煌斑岩**：最初用来表示一种富含云母的脉岩，现在则指一类深色、具煌斑结构、含较多挥发组分的中、基性或碱超基性火成岩。在化学成分上，煌斑岩 SiO_2 含量低，一般为 30%~56%，而碱金属含量较高，同时含有大量氧化铁、氧化钙等。

煌斑岩具有斑状和全自形结构，主要矿物成分为富铁镁矿物，如橄榄石、辉石、角闪石和黑色云母等，总含量一般大于35%，使岩石呈暗色。煌斑岩中的铁镁矿物斑晶自形程度很高，基质中的铁镁矿物也呈自形（图7-36）。有时含少量磷灰石、榍石、磁铁矿、绿泥石、蛇纹石、滑石、硫化物等。煌斑岩多呈脉状产出，岩脉宽度一般不大，数十厘米至数米。

A. 闪斜煌岩，单偏光

B. 闪斜煌岩，正交偏光

图7-36 煌斑岩
（河北涞源）

◎ **伟晶岩**：为极其粗粒，甚至是巨粒矿物组成的淡色结晶岩。伟晶岩种类很多，有花岗伟晶岩、正长伟晶岩、霞石正长伟晶岩等，其中分布最广、最有意义的是花岗伟晶岩。花岗伟晶岩主要成分以斜长石、微斜长石、石英、白云母、黑云母、电气石为主，还经常含大量稀有元素矿物，如绿柱石、铌铁矿、钽铁矿、铌钽锰矿、细晶石、富铪锆石、艳榴石、锡石、褐帘石、沥青铀矿、锂辉石、锂云母、托帕石等，是稀有元素矿床的重要开采对象。矿物晶体粗大，一般由数厘米至数十米，有时颗粒大小在很小距离内变化很大。

伟晶岩脉常在花岗岩、碱性岩或远离岩体的围岩中分布，形态有层状、板状、块状、管状、透镜状及各动脉状，常呈脉群出现。伟晶岩脉规模大小不等，变化较大。一般厚度由数十厘米至数十米，延伸数十至数百米。伟晶岩的成因存在着不同的观点。一些学者认为伟晶岩是由比母岩富含挥发组分及稀有金属化合物的残余硅酸盐熔融体（伟晶岩浆）充填于侵入岩体上部或围岩的各种裂缝中结晶而成，而另一些学者则认为伟晶岩是由细粒的细晶岩、花岗岩或其他岩石遭受到晚期气热液交代和重结晶作用而成。

◎ 细晶岩：是全晶质细粒结构的花岗质岩石，具有白色、浅灰、肉红或者是黄色。主要由石英、微斜长石和钠质斜长石等简单组分构成，有时含少量白云母，以贫挥发组分和矿化为特征。细晶岩均匀细粒，微花岗结构，石英和微斜长石有时呈文象状交生。

细晶岩通常呈小规模（几厘米至几十厘米厚）岩墙和岩脉，侵入于花岗岩岩体中，并往往伴生伟晶岩。细晶岩是由于大部分岩浆结晶之后，缺乏挥发组分的残余岩浆冷凝而成。

第七节 岩浆岩的肉眼鉴定与描述

由于在野外工作中，岩石的肉眼鉴定占有主要地位，因此在岩浆岩各论的基础上，对岩浆岩的肉眼鉴定再做简要介绍。

一、深成岩的肉眼鉴定与命名

1. 主要依据

岩石的肉眼鉴定一般应从岩石产状、结构构造、矿物成分的含量、颜色等方面入手。

首先根据野外产状、岩石的结构、构造等的特征（表7-2）区分出深成岩、浅成岩和喷出岩。

其次是根据矿物的颜色、晶形、解理等外表特征，确定出主要造岩矿物，以及次要造岩矿物，并分别估计其百分含量，确定属于那一大类，进而准确地定出岩石名称。

表7-2 深成岩、浅成岩、喷出岩产状、结构、构造的区别

特征	深成岩	浅成岩	喷出岩
产状	呈大的侵入体（岩基、岩株等）产出，尤其花岗岩常呈岩基产出。接触带附近的围岩有明显的变质晕	多呈岩床、岩株、岩脉、岩墙产出，围岩可有狭窄的接触变质晕	可呈层状，围岩一般无变质晕
结构	常具等粒（中粒、粗粒居多）全晶质结构。岩体中心可出现似斑状结构	多呈细粒或斑状结构。斑状岩石的基质多为中粒至隐晶质，玻璃质少见	具斑状结构、隐晶质结构和玻璃质结构
构造	常具块状构造	块状构造，有时可有少量气孔，一般无杏仁状构造	常为气孔状、杏仁状、流纹状构造
成分	基本相同		一般斑晶中的暗色矿物含量比相应的浅成岩的少

2. 鉴定要点

由于深成岩常具等粒全晶质结构，矿物颗粒比较粗大，因此比较易于鉴定，主要是详细鉴定其矿物成分，要特别注意石英的有无和含量的高低，钾长石、斜长石的有无及含量的高低，深色矿物的含量和矿物种类。

◎ 石英：石英在岩石中的特点是多呈粒状，具油脂光泽，呈烟灰色，具贝壳状断口，

易和灰白色的斜长石相区别。

◎ 长石：长石类的鉴定，首先根据颜色，一般钾长石多为肉红色，斜长石多为灰白色，但也有例外，有时钾长石可有白色和深灰色，斜长石可有淡红色和蔷薇色。所以，鉴定长石最可靠的是双晶，只要晃动手标本注意观察，斜长石往往具有许多平行的细双晶纹而可以区别于同颜色的钾长石。钾长石常具卡式双晶，即解理面在光的照射下可见一明一暗两个单体，以区别于斜长石。另外还要注意矿物的共生组合关系，综合地加以区别。

◎ 暗色矿物：鉴定暗色矿物，经常遇到的困难是如何区别辉石和角闪石。在火成岩中常见的普通辉石和普通角闪石其颜色均为深灰黑色至黑色，光泽也很相似。这时鉴定形状和断面就比较重要。要注意其解理交角，辉石近直角，而角闪石呈菱形。这都需要在放大镜下细心观察，并充分注意其矿物的共生组合规律。

需要指出的是，如果当肉眼不能确定岩石中存在的是哪一种长石，或也很难区别辉石和角闪石时，暗色矿物的相对含量就成了鉴定的重要标志了，当然这样的可靠性较差。一般在花岗岩中暗色矿物很少达到10%，正长岩中暗色矿物不超过20%；二长岩中暗色矿物约占25%；闪长岩中通常为30%～35%；辉长岩中通常为40%～50%，或略多些。当然也有例外。

当岩石颜色较浅，主要是由浅色矿物组成时，就要充分注意石英的有无。当含石英时，可能是石英闪长岩、石英二长岩、花岗闪长岩、花岗岩等。不含石英时，可能是正长岩、二长岩、霞石正长岩等。它们相互之间的区别应根据石英、钾长石、暗色矿物含量的比例和是否含似长石类矿物等来命名（表7-3）。

表7-3 花岗岩、闪长岩、正长岩的过渡种属划分

岩石名称	钾长石和斜长石	暗色矿物含量/%	石英含量/%
石英闪长岩	绝大多数为斜长石	15～30	5～15
花岗闪长岩	钾长石＜斜长石	15～20	15～25
花岗岩	钾长石＞斜长石	5～10	＞25
斜长花岗岩	绝大多数为斜长石	5～10	＞25
花岗正长岩	绝大多数为钾长石	5～10	10～20
石英二长岩	钾长石＝斜长石	10～15	5～15
二长岩	钾长石＝斜长石	20～30	＜5
正长岩	绝大多数为钾长石	10～20	＜5
霞石正长岩	绝大多数为钾长石（出现霞石）	10～20	0

二、浅成岩和脉岩的肉眼鉴定与命名

浅成岩中脉岩占有一定的地位，下面着重介绍脉岩的鉴定。在鉴定浅成岩和脉岩时需要注意如下几种情况：

（1）浅成岩和脉岩当有斑晶出现时，则可根据浅色矿物斑晶的成分分为两大类：斜长石为斑晶的称玢岩；钾长石和石英为斑晶的叫斑岩。如果玢岩中同时有角闪石斑晶或基质中可鉴定出有角闪石的，称为闪长玢岩；斑晶中如果没有石英斑晶，仅有钾长石斑晶，则称为正长斑岩，既有石英又有钾长石斑晶的则为花岗斑岩；如果仅有石英斑晶的则称为石英

斑岩。

（2）浅成岩和脉岩常具有细粒等粒结构，如能定出矿物成分，再结合岩石颜色的深浅，可确定相应深成岩的名称，前面加上"细粒"或"微晶"两字。如为无斑隐晶结构，很致密，肉眼分辨不出矿物成分来，这时可根据颜色深浅粗略命名为浅色脉岩（也可称霏细岩）和深色脉岩。

（3）有的脉岩在成分上和结构上与一般深成岩不同，即所谓二分脉岩，可分成深色二分岩和浅色二分岩。

◎ 深色二分（脉）岩：是由较多暗色矿物组成的脉岩，种类繁多，颗粒细小，斑晶多为暗色矿物，且自形程度很好。如肉眼又很难分辨其矿物成分时，可统称煌斑岩。如为细粒－隐晶结构可统称为深色脉岩。

◎ 浅色二分（脉）岩：主要是由浅色矿物组成的脉岩。根据结构可分为细晶岩和伟晶岩。细晶岩是一种主要由浅色矿物组成的细粒脉岩，几乎全由长石和石英组成，有时可含少量的暗色矿物，最常见的为与花岗岩相当的花岗细晶岩。

在实际工作中，细晶××岩（细晶闪长岩）与××细晶岩（闪长细晶岩）是两个不同的概念，它们的成因是不同的，必须加以区别。

三、喷出岩的肉眼鉴定与命名

喷出岩的肉眼鉴定比较困难，除了斑晶以外，基质部分常呈细粒至玻璃质结构，肉眼很难分辨，一般需要镜下鉴定才能正确命名。肉眼鉴定只能根据颜色、斑晶成分、结构、构造及次生变化等方面特征（表7－4）综合考虑来初步确定岩石名称。

表7－4 喷出岩主要类型肉眼鉴定表

特征	玄武岩	安山岩	粗面岩	流纹岩
颜色（新鲜）	黑绿色至黑色	灰紫色、紫红色	浅灰色、灰紫色	粉红色、浅灰紫色、灰绿色
斑晶成分	辉石、基性斜长石、橄榄石（可蚀变成伊丁石）	辉石、斜长石（最常见）、角闪石、黑云母	透长石、黑云母、角闪石	石英、透长石
结构、构造	细粒至隐晶质结构，具气孔及杏仁状构造	隐晶质、斑状结构，有时有气孔、杏仁状构造	斑状结构、隐晶质结构，块状构造	隐晶质至玻璃质，具流纹构造或气孔、杏仁构造
其他特征	常见原生六方柱状节理	蚀变后常呈绿色、灰绿色，致密块状岩石	常具粗面结构	石英常具熔蚀现象

1. 颜色

一般由基性岩到酸性岩，颜色由深逐渐变浅。先根据颜色可大致确定所属大类。但也有例外，如含有微粒磁铁矿的流纹岩颜色也较深；黑曜岩常呈黑色；玄武岩受次生蚀变以后颜色变浅，常呈绿色。所以还要结合成因条件来考虑岩石类型。

2. 斑晶成分

对鉴定喷出岩具有特别重要的意义。如玄武岩很少具斑状结构，一般为细粒全晶质结构，有时可见有橄榄石斑晶；安山岩中则有斜长石和角闪石的斑晶，斜长石常呈方形板状，流纹岩则常出现石英和透长石的斑晶等。

3. 结构、构造

玄武岩中气孔及杏仁构造常见；流纹岩中的基质常显流纹构造；粗面岩有时可见粗面结构等。

四、岩浆岩的描述方法

在实际工作中不仅要会鉴定岩石，对岩石做出正确的定名，同时还要把岩石的特征如实地进行描述，作为原始资料，便于综合分析研究。描述岩浆岩的内容一般包括颜色、结构、构造、矿物成分、性质、含量、岩石名称等几部分。

1. 颜色的描述

要描述岩石总体颜色，如灰白色、棕黄色、黑绿色等。在地表露头上见到的岩浆岩，其表面因风化颜色往往变浅，要描述新鲜面的颜色，风化后的颜色也要一并描述。岩浆岩颜色的深浅常常可以反映暗色矿物和浅色矿物相对含量的比例。

2. 结构构造的描述

要尽量反映岩体的产状，要描述是全晶质、半晶质还是玻璃质；是粗粒、中粒还是细粒结构；是块状构造还是气孔状构造等。气孔的大小、多少、外形，矿物排列的方向等都要详细描述。因为通过这些现象可以使我们了解到岩石的生成环境、挥发性成分的含量及熔浆流动的方向等。

3. 矿物成分的描述

凡是能够用肉眼辨认的矿物都要加以描述，分别估计它们的含量，并区分主要矿物和次要矿物。对主要矿物的性质、颗粒大小、形态特征等都要描述。次要矿物也要做简单的描述。还要分清原生矿物和次生矿物，并分别描述。描述的重点是岩石中的主要矿物成分。

此外，其他特征，如断口面上的情况、产状、流线、流面、与围岩接触情况、风化情况、捕虏体、析离体等情况也都要描述。总之，凡是能够见到的特征都要描述。描述应重点突出，层次分明。

4. 岩石的定名

即在肉眼鉴定和详细描述的基础上定出岩石的基本名称。一般在岩石基本名称前面加上颜色、结构，如肉红色中粒花岗岩等。对深成岩要定名到种类，对于浅成岩和喷出岩要求定出大类名称即可。

5. 岩浆岩描述举例

石英闪长岩

浅灰色，中粒、等粒结构，粒径 2~3mm，块状构造。暗色矿物约占 25%，浅色矿物约占 75%，前者为普通角闪石和黑云母，后者为斜长石、钾长石和石英。

角闪石为黑色–暗绿色，玻璃光泽、长柱状，颗粒长约 3mm，宽约 1~1.5mm，含量约 15%；黑云母为黑色，珍珠光泽，半自形至自形，颗粒直径为 2mm 左右，片状，含量约 15%；斜长石为灰白色，玻璃光泽，半自形，长柱状，颗粒长约 3mm，宽约 1.5mm，见聚片双晶，含量约 50%；钾长石呈灰白色，微带粉红色，玻璃光泽，自形程度比斜长石差，宽板状，具卡式双晶，垂直柱面解理发育，含量约 15%；石英为乳白色，油脂光泽，他形粒状，直径约1mm大小，含量约5%；除以上主要和次要矿物外，还见有副矿物榍石，黄棕色，呈自形，含量为1%~2%。

定名：浅灰色细粒－中粒石英闪长岩。

本 章 小 结

1. 纯橄榄岩、橄榄岩、橄榄辉石岩、辉石岩是常见的深成超基性侵入岩。金伯利岩是超浅成的超基性岩侵入岩。科马提岩是由超基性岩浆喷发形成的火山岩，它只见于很古老的岩层中。
2. 辉长岩、苏长岩、斜长岩是常见的深成基性侵入岩。辉绿岩是浅成基性侵入岩。基性喷出岩（熔岩）的代表性岩石为玄武岩。海底喷发的基性熔岩常具枕状构造。大陆上喷发的基性熔岩常具绳状外貌。
3. 闪长岩、二长岩、正长岩是常见的深成中性侵入岩。闪长岩中的长石主要是斜长石，正长岩中的长石主要是碱性长石（正长石、微纹长石、条纹长石）。
4. 安山岩和粗面岩是常见的中性喷出岩（熔岩）。安山岩中斜长石斑晶常具环带及熔蚀结构。
5. 花岗岩、花岗闪长岩是常见的深成酸性侵入岩。流纹岩是典型的酸性喷出岩（熔岩）。花岗岩中含有大量石英，流纹岩常具流纹构造。
6. 碱性岩中必须含有似长石（霞石、白榴石、方钠石、钙霞石）和（或）碱性辉石（钠质辉石）、碱性角闪石（钠质闪石）等碱性矿物。其中霞石和白榴石最为重要，是碱性岩的主要造岩矿物。
7. 霞石正长岩是典型的碱性侵入岩，响岩是典型的碱性喷出岩。
8. 深成岩的肉眼鉴定主要依据岩石产状、结构构造、矿物成分及其含量、颜色等。喷出岩的肉眼鉴定主要依据颜色、斑晶成分、结构构造、次生变化等。

作业及思考题

1. 橄榄岩和霞石正长岩含有石英吗？为什么？
2. 科马提岩的主要矿物成分和典型结构是什么？
3. 辉绿岩的主要矿物成分和结构是什么？玄武岩与安山岩如何区别？
4. 闪长岩、二长岩、正长岩中的斜长石含量分别占长石总量的多少？
5. 花岗岩的主要矿物成分是什么？酸性玻璃质火山岩是指哪些岩石？
6. 如何用鲍温反应序列原理解释花岗岩中石英的形态？
7. 碱性岩的化学成分特点是什么？碱性岩的主要造岩矿物有哪些？
8. 典型的碱性岩（霞石正长岩－响岩类）的矿物成分特征是什么？
9. 用肉眼如何区分花岗岩和辉长岩？用肉眼如何区分流纹岩和玄武岩？

第八章 沉积岩总论

第一节 沉积岩的形成及演化

一、沉积岩的概念

沉积岩的形成过程与岩浆岩的完全不同。沉积岩是由地表的物质（风化的碎屑物、溶解的物质、有机物质，以及某些火山碎屑和宇宙尘埃等）经过搬运作用、沉积作用和成岩作用而形成的。沉积岩的最显著的特征是成层堆积，并有水、大气、生物作用的痕迹。

沉积岩是地壳表层分布最广的岩石，地球陆地面积的大约3/4为沉积岩所覆盖，而海底的面积几乎全部为沉积物所覆盖。自然界分布最多的沉积岩是黏土岩（页岩、泥岩），其次是砂岩和石灰岩。

沉积岩与矿产资源关系非常密切。石油、天然气、煤、油页岩等可燃性有机矿产以及盐类矿产几乎均为沉积成因。

二、沉积岩原始物质的来源

地表能形成沉积岩的所有物质称沉积岩的原始物质。沉积岩的原始物质主要来源于母岩（早先存在的岩浆岩、变质岩、沉积岩）的风化产物，生物遗体，地下水溶解的物质，火山灰和宇宙尘埃物质。

自然界中存在的各类岩石，在阳光雨水和自然力的长期作用下，必然遭受破坏发生风化分解，形成大小不同的碎屑，直至变成砂粒、泥土和溶解物质，这些风化产物通过流水、风和冰川等沉积介质搬运到山麓、沙漠、湖滨、河岸、三角洲和海滩等适当的场所沉积下来，为形成沉积岩提供了源源不断的物质来源。

除了母岩风化作用的产物外，生物遗体亦是形成沉积岩的主要物质来源。生物通过新陈代谢，在其生命过程中不断从周围介质中吸取成分，分泌出碳酸钙、二氧化硅、磷酸钙等矿物质骨骼。当生物死亡后，这些骨骼可直接堆积成岩。

火山活动形成大量的火山碎屑物质，尤其强烈爆发式火山活动形成的大量火山灰，可升到几十千米的高空，飘至数百乃至数千千米之外，是形成沉积岩的重要物质来源。

地下水的活动则源源不断地将地下物质溶解，带入地表水流、随着流水作用汇进海洋。地下水形成的溶解物质，为形成沉积岩做出了很大贡献。

进入地球轨道的陨石，在烧蚀过程中产生的粉状尘埃，弥散于大气之中，这些细小的宇宙物质最终落到地表，也成为沉积岩的原始物质。

三、沉积岩原始物质的形成

1. 风化作用及其类型

风化作用是地壳表层的岩石，在太阳辐射、大气、水、生物等外营力的作用下，其物理性状和化学成分发生变化的过程。按岩石风化的性质分为三种类型：

◎ 物理风化：是地表岩石遭受的机械破碎作用。即地表的大块岩石由于温度变化、晶体生长、重力作用、植物生长、流水、冰川及风的破坏作用而崩解，形成大小不等的松散碎屑。物理风化只发生机械破碎而不改变母岩及碎屑的化学成分。

◎ 化学风化：是地表岩石遭受的化学分解（溶解、水化、氧化、水解、碳酸化等）作用。即在大气条件下，岩石受富含氧气、二氧化碳和有机酸的水溶液的化学作用发生破坏，使组成岩石的矿物发生分解、形成溶解物质或产生在表生环境下稳定的新矿物。

◎ 生物风化：是生物的生命活动对地表岩石的破坏作用。生物对岩石的破坏有两种方式：①机械破坏，如生长在岩石裂隙中的植物根部长大变粗，使岩石裂隙扩大引起岩石崩解，以及穴居动物挖洞掘穴，使岩石破碎；②化学破坏，即生物新陈代谢分泌出的有机酸或生物遗体腐烂后分解产生的有机酸都可能腐蚀岩石，对岩石进行分解和破坏。

2. 沉积岩原始物质的形成

经过风化作用和剥蚀（剥离）作用，地表生成了大量风化产物，包括物理风化形成的岩石和矿物碎屑、化学风化中易于淋出元素形成的真溶液和胶体溶液、化学风化残留的物质（主要是 Fe、Al、Mn、Si 等难溶和难于迁移的成分）、生物风化形成的土壤等。这为形成沉积岩准备和储存了大量的原始物质。

四、风化产物的搬运和沉积作用

1. 搬运作用和沉积作用概念

搬运作用是指风化、剥蚀后的碎屑、胶体、分子、离子等不同状态的物质，随着各种地质外动力以推移、跃移、悬移、载移或溶液运移等方式转移到别处的过程。

沉积作用是指被搬运的物质由于搬运介质的物理、化学条件的改变，在原始物质提供地之外的地表呈有规律地沉淀、堆积的现象。

地表母岩风化后形成的碎屑物质、黏土物质及溶解物质除少量残留原地，绝大部分被搬运到新的场所沉积下来。搬运风化产物的主要营力是流水、风、冰川、重力以及生物等，其中最重要的是流水的搬运作用。物质搬运的方式决定于风化产物的性质：碎屑物质、黏土物质通常是以机械方式搬运；而溶解物质则以胶体溶液和真溶液方式进行搬运。

2. 机械搬运和沉积作用

搬运和沉积碎屑物质的流体主要是流水和大气，在高寒地区的冰川和干旱地区的风也是搬运和沉积碎屑物质的营力。

（1）流水搬运和沉积作用

地面流水是沿陆地表面流动的水体，包括片流、洪流和河流：①片流是无固定水道沿斜坡流动的暂时性水流；②洪流是沿沟谷流动的暂时性水流；③河流是有稳定水源补给的水流，多有固定的流动水道。

碎屑颗粒在流水中的搬运和沉积，主要与流体的类型（牵引流、沉积物重力流）和水的流动状态（层流、紊流）关系密切；还与碎屑颗粒的大小、密度和形状等有关。

◎ 牵引流：又称拖曳水流、流体重力流，是带动碎屑做牵引运动的流体，主要是低黏度、低密度的水流，如河流、风流和波浪流等。其搬运机制是流体在流动中可推动或拖曳、牵引游移的泥砂等固态颗粒顺流移动。牵引流中的水流状态有层流与紊流之分。

◎ 沉积物重力流：是指可游移的固态碎屑物质在自身重力推动下形成的流体。这是一种在水中弥散有大量沉积物的高密度混合流，如泥石流、浊流、颗粒流等。在沉积物重力流中，固态碎屑物质的搬运不是因为水流对它施加了牵引力才被动发生，而看起来就像一种"主动"行为，这与牵引流有着本质的区别。

◎ 层流：是一种缓慢流动的流体，流体质点做有条不紊的平行线状运动，彼此不相掺混。在层流中，碎屑物质的沉积就像在静水中一样。

◎ 紊流：又称湍流，是一种多漩涡、急速流动的流体，流体质点的运动轨迹极不规则，其流速大小和流动方向随时间而变化，彼此相互掺混。在紊流中，碎屑物质会受到上升力的作用甚至反复上升力的作用，从而阻止了碎屑物质的下沉，加长了搬运距离。

流水搬运作用的主要形式是牵引拖曳。在流体牵引下，碎屑颗粒沿着床沙表面以滚动、滑动、推移和跳跃方式做平行于底面的运动。如砾石在流水的作用下沿河床底的移动，沙子在风的作用下沿沙漠地面的移动，沙子在波浪及海流的作用下沿海滩滩面的移动。

颗粒被牵引拖曳时的具体搬运方式（滚动、跳跃、悬浮）主要受流速和被搬运颗粒的大小、密度和形态的控制。当流速一定时，较小、较轻或片状颗粒容易趋向于悬浮，较大、较重或粒状颗粒容易趋向于跳跃，更大、更重的颗粒则更容易趋向于滚动。如在普通的天然水流中，石英、长石等粒状轻矿物（密度 <2.67g/cm³）或密度相似的其他颗粒（岩屑等），其粒径大小与搬运方式间的实际关系是：>2mm 时多为滚动；2～0.05mm 时多为跳跃；0.05～0.005mm 时多为悬浮；<0.005mm 时则不仅易于悬浮，还有可能向胶体转化。这种自然分级的界线被用作划分砾、砂、粉砂和泥的标准。

在搬运的过程中，颗粒与颗粒，颗粒与水流边界会发生碰撞和摩擦，使颗粒棱角逐渐被磨平、圆化，颗粒也逐渐变小。一般颗粒被搬运距离愈长，搬运方式为滚动或跳跃时，颗粒愈易于圆化和细粒化。

在机械搬运过程中，当流体的动力特征（主要是流速）发生变化时，主要是当流体的动力不足以克服碎屑物质的重力时，碎屑物质就会沉积下来，发生机械沉积作用。

机械沉积作用的基本规律是机械沉积分异，即被搬运颗粒按粒度、密度和形状做有规律组合而分别沉积下来。

◎ 粒度分异：碎屑物质常从粗到细（即从砾-砂-粉砂-泥）先后沉积；

◎ 密度分异：从密度大到密度小（如金-黄铁矿-铬铁矿-石英）依次沉积；

◎ 形状分异：粒状颗粒先沉积，片状颗粒后沉积。

(2) 风搬运和沉积作用

在潮湿地区风的地质作用不明显，但在干旱的沙漠地区，风是主要的地质营力，起着侵蚀、搬运和堆积作用。风的搬运与流水搬运不同，风只能搬运碎屑物质而不能搬运溶解物质。风的搬运能力较流水要低，在同一速度下，它的搬运能力仅及水的1/300。

在正常地面条件下，风的搬运方式以跳跃为主（70%～80%），其次是蠕动（<20%），而悬浮极少（<10%）。风搬运的最大特点是碎屑物质呈弓形轨迹前进。

风所搬运的多半是砂,以及更细小的物质,只有在狂风时才能搬运砾石。因此,风搬运的碎屑物分选性特别好,粒度均匀,圆度和球度较高,表面常有一些相互撞击而形成的麻坑,风成沉积物常堆积成沙丘和沙垄等地形。

（3）冰川搬运和沉积作用

在高山地区和两极地带搬运碎屑物质的主要地质营力是冰川。冰川搬运碎屑物质的特点是将沿途刨蚀下来的碎石、泥砂冻结在冰中,随冰川的流动而运动,待冰川融化后就沉积下来成为冰川沉积物。

冰川沉积物有冰碛和冰水沉积两大类。冰碛是冰川直接沉积的产物,是未经分选、磨圆度很差、不发育任何层理的泥砾混杂物。冰川的搬运能力很大,它能将粒径和密度很大的物质带走。冰川在搬运过程中要发生磨蚀,并能在基岩和砾石的磨光面上产生特殊的冰擦痕——丁字痕。冰川融化后,冰融水将冰碛物搬运后再沉积下来的是冰水沉积。冰水沉积具有一定的分选和磨圆,砾石的排列有方向性并略显层理。

3. 化学搬运和沉积作用

化学搬运是搬运溶解物质的过程,分为胶体溶液搬运和真溶液搬运二种方式。风化、剥蚀作用形成的 Al、Fe、Mn、Si 的氧化物难溶于水,常呈胶体溶液搬运；K、Na、Ca、Mg 等元素所组成的盐类,常呈真溶液搬运。

（1）胶体溶液搬运和沉积作用

一种物质的细质点（一般介于 1~100nm 之间）分散在另一种物质中所组成的不均匀分散体系,称为**胶体**,这种细分散质点称为分散相,分散相周围的物质称为分散介质。在胶体分散系统中,当分散介质多于分散相时称为胶体溶液,当分散相多于分散介质时则称为胶凝体。胶体分散系统中的分散相和分散介质可以是固体、液体或气体。常见的胶体溶液是以水作为分散介质的**水溶胶**。

在胶体溶液中,分散质点均带电荷,带正电荷的为正胶体,如 Fe、Al、Cr、Ti、Zr、Ce、Cd 等的氢氧化物,Ca、Mg 的碳酸盐等；带负电荷的为负胶体,如 As、Sb、Cu、Pb、Hg、Cd 等金属硫化物,SiO_2、SnO_2、MnO_2、S、Au、Ag、Pt 以及黏土质和腐殖质胶体等。

胶体溶液在搬运过程中,当胶体的稳定因素带电性及动力稳定性遭到破坏,如胶体的质点电荷被中和时,胶体粒子发生凝聚,形成较大的粒子,然后在重力影响下聚沉,形成胶体沉积物或岩石。因此,陆地上的胶体进入海洋时,与海水的电解质作用发生凝聚而沉淀,可形成 Mn、Ni 等沉积矿产。

由凝聚作用而成的胶体物质称为**凝胶**。凝胶呈絮状、冻状,糊状并含有大量的水分。凝胶逐渐失去水分,体积缩小,变得致密坚硬,就变成胶体沉积物,进而变成胶体成因的矿物和岩石,常呈钟乳状、肾状、豆状和鲕状、透镜状、结核状,具贝壳状断口。

（2）真溶液搬运和沉积作用

由两种或两种以上不同物质组成的均匀物系称溶液。在这物系中任何部分都具有相同的性质。一般的溶液指水溶液。

溶解在水中的元素主要是各种无机络合物（如 SO_4^{2-}、HCO_3^- 等）、低分子有机络合物（如各种可溶有机质）、中性分子（如 O_2、H_2CO_3 等）和简单离子（如 K^+、Na^+、Cl^- 等）,其粒子的直径大多小于 1~10nm,常称这种溶液系统为（低分子）真溶液。

母岩风化产物中的 Cl、S、Ca、Na、K、Mg 等溶解物质,都呈离子状态溶于水中,都是真溶液物质；有时 P、Si、Al、Fe、Mn 等也可溶于水中，部分地呈真溶液状态。

真溶液搬运和沉积作用的根本控制因素是溶解物质的溶解度。物质溶解度越大，越易搬运，越难沉积。物质溶解度越小，越易沉积，越难搬运。

矿物的溶解度，是指自由离子的浓度达到平衡时单位体积溶液中可溶解的该矿物的摩尔数。矿物溶解度的大小，反映了矿物与极性的水分子之间相互作用的能力，它取决于两种能力的较量，一是水分子要将矿物的离子吸引到溶液中去，二是矿物内部相反符号的带电离子之间相互吸引，以阻止矿物被离解成自由离子进入溶液。

Fe、Mn、Si、Al 等溶解物质的溶解度较小，易于沉淀，在它们的搬运和沉积作用中，水介质的各种物理化学条件的影响十分重要。

对于溶解度大的物质的搬运和沉积，水介质的影响不大。它们只有在干热气候条件下，在封闭或半封闭的盆地中，或在水循环受限制的潮上地带，即在蒸发条件下，才能沉积下来，如石膏、硬石膏、钠盐、钾盐、镁盐等。

（3）化学分异

在元素呈真溶液及胶体溶液迁移的过程中，随时间和距离发生顺利沉淀而分离的现象称为化学分异。依距离蚀源区由近至远和沉淀时间从早到晚，一般的矿物沉淀顺序大致为：氢氧化物和氧化物（Al、Fe、Mn、蛋白石）→磷酸盐（磷酸钙）→硅酸盐（海绿石、磷绿泥石）→碳酸盐（菱铁矿、菱锰矿、方解石、白云石）→硫酸盐及卤化物（土状萤石、天青石、石膏、硬石膏、钠盐、钾盐、镁盐）。

4. 生物搬运与沉积作用

在母岩风化产物的搬运与沉积过程中，生物作用同样产生重要的影响。不少的沉积岩和沉积矿床的形成都与生物作用有关，或完全由生物遗体堆积而成，如生物灰岩、硅藻岩、白垩、磷块岩、油页岩、煤、石油等。

生物的搬运和沉积作用主要有两种方式：一种是生物的新陈代谢作用。即生物在生活的活动中总要经常不断地从周围介质中吸取一定的物质成分组成其肉体和骨骼，从而把一些元素富集起来；当生物死亡后，其遗体的堆积物就可以形成特殊的岩石或矿床。另一种作用是由于生物作用而引起周围介质条件的改变，从而影响某些物质的搬运和沉积。如由生物作用排出的 CO_2，对碳酸盐的溶解与沉淀就有很大的影响；又如由生物作用排出的有机酸，可使水介质的 pH 值变低，从而使氧化铁更易于搬运。

五、成岩作用

成岩作用有广义和狭义之分。广义的成岩作用，是指沉积物沉积后直到变质作用开始前所发生的变化，也叫沉积后作用（包括压实作用、压溶作用、胶结作用和固结作用、重结晶作用和矿物的多相转变作用、交代作用、溶解作用等）。狭义的成岩作用，是指沉积物被新的沉积物覆盖，使之与底层水隔绝，主要与粒间水作用，使沉积物固结成沉积岩的作用。

一般情况下，成岩作用阶段的沉积物被新的沉积物覆盖，使之与底层水隔绝，但仍处在低温、低压条件下，由于厌氧细菌的作用，使有机质腐烂分解，产生 H_2S、CH_4、NH_3、CO_2 等气体，E_h 降至 -0.4 或 -0.6，成为还原条件，而 pH 急剧加大，常可达 9 以上。在这样的介质条件下，沉积物中早先的高价铁、锰氧化物可被还原，产生低价铁、锰硫化物，并形成菱铁矿、方解石、磷绿泥石等，成为成岩作用早期阶段的突出特点。在成岩作用晚期阶段，由于物质再分配，形成碳酸盐、硅质、硫化物及其他成分的结核，沉积物最终固结成岩石。

第二节　沉积岩的物质成分与颜色

一、沉积岩的化学成分

沉积岩的化学成分随岩石类型的不同而相差极大，一些石英砂岩或硅质岩中 SiO_2 含量可超过90%，而石灰岩则高度富 CaO，其他 Al_2O_3、Fe_2O_3、MgO 等也明显富集在某些类型的岩石中（表8–1）。

表8–1　某些沉积岩的化学成分（w_B/%）

氧化物	石英砂岩	硅质岩	页岩	石灰岩	白云岩	铁质岩
SiO_2	96.65	92.63	56.35	1.15	0.28	4.21
TiO_2	0.17	0.09				0.12
Al_2O_3	1.96	1.41	12.27	0.45	0.11	1.38
Fe_2O_3	0.58	2.67	7.08		0.12	37.72
FeO		0.26	1.91	0.26		7.27
MnO		0.80	0.19			0.18
MgO	0.05	0.33	1.56	0.56	21.30	1.68
CaO	0.08	0.11	0.27	53.80	30.68	22.49
Na_2O	0.05	0.16	0.66	0.07	0.33	0.01
K_2O	0.27	0.42	5.02		0.03	
P_2O_5		0.03	0.31			1.00
烧失量	0.59			43.61	47.42	20.81

与岩浆岩相比，沉积岩的化学成分具有如下特征：

（1）沉积岩中 Fe_2O_3 的含量高于 FeO，岩浆岩则相反。因为沉积岩形成于地表水体中，氧气充足，大部分铁元素氧化成高价铁。

（2）沉积岩中 K_2O 的含量高于 Na_2O，而岩浆岩中 K_2O 和 Na_2O 的含量大致相当，或 Na_2O 稍多于 K_2O。因为沉积岩中含有较多的钾长石和白云母，或由于黏土胶体质点能吸附钾离子。

（3）沉积岩中含有大量的 H_2O 和 CO_2，而在岩浆岩中 H_2O、CO_2 的含量很低；沉积岩中普遍富含有机质，而在岩浆岩中不含有机质。

除了单矿物岩之外，虽然沉积岩中的 Fe_2O_3、FeO、K_2O、Na_2O、CO_2 和 H_2O 等常量组分与岩浆岩和变质岩有一些差别，但总体上来看非常接近。它们的主要差别在于微量元素的含量。例如，页岩中稀土元素含量特别富集，而碳酸盐岩中则非常匮乏。

二、沉积岩的矿物成分

沉积岩的固态物质包括矿物和有机质两大部分。除煤（可燃有机岩）外，一般沉积岩中的有机质主要赋存在泥质岩和部分碳酸盐岩中，其他岩石中有机质含量<1%。

沉积岩中的矿物比较复杂。由于原始物质中的碎屑物质可以来自任何类型的母岩，所以岩浆岩、变质岩中的所有矿物都可能在沉积岩中出现。迄今为止，在沉积岩中已知的矿物已达160多种，但只有20余种比较常见。

从矿物的"生成"这个角度出发，沉积岩中的矿物可划分成两大成因类型：即他生矿物和自生矿物。

◎ 他生矿物：是在所赋存沉积岩的形成作用开始之前就已经生成或已经存在的矿物。按来源，可分成陆源碎屑矿物和火山碎屑矿物两类。①陆源碎屑矿物是母岩以晶体碎屑或岩石碎屑形式供给沉积岩的，可看作是沉积岩对母岩矿物的继承，故也称继承矿物，例如来自花岗岩、花岗片麻岩等母岩的碎屑石英、碎屑长石、碎屑云母等。②火山碎屑矿物是由火山爆发直接供给沉积岩的，在成分上与来自岩浆岩母岩的矿物相同。

◎ 自生矿物：是在所赋存沉积岩的形成作用过程中以化学或生物化学方式新生成的矿物，即自生矿物是所赋存沉积岩自己生成的矿物。沉积岩中常见的典型自生矿物有黏土矿物、方解石、白云石、海绿石、石膏、铁锰氧化物或其水化物等；其次是黄铁矿、菱铁矿、铝的氧化物或氢氧化物等。沉积岩中的有机质也属于自生范畴。自生矿物可分成原生矿物和次生矿物两类。①原生矿物是指在沉积物或沉积岩中形成时所占据的空间还没有被别的矿物占据，即在化学风化作用、化学或生物沉积作用过程中形成的矿物，以及在成岩后某些孔洞中形成的矿物，都是原生矿物。②次生矿物是指该矿物形成时，其空间已经被或正在被别的矿物占据，而它要通过某种化学过程（交代）才能夺取到这个空间，或者说，次生矿物是交代原生矿物形成的矿物。

三、沉积岩的颜色

颜色是沉积岩的重要宏观特征之一，对沉积岩的成因具有重要的指示性意义。

1. 颜色的成因类型

岩石的颜色主要取决于物质成分。沉积岩的颜色按主要致色成分划分成两类：继承色和自生色。

◎ 继承色：主要由陆源碎屑矿物显现出来的颜色称为继承色，是某种颜色的碎屑较为富集的反映，只出现在陆源碎屑岩中。

◎ 自生色：主要由自生矿物（包括有机质）表现出来的颜色称为自生色，可出现在任何沉积岩中。按致色自生成分的成因，把自生色分为原生色和次生色两类。①原生色是由原生矿物或有机质显现的颜色，通常分布比较均匀稳定。例如海绿石石英砂岩，呈现绿色；碳质页岩，呈现黑色等。②次生色是由次生矿物显现的颜色，常呈色斑状、不规则状分布。如海绿石石英砂岩，顺裂隙氧化、部分海绿石变成褐铁矿，呈现出的暗褐色条带等。无论是原生色还是次生色，其致色成分的含量并不一定很高，只是致色效果较强罢了。原生色常常是在沉积环境中或在较浅埋藏条件下形成的，对当时的环境条件具有直接的指示性意义。次生色则除特殊情况外，多是在沉积物固结以后才出现的，只与固结以后的条件有关。

2. 几种典型自生色的致色成分及其成因意义

◎ 白色或浅灰白色：当岩石不含有机质、构成矿物（不论其成因）基本上都是无色透明时，常为白色或浅灰白色。如纯净的高岭石、蒙脱石黏土岩，钙质石英砂岩，结晶灰岩等。

◎ 红、紫红、褐或黄色：岩石含高价铁氧化物或氢氧化物时显现这类颜色，其含量低至百分之几即有很强的致色效果。通常，以高价铁氧化物为主时，偏红或紫红，以高价铁氢氧化物为主时，偏黄或褐黄。由于自生矿物中的高价铁氧化物或氢氧化物只能通过氧化才能生成，故这种颜色又称氧化色，可准确地指示氧化条件（但并非一定是暴露条件）。

◎ 灰、深灰或黑色：岩石含有机质或弥散状低价铁硫化物（黄铁矿、白铁矿）微粒时显现这种颜色，致色成分含量愈高，岩石愈趋近黑色。有机质和低价铁硫化物均可氧化，故这种颜色只能形成或保存于还原条件，也因此而称为还原色。

◎ 绿色：一般由海绿石、绿泥石等矿物造成。这类矿物中的铁离子有 Fe^{2+} 和 Fe^{3+} 两种价态，可代表弱还原或弱氧化条件。砂岩的绿色常与海绿石颗粒或胶结物有关，泥质岩的绿色常是绿泥石造成的。

除上述典型颜色以外，岩石还可呈现各种过渡性颜色，如灰黄色、黄绿色等，尤其在泥质岩中更是这样。泥质沉积物常含不等量的有机质，在成岩作用中，有机质会因降解而减少，高价锰氧化物或氢氧化物（致灰黑成分）常呈泥级质点共存其间，一些有色的微细陆源碎屑也常混入，这是泥质岩常常具有过渡色的主要原因。而砂岩、粉砂岩、灰岩等的过渡色则主要取决于所含泥质的多少和这些泥质的颜色。

影响颜色的其他因素还有岩石的粒度和干湿度，但它们一般不会改变颜色的基本色调，只会影响颜色的深浅、明暗。其他条件相同时，岩石粒度愈细或愈潮湿，颜色愈深愈暗。

第三节 沉积岩的构造特征

沉积岩的构造，也称为沉积构造，是指在沉积作用或成岩作用中在岩层内部或表面形成的一种形迹特征及其空间分布和排列方式。这里的"岩层"是指由区域性或较大范围沉积条件改变而形成的构成沉积地层的基本单位。相邻的上下岩层之间被层面隔开。层面是一个机械薄弱面，易被外力作用剥露出来。无论是岩层内部还是岩层表面的构造都有不同的规模，但通常都是宏观的。

沉积构造的类型极为复杂，描述性、成因性或分类性术语极多，其中，在沉积作用中或在沉积物固结之前形成的构造称为原生沉积构造，在沉积物固结之后形成的构造称为次生沉积构造。在沉积构造中，绝大多数是原生沉积构造。从形成机理看，任何构造都无外乎物理、化学、生物或它们的复合成因（表8-2）。原生沉积构造常常与沉积环境的动力条件、化学条件或生物条件有密切的成因联系，对沉积环境的解释或岩层顶底面的判别都有重要意义。

表8-2 常见的沉积构造类型

物理成因的沉积构造	生物成因的沉积构造	化学成因的沉积构造
层理构造	生痕构造	晶痕和假晶
波痕构造	生物扰动构造	鸟眼构造
泥裂	植物根痕构造	结核构造
雨痕、雹痕	叠层构造	缝合线构造
冲刷构造		
泄水构造		

一、物理成因的沉积构造

1. 层理构造

层理是沉积物以层状形式堆叠而在岩层内部形成的层状形迹，它由沉积质点的颜色、成分或形状、大小等沿垂直方向变化显示。绝大多数层理都是在沉积作用中形成的，主要与流体的机械作用有关，称为**沉积层理**。极少数层理是在埋藏以后和固结以前通过机械重组或化学沉淀形成的，称为**成岩层理**。通常所说的层理，都是指沉积层理。

描述层理的基本术语有：纹层、层系和层系组（图 8-1）。

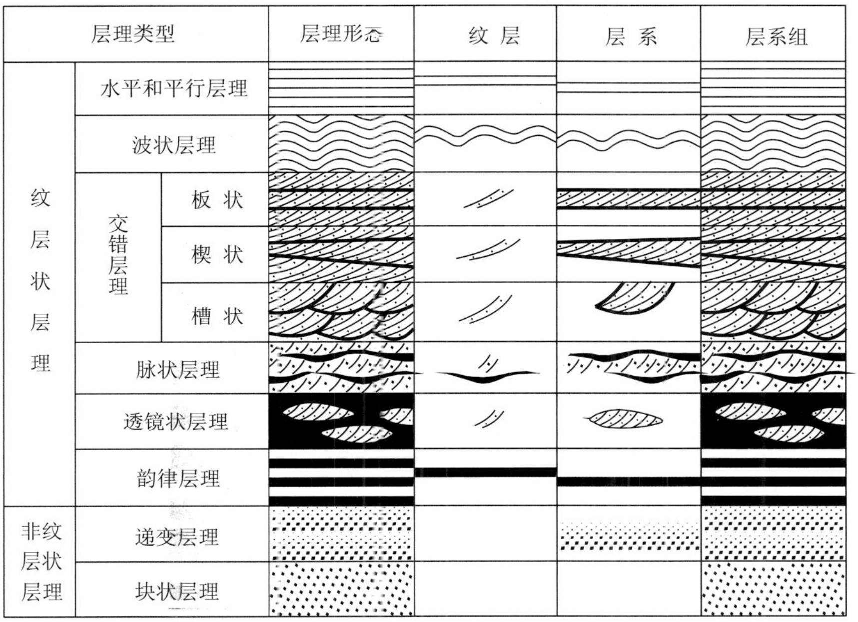

层理类型		层理形态	纹层	层系	层系组
纹层状层理	水平和平行层理				
	波状层理				
	交错层理	板状			
		楔状			
		槽状			
	脉状层理				
	透镜状层理				
	韵律层理				
非纹层状层理	递变层理				
	块状层理				

图 8-1 层理的组成单元及常见类型

◎ **纹层**：又称细层。是层理中可以划分出的最小层状单位，纹层具有明显的上下边界，内部颜色、成分或粒度比较均匀而不可再分。单一纹层的厚度多在毫米级，也可小于 1mm 或达数厘米。同一纹层是在相同条件下同时或几乎同时形成的。

◎ **层系**：又称单层。可以由一组相同或相似的纹层叠置而成，也可以不含纹层只显示粒度的渐变特征。同一层系是在基本相同条件下在一段时间内累积形成的。相邻层系间的界面称为层理面。在岩层的垂直断面上，纹层面和层理面都由纹理表现。

◎ **层系组**：又称层组。由两个或两个以上相同或有成因联系的层系叠置而成。层系组是在一段时间内由于流体的运动状态，沉积物沉积速率或其他沉积条件发生变化或呈规律性波动而形成的。

并不是所有层理都可分出纹层、层系或层系组。其中，可以分出纹层或有纹理显示的层理称为**纹层状层理**，如水平和平行层理、交错层理、波状层理、脉状或透镜状层理等；而分不出纹层或没有纹理显示的层理称为**非纹层状层理**，如递变层理、块状层理等。

（1）水平层理

纹层呈平面状，相互平行叠置且与层面平行，纹层厚度较小，在岩层各个方位的垂直断面上都有较密集的平行直线状纹理显示。在粉砂岩、泥质岩中比较发育（图8-2A），有时在石灰岩中也见有水平层理（图8-2B），是水流缓慢或静水条件下的沉积构造。

 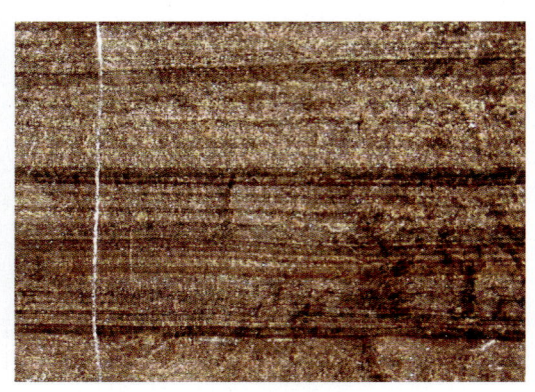

A. 砂岩、粉砂岩、泥岩中的水平层理，露头　　　　B. 石灰岩中的水平层理，露头
（河南焦作）　　　　　　　　　　　　　　　（浙江长兴）

图8-2　水平层理

（2）平行层理

与水平层理相似，也由平面状纹层平行层面叠置而成，不同的是纹层厚度较大，分布范围较广（图8-3），构成粒度较粗，纹理常不如水平层理清晰。平行层理多产在粗砂岩、砂砾岩或粒度相当的其他岩石内，是在水体较浅，流速较快环境下形成的沉积构造。

图8-3　大型平行层理
（www.southeastern geology.org.gif）

（3）斜层理和交错层理

这两种层理的特点是纹层与层系界面、层面呈斜交关系。①在单个层系中，一系列向同一个方向倾斜的纹层相互平行叠置，而与层系界面成一定角度相交，称为斜层理或斜交层理。②当许多层系相互叠置组合成层系组时，各层系内纹层的倾斜方向和纹层与层系界面、层面的交角可以相同，也可能不同，显示出相互交错的特征，称为交错层理。

在形态和成因上，交错层理是一种复杂多变的层理类型，按层系形态分成以下三种：

◎ 板状交错层理：各层系界面均为平面且与层面平行，单个层系呈等厚的板状，其中纹层较平直或微下凹，与层系界面斜交（图8-4A）。

◎ 楔状交错层理：各层系界面也为平面，但彼此不平行，单个层系不等厚而呈楔状，其内纹层与板状交错层理相似（图8-4B）。

◎ 槽状交错层理：层系界面为下凹勺形曲面，在岩层不同方位的断面上，曲面下凹的程度不同，一般在垂直流向的断面上比在平行流向的断面上显示更强的下凹状态。层系内的纹层多呈下凹的曲面，通常与层系界面斜交（图8-4C，D）。

交错层理大多是定向水流作用的产物，水的流速对层系厚度有重要影响，流速愈大，所形成的层系厚度也愈大。交错层理还常被用来判断水的流向、指示岩层顶底方向。

在交错层理的相邻层系中，纹层的倾斜方向一般都是相同的，但有时相邻层系中纹层的倾斜方向完全相反，且倾斜角度相近，显示羽状、人字形状、鱼骨状特征（图8-4E，F），是双向水流的标志，如涨潮流形成的前积层与退潮流形成的前积层交互生成。

A. 板状交错层理，露头
（长江大学精品课程"沉积岩石学"电子教案）

B. 楔状交错层理，露头
（据E. J. Tarbuck et al., 2004）

C. 槽状交错层理，露头
（www.walrus.wr.usgs.gov）

D. 槽状交错层理，露头
（长江大学精品课程"沉积岩石学"电子教案）

E. 羽状交错层理，露头
（www.depauw.edu）

F. 石灰岩中的羽状交错层理，露头
（河南焦作）

图8-4 交错层理

（4）波状层理

波状层理是指由许多呈波状起伏的细层叠置在一起组成的层理类型。波状起伏的纹层呈对称或不对称形状。波状层理的形成都需要有较高的沉积速率。上覆纹层与下伏纹层可以同相位叠置（上下层的波峰与波峰对齐、波谷与波谷对齐），也可以异相位叠置（上下层的波峰与波峰错位、或上覆纹层的波谷与下伏纹层的波峰相切或交截）。同相位叠置的，称同相位波状层理；异相位叠置的，称爬升波状层理（图 8-5）。

A. 波状层理，露头　　　　　　　　　　B. 石灰岩中的波状层理，露头
（www.eos.ubc.ca）　　　　　　　　　　（北京房山）

图 8-5　波状层理

（5）脉状层理和透镜状层理

这两种层理都是泥质和砂质（粉砂或细砂）沉积物交替沉积形成的复合层理。①脉状层理又称压扁层理，其主要特征是沉积物以砂为主，断面上，泥呈脉状或细长飘带状夹在砂质沉积物中（图 8-6A）。②透镜状层理相反，沉积物以泥为主，断面上，砂呈透镜状或细长飘带状夹在泥质沉积物中（图 8-6B）。这两种层理内的砂质沉积物中还可以发育像交错层理那样的纹层。在岩层中，脉状层理和透镜状层理常常共生、相互过渡。

脉状层理和透镜状层理都是在沉积物供应较充足的条件下，由速度不稳定的流水沉积而成，若流速总体较高，只间或降低，形成脉状层理；相反，若流速总体较低，阵发性增高，则形成透镜状层理。

A. 脉状层理，露头　　　　　　　　　　B. 透镜状层理，露头
（www.uwm.edu）　　　　　　　　　　（www.uwm.edu）

图 8-6　脉状层理和透镜状层理

（6）韵律层理

由成分或颜色明显不同的两种水平薄层交替叠置构成的层理称为韵律层理。层理中各薄层的厚度可以相等，也可不等，厚薄不定。薄层内成分比较均匀，常见的成分交替是：砂或粉砂-泥质，碳酸盐-泥质（图8-7A）、硅质-泥质（图8-7B），碳酸盐-硅质等。成分交替与颜色交替同时显现，反映了沉积环境、气候条件、物质供应反复变化。

A. 碳酸盐岩中的韵律层理，露头

B. 碎屑岩中的韵律层理，露头
（www.uwm.edu）

图8-7　韵律层理

（7）粒序层理

粒序层理又称递变层理，是一种重要的非纹层状层理，层理中没有任何纹层或纹理显示，只是粗细颗粒在垂向上连续递变。在每一个沉积单元中都表现出颗粒大小的逐渐变化。在岩层断面上，按递变趋势，粒序层理可分为三种：

◎ 正粒序：从一个沉积单元的底部到顶部，颗粒由粗到细递变（图8-8A）；

◎ 反粒序：从一个沉积单元的底部到顶部，颗粒由细到粗递变；

◎ 双向粒序：正、反粒序呈渐变性衔接。反映水流速度逐渐改变。

此外，在整个递变层中，细粒物质作为粗大颗粒的基质存在，递变特征只由粗颗粒的大小显示（图8-8B），这种粒序层理称为粗尾粒序（coarse-tail grading）层理，是由碎屑物重力流或密度流（如泥石流、浊流、风暴流等）快速卸荷形成的。

A. 正粒序层理，露头

B. 粗尾粒序层理，露头

图8-8　粒序层理
（广东韶关丹霞山）

(8) 块状层理

当整个岩层或岩层内的某个层状部分的成分、结构或颜色都是均一的，或虽很杂乱，但却具有某种宏观的均一性，既没有纹层或纹理显示，也不是其他层理的构成部分，该岩层或层状部分就显示为块状层理，或均匀层理。块状层理可以是沉积形成的，也可以是其他层理经成岩作用改造形成的。沉积的块状层理有两种成因，一是环境条件（包括原始物质的供应、环境的物理、化学和生物特性等）长期稳定不变，沉积物是完全均匀累积起来的；二是由具极高密度的碎屑物重力流或密度流快速卸荷，各种成分和粒度的颗粒来不及分异都同时沉积下来。

2. 波痕构造

由水或风的机械作用在沉积平面上形成的一种规则起伏，称为波痕构造。它是由相对凸起的波峰和相对下凹的波谷在岩层顶面的某个方向上相间排列构成，广泛出现在砂岩、粉砂岩、泥质岩和其他粒度相当的岩石内。

（1）波痕要素

描述波痕形态常使用4个定量要素（图8-9），在垂直波脊延伸方向的断面上它们分别是：

◎ 波长（L）：指相邻两波峰间的距离；

◎ 波高（H）：指波峰到波谷的垂直距离；

◎ 波痕指数（RI）：指波长与波高之比（L/H）；

◎ 对称指数（SI）：指同波峰或波谷缓坡面与陡坡面的投影距离之比（l_1/l_2）。

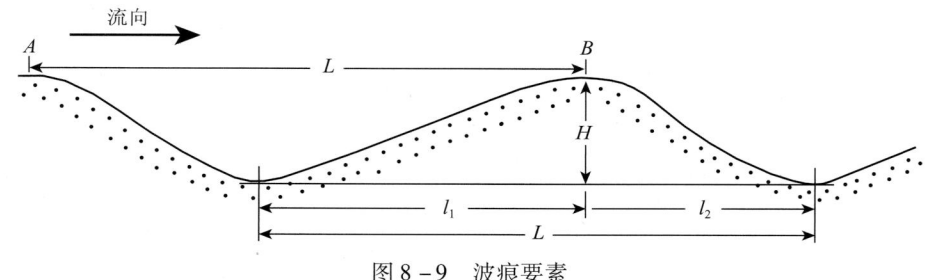

图8-9 波痕要素

此外，波痕的形态还包括波峰、波谷的形态和它们在岩层顶面的延伸形态。波峰有圆峰、尖峰和平顶峰之分，波谷只有圆谷和尖谷两种。波脊的延伸形态很复杂，典型的有直线形、波曲形、舌形、菱形、新月形等。

（2）波痕类型

按成因，波痕可分成流水波痕、浪成波痕和风成波痕三种基本类型。

◎ 流水波痕：是由定向水流形成的对称形波痕，常见的 $L = 5 \sim 60 \text{cm}$，$H = 0.3 \sim 10 \text{cm}$，$RI = 8 \sim 15 \text{cm}$，$SI > 2.5$，多具直线脊、波曲脊、舌形脊或菱形脊。脊的缓坡面是受流水冲刷的面，总体倾向与流向相反。在断面上常可见与陡坡面平行的纹层，这是鉴别流水波痕的一个重要标志。在各种深度的河、湖、海环境中都可出现（图8-10A，B），但在泥质岩中不发育。

◎ 浪成波痕：是由水的振荡作用形成的波痕，常呈尖峰圆谷的对称或不对称形，常见的 $L = 1 \sim 200 \text{cm}$，$H = 0.3 \sim 20 \text{cm}$，$RI = 5 \sim 16 \text{cm}$，多为直线脊，但在延伸方向可以分叉或汇合。一般产在一定水深的海、湖环境中（图8-10C）。

◎ 风成波痕：是风在暴露的松散颗粒性（主要是砂级）沉积物表面吹袭形成的波痕，常为圆峰圆谷的不对称形，常见的 $L=1\sim30\mathrm{cm}$，$H=0.5\sim1\mathrm{cm}$，$RI=10\sim50\mathrm{cm}$，多为直线形，延伸稳定，有时可分叉。风成波痕与流水波痕很相似，区别是风成波痕相对较小，波脊或波峰处的砂粒常比波谷处的更粗，甚至出现细小砾石（图8-10D）。

A. 流水波痕，露头
（据 Tarbuck et al., 2004）

B. 海岸流水波痕，露头
（www.bromba.com）

C. 浪成波痕，露头
（www.bromba.com）

D. 风成波痕，露头
（www.big5.wall.com）

图 8-10 波痕

在实际产出的波痕中，还有一种复合波痕，它们是流水与流水或流水与浪成波痕的复合，例如在较大波痕的缓坡面上还叠加有同方向的较小的波痕，不同方向的直线脊或波曲脊波痕叠加在一起形成网格状波痕（或称干涉波痕）等等。另外，水下已形成的波痕由于水体变浅，原有的尖峰可能被冲刷成圆峰，露出水面后可能被水或风削平成为平顶峰，从波峰上削下来的颗粒偶尔会就近堆积在波谷两侧使圆谷逐渐变成为尖谷，因而平顶峰或尖谷都可看成是水体由深变浅或波痕开始暴露的标志。

3. 泥裂、雨痕、雹痕

这三种构造都是刚沉积的松软沉积物顶面暴露在大气中形成的，被统称为暴露构造，常在泥质岩、泥质粉砂岩或相当粒度的石灰岩中出现。

◎ 泥裂：又称干裂。是在气候干旱或太阳暴晒时，暴露沉积物因快速脱水收缩形成的一种顶面裂隙构造（图8-11A）。裂隙宽约几毫米或1~2cm以上，深度数厘米至数十厘米。呈折线或曲线状延伸，两个方向的裂隙柱遇时常呈T形或Y形连通而将顶面分割成一系列直边或曲边多边形。在岩层断面上，裂隙一般垂直层面，内壁平整，终止于本岩层内部，底部末端呈 V 字形，有时呈 U 字形，偶尔可穿过整个岩层，但不穿透下伏岩层的顶面。裂隙中多有上复沉积物充填。

◎ 雨痕：是由较大，但较稀疏的雨滴在松软沉积物表面砸出来的平底状浅坑。单个浅坑大致呈圆或椭圆形（图 8 - 11B），直径多为 2 ~ 5mm，深度多在 1 ~ 2mm，坑缘常略高于层面。雨滴过小，过细或连续降雨时间过长都不利于雨痕的形成。

◎ 雹痕：与雨痕大体相似，仅坑底常为圆弧形，坑缘凸起也更高一些，不过严格区分雨痕和雹痕也没有太大实际意义。

A. 泥裂，露头　　　　　　　　　　　　　　B. 雨痕，露头
（www.ux1.eiu.edu）　　　　　　　　　　（www.home.entouch.net）

图 8 - 11　泥裂和雨痕

4. 冲刷构造

冲刷构造是发育在不同粒度岩层分界面上的凹凸状形态构造。较高流速的流体在其下伏沉积物顶面冲刷出一些下凹的坑槽，然后又被上复沉积物覆盖形成并保存下来。冲刷成的坑槽称冲刷痕（冲坑、冲槽）。它们被覆盖后，在覆盖层底面就会形成与冲刷痕的大小和形态完全一致的凸起，称为铸模、印模或简称为模。通常，冲刷流体同时也是沉积覆盖层的流体，所以覆盖层往往比被冲刷层的粒度更粗，如砾质岩层覆盖在砂质岩层之上或砾质、砂质岩层覆盖在粉砂质岩层之上。

5. 泄水构造

在埋藏条件下，尚未固结的机械性沉积物所含水分受超孔隙压力的迫使，可以快速向上运移（即泄水）、同时牵引相关颗粒也跟着移动，这种作用称为沉积物的**液化**。液化的结果是沉积物原有的沉积构造受到改造或被破坏，同时形成新的构造。这种由沉积物的泄水或液化形成的构造统称为泄水构造（图 8 - 12）。常见的泄水构造有上飘纹理构造、碟状构造、泄水管构造和包卷构造等几种类型。

二、生物成因的沉积构造

1. 生痕构造

生痕构造是指生物（动物）在松软沉积物表面或内部留下的生命体或生命活动的遗迹或痕迹，常称为痕迹或遗迹化石。按产出部位和形态，生痕构造分为印迹和潜穴两大类：

◎ 印迹：由动物的机械性行为在松软沉积物表面留下的痕迹称为印迹，包括双足或四

A. 泄水构造，露头
（www.panoramio.com）

B. 泄水构造，露头
（www.answers.com）

图 8-12　泄水构造

足脊椎动物站立或行走时形成的足迹或行迹（图 8-13A），由无脊椎动物腹部的拖动、蠕动或肢体划动形成的爬迹，由无脊椎动物静止不动时由身体表面接触沉积物的部分形成的停息迹等。印迹均产在岩层的表面，在顶面是印迹的本身，整体上常呈下凹状，在覆盖层底面是它的印模，整体上呈凸状。作为沉积构造，印迹和印模都是等效的。

A. 生物足迹，露头
（www.answers.com）

B. 爬迹或潜穴，露头
（www.home.entouch.net）

C. 潜穴，露头
（www.home.entouch.net）

D. 潜穴及蹼状构造，露头
（www.soton.ac.uk）

图 8-13　生痕构造

◎ 潜穴：由生物在松软沉积物内部挖掘成的管状孔洞称潜穴或虫孔。掘穴生物有蠕虫动物、节肢动物、甲壳动物、软体动物等。它们在掘穴时可在穴壁上分泌黏液或释放化学物质促使特定矿物沉淀以强固洞穴，这正好有利于洞穴的保存和显示。沉积岩中的潜穴通常已被充填，充填物的成分与围岩或上覆沉积物相同或相近，但颜色常常偏浅。潜穴横断面常呈圆或近圆形，均切穿层理延伸，内壁多光滑，有时有纵脊或横肋。潜穴的延伸形态常是潜穴的分类依据，较简单的有垂直，倾斜或水平延伸的直管穴、U形穴、Y形穴，较复杂的有指状穴、弯曲穴、螺旋穴、多级分支穴等（图8-13B，C）。有些形态简单的潜穴还伴生有蹼状构造，蹼状构造是快速沉积或侵蚀作用的良好标志（图8-13D）。

2. 生物扰动构造

由动物的机械行为（同沉积的爬行、沉积后的挖掘等）使松软沉积物原有的沉积特征，特别是原有的沉积构造遭到破坏，而导致出现的无定形构造，称为生物扰动构造。经生物扰动后，原始沉积层可被轻微分割变形，变成斑块状，以致沉积物完全均一化。

3. 植物根痕构造

由原地生长的植物根或根系在沉积物内部留下的，仍大体保持着原始生长形态的痕迹称植物根痕构造。根痕通常都是植物根腐烂成空腔后再被矿物充填或直接通过碳化、硅化、方解石化等形成的根的假象，它的延伸可直可弯，但总的延伸方向与层面垂直或斜交。

4. 叠层构造

叠层构造是由藻类等在固定基底上周期性繁殖形成的一种纹层状构造，其中的纹层称藻纹层。常出现在碳酸盐岩中。形成叠层构造的藻类个体仅几微米到几十微米，在岩石中是以富含有机质痕迹的形式存在的。当条件适宜时，藻类大量繁殖，所形成的纹层含有机质较多，称富藻层或暗层；条件不适宜时，藻类基本处于休眠状态，所形成的纹层含有机质较少或不含有机质，称贫藻层或亮层。富藻层和贫藻层交替叠置所显示的形迹即称为叠层构造。在叠层构造中，富藻或贫藻的单一纹层厚度多不到1mm，但叠置成的宏观形态则变化很大，其基本形态大致有水平状、波状、倒锥状、柱状和分支状等（图8-14）。

A. 石灰岩中的叠层构造，露头

B. 泥灰岩中的叠层构造，露头

图8-14 叠层构造
（长江大学精品课程"沉积岩石学"电子教案）

三、化学成因的沉积构造

1. 晶痕和假晶

在化学沉积作用中结晶出来的石盐、石膏等矿物晶体被泥、粉砂掩埋后，因沉积物失水收缩而稍微突出在岩层顶面，突出部分同时也会嵌入到上覆岩层的底面，当矿物晶体被选择性溶解后就会在上、下岩层接触面上留下与晶体大小和形态完全一致的空洞，该空洞就称为晶痕。晶痕被充填或原晶体直接被别的矿物交代，就称为假晶（图8-15A）。

A. 假晶，露头
（长江大学精品课程"沉积岩石学"电子教案）

B. 石灰岩中的同生（硅质）结核，露头
（长江大学精品课程"沉积岩石学"电子教案）

C. 石灰岩中的成岩结核，露头
（湖北恩施）

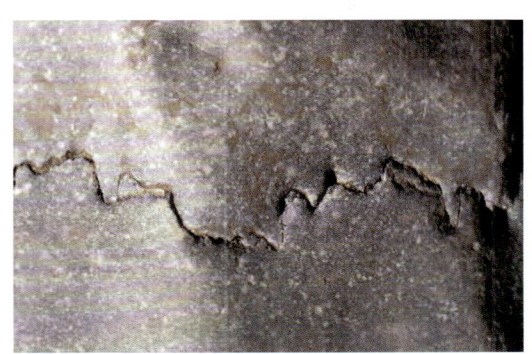

D. 石灰岩中的缝合线，露头
（www.earthscienceworld.org）

图8-15 化学成因的沉积构造

2. 鸟眼构造

鸟眼构造是指碳酸盐岩层内，成群出现的被方解石晶体充填的一种孔洞状构造。由于充填物常呈白色，也称雪花构造。有些鸟眼构造很微细，只有在显微镜下才能见到。鸟眼构造主要发育在石灰岩或白云岩中，多与低等藻类的沉积作用有关。

3. 结核

结核是指其成分、颜色和结构构造等与围岩有显著区别的非层状自生矿物集合体。常见于陆源碎屑岩、碳酸盐岩或古土壤层内部或层间界面上。结核形态常呈较规则到极不规则的瘤状、透镜状、饼状、姜状等。它与围岩的界线可以截然，也可模糊，大小不等。按自生矿物成分，分为钙质、硅质、铁质、锰质和磷质结核。结核内部可以均一，也可呈放射状、同心状、菜花状、网格状等，某些钙质、硅质结核内部还有生物遗体或遗迹。通常，钙质结核主要产在砂岩、粉砂岩和泥质岩（包括古土壤）中，硅质结核主要产在碳酸盐岩中，其他成分的结核则可产在各种沉积岩中。

结核可分为同生结核、成岩结核和次生或后生结核三种成因类型，以成岩结核最常见。

◎ 同生结核：是在大致与围岩沉积的同时形成的，常是胶体絮凝作用的产物。这种结核常有清晰的边界，成分比较单纯，内部均一或呈放射状、同心状、菜花状等，围岩层理与其边缘相切或圆滑地绕过（图8-15B）。

◎ 成岩结核：是在围岩固结过程中形成的，可看成是围岩物质成分在固结阶段通过选择性溶解、运移再沉淀或围岩成分被交代的结果。这种结核有清晰或不清晰的边界，多切断围岩层理或保留有围岩层理的残余，偶尔也可受围岩层理的限制（图8-15C）。

◎ 次生结核：是在围岩固结之后形成的，通常只是围岩溶洞的化学充填物，实际上就是一种晶洞沉积构造。边界清晰，围岩层理完全被它切断，内部矿物晶体多自形，有时有向心生长的趋势，在其中心部位有时还有未被填满的空隙。其形成多与围岩裂隙有关。

4. 缝合线

缝合线是在垂直或大体垂直层面的断面上表现出来的一种波曲形的线状细缝。缝合线常见于碳酸盐岩中（图8-15D），也见于砂岩、硅质岩或蒸发岩中。一般认为，缝合线是岩石在固结以后由压溶作用形成的。

第四节 沉积岩的分类

一、沉积岩分类现状

虽然人们已对各种沉积岩的成分、结构、构造和成因等方面的差异和联系有了相当深入的了解，但由于各家理解仍有分歧，迄今还没有一个能为大家普遍接受的分类方案。

例如，砾岩的分类位置，许多人都理解砾岩为陆源碎屑岩中的一种，但也有人将粒度处在砾级范围的内碎屑灰岩也视作砾岩，因此就有了"同生砾岩"、"准同生砾岩"或"自生砾岩"等名称，前者的"砾"既有粒度含义，也有来源或生成方面的含义，后者的"砾"只有粒度和"可被机械搬运"的含义。对"砂"或"泥"也有类似理解上的差异。

又如对化学岩，有些人仍承袭传统观点，将其作为对所有石灰岩、白云岩、硅质岩等与化学或生物沉积作用有关的岩石的总称，另一些人则只指其中不含或少含自生颗粒的那部分岩石，而把富含自生颗粒的另一部分岩石单独作为一类。

Folk（1974）将沉积岩分为三大类，分别称"siliciclastic rocks"，"allochem-rich clastic rocks"和"precipitate-rich rocks"，可分别翻译成"硅酸盐碎屑岩类"（S类）、"异化粒碎屑岩类"（A类）和"沉淀岩类"（P类）。这一分类比较具体地侧重成因，同时还考虑了沉积物的沉积机理，其中的碎屑（clast）指的是所有可经机械搬运而离开它的生成地点的矿物或矿物集合体，特别是将自生颗粒（即异化粒）也包含了进来，在欧美国家影响较大。

Pettijohn（1975）将沉积岩或沉积物分成两大类，分别称exogenetic和endogenetic，常被翻译成"外源的"和"内源的"，也可翻译成"外生的"和"内生的"。这种划分侧重沉积岩或沉积物构成物质的成因。所谓外源或外生是指构成物质起源或生成于沉积盆地以外，而内源或内生是指构成物质起源或生成于沉积盆地以内。我国有些方案就接受或部分接受了这样的思想。

Selley（1976）也将沉积物或沉积岩分为两大类，分别称"auochthonous"和"alltochthonous"，可翻译成"异地的"和"原地的"，侧重的是沉积岩构成物质的形成或产生部位。所谓异地是指构成物质被发现的部位并不是它形成或生成的部位，而原地则是指构成物质被发现的部位也是它形成或生成的部位。

凡此种种，就造成了目前多种分类系统并存的局面，这使初学者或非专业地质工作者常感到概念模糊,即使对沉积岩有相当造诣的专业人员也难以全盘否定或肯定某一种分类。

二、本教材使用的分类

本教材使用路凤香等(2002)提出的沉积岩分类方案(图8-16)。说明如下:

(1)该分类方案中的他生沉积岩,是指主要由他生矿物构成的沉积岩;自生沉积岩,是指主要由自生矿物构成的沉积岩。它们分别与上述外源岩、内源岩,或异地岩、原地岩相似,之所以要改称为"他生"和"自生",是因为这样可避免由于对"盆外"、"盆内"或"异地"、"原地"等理解的不同而出现不必要的争议。

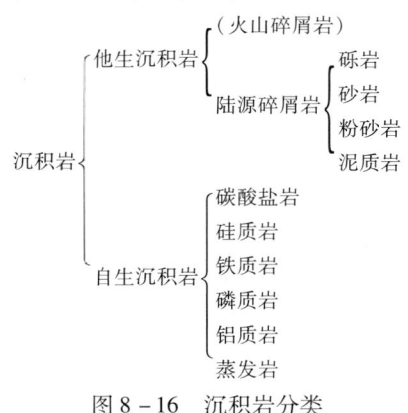

图8-16 沉积岩分类

(2)该分类方案中的陆源碎屑岩可简称为碎屑岩,它与碳酸盐岩、硅质岩等具有相司的分类级别,图8-16中之所以还列出了它的次级岩石(砾岩、砂岩、粉砂岩、泥质岩),是因为本方案中的砾岩、砂岩等都是陆源碎屑岩或他生沉积岩,在自生沉积岩中不再使用砾岩、砂岩这样的名称。另外,与砾岩、砂岩、粉砂岩并列的泥质岩是一种主要由游离状黏土矿物构成的较特殊的岩类,这些黏土矿物可以是他生的(母岩是更古老的泥质岩或含有黏土矿物的其他岩石),即碎屑黏土;也可以是自生的(风化时的不溶残余或从溶液中沉淀的),即自生黏土。现在认为,绝大多数泥质岩中的黏土可能主要是碎屑黏土或是从陆源区经机械搬运后再沉积下来的。所以在已有的分类方案中,泥质岩多被作为粒度最细的末端被放到陆源碎屑岩中,这里也沿袭了这种观点。

(3)该分类方案认为火山碎屑岩的主要构成物质直接来自岩浆从火山口爆发冷凝,与岩浆岩的关系更密切,故应归入到岩浆岩范围,但火山碎屑岩中的火山碎屑又有在大气中沉降、搬运、堆积之后再固结的经历,有些固结机理与陆源碎屑岩完全一样,所以火山碎屑岩也有沉积岩的某些性质,将其视为沉积岩也有合理的一面,所以在本方案中就以括号的形式与陆源碎屑岩并列了。

本 章 小 结

1. 沉积岩是外力地质作用形成的最终产物。沉积岩的最显著的特征是成层堆积,并有水、大气、生物作用的痕迹。
2. 外力地质作用包含风化作用、剥蚀作用、搬运作用、沉积作用、固结成岩作用等一系列作用。这些作用都有其独立的意义,它们相互之间又有密切联系。
3. 沉积岩中含有大量的 H_2O 和 CO_2,沉积岩中普遍富含有机质,这些是沉积岩区别于岩浆岩、变质岩的显著标志。
4. 沉积岩中常见的他生矿物(继承矿物)有石英、碎屑长石、碎屑云母、部分黏土等。沉积岩中常见的自生矿物有方解石、白云石、海绿石、石膏、铁锰氧化物,以及黄铁矿、菱铁矿、部分黏土等。
5. 层理是沉积岩的特征性沉积构造。按纹层形态及其与层系界面的关系,可将层理分为水平层理、波状层理、交错层理等;交错层理又分为板状交错层理、楔状交错层理、槽状交错层理。
6. 递变层理、波痕、泥裂、印模等沉积构造都出现于具有碎屑结构的岩层中，它们对于判别岩层的顶、底方向常有指示性意义。缝合线是石灰岩及白云岩中常见的沉积构造。
7. 他生沉积岩，是指主要由他生矿物（继承矿物）构成的沉积岩，包括陆源碎屑岩（砾岩、砂岩、粉砂岩、部分泥质岩）和具沉积特征的火山碎屑岩；自生沉积岩，是指主要由自生矿物构成的沉积岩，包括碳酸盐岩、硅质岩、铁质岩、磷质岩、铝质岩、蒸发岩等。
8. 火山碎屑岩中的火山碎屑具有在大气中沉降、搬运、堆积、冷却后固结的经历，也有沉积岩的某些性质，可以将其归入沉积岩，但熔结火山碎屑岩应该归入岩浆岩。

作业及思考题

1. 什么是沉积岩？沉积岩的原始物质是如何形成的？
2. 风化产物是如何搬运、沉积的？
3. 沉积岩的化学成分和矿物成分特点与岩浆岩的有什么不同？
4. 沉积岩中常见的陆源碎屑矿物有哪些？
5. 沉积岩中典型的自生矿物有哪些？
6. 沉积岩的典型构造是什么？交错层理有几种类型？
7. 什么是结核？如何区别同生结核、成岩结核、后生结核？
8. 什么是他生沉积岩？它包括哪些岩石类型？
9. 什么是自生沉积岩？它包括哪些岩石类型？

第九章 沉积岩各论

第一节 陆源碎屑岩

一、陆源碎屑岩概述

陆源碎屑岩,又称正常沉积碎屑岩,简称碎屑岩。是母岩机械破碎的碎屑物质经搬运、沉积和成岩作用形成的岩石。

1. 碎屑岩的成分

碎屑岩的物质组成有两部分。一部分是陆源碎屑和填隙物中的杂基;另一部分是胶结物,是在沉积、成岩阶段以溶液沉淀的方式而形成的。

(1) 碎屑成分

◎ 石英碎屑:碎屑矿物中以石英最常见。除单晶石英外,常见由几颗石英或许多微粒石英组成的多晶石英。

◎ 长石碎屑:在碎屑岩中长石的含量仅次于石英。长石类矿物中以微斜长石碎屑常见,斜长石中钠长石远远超过钙长石。

◎ 云母碎屑:云母类碎屑一般以白云母为主,白云母易破碎为细片,常分布于细砂岩和粉砂岩的层面上;黑云母碎屑一般出现在距母岩较近地区的岩屑砂岩中。

◎ 重矿物碎屑:碎屑岩中常见的重矿物是火成岩和变质岩中的副矿物,如锆石、金红石和榍石等;碎屑岩中重矿物含量通常<1%,是追溯母岩和地层划分对比的重要标志。

◎ 岩石碎屑(岩屑):是母岩破碎形成的岩石碎块,保存了母岩的结构特征。岩屑的成分可以是岩浆岩,也可以是变质岩或沉积岩,不同成分的岩屑其分布范围及保存程度有较大的差别。碎屑岩中常见的岩屑有花岗岩岩屑、燧石岩屑、火山岩岩屑等,而石灰岩岩屑和泥岩岩屑比较少见。若岩层中出现大量火山岩岩屑,则标志着某一时期陆源区曾有过火山活动。

(2) 填隙物成分

填隙物包括沉积基质(也叫杂基)和胶结物。杂基和胶结物在成分上可以相同,也可以不同,但它们在成因意义上是截然不同的。

◎ 杂基:最常见的杂基是从水介质中沉积下来的细粒碎屑物质,称原杂基,其成分是各种黏土矿物,如高岭石、水云母、蒙脱石等,它们是悬移载荷的沉积产物。在碎屑岩中,黏土质的填隙物除了机械沉积成因者外,还有一些在成岩期从孔隙溶液中沉淀生成的自生黏土矿物,如自生高岭石、自生蒙脱石、自生绿泥石等,它们应属于胶结物而非杂基。

◎ 胶结物:是指碎屑颗粒之间孔隙内的各种化学沉淀物,是对碎屑颗粒起黏结作用的物质。最常见的胶结物是氧化硅(蛋白石、玉髓、石英)、碳酸盐(方解石、白云石、菱铁矿等)以及其他氧化物;此外还有重晶石、石膏、硬石膏、黄铁矿等;它们对研究碎屑岩的成岩后生变化,推断其沉积环境都有重要意义。

（3）成分成熟度

成分成熟度也称矿物成熟度，指碎屑沉积物中碎屑成分与稳定成分极端富集的终极状态的接近程度。沉积物中相对稳定的碎屑成分含量愈高，其成分构成愈接近这个终极状态，它的成分成熟度也就愈高。因此，成分成熟度就可用沉积物中稳定性较高与稳定性较低的碎屑成分的含量之比来衡量，有时也单独用相对最稳定的碎屑矿物的含量来衡量。例如：①在砾级碎屑沉积物中，常用（燧石岩砾石＋石英岩砾石）/其他岩类砾石的比值来表示；②在砂或粉砂级碎屑沉积物中，常用单晶石英/单晶长石、（单晶石英＋燧石岩屑）/（单晶长石＋其他岩屑、锆石＋电气石＋金红石）等比值；③在泥级碎屑沉积物中，常用化学分析结果 Al_2O_3/Na_2O 的比值来表示成分成熟度。

上述比值（或含量）愈高，沉积物在成分上就愈成熟。成分成熟度与沉积物形成时的气候背景和构造背景有关。当包括母岩区和沉积盆地在内的整个构造体系活动强烈时，剥蚀速度加快、搬运距离缩短，埋藏速度增高，气候的影响退居次要位置，常形成低成分成熟度的沉积物。而在整个构造体系活动平稳缓慢时，相对湿热或干冷的气候才会分别有利于形成成分成熟度较高和较低的沉积物，这时母岩风化强度的影响常常是主要的。

2. 碎屑岩的结构

碎屑岩的结构总称为碎屑结构，是指在一定动力条件下共生在一起的碎屑颗粒所具有的内在形貌特征的总和，包括粒度、分选度、圆度、充填样式和孔隙等几个方面。

（1）粒度

碎屑沉积物的粒度是指其中粒状碎屑的粗细程度。单个碎屑的粒度通常用它的最大视直径 d 值（mm）或 ϕ 值在粒级划分标准中所处的位置来衡量。ϕ 值和 d 值（mm）之间的换算关系为：$\phi = -\log_2 d$。常用的粒度分级标准有十进位制和 2 的几何级数制（表 9-1）。

表 9-1 常用的碎屑颗粒粒度分级

十进位制		2 的几何级数制（Udden–Wentworth 标准）		类似十进位制	
颗粒直径/mm	粒级划分	粒级划分	颗粒直径/mm	粒级划分	颗粒直径/mm
>1000	巨砾	巨砾	>256	巨砾	>1000
1000~100	粗砾	砾 粗砾	256~64	砾 粗砾	1000~100
100~10	中砾	中砾	64~4	中砾	100~10
10~1	细砾	细砾	4~2	细砾	10~2
		极粗砂	2~1	极粗砂	2~1
1~0.5	粗砂	粗砂	1~0.5	粗砂	1~0.5
0.5~0.25	中砂	砂 中砂	0.5~0.25	砂 中砂	0.5~0.25
0.25~0.1	细砂	细砂	0.25~0.125	细砂	0.25~0.1
		极细砂	0.125~0.0625	极细砂	0.1~0.05
0.1~0.05	粗粉砂	粗粉砂	0.0625~0.0312	粗粉砂	0.05~0.01
		粉 中粉砂	0.0312~0.0156	粉	
0.05~0.01	细粉砂	砂 细粉砂	0.0156~0.0078	砂 细粉砂	0.01~0.005
		极细粉砂	0.0078~0.0039		
<0.01	黏土（泥）	黏土（泥）	<0.0039	黏土（泥）	<0.005

在结构描述中,通常使用 d 值,这样比较直观。在对粒度做统计分析时多使用 ϕ 值,其最大优点是可将自然界粒度分布中的对数关系转化成线性关系,有利于分析和作图。整个沉积物的粒度可根据统计学原理通过逐个测量足够多的、有代表性的一群颗粒,再用计算方法得到,但一般只按它的主要粒级确定而忽略其他颗粒的粒级。所谓主要粒级是指对沉积物整体粒度面貌起决定作用的那部分颗粒所占的粒级区间。当主要级粒为砾级时,其粒级区间最好在野外露头上测量或目估,若主要粒级是砂级及其以下,既可在露头上目估,也可在显微镜下测量或目估。对有经验的人来说,目估常常更能反映沉积物的整体粒度,尤其是野外或手标本目估,其观察面积大,代表性更强。

(2)分选度

分选度又称分选性,指粒状矿物碎屑大小的均匀程度(均一性)。它是流体在沉积作用中对粒度累积分异强度的衡量指标。

碎屑颗粒在被搬运过程中,通常都按粒度、形状或密度的差别分别富集,当粒度集中在某一范围较狭窄的数值间隔内时,就可定性地说分选较好。

由于很细小的碎屑(细粉砂或泥级颗粒)常会受到较粗颗粒的阻挡或保护,加上它们又有很强的内聚性,使它们偏离粒度与动力学行为间的规律关系。所以,分选度通常不包括基质颗粒在内。

同粒度一样,分选度也可用统计学方法计算得到,但一般的定性描述也只用目估,即将分选度划分为极好、好、中等、差和极差等 5 个级别,更粗略地可合并成好、中等、差三个级别(图 9-1)。

A. 分选好
(www.geology.com)

B. 分选中等
(甘肃敦煌雅丹)

C. 分选差
(甘肃敦煌雅丹)

图 9-1 碎屑颗粒分选度的目估分级

(3)圆度

圆度指碎屑外表棱角被磨平的程度或表面的光滑程度,也称磨圆度。它是颗粒在沉积作用过程中累积磨蚀强度的衡量指标。

因为在相同沉积作用过程中,物理性状不同的颗粒达到的磨蚀程度不同,因而对圆度的判别最好只使用单晶石英颗粒,只有当石英含量很低时才可考虑使用单晶长石或岩屑。而且,在比较不同沉积物的磨蚀程度时,只能根据物理性状相同的颗粒,即不仅矿物种类要相同,其粒度也要相同或相近。单个颗粒的圆度可通过测量和计算其圆度指数来衡量,但这只适用于可分离出来的颗粒,而且也比较繁琐。对固结状态下的颗粒一般也只用目估。这时可将圆度划分成极圆状、圆状、次圆状、次棱角状和棱角状 5 个级别，也可粗略地可合并成好、中等、差三个级别（图 9-2）。

A. 圆度好
（www.skywalker.cochise.edu）
B. 圆度中等
C. 圆度差
（据 Tarbuck et al.，2004）

图 9-2　碎屑颗粒圆度的目估分级

（4）充填样式

充填样式指沉积物中颗粒的相对取向关系和支撑特征。

非等轴状（主要指片状、板状、饼状或类似形状）颗粒在占据它们所在空间时，如果最长轴或最大扁平面具有优势性取向，这样的充填称为定向充填，如果没有优势取向，则称为非定向充填。在各种流体牵引力的作用下，沉积砾石最大扁平面的倾斜方向，将趋向于与主牵引力的方向相反（形成叠瓦构造），最长轴则趋向于随流速由低到高大致从垂直流向到平行流向转变。砂级或砂级以下颗粒的定向性研究仍在探索之中。

颗粒的支撑特征是指沉积物所受压力在沉积物内部的分布状况，它涉及到基质和较大颗粒的相对含量。当基质和较大颗粒的分布都大体均匀时，若基质很少或无基质（颗粒含量相对较高），那么较大颗粒就会直接堆垒起来搭成颗粒格架，同时形成粒间孔，可能有的少量基质只会处在粒间孔内。这时沉积物所受压力基本上只分布在较大颗粒相互间的接触部位，颗粒其他部位和粒间孔内的基质则不承受压力或只承受很小压力。若基质含量很高（或颗粒含量很少）以致使较大颗粒被基质隔开而"漂浮"在基质背景中，这时沉积物的格架将由基质和较大颗粒共同搭接形成，它所受压力将会均匀分布在较大颗粒的整个表面上和所有基质中。

上述这种由沉积物的基质和较大颗粒决定的对所受压力的不同支撑机制，称为沉积物的支撑类型。通常分为三种支撑类型：

◎ 颗粒支撑：单纯由较大的碎屑颗粒搭成格架，基质只分布在颗粒之间的接触点附近，称为颗粒支撑（图 9-3A）。

◎ 基质支撑：由基质和较大的碎屑颗粒共同搭成格架的称为基质支撑（图 9-3C）。

◎ 过渡支撑：是颗粒支撑与基质支撑之间的过渡性支撑类型（图 9-3B）。

三种支撑类型中的基质或颗粒含量可以在相当大的范围内变化，其影响因素主要是颗粒的形态（圆度）、分选和定向性。例如，同样搭成颗粒支撑，若颗粒形态大大偏离几何球体（如片状、板状等）、圆度差、分选好、取向紊乱，就可使颗粒含量减少或基质含量增加；

而颗粒形态较接近几何球体、圆度好、分选差，最大扁平面定向排列时，则可使颗粒支撑中的颗粒含量增高或基质含量减少。

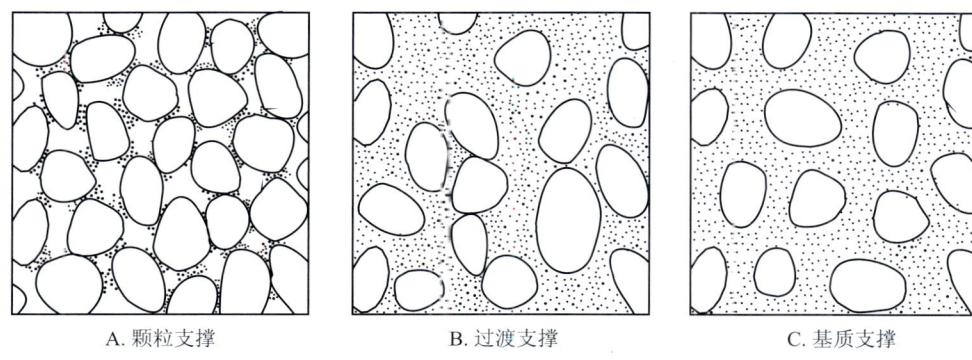

A. 颗粒支撑　　　　　　　B. 过渡支撑　　　　　　　C. 基质支撑

图 9-3　三种基本支撑类型

支撑类型的地质意义在于它与流体类型和环境的动力条件等关系密切，如密度和沉积速率都较高的风暴流、浊流、碎屑流沉积物、冰筏沉积物、正常浪基面附近的沉积物等就常呈基质支撑，而流速较高的低密度水流的底载荷沉积物、包括频繁受到波浪淘洗的浅海（湖）环境沉积物以及风积物、颗粒流沉积物等就常呈颗粒支撑。

（5）胶结物和胶结类型

胶结物主要是充填在粒间孔隙中的化学沉淀物。胶结物的不同分布特点，即碎屑颗粒与填隙物之间的关系，称为胶结类型。通常将胶结类型分为四种：基底式胶结、孔隙式胶结、接触式胶结、镶嵌式胶结。

◎ 基底式胶结：碎屑颗粒彼此不相接触呈飘浮状或游离状分散在填隙物内（图9-4A）。它通常是高密度流（如浊流、泥石流）快速堆积的产物。

◎ 孔隙式胶结：大部分碎屑颗粒相互接触，形成颗粒支撑和孔隙，成岩期析出的化学沉淀胶结物常分布在其孔隙之中（图9-4B）。

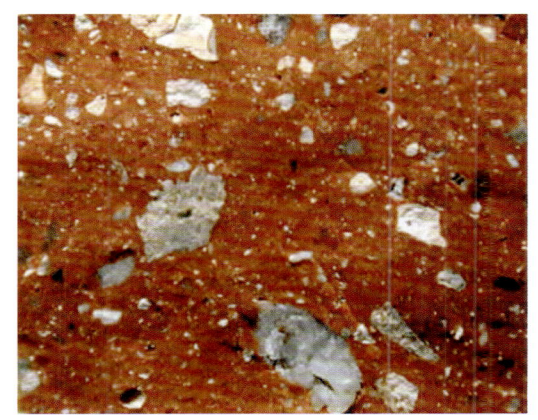

A. 基底式胶结，手标本　　　　　　B. 铁质砂岩，孔隙式和接触式胶结，单偏光
　　　　　　　　　　　　　　　　　　　（河北宣化）

图 9-4　基底式胶结和孔隙式胶结

◎ 接触式胶结：胶结物很少，仅分布于碎屑颗粒彼此接触处。在干旱地区砂层中孔隙水溶液沿毛细管上升，在碎屑颗粒的接触点沉淀析出，常形成接触式胶结（图9-5A）。

◎ 镶嵌式胶结：只出现在砂级陆源碎屑沉积物中，颗粒之间因压溶而成面接触形式。

胶结物很少，其成分与颗粒成分（石英）一致（图9-5B）。

A. 石英砂岩，接触式胶结，正交偏光
（www.geo.lsa.umich.edu）

B. 石英砂岩，镶嵌式胶结，正交偏光
（www.rgeology.com.ly）

图9-5　接触式胶结和镶嵌式胶结

（6）孔隙

孔隙是指碎屑岩中尚未被固体物质占据的空间，沉积期形成的原生孔隙称粒间孔。成岩过程中生物化石、碎屑颗粒溶解形成的孔隙称为粒内孔或铸模孔，属于次生孔隙。沉积物收缩或碎屑破裂出现的裂隙归入次生孔隙，孔隙的规模和形态与其成因有一定的关系。碎屑岩的孔隙或裂隙是石油、天然气、地下水、层控矿床的储集场所。

（7）结构成熟度

结构成熟度指碎屑沉积物与无基质、分选、磨圆都极好的终极状态的接近程度。常将结构成熟度划分为极不成熟、不成熟、次成熟、成熟和极成熟5级。

影响结构成熟度高低的最重要因素是剥蚀埋藏速度、搬运时间、搬运距离和搬运方式以及淘洗程度。高的剥蚀速度、短时间、短距离和悬浮搬运以及缺少淘洗显然更容易造成低的结构成熟度，而缓慢剥蚀埋藏、长时间、长距离和滚、跳动搬运以及充分淘洗将有利于提高结构成熟度。

（8）碎屑结构的分类命名

碎屑沉积物的粒度、分选度、圆度和充填样式对沉积物的内在形貌特征都有实质性影响，但相对而言，粒度粗细却是最醒目的，所以碎屑结构通常就按粒度划分并直接以粒度作为结构名称。按主要粒级，碎屑结构可分为砾状结构、砂状结构、粉砂状结构和泥状结构4大类。碎屑结构的粒度分类还有广义和狭义之分，如砾状结构不仅指狭义的砾状结构（砾石圆度中等到好），还包括角砾状结构（砾石圆度差）等。

二、常见的陆源碎屑岩岩石类型

碎屑岩按碎屑颗粒的大小，可分为砾岩（角砾岩）、砂岩、粉砂岩、泥质岩。

1. 砾岩（角砾岩）

（1）砾岩（角砾岩）的一般特征

砾岩和角砾岩合称为粗碎屑岩。砾岩是指圆状、次圆状的砾石（粒径>2mm的碎屑）含量>50%的岩石（图9-6A）；角砾岩是指棱角状和次棱角状的砾石含量>50%的岩石（图9-6B）。砾岩和角砾岩可按砾石的大小、成分及成因等进一步划分。按砾石大小，可将粗碎屑岩细分为：巨砾岩或角砾岩（砾石直径＞256mm）；粗砾岩或角砾岩（砾石直径为64～256mm）；中砾岩或角砾岩（砾石直径为4～64mm）和细砾岩或角砾岩（砾石直径为2～4mm）。

A. 砾岩，露头
（内蒙包头）

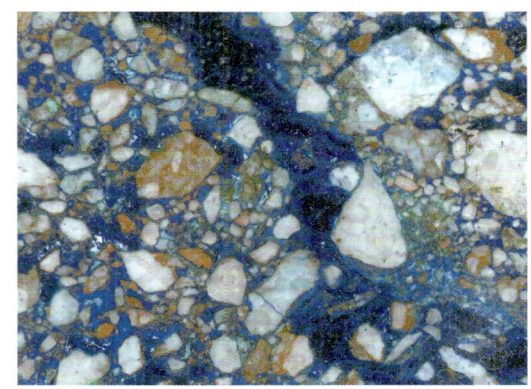
B. 角砾岩，标本
（www.geol.lsu.edu）

图9-6　砾岩和角砾岩

(2) 砾岩（角砾岩）的分类

按砾石成分，可将粗碎屑岩细分为：单成分砾岩或角砾岩（75%以上的砾石都为相同的成分，如石英岩砾岩）；复成分砾岩或角砾岩（没有哪一种成分的砾石的含量达到75%）。

按成因，可将粗碎屑岩划分为滑坡角砾岩、洪积砾岩、河成砾岩、湖成砾岩、滨海砾岩、浊积（海底扇）砾岩、冰碛砾岩以及溶洞角砾岩等。

按赋存层位，可将粗碎屑岩划分为底砾岩（位于层序底部，与下伏岩层呈不整合或假整合接触，砾石分选性好、圆度好、成熟度高，代表长期侵蚀间断的产物）和层间砾岩（位于连续沉积的地层内部，其上下无沉积间断，岩性可以相同，通常是当地岩石边冲刷、边沉积形成）。

(3) 砾岩（角砾岩）的主要岩石类型

常见的粗碎屑岩有以下类型：

◎ 石英岩砾岩：砾石以石英岩、燧石岩、脉石英等为主，中-细砾级，分选、磨圆较好，颗粒支撑。常见胶结物为石英、方解石、赤铁矿等。

◎ 火山岩砾岩：砾石主要为火山岩或火山凝灰岩，单成分或复成分，多中砾级，中等分选磨圆，砾石之间常分布砂级沉积基质（砂基）或泥砂混基，砂基成分与砾石成分相近，但有较多石英、长石单晶。胶结物通常为泥质、钙质或铁质。

◎ 石灰岩角砾岩或砾岩：砾石以石灰岩为主或全部为石灰岩，粒度变化较大，可以为粗砾、中砾或细砾，多次棱角状-次圆状，分选好到差，含较多泥基或泥砂混基，有时也可被方解石胶结。

◎ 复成分砾岩：砾石成分复杂，常见岩浆岩、沉积岩和变质岩砾石混生，稳定和不稳定砾石比例不定，但不稳定砾石常常较多，圆度中等，分选中等到差。多泥基或混基。混基成分也很复杂。化学胶结物较少，有时有石英胶结物。

如果没有强烈交代，砾石内部的矿物成分和结构（有时还有构造）与提供它的母岩没有本质差异。古砾石层往往是重要的储水层。砾岩的胶结物中常含有金、铂、金刚石等贵重矿产。研究砾岩还可以了解砾岩生成时的地质背景，巨厚的砾岩几乎都形成于大规模的造山运动之后，砾岩的成分、结构、砾石的排列方位以及砾岩体的形态可反映母岩的成分、剥蚀和沉积速度、搬运距离、水流方向等。

2. 砂岩

砂岩又称中碎屑岩，是指含50%以上砂级陆源碎屑的沉积岩类。在大陆的沉积地层中，砂岩大约占25%，是最重要，也是研究得最多的沉积岩类之一。砂岩的沉积环境比粗碎屑岩广阔得多，主要沉积在河流、沙漠、湖泊等大陆环境、河海过渡三角洲环境、浅海至深海环境，并与粗碎屑岩、粉砂岩、泥质岩、碳酸盐岩等共同构成各种各样的垂向序列。

砂岩具有重要的经济意义，它和碳酸盐岩是两类最重要的油气储集岩类，砂岩也是地下淡水的巨大存储库，纯净的石英砂或石英砂岩还是廉价的玻璃工业原料。

（1）砂岩的一般特征

砂岩多以较稳定的层状产出，砂体外形可呈席状、丘垄状、水道充填状和扇状等。砂岩的沉积构造极为丰富，特别是各种层理、波痕构造非常发育。除了与石灰岩共生或过渡的砂岩中可含一些方解石质自生颗粒（主要是生物碎屑、内碎屑和鲕粒）以外，砂岩中的沉积组分主要是砂级陆源碎屑和沉积基质。砂级陆源碎屑（砂粒）以单晶碎屑最常见，有些砂岩也可含相当多的岩屑。单晶碎屑主要是石英和长石，另有少量云母和重矿物。岩屑主要有燧石岩、酸性喷出岩、细粒片岩、片麻岩等，有时也可出现中性、甚至基性火山岩或火山凝灰岩、泥质岩的岩屑。砂岩中的基质以黏土为主，也包括细粉砂级碎屑，称为泥基或杂基，某些与碳酸盐岩共生的砂岩也可以有碳酸盐质的泥晶基质。

砂岩的固结成岩以胶结作用为主，常见胶结物有石英、方解石、赤铁矿、海绿石、石膏等。特殊胶结物有菱铁矿、绿泥石、重晶石、沸石等。由黏土基质胶结的砂岩也较常见。

（2）砂岩的分类命名

根据研究目的、研究程度的不同，可使用不同的砂岩分类命名方案。

按主要砂粒的粒径，可将砂岩分为：极粗砂岩（主要砂粒的粒径为 2.0~1.0mm）；粗砂岩（主要砂粒的粒径为 1.0~0.5mm）；中砂岩（主要砂粒的粒径为 0.5~0.25mm）；细砂岩（主要砂粒的粒径为 0.25~0.1mm）；极细砂岩（主要砂粒的粒径为 0.1~0.05mm）。

按杂基的含量，可将砂岩分为：净砂岩（杂基含量较少或无杂基）和杂砂岩（杂基含量>15%）两类。杂砂岩也叫硬砂岩、瓦克岩。

按砂粒成分，选择单晶石英、单晶长石和全部岩屑作为端元组分，用三角形图分类方法，可将砂岩分为：石英砂岩、长石砂岩、岩屑砂岩、长石石英砂岩、岩屑石英砂岩、岩屑长石砂岩、长石岩屑砂岩等7种类型（图9-7）。

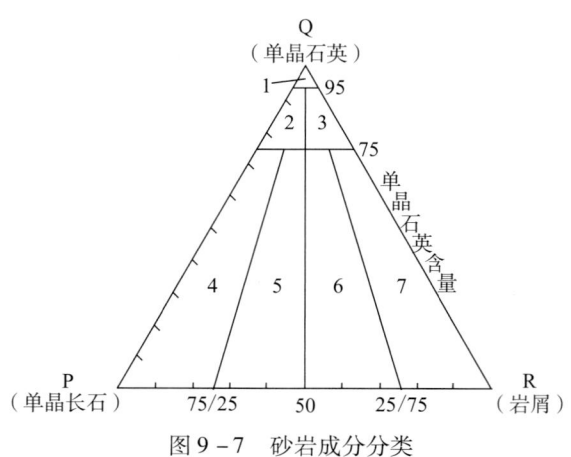

图9-7 砂岩成分分类

1—石英砂岩；2—长石石英砂岩；3—岩屑石英砂岩；
4—长石砂岩；5—岩屑长石砂岩；6—长石岩屑砂岩；
7—岩屑砂岩

（3）砂岩的主要岩石类型

◎ **石英砂岩**：碎屑物质中90%以上为单晶石英，胶结物常为硅质，次生加大胶结现象普遍（图9-8A，B）。石英砂岩中丰富的石英，一般是在构造稳定、地形起伏不大、温暖潮湿气候条件下，由富含石英的母岩（花岗岩、花岗片麻岩、变质石英岩等），遭受强烈的化学风化，并经过长距离搬运在滨海或浅海地区沉积而成。近海沉积的石英砂岩中常含较多海绿石（Glt）（图9-8C，D）。搬运距离不太远的石英砂岩中含少量长石（F）（图9-8E，F）。

A. 石英砂岩，单偏光
（江苏南京）

B. 石英砂岩，正交偏光
（江苏南京）

C. 海绿石石英砂岩，单偏光
（河北唐山）

D. 海绿石石英砂岩，正交偏光
（河北唐山）

E. 长石石英砂岩，单偏光
（河北秦皇岛）

F. 长石石英砂岩，正交偏光
（河北秦皇岛）

图9-8 石英砂岩

◎ 长石砂岩：是主要由碎屑石英和长石组成的砂岩，长石碎屑含量>25%。长石砂岩中的长石多为正长石、微斜长石和酸性斜长石（图9-9A，B）。颜色常为红色或黄色。其形成很大程度上取决于母岩成分，首先要有富含长石的母岩，如花岗岩、花岗片麻岩。另外还需要有利的古构造、古地理和古气候条件。在构造运动强烈的地区，地形起伏也大，花岗岩基底隆起遭受强烈侵蚀，侵蚀产物迅速堆积，而形成厚层的长石砂岩。

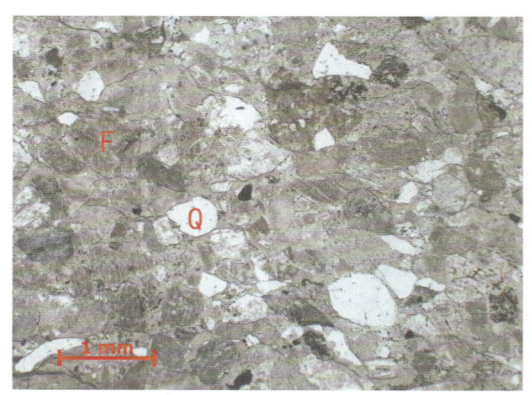
A. 长石砂岩，单偏光
（浙江寿昌）

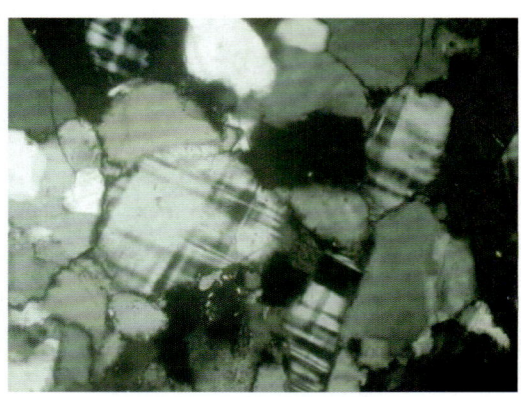
B. 长石砂岩，正交偏光
（南京大学地球科学数字博物馆）

C. 岩屑砂岩，正交偏光
（北京西山）

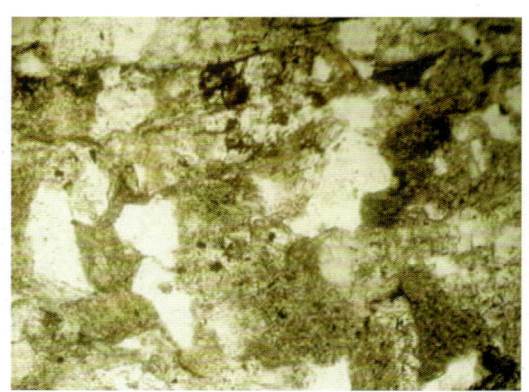
D. 杂砂岩，单偏光
（南京大学地球科学数字博物馆）

图9-9 长石砂岩和岩屑砂岩

◎ 岩屑砂岩：是主要由碎屑石英和岩屑组成的砂岩，岩屑含量＞25％。岩屑砂岩中岩屑成分多种多样，随母岩而异，常见硅质岩屑（R）（图9-9C）。岩屑砂岩颜色较深，为灰、灰绿、灰黑色，浅色者少见。岩屑砂岩多形成于强烈构造隆起区附近的断陷带或坳陷盆地中，由母岩迅速剥蚀、快速堆积而成。岩屑砂岩可以是陆相的或海相的。

◎ 杂砂岩：是分选不好、泥砂混杂的砂岩。一般含石英较少，且多呈棱角状。含有不同比例的长石和岩屑，常含少量云母。长石主要是斜长石，岩屑多种。富含杂基是杂砂岩的基本特征（图9-9D），杂基成分以绿泥石、水云母常见。杂砂岩的形成条件与长石砂岩或岩屑砂岩类似，即快速侵蚀、搬运和沉积形成的，但杂砂岩可在不同的气候条件下形成。典型的杂砂岩常堆积在急速沉降的浊积岩或复理石建造中。

3. 粉砂岩

粉砂岩是主要由粉砂碎屑（粒径0.0625~0.0039mm）组成的沉积岩。粉砂岩的碎屑组分比较简单，以石英为主，有时含较多的白云母。填隙物有钙质、铁质及黏土质等。粉砂岩中常具有薄的水平层理，沉积物含水时易受液化产生变形层理及其他滑动构造。

按粉砂粒径，可将粉砂岩分为：粗粉砂岩（粒径为0.0625～0.0312mm）和细粉砂岩（粒径为0.0312～0.0039mm）。

按混入物成分，可将粉砂岩分为：泥质粉砂岩、铁质粉砂岩、钙质粉砂岩等。

按碎屑成分，可将粉砂岩分为：白云母粉砂岩、石英粉砂岩、长石粉砂岩等。较常见的是石英粉砂岩（图9-10）。

A. 粉砂岩，单偏光
（北京门头沟）

B. 粉砂岩，单偏光
（江苏南京）

图9-10 粉砂岩

粉砂岩的颜色多种多样，随混入物的成分不同而变。粉砂岩是在经过了长距离搬运、水动力条件比较安静、沉积速度缓慢的环境下形成的。在横向上和纵向上可渐变成砂岩或黏土岩，并构成韵律层理。从沉积环境看，粉砂岩多分布于河漫滩、三角洲、潟湖、沼泽和海湖的较深水部位。

我国是世界上黄土最发育地区，厚度之大居世界之首。黄土呈浅黄色或棕黄色，是具有一系列特殊性质的半固结粉砂岩。其特点是质地均匀，以手搓之易成粉末，并含有多量的奇形怪状的钙质结核。黄土中的矿物成分以石英为主，也含有长石、碳酸盐和黏土矿物。混入物以钙质为主。

4. 泥质岩

泥级质点（粒径<0.0039mm）含量超过50%的沉积岩称泥质岩，疏松未固结的泥质岩称为黏土，固结成岩者称为泥岩和页岩。泥质岩与粉砂岩（即细碎屑岩）总量约占沉积岩总量的60%～70%，是分布最广的沉积岩。黏土、泥岩、页岩具有独特的物理性质，如可塑性、耐火性、烧结性、膨胀性、吸附性等，在工农业方面有着广泛的用途。

（1）泥质岩的一般特征

大多数泥质岩是母岩风化产物中的细碎屑物质呈悬浮状态被搬运到沉积场所，以机械方式沉积而成的。黏土矿物是泥质岩中最主要的矿物成分。黏土矿物很细小，它们的结晶大小一般不超过1～2μm。黏土矿物种类繁多，在黏土岩中分布最广的矿物是高岭石、水云母、蒙脱石、绿泥石、凹凸棒石等。

泥质岩的化学成分主要是SiO_2、Al_2O_3及铁的氧化物等。泥质岩的颜色取决于黏土矿物的成分、杂质矿物的成分、有机质及所含色素的颜色。单一成分的高岭石黏土（泥岩、页岩）、水云母黏土（泥岩、页岩）等，常呈白色、浅灰色，浅黄色等；某些黏土（泥岩、页岩）中含细分散状的铁的氧化物和氢氧化物，则呈红色、紫色、棕色、黄色或玫瑰色等；含锰的氧化物时则呈褐色或黑色；含分散状有机质和硫化铁时呈灰色或黑色；若黏土（泥岩、页岩）中含有较多的海绿石、绿泥石、孔雀石、蓝铜矿时，则呈绿色或蓝色。大多数泥质岩都呈比较稳定的层状，常与砂岩、粉砂岩共生或互层。

（2）泥质岩的分类命名

按固结作用强度将泥质岩分为未固结的黏土、已固结的泥岩和页岩。泥岩无页理，页岩具有页理（图9-11A）。按矿物成分及其性质，将泥质岩（黏土）分为高岭石黏土、蒙脱石黏土、海泡石黏土、凹凸棒石黏土等。

（3）泥质岩的结构

按黏土、粉砂和砂的相对含量，划分为泥质结构、粉砂泥质结构和砂泥质结构。

按黏土矿物集合体的形状，划分为蠕虫状结构和鲕状及豆状结构等：①蠕虫状结构主要见于高岭石泥岩中，岩石中含有高岭石重结晶形成的粗大蠕虫状晶体（图9-11B），直径达2~3mm，长可达20mm。②鲕状及豆状结构是在沉积过程中黏土质点围绕某个核心凝聚而成的结构，<2mm者称鲕粒，>2mm者叫豆粒。

A. 泥岩（页岩）中的页理
（甘肃敦煌雅丹）

B. 高岭石黏土岩，单偏光
（常丽华，2006）

图9-11 泥质岩

（4）泥质岩的主要岩石类型

◎ 钙质泥岩和页岩：岩石中含有碳酸钙，分布很广。

◎ 铁质泥岩和页岩：岩石中含有铁质矿物，构成所谓"红层"，是由于沉积物在陆相干旱、半干旱气候条件的氧化环境下，被三价铁污染的所致。

◎ 硅质泥岩和页岩：SiO_2可达85%以上。由于在硅质泥岩和页岩中常保存有硅藻、海绵和放射虫化石，一般认为硅质的来源与生物有关。也可能和海底喷发的火山灰有关。

◎ 碳质页岩：含大量植物化石和炭化有机质，黑色、能染手。灰分>30%。是湖泊、沼泽环境下的产物。常在煤系地层中，构成煤层的顶板与底板。

◎ 黑色页岩：岩石中含有较多的有机质或细分散状的硫化铁而呈黑色。外貌与碳质页岩相似，其区别在于不染手。形成于缺氧、富含H_2S的较闭塞海湾和湖泊环境。

◎ 油页岩：是含有一定数量干酪根（>10%）的页岩。颜色有浅黄、黄褐、暗棕、棕黑、黑色等。其特点是比一般的页岩轻，易燃，并发出沥青味及流出油珠。油页岩属于页岩的范畴，但具有腐泥煤的特征，也有人称其为"高灰分的腐泥煤"，是在闭塞海湾或湖沼环境中由藻类及浮游生物等低等生物遗体在隔绝空气的还原条件下形成的。

◎ **高岭石黏土**：简称高岭土。是一种以高岭石族矿物为主要成分、质地纯净的细粒黏土，首先发现于我国江西景德镇附近的高岭村而得名，是第一个以中国地名命名的矿物学名词。高岭土外观呈白、浅灰等色，含杂质时呈黄、灰、黑色等。致密块状或疏松土状，有滑腻感，硬度小于指甲。密度为 $2.4 \sim 2.6 g/cm^3$。干燥后黏舌，有吸水性。耐火度达 $1770 \sim 1790$℃。可塑性低，黏结性小，具良好的绝缘性和化学稳定性。纯净的高岭土煅烧后色白，白度可达 80%~90%。高岭石黏土是陶瓷、造纸、橡胶等工业的重要原料。

◎ **蒙脱石黏土**：又称膨润土、膨土岩、斑脱岩。是一种以蒙脱石为主要矿物成分的细粒黏土。膨润土的外观一般呈白色、粉红色、浅灰色、淡黄色，当被杂质污染时可呈灰绿色、紫棕色及其他较深的颜色。块状或土状，有滑感。疏松土状者光泽暗淡，致密块状者呈蜡状光泽。硬度 $1\sim2$，性柔软。密度 $2\sim3 g/cm^3$。吸水后体积膨胀，最大吸水量为其体积的 $8\sim15$ 倍。具高可塑性和良好的黏结性，在水溶液中呈悬浮和胶凝状，还具有阳离子交换的特性。膨润土是重要的工业矿物原料之一。

◎ **海泡石黏土**：是一种以海泡石为主要成分的黏土。外观呈黄褐、深灰、灰白等色，土块状，质软而轻，硬度 $1\sim2$，密度 $2.4\sim2.65 g/cm^3$，具有黏性和可塑性，手触之有滑感。加水后能调成糊状，干后用锤击之可留下锤痕。主要用途是用作吸收剂，用来净化、脱色和精制油、脂肪、蜡、树脂、啤酒、水等。另一重要用途是制作抗盐耐高温钻井泥浆，用于含盐地层和海上石油钻探。

◎ **凹凸棒石黏土**：是一种以凹凸棒石为主要成分的黏土。它的外貌与一般黏土无异，尤其是与蒙脱石黏土极为类似，而且两者常常共生。其野外鉴定标志是外观为土状，呈青灰、灰白、鸭蛋青色，土质细腻、有滑感，湿时具黏性和可塑性，干后质轻、收缩小。将它投入水中，嘶嘶发响，并崩散成碎块，但不膨胀。凹凸棒石黏土的性能和海泡石黏土一样，具有热稳定性、抗盐性、吸附性及较高的脱色能力，在工业中有着广泛用途。

第二节　火山碎屑岩

一、火山碎屑岩概述

岩浆在上升过程中，由于黏度大或遇到地下水，会产生大量气态物质聚集在通道里，当气体压力大到足以顶开上覆岩石时，就会发生猛烈的爆炸，把地下熔融的岩浆以及已经凝固的熔岩粉碎，形成大量的火山碎屑物质抛向空中，然后再散落到地面，经过地表的各种地质作用，最终形成火山碎屑岩。火山碎屑岩中火山碎屑物质含量达 100%~75%。

典型的火山碎屑岩是指压实固结形成的火山集块岩（主要火山碎屑粒径 >64mm）、火山角砾岩（火山碎屑粒径为 64~2mm）、火山凝灰岩（火山碎屑粒径 <2mm）。

二、火山碎屑组分特征

火山碎屑物质，包括已凝固熔岩的碎块、单个晶体，未凝固或半凝固岩浆形成的晶屑、玻屑，以及围岩岩屑等。主要由这些火山碎屑物质组成的岩石就是火山碎屑岩。

1. 岩屑

岩屑是由构成火山基底或火山管道的岩石，在火山爆发时爆裂而成的岩石碎屑。因具刚性，常呈棱角状。镜下观察，岩屑内部仍清晰显示"母岩"的矿物成分和结构、构造特征（图9-12A）。塑性的岩屑称作浆屑。

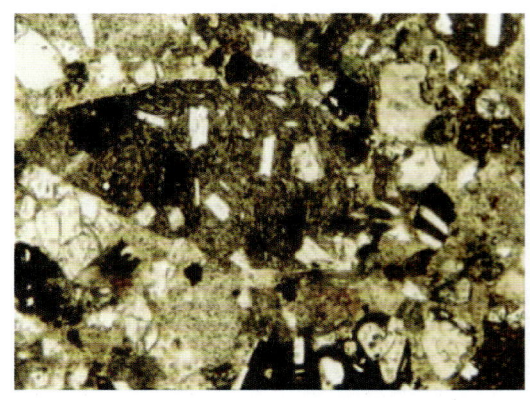
A. 岩屑，单偏光
（www.odp.tamu.edu）

B. 火山弹，露头
（长江大学精品课程"沉积岩石学"电子教案）

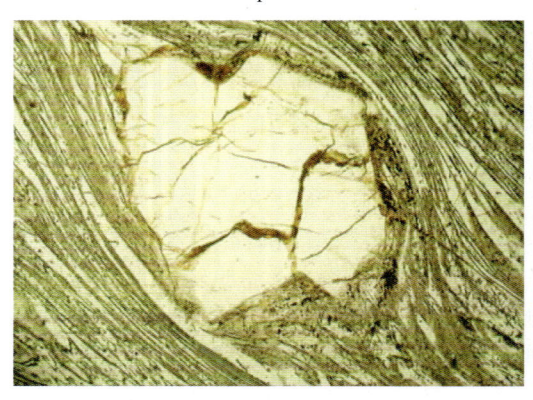
C. 晶屑，单偏光
（南京大学地球科学数字博物馆）

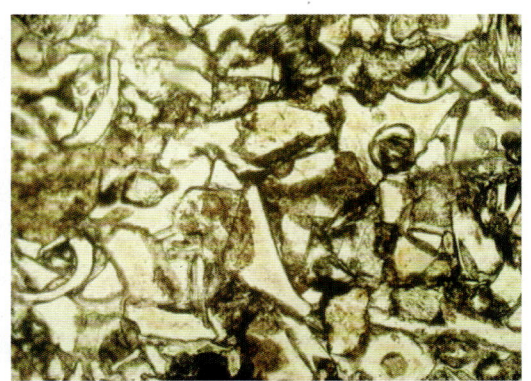
D. 玻屑，单偏光
（南京大学地球科学数字博物馆）

图9-12 火山碎屑物质

2. 火山弹

火山弹是从火山口抛出时是炽热的岩浆团，在空中飞行时往往发生不同程度的冷却、固结，并伴随着旋转、扭曲，然后落地而成的火山碎屑。其外形有纺锤状、椭球状、麻花状、梨状（图9-12B）、饼状、牛粪状等，火山弹内部具气孔，呈同心层分布。

3. 火山渣及浮岩块

火山渣及浮岩块是多孔的熔浆团被抛到空中迅速冷却，或变成固体，坠落时撞击地面，被碎裂成大大小小的碎块而成的火山碎屑。

4. 晶屑

晶屑是地下熔浆中早期结晶的斑晶或火山管道围岩中的矿物，在火山喷发时被崩碎而成。常见的晶屑有石英、钾长石、酸性斜长石和黑云母等。镜下观察，晶屑边缘常碎裂成锯齿状，有时见塑性玻屑"绕过"刚性晶屑形成假流纹构造（图9-12C）。

5. 玻屑

玻屑是地下熔浆上升到地表附近时，熔于其中的挥发分骤然膨胀，形成泡沫状岩浆，而后气孔壁被炸裂破碎冷凝而成的火山碎屑。玻屑常呈弧面棱角状和浮岩状。镜下观察，弧面棱角状玻屑显示弓形、弧形、镰刀形、半月形等形态（图9-12E）。

6. 火山尘

火山尘粒径＜0.01mm，是一种由很细小的晶屑、玻屑所组成的混合物，作为填隙物出现于凝灰岩中，极易脱玻化，转变为绢云母、蒙脱石等。

三、火山碎屑岩主要岩石类型

1. 火山集块岩

火山集块岩是指粒径＞64mm的火山碎屑物占整个岩石体积的30%以上，被细小的碎屑固结而成的岩石。集块成分主要为熔岩碎块（图9-13A），部分为火山弹、火山渣。填隙物是角砾级和凝灰级的火山碎屑物，主要是岩屑、晶屑、玻屑及火山尘。集块岩一般堆积在火山口附近，分选性极差，不具层理，是识别和圈定火山口的主要标志之一。

A. 火山集块岩，标本
（www.nvcc.edu）

B. 火山角砾岩，手标本
（长江大学精品课程"沉积岩石学"电子教案）

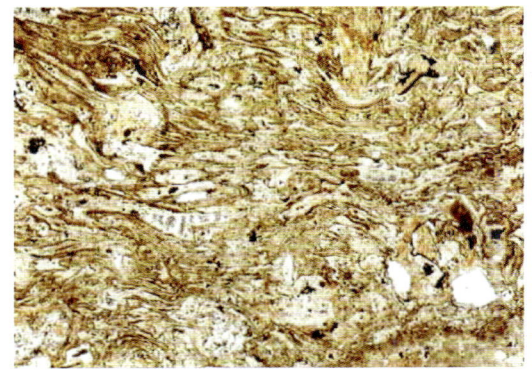

C. 火山凝灰岩，单偏光
（长江大学精品课程"沉积岩石学"电子教案）

D. 火山凝灰岩，单偏光
（www-odp.tamu.edu）

图9-13 火山碎屑岩

2. 火山角砾岩

火山角砾岩是指粒径为2~64mm的火山碎屑物占整个岩石体积的30%以上，被细小碎屑固结所形成的岩石。碎屑带棱角，分选差，无层理（图9-13B）。火山角砾岩亦分布在离火山口不远的火山斜坡上，时间上往往在喷发旋回的开始阶段，集块岩堆积之后形成。

3. 火山凝灰岩

火山凝灰岩，简称凝灰岩。是由粒径 <2mm 的火山碎屑物组成的岩石，颜色多样，外貌疏松、多孔、有粗糙感。碎屑成分主要为岩屑、晶屑、玻屑和火山尘。中基性凝灰岩，由于在空中分选较好或水下爆发等原因，可具有较明显的层理，称之为层状凝灰岩。按玻屑、晶屑、岩屑的相对含量，可将凝灰岩划分为单屑凝灰岩和双屑、多屑凝灰岩。凝灰岩中的玻屑有时被压扁拉长（图9-13C），有时被轻度磨圆（图9-13D）。

第三节　碳酸盐岩

一、碳酸盐岩概述

碳酸盐岩是由方解石、白云石等自生碳酸盐矿物组成的沉积岩。以方解石为主的岩石称为石灰岩（简称灰岩），以白云石为主的岩石称为白云岩。碳酸盐岩主要在海洋中形成，少数在陆地环境中形成。古代广阔海洋中形成的碳酸盐岩，约占地表沉积岩分布面积的20%。在地质历史中我国碳酸盐岩主要分布于震旦纪、寒武纪、奥陶纪、泥盆纪、石炭纪、二叠纪、三叠纪及部分侏罗纪、白垩纪、古近纪、新近纪的海相地层中，其中以西南地区最为发育。

碳酸盐岩是重要的储油岩。全世界50%的石油和天然气储存于碳酸盐岩中。碳酸盐岩还常与许多固体沉积矿藏共生，如铁矿、铝土矿、锰矿、石膏、岩盐、钾盐、磷矿等，而且是许多金属层控矿床的储矿层，如汞、锑、铅、锌、铜、银、镍、钴、铀、钒等。碳酸盐岩本身亦是一种很有价值的矿产，广泛用于建筑、化工、冶金等方面。

二、碳酸盐岩的成分

碳酸盐岩的主要化学成分是 CaO、MgO、CO_2。碳酸盐岩中含有的某些微量元素的比值（如 Sr/Ba）可作为分析沉积环境的重要参数。碳酸盐沉积物和碳酸盐岩中的氧和碳的稳定同位素对判别碳酸盐岩沉积介质的性质具有一定的意义。

碳酸盐岩几乎只由稳定的低镁方解石和白云石组成。现代碳酸盐沉积物中还常常包含有高镁方解石、文石、原白云石等。碳酸盐岩中常见的其他自生矿物有石膏、硬石膏、重晶石、天青石、岩盐、钾镁盐矿物等；常见的陆源碎屑矿物有石英、长石碎屑、黏土矿物和少量重矿物，这些陆源碎屑矿物均不溶于盐酸，通常称之为酸不溶物。

三、碳酸盐岩的结构组分

碳酸盐岩的基本结构组分有：颗粒、微晶基质、亮晶胶结物和生物骨架。碳酸盐岩的一些主要的岩石类型就是由这4种主要的结构组分构成的。

1. 颗粒

碳酸盐岩中的颗粒，按其是否在沉积盆地中生成，可分盆内颗粒和盆外颗粒两大类。盆外颗粒是指来源于沉积盆地之外的砾、砂、粉砂、泥等陆源碎屑颗粒。盆内颗粒是一种在沉积盆地内由水动力作用、生物、生物化学、化学作用所控制的非正常化学沉淀的碳酸盐矿物的集合体。这种盆内成因的颗粒，福克（Folk，1959，1962）称作"异化颗粒"，即由异常的化学作用所形成的颗粒。一般把盆内颗粒简称为"颗粒"。

在碳酸盐岩中，常见的颗粒类型有内碎屑、鲕粒、生物颗粒、球粒、藻粒及其他颗粒。

（1）内碎屑

内碎屑主要是沉积盆地中沉积不久的、半固结或固结的碳酸盐（主要是碳酸钙）岩层，受波浪或水流作用，破碎、搬运、磨蚀、再沉积而成的；也可以是其他种作用形成的。

内碎屑可以根据其颗粒直径大小，划分为砾屑（＞2mm）、砂屑（2～0.05mm）、粉屑（0.05～0.005mm）和泥屑（＜0.005mm）四个级别。这里，不仅引用了陆源碎屑岩中砾、砂、粉砂、泥等术语来对碳酸盐岩中的内碎屑的颗粒进行命名，而且粒级界限也取值亦相同，为初学者提供了方便。

砾石级的内碎屑，即砾屑，早就被人们认识了。我国北方寒武－奥陶系中广泛分布的竹叶状石灰岩中的竹叶状砾屑（图9－14A），就是这种类型。这种砾屑多呈扁饼状，其侧面常呈长条状，似竹叶，因而常被称作竹叶状砾屑。有的竹叶状砾屑的表面还有一层褐色的氧化圈。这种竹叶状的砾屑是在浅水的、水能量较强的地区，水底的半固结或固结的泥晶石灰岩层被波浪或水流破碎、搬运、磨蚀、甚至出露水面遭受氧化和再沉积而成。

砂级的内碎屑，即砂屑，在显微镜下极易观察，在岩石风化面上也可以观察出来，但在一般的岩石表面则不易辨出。砂屑多为泥晶石灰岩的碎屑，圆度及分选一般都较好，大都近于球形。但也有形状很不规则的砂屑（图9－14B）。

 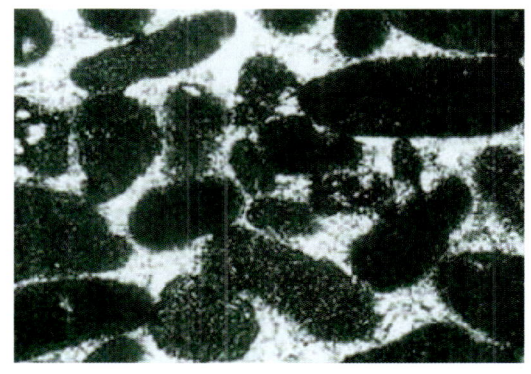

A. 竹叶状灰岩中的砾屑，露头　　　　　　　　B. 砾屑，单偏光
（长江大学精品课程"沉积岩石学"电子教案）

图9－14　内碎屑

粉砂级的内碎屑，即粉屑，也广泛存在。其特征基本同砂屑，仅粒级较小罢了。

泥级的内碎屑，即泥屑，从理论上讲，肯定是存在的；但是，这种碎屑成因的泥屑与化学沉淀成因的泥晶，以及生物成因的泥级生物颗粒很难区分。

关于内碎屑的成因，大都认为是机械破碎成因的；但也有主张化学沉淀成因的。综合现有的有关现代及古代碳酸盐内碎屑的资料，可知其生成作用有以下三种：

1）在潮下高能地带由波浪破碎形成。即在潮下高能地带波浪或水流把海底半固结的石灰岩层破碎、搬运、磨蚀、再沉积形成内碎屑，在潮汐作用较强的浅滩上，尤其是在潮汐水道中，是这种内碎屑生成的有利地带。

2）在潮间带和潮上带由流水作用形成。即泥晶碳酸钙沉积物暴露在大气中，发生泥裂或形成泥卷；这些泥裂和泥卷再被潮汐水流破碎、搬运、磨蚀、再沉积，即形成内碎屑。这种内碎屑边缘常具氧化圈。

3）碳酸钙质点相互凝聚和黏结而成。即巴哈马石式的内碎屑，如在巴哈马地区现代的饱和碳酸钙的海滩中，碳酸钙质点相互黏结和凝聚形成葡萄串形状的"葡萄石"。

（2）鲕粒

鲕粒是具有核心和同心层结构的球状颗粒，很像鱼子（即鲕），因而得名。也有称作"鲕石"的，也可简称作"鲕"。鲕粒大都为极粗砂级到中砂级的颗粒（2～0.25mm），常见的鲕粒为粗砂级（1～0.5mm），>2mm 和 <0.25mm 的鲕粒都较少见。

鲕粒通常由两部分组成：一为核心，一为同心层。核心可以是内碎屑、化石（完整的或破碎的）、陆源碎屑以及其他物质。同心层主要由泥晶方解石组成；现代海洋环境中的鲕粒主要由文石组成。有的鲕粒具有放射状结构。

根据鲕粒的结构和形态特征，可把鲕粒划分为以下一些类型：

◎ 正常鲕：其同心层厚度大于核心的直径。一般所说的鲕粒都是指的这种正常鲕，也叫同心状真鲕（图 9-15A）。

◎ 表皮鲕（或表鲕）：其同心层厚度小于其核心直径。有的表皮鲕甚至只有一层同心层即一层皮壳（图 9-15B）。

◎ 复鲕：在一个鲕粒中，包含两个或多个小的鲕粒（图 9-15C）。

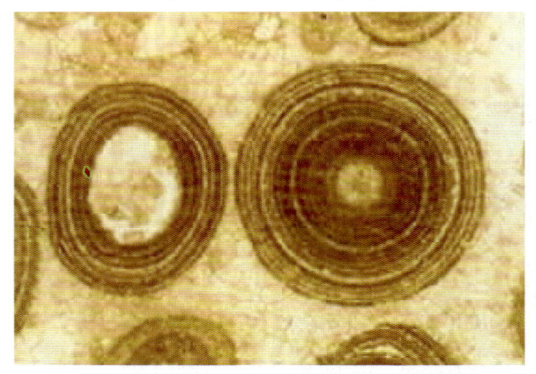

A. 正常鲕，单偏光
（长江大学精品课程"沉积岩石学"电子教案）

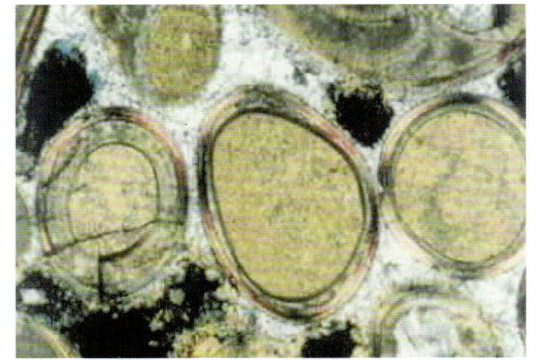

B. 表皮鲕，单偏光
（www.cugb.edu.cn）

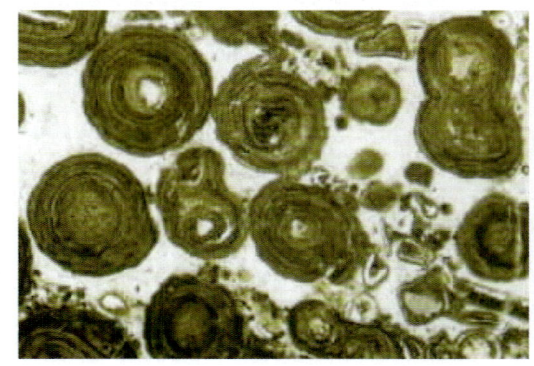

C. 复鲕，单偏光
（www.userpage.fu-berlin.de）

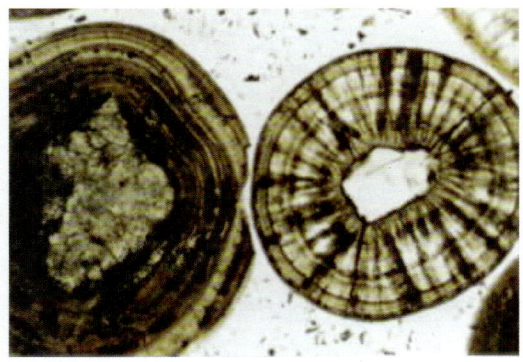

D. 放射鲕，单偏光
（www.userpage.fu-berlin.de）

图 9-15　鲕粒

◎ 放射鲕：具有放射结构的鲕粒（图9-15D）。
◎ 单晶鲕和多晶鲕：整个鲕粒基本上由一个方解石晶体或几个方解石晶体构成，其同心层结构仅隐约可见或者已看不出来。这种鲕粒是重结晶作用的结果。
◎ 负鲕（空心鲕）：是内部（核心及同心层的大部）已被选择性溶蚀的鲕粒。实际是一种粒内溶解孔隙。
◎ 豆粒：以前，大都把直径大于2mm的鲕粒叫作豆粒。但现在趋向于把豆粒限于成岩作用的产物，而不再把大于2mm的鲕粒叫作豆粒。
◎ 藻鲕：这是在藻参与下形成的鲕粒，可归入藻粒的范畴。

关于鲕粒的成因，主要有生物说（藻成因）和无机说（无机沉淀）两种观点。其中，无机沉淀说把鲕粒的生成与它的结构特征（有核心和同心层）和它的生成环境（水动力条件较强的地区）联系了起来，具有较强的说服力。

（3）生物颗粒

生物颗粒是指经过搬运和磨蚀的和没有经过搬运和磨蚀的生物化石碎屑和完整的生物化石个体，如有孔虫、纺锤虫、苔藓虫、腕足、藻类、海百合等（图9-16）。没有经过搬运和磨蚀者大都是原地沉积的化石个体的自然解体或由食肉动物的破坏而引起的。

"生物颗粒"可简称"生粒"。其同义术语很多，如"化石"、"化石颗粒"、"生物"、"生物碎屑"、"生物骨骼"、"骨骼"、"骨骼颗粒"、"生物骨骼组分"、"骨粒"、"骨屑"、"骨片"、"骨壳"等。生物颗粒是很重要的颗粒类型之一。

（4）球粒

球粒是一种较细粒的（多为粉砂级，也可达细砂级）、由微晶碳酸盐矿物组成的、不具内部结构的、球形或卵形的、分选良好的颗粒（图9-17A，B）。如果单从这个定义来说，那么分选好的、球状的、粉砂级或细砂级的内碎屑，就是球粒。

关于球粒的成因，有人把球粒仅仅限于粪球粒的范畴；而有人则认为球粒是化学凝聚作用生成的，即巴哈马石式的颗粒；还有主张内碎屑成因的。其中把球粒当作粪球粒有一定的根据。因为在巴哈马地区现代碳酸盐沉积物中，一些生物正在产生大量的粪球粒。粪球粒中有机质含量较高，在薄片中呈暗色，是其重要的鉴定特征。

（5）藻粒

藻粒即与藻有成因关系的颗粒。常见的藻粒有藻灰结核、藻团块、藻屑、藻鲕粒等。
◎ 藻灰结核：又称核形石或藻包粒，具同心层构造。藻类很像捕蝇纸，其表层的黏液能捕获住细粒的碳酸盐沉积物，从而形成不规则的增长层。这种增长层有时不连续，有时呈连续的同心圈层状。
◎ 藻团块：也属藻类黏结增长颗粒成因，但不具同心层构造，常可看出其中被黏结的颗粒。
◎ 藻屑：是破碎成因的藻粒，即由较大的藻粒或藻格架破碎而成的。
◎ 藻鲕粒：是与藻有密切成因关系的鲕粒。

（6）变形颗粒

原来的颗粒，如鲕粒和内碎屑，在成岩后生作用阶段，由于在压溶作用或其他力学作用的影响下，可以发生变形，形成各种各样的形态，如扁豆状、蝌蚪状、锁链状等。有的还可以看出它们与原始颗粒的关系，这时可把它们叫作变形鲕粒、变形内碎屑等。有的已看不出它们与原始颗粒的关系了，这时只好笼统地叫作变形颗粒。

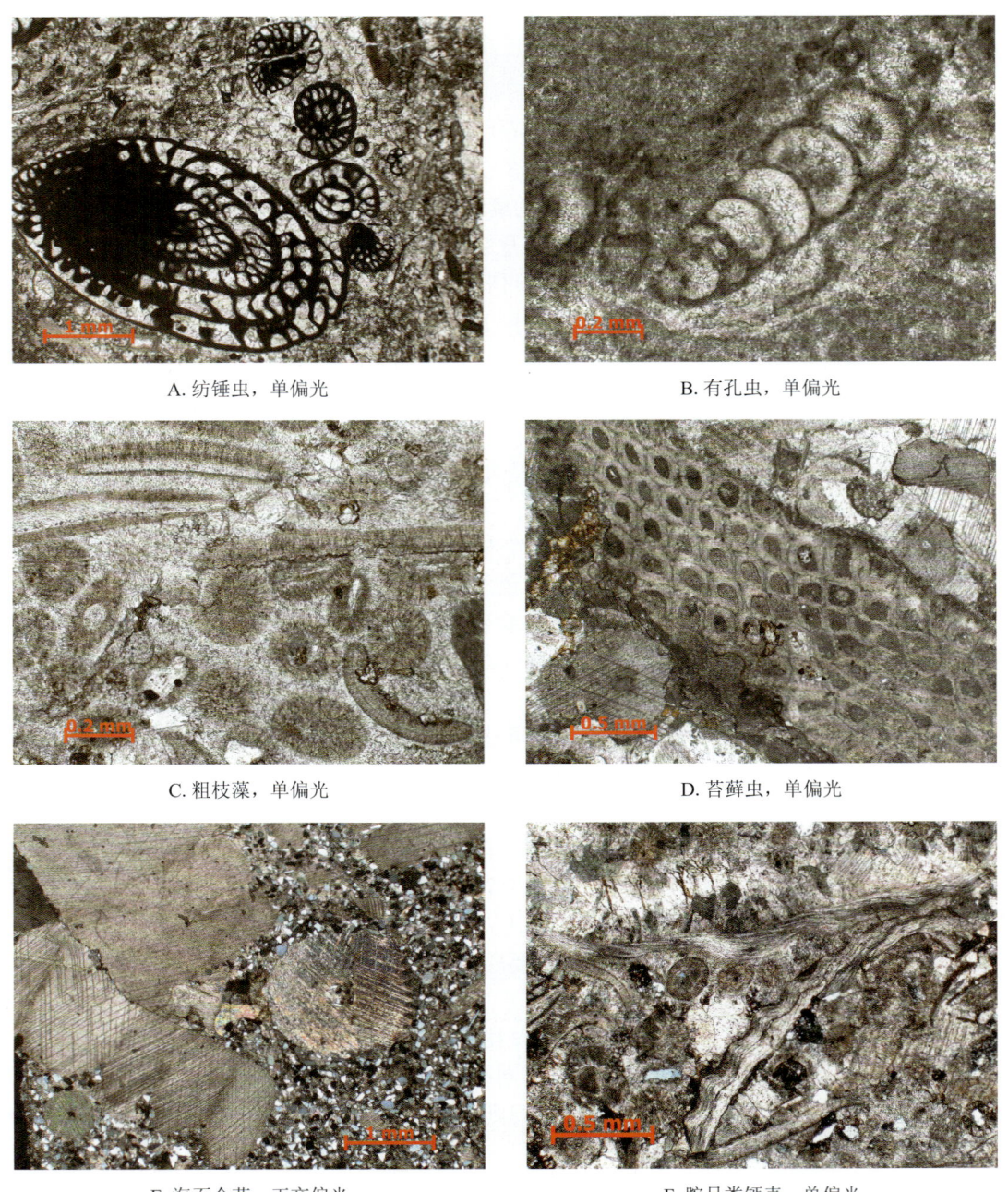

图 9-16 生物颗粒
(江苏南京)

以上所述的内碎屑、鲕粒、生物颗粒、球粒、藻粒等几种主要盆内颗粒有三种形成作用，即机械破碎作用、化学凝聚作用和生物作用。内碎屑基本上是机械破碎成因的，其沉积主要受水动力条件控制。生物颗粒是生物成因的。鲕粒是化学沉淀作用和水动力作用的综合产物。粪球粒基本上是生物作用的产物。藻粒也基本上是生物作用生成的。

 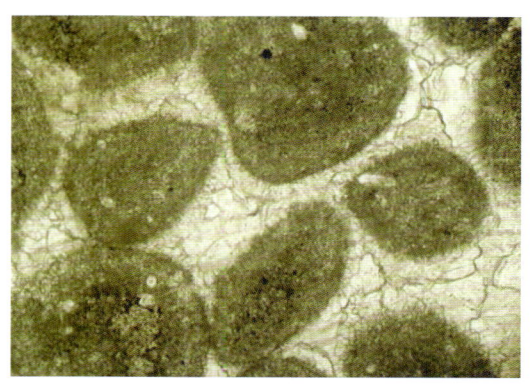

A. 球粒，单偏光　　　　　　　　　　　　　　　　B. 球粒，单偏光
（长江大学精品课程"沉积岩石学"电子教案）　　　（南京大学地球科学数字博物馆）

图 9-17　球粒

2. 微晶基质（泥）

微晶基质（泥）是与颗粒相对应的另一种结构组分，是指泥级的碳酸盐质点，它与陆源碎屑岩中的"泥或黏土"是相当的。"微晶碳酸盐泥"、"微晶"、"泥晶"、"泥屑"是它的同义术语。根据成分，可分"灰泥"和"云泥"。"灰泥"是指方解石成分的泥，也称"微晶方解石泥"或"微晶"、"泥晶"（图 9-18）。"云泥"是指白云石成分的泥。

关于泥与颗粒的界限，一般以 0.005mm 为界。关于灰泥的成因，有如下三种观点：

◎ 化学沉淀成因：即灰泥是由化学沉淀作用生成的。现代海洋沉积物中的针状文石泥就有这样生成的。这种文石泥大都生于热带的含盐度高的海水中。

◎ 机械破碎成因：即灰泥是由机械破碎作用生成的，这主要是指泥级的内碎屑。

◎ 生物作用成因：即灰泥是生物作用生成的。现代海洋里活的钙质藻类（仙掌藻和笔藻）中，含有大量针状文石。当这些藻类死亡和其有机质组织腐烂以后，其中的针状文石就分离出来，成为海底的灰泥。同位素 O^{18}/O^{16} 资料也证明这些灰泥是生物成因的。

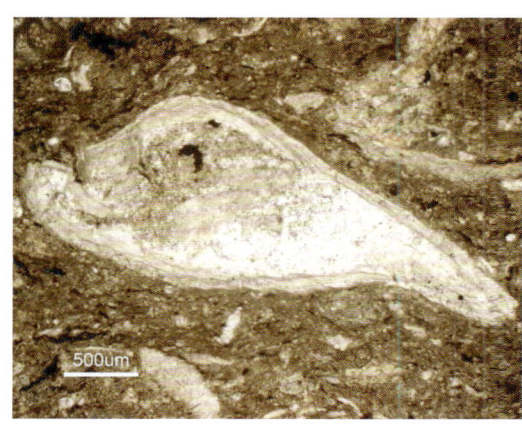 

A. 生物颗粒之间的灰泥基质，单偏光　　　　　　B. 生物颗粒之间的灰泥基质，单偏光
（山西文水）　　　　　　　　　　　　　　　　　（江苏苏州）

图 9-18　微晶（泥晶）基质

3. 亮晶胶结物

亮晶胶结物主要是指充填于颗粒之间的结晶方解石，由于在显微镜下晶体清洁明亮，故

称作"亮晶"、"亮晶方解石"、"亮晶胶结物"。亮晶方解石的晶粒,一般比灰泥的晶粒粗大,通常都>0.01mm或>0.005mm。亮晶与砂岩中的胶结物很相似(图9-19A)。

亮晶方解石胶结物是在颗粒沉积以后,由颗粒之间的粒间水以化学沉淀的方式生成的,所以又常称"淀晶"、"淀晶方解石"、"淀晶方解石胶结物"。正因为它是粒间水化学沉淀作用生成的,所以这种方解石晶体常围绕颗粒表面呈栉壳状或马牙状分布;这就是通常所说的第一世代的胶结物。第一世代的栉壳状胶结物一般都很难把粒间孔隙充填满。第一世代胶结物未充填满的残余粒间孔隙,有时仍然空着,但有时却又被第二世代的亮晶方解石胶结物充填。这种第二世代的亮晶方解石,就不再是栉壳状,而多呈嵌晶粒状(图9-19B)。

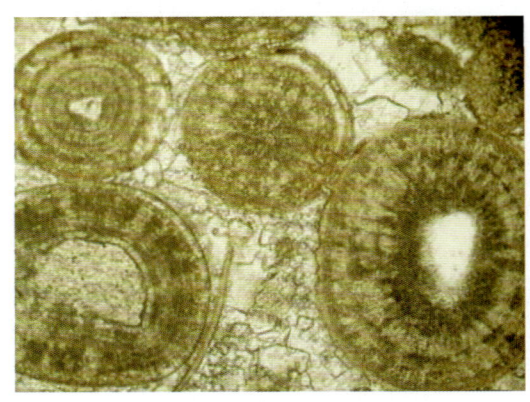 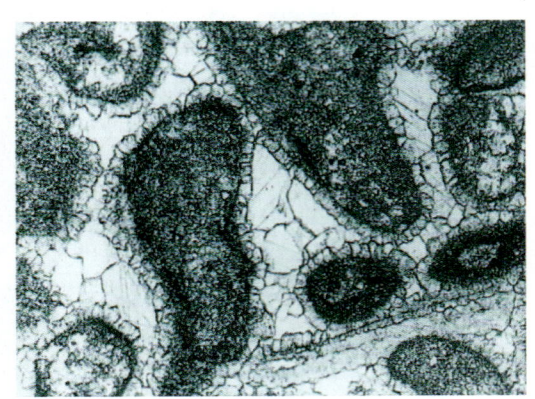

A. 亮晶胶结鲕粒,单偏光　　　　　　　　　　B. 世代型亮晶胶结物,单偏光
(南京大学地球科学数字博物馆)　　　　　(长江大学精品课程"沉积岩石学"电子教案)

图9-19　亮晶胶结物

亮晶方解石胶结物与粒间灰泥的区别在于:
(1) 粒度不同。亮晶晶粒较大,灰泥则较小。
(2) 清洁状况各异。亮晶比较清洁明亮,灰泥则较污浊。
(3) 形态特征有别。亮晶胶结物常呈现栉壳状等特征的分布状况,灰泥则不是这样。

当岩石发生重结晶作用时,灰泥常变为较大的晶体,亮晶方解石胶结物也将发生变化。这时,要把灰泥重结晶的方解石晶体与亮晶方解石区分开,就有一定困难,甚至不可能把二者区分开。这时,只好笼统地把这两种非颗粒组分称作"基质"。

4. 生物骨架

生物格架又称原地生物格架,它是原地生长的群体生物如珊瑚、苔藓、藻类等组成的坚硬的碳酸盐格架。生物格架是礁碳酸盐岩的不可缺少的结构组分,所以也称礁格架。

四、碳酸盐岩的分类

1. 碳酸盐岩的成分分类(表9-2)

表9-2　碳酸盐岩的成分分类

岩石类型		方解石含量(φ_B/%)	白云石含量(φ_B/%)
石灰岩类	纯石灰岩	100~95	0~5
	含白云的石灰岩	95~75	5~25
	白云质石灰岩	75~50	25~50

续表

岩石类型		方解石含量（φ_B/%）	白云石含量（φ_B/%）
白云岩类	灰质白云岩	50～25	50～75
	含灰的白云岩	25～5	75～95
	纯白云岩	5～0	95～100

2. 石灰岩的结构分类（表9-3）

表9-3　石灰岩的结构-成因分类

石灰岩的结构-成因类型			灰泥（亮晶）φ_B/%	颗粒 φ_B/%	颗粒									
					内碎屑		生物颗粒		鲕粒		球粒		藻粒	
					灰泥多	亮晶多	灰泥多	亮晶多	灰泥多	亮晶多	灰泥多	亮晶多	灰泥多	亮晶多
颗粒-灰泥（亮晶）石灰岩	颗粒石灰岩	颗粒石灰岩	10	90	内碎屑石灰岩		生物粒石灰岩		鲕粒石灰岩		球粒石灰岩		藻粒石灰岩	
		含灰泥、亮晶颗粒石灰岩			含灰泥内碎屑石灰岩	含亮晶内碎屑石灰岩	含灰泥生物粒石灰岩	含亮晶生物粒石灰岩	含灰泥鲕粒石灰岩	含亮晶鲕粒石灰岩	含灰泥球粒石灰岩	含亮晶球粒石灰岩	含灰泥藻粒石灰岩	含亮晶藻粒石灰岩
		灰泥、亮晶质颗粒石灰岩	25	75	灰泥质内碎屑石灰岩	亮晶质内碎屑石灰岩	灰泥质生物粒石灰岩	亮晶质生物粒石灰岩	灰泥质鲕粒石灰岩	亮晶质鲕粒石灰岩	灰泥质球粒石灰岩	亮晶质球粒石灰岩	灰泥质藻粒石灰岩	亮晶质藻粒石灰岩
	颗粒质灰泥石灰岩	颗粒质灰泥石灰岩	50	50	内碎屑质灰泥石灰岩		生物粒质灰泥石灰岩		鲕粒质灰泥石灰岩		球粒质灰泥石灰岩		藻粒质灰泥石灰岩	
	含颗粒石灰岩	含颗粒灰泥石灰岩	75	25	含内碎屑灰泥石灰岩		含生物粒灰泥石灰岩		含鲕粒灰泥石灰岩		含球粒灰泥石灰岩		含藻粒灰泥石灰岩	
	无颗粒石灰岩	灰泥石灰岩	90	10	灰泥石灰岩		灰泥石灰岩		灰泥石灰岩		灰泥石灰岩		灰泥石灰岩	
原地固着生物石灰岩			1. 生物（珊瑚、红藻、苔藓虫、海绵动物、层孔虫等）礁灰岩 2. 生物（海百合、层孔虫、藻类）层灰岩 3. 生物（枝状珊瑚、海绵动物、苔藓虫、藻类等）丘灰岩											
重结晶石灰岩			具残余结构（各种颗粒或生物礁）晶粒（粗晶、细晶）灰岩。如：具残余结构的巨晶、中晶、细晶灰岩											

（据冯增昭，1993，修改）

五、碳酸盐岩的主要类型

1. 颗粒-灰泥石灰岩

◎ 含生物粒灰泥石灰岩：岩石主要由微晶（泥晶）方解石组成，含少量细小生物颗粒碎屑，如有孔虫，双壳和介形虫等。生粒带有明显搬运、分选特点。沉积环境能量很低，可能是潟湖中的较深水区沉积（图9-20A）。

◎ 生物粒质灰泥石灰岩：岩石中微晶（泥晶）方解石含量很高，生物粒含量也较高，主要是腕足、介形虫和海百合等，自形或半自形，中细砂粒级，分选较好。富含泥晶说明是形成于低能沉积环境（图9-20B）。

◎ 灰泥质生物粒石灰岩：岩石中含大量珊瑚生物颗粒，粒度细到粗砂级，分选好。生物颗粒未经太强机械改造说明基本为原地生物，可能为远岸浅海环境（图9-20C）。

◎ 含灰泥生物粒石灰岩：颗粒支撑，含少量灰泥。生物颗粒以纺锤虫类为主，自形，粒度中细砂级，分选好，可能形成于浅海低-高能环境（图9-20D）。

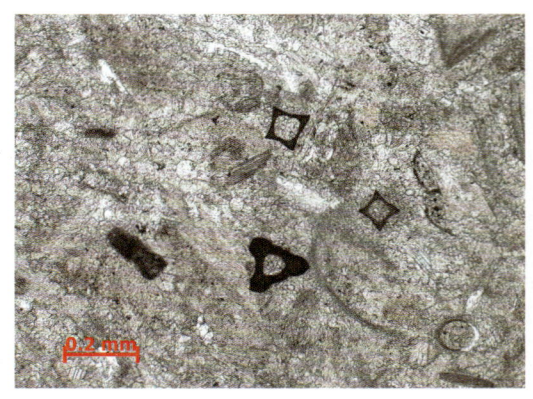
A. 含生物粒灰泥石灰岩，单偏光

B. 生物粒质灰泥石灰岩，单偏光

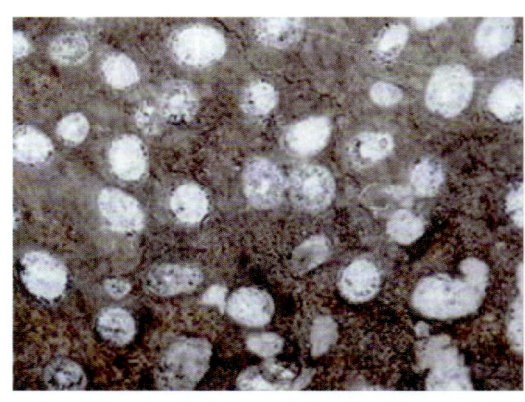
C. 灰泥质生物粒石灰岩，单偏光

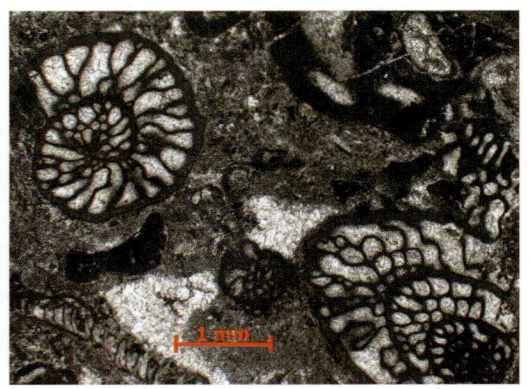
D. 含灰泥生物粒石灰岩，单偏光

图9-20　颗粒-灰泥石灰岩
（江苏南京）

2. 亮晶颗粒石灰岩

岩石不含或极少灰泥基质，颗粒支撑，亮晶胶结物分布在内碎屑、生物颗粒、鲕粒、球粒等颗粒之间的孔隙内（图9-14B，图9-17B，图9-19A）。亮晶颗粒石灰岩中的亮晶胶结物常呈世代型胶结，粒间水最初沉淀的亮晶方解石围绕颗粒呈栉壳状分布，形成第一世代胶结物；剩余粒间水继续沉淀，形成第二世代呈嵌晶粒状的亮晶胶结物（图9-19B）。

3. 生物格架石灰岩（生物礁灰岩）

岩石主要由原地生物（珊瑚等）骨骼及其群体生长所构成的骨架组成。在原地生物松散格架的阻挡和捕获作用下，大量灰泥陷落在生物格架之间形成障积岩；由原地生长的生物黏结捕获的碳酸盐细小颗粒和灰泥常形成层状的黏结岩；原地生长生物的坚固骨架之间充填颗粒和灰泥，可形成典型生态礁的格架岩。

4. 白云岩

白云岩是主要由白云石组成的沉积碳酸盐岩。白云岩风化面上常布满方向杂乱的"刀砍纹"（图9-21A），较纯的白云岩多呈结晶结构，少数呈鲕粒、内碎屑等结构与相应的石灰岩相似。故石灰岩的结构成因分类（表9-3），也基本上适用于白云岩。

根据白云石的成因，有人把白云岩分为"原生"白云岩，交代白云岩和碎屑白云岩三种类型，而白云石的成因主要是交代的。

◎ "原生"白云岩：晶粒结构发育，常见泥晶、粉晶、细晶、中晶、粗晶白云岩。绝大多数白云石晶体呈自形菱面体状，晶体之间常有晶间溶孔（图9-21B）。

◎ 交代白云岩：绝大多数白云石也呈自形菱面体状，但白云石菱形体常具环带或污浊核心等交代残余现象（图9-21C）。

◎ 碎屑白云岩：自形或半自形菱面体状的白云石晶体，常杂乱分布在灰泥基质中，或被泥质及其他物质包围，形成灰质白云岩或白云质灰岩（图9-21D）。

A. 白云岩，见"刀砍纹"露头
（江苏徐州）

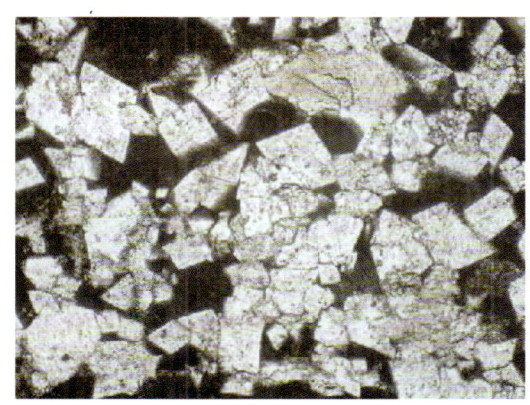

B. "原生"白云岩，单偏光
（www.earth.ox.ac.uk）

C. 交代白云岩，单偏光
（长江大学精品课程"沉积岩石学"电子教案）

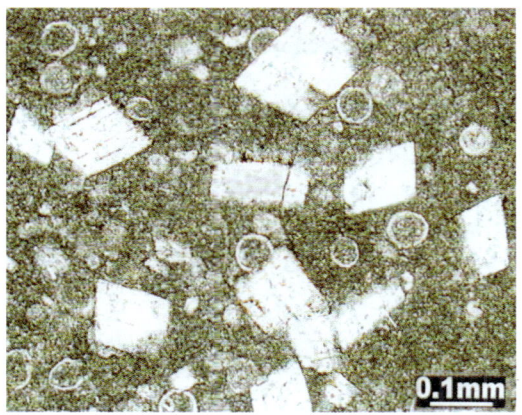

D. 灰质白云岩或白云质灰岩，单偏光
（常丽华，2006）

图9-21 白云岩

第四节　其他自生沉积岩

一、概述

地壳中分布最广的沉积岩是陆源碎屑岩、黏土岩和碳酸盐岩，但尚有一些重要的沉积组分，如二氧化硅矿物，铝、铁、锰的氧化物和氢氧化物，磷酸盐矿物，盐类矿物等，它们既可作为次要成分产于上述岩石中，亦可富集成岩，形成硅质岩、铝质岩、铁质岩、锰质岩、磷块岩、蒸发岩等。

二、主要岩石类型

1. 硅质岩

沉积岩中以二氧化硅为主要成分的岩石叫作硅质岩，其主要矿物成分是自生石英、玉髓和蛋白石。主要岩石类型有硅藻土、燧石岩、海绵岩、碧玉岩等。

◎ 硅藻土：是一种白色或浅黄色、粉状硅质岩石（图9-22A）。主要由古代的硅藻遗体组成。主要化学成分是含水的SiO_2，主要矿物成分是蛋白石。硅藻土具有典型的硅藻生物结构，吸附性强，电子显微镜下显示多孔状结构（图9-22B）。

A. 硅藻土，手标本　　　　　　　　　　B. 硅藻土，电镜扫描
（www.newarkcampus.org）　　　　　　（www.thiele-granit.de）

图9-22　硅藻土

◎ 燧石岩：主要由微晶石英和玉髓组成。岩性致密坚硬，具贝壳状断口。颜色因含杂质不同而变。显微镜下纯净燧石是一种无色的微晶石英集合体。常见三种类型：①碳酸盐岩中的燧石结核；②稳定地区的层状燧石；③超盐度湖泊环境的燧石。最常见的是碳酸盐岩中的黑色燧石结核（图9-23A）。

◎ 海绵岩：是主要由硅质海绵骨针组成的硅质岩（图9-23B）。矿物成分主要为蛋白石。外貌为细粒状，呈灰绿色或黑色。有疏松状和致密坚硬状两种。疏松的海绵岩胶结程度较差，其中夹有黏土和砂。坚硬的海绵岩中的骨针被蛋白石、玉髓等硅质矿物所胶结，以海相成因为主。

◎ 放射虫岩：主要由硅质放射虫介壳组成，具有质轻硬度小的特点。坚硬的放射虫岩中的放射虫介壳完全被氧化硅胶结。放射虫软泥广泛分布于现代热带海洋沉积中。

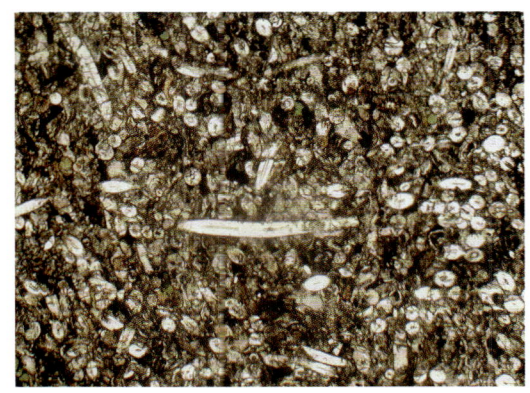

A. 石灰岩中的燧石结核，露头　　　　　　　　B. 海绵岩，单偏光
（江苏南京）　　　　　　　　　　　　　　（www.super-web.it）

图 9-23　燧石岩和海绵岩

◎ 碧玉岩：主要矿物成分是自生石英。碧玉岩因含氧化铁而呈现各种颜色，常为红色、绿色或灰黄色，色调斑杂。再沉积的碧玉岩砾石磨圆度很好。

2. 铝质岩

富含 Al_2O_3、主要由铝质矿物（铝的氢氧化物）组成的沉积岩称为铝质岩；当铝质岩中 Al_2O_3 的含量 >40%，$Al_2O_3 : SiO_2 \geq 2:1$ 时，称铝土矿，铝土矿用于炼铝。

铝质岩的主要矿物成分是铝的氢氧化物：如三水铝石、一水软铝石和一水硬铝石。其次是各种黏土矿物、石英、玉髓和少量的重矿物。铝质岩形成后，铝矿物在成岩作用过程中，一般按下列顺序变化：三水铝石→一水软铝石→一水硬铝石→刚玉。

◎ 风化残余型铝质岩：包括红土和红土型铝土矿。红土和红土型铝土矿的形成与富含铝硅酸盐矿物的岩石（霞石正长岩、玄武岩等）的红土化作用有关。红土化作用一般发生在热带和亚热带炎热多雨、干湿交替的气候条件下。在旱季，岩石发生物理风化，产生裂缝；在雨季，丰富的水沿岩石的裂缝渗透，促使铝硅酸盐矿物发生分解，并将易溶的碱金属和碱土金属从岩石中带出。由于 SiO_2 溶于碱性溶液中被带走，而 Al_2O_3 和 Fe_2O_3 发生水化，形成氢氧化物堆积在风化壳中，因而形成红土，或乳灰-红混色土（图 9-24A）。镜下观察，在铝土岩基质（三水铝石）中分布有辉石矿物残余（图 9-24B）。

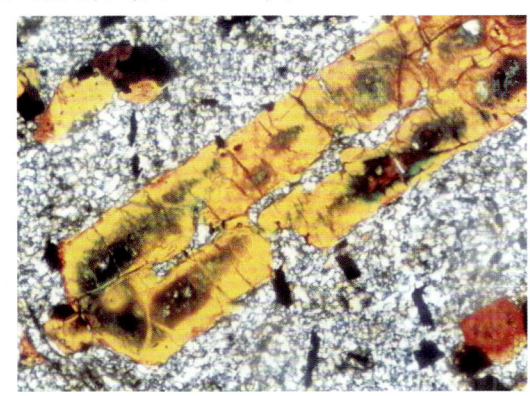

A. 铝土矿，手标本　　　　　　　　　　　　B. 铝贡岩，正交偏光
（www.upload.wikimedia.org）

图 9-24　铝质岩

◎ 沉积型铝质岩：海相沉积铝质岩主要与滨海及潟湖沉积物有关，形成于海盆地的边缘地带，呈层状产出，沿走向其厚度和成分都十分稳定，矿物成分以一水硬铝石为主，常具鲕状或豆状结构。陆相铝质岩主要与大陆湖泊沉积作用有关，岩体或矿体呈似层状或透镜状产出，矿石质量变化较大。我国北方石炭二叠系许多铝质岩属此类型。

第五节 沉积岩的肉眼鉴定与描述

一、陆源碎屑岩的肉眼鉴定与描述

（一）粗碎屑岩（砾岩）肉眼鉴定与描述

1. 粗碎屑岩（砾岩）肉眼观察方法

对粗碎屑岩来说，应当特别强调野外的观察，主要从以下几方面进行：

（1）首先应区分是底砾岩还是层间砾岩。底砾岩与下伏岩层有明显的沉积间断，比较截然，有划分地层的意义；层间砾岩是夹在一套岩层之中，与下伏岩层没有明显的沉积间断。

（2）观察砾岩的粒度及分选性。测量固结岩石的粒度时。可在 $1m^2$ 的范围内，无选择地测量所有大于 2mm 碎屑的最大直径，然后求平均值。

（3）鉴定所有的砾石的成分，并统计各种成分的含量。

（4）观察砾石的圆度及形状。在 $1m^2$ 的范围内无选择地测量所有碎屑的圆度及形状特点，统计后得出平均值。

（5）描述砾石的表面特征，如擦痕、溶蚀等。

（6）统计砾石占碎屑的相对含量。

（7）鉴定胶结物质的成分及胶结类型，同时还要注意充填物的成分。

（8）鉴定其中所含砂岩和黏土岩的夹层或透镜体的成分。

（9）观察砾岩层的构造特点，如层理等。

（10）观察砾石的排列性质及其排列方向，纵向和横向的变化。根据砾石的长轴排列方向及最大扁平面倾向及倾角可以推断古海岸线位置、古水流方向、水流速度等。

（11）观察砾岩的颜色。

2. 粗碎屑岩（砾岩）肉眼鉴定和描述内容

（1）岩石的颜色。

（2）砾石的含量、成分、粒度和分选度。

（3）砾石的圆度、形状、表面特征及排列方向。

（4）胶结物和充填物的含量、成分、胶结类型、岩石胶结紧密的程度。

（5）岩层层位、厚度、岩体产状；与上下岩层的接触关系，有否冲刷现象等。

（6）层理及其他构造特征。

（7）横向及纵向变化情况。

（8）岩石成因（形成过程及沉积相条件）。

（9）岩石命名。根据颜色、胶结物、成分、粒级等。如灰黄色黏土质石英岩细粒砾岩。

3. 描述举例

砾岩（河北宣化）

岩石呈浅灰色。其中砾石含量约70%，胶结物约30%。砾石大小很不均匀，由20～2mm者为多，一般大小为10～5mm（占40%），分选性不好。砾石圆度多属次圆和圆级。砾石断面多呈长椭圆形。

砾石成分以白云岩和石灰岩为主，此外还有硅质岩及较少量的喷出岩。白云岩砾石多呈白色，硬度小，粉末滴稀盐酸起泡微弱，有的具有硅质条带，有的砾石表面具有明显的氧化圈。硅质岩砾石中主要是燧石，有少量石英岩及棕红色碧玉。燧石由灰色到黑灰色，致密坚硬。喷出岩砾石一般较小，呈灰色和浅红色，可能为中性喷出岩。

胶结物为浅灰色，局部带有浅绿色，滴稀盐酸剧烈起泡，表明含钙质较多。此外，并有很多细小的岩石碎屑和矿物碎屑，构成了全部胶结物及充填物。绿色矿物可能为绿泥石。胶结类型属基底式。

整个岩石属圆砾状结构，胶结得很致密，块状构造，局部见不明显的定向排列。

命名：浅灰色钙质复成分细粒砾岩。

（二）中碎屑岩（砂岩）和细碎屑岩（粉砂岩）肉眼鉴定与描述

1. 砂岩和粉砂岩成因类型肉眼鉴定

（1）河流相砂岩和粉砂岩

其特点是碎屑颗粒的大小不均匀，磨圆度和分选性均较差，常含有砾石、黏土质点，具有河成单向斜层理，很难有完整的化石保存。分布范围较广，岩性和厚度不够稳定。河床环境大都形成砂岩，河漫滩环境大都形成细砂岩和粉砂岩。

河床相砂岩的碎屑成分常较复杂，可含有不同数量的石英、长石和岩屑，最常见的岩屑是各种石英砂岩、长石砂岩甚至岩屑砂岩。胶结物常为黏土质，有时含钙质或铁质。单向斜层理发育，倾角较大（25°～35°）。由粒度的韵律性分选而形成的韵律性层理往往是河床相砂岩的典型特征。河床相砂岩的底部常发育冲刷面，冲刷面上常含有下伏岩层的砾石。除硅化木外，一般不含其他生物化石。河床相砂岩往上常过渡为河漫滩相砂岩和粉砂岩。

河漫滩沉积的砂质岩粒度较细，通常由细砂岩和粉砂岩组成，层理较薄，有机质较多，颜色较灰暗。其上部往往出现褐灰色的含有机质较多的夹层。完整的化石少见，有时可见植物碎片或树叶。沿剖面往下常过渡为河床相沉积，往上常过渡为湖泊相或沼泽相沉积。

（2）湖泊相砂岩和粉砂岩

在我国中生代的陆相含煤地层中，湖泊相的砂岩和粉砂岩分布很广。从湖岸到湖心，由于机械沉积分异作用的影响，沉积物由粗到细呈条带状分布。碎屑物颗粒大小均匀，分选和磨圆均较好。层理类型复杂，在滨湖三角洲可出现单向斜层理和交错层理；浅湖和湖心区的砂质岩中可出现波状层理和水平层理。含淡水动物化石往往是湖泊相沉积的重要特征。湖泊相沉积的砂岩和粉砂岩在剖面上往往与沼泽相和河漫滩相沉积的砂岩和粉砂岩共生或过渡。

（3）滨海和浅海相的砂岩和粉砂岩

在海陆交互相的含煤地层中，有滨海相和浅海相的砂岩和粉砂岩分布。

滨海相砂岩由于碎屑物质受长期搬运和波浪反复冲刷，碎屑颗粒的磨圆度和分选性均较好，颗粒表面光滑洁净，很少有粉砂及黏土的质点，成分单纯，主要为石英颗粒及其他硅质碎屑。层理类型常是缓倾斜的交错层理，层面上波痕较常见。含海生贝壳碎片。

浅海相砂岩和粉砂岩的碎屑成分仍以石英质碎屑为主，但往往含有较多的云母碎片和黏土矿物，甚至可以向黏土岩逐渐过渡。层理类型有水平层理或平缓的交错层理。常含有丰富的海相生物化石。浅海相砂岩和粉砂岩分布面积广且厚度稳定。

2. 砂岩和粉砂岩肉眼鉴定和描述方法

砂质岩的肉眼鉴定内容包括岩石的颜色、粒度、碎屑矿物成分和胶结物成分、岩石致密或疏松程度、层理类型及其他构造特征、岩层厚度、化石种类、风化及次生变化特征。

（1）颜色。要观察岩石的整体颜色。如碎屑成分复杂，颜色多而杂时，可把标本放远一点看，描述主要的颜色。有时可把次要的颜色放在前面来形容主要的颜色，如红褐色，即以褐色为主，略带红色。对颜色的描述要分清新鲜面和风化面的颜色。

（2）碎屑物的成分。鉴别并估计它们的含量，含量多的写在前面，少的写在后面。

（3）碎屑物的结构。描述碎屑物的粒度、圆度、分选度、排列情况及碎屑颗粒的表面特征（粗糙、光滑、光泽等）和风化后的变化情况。

（4）胶结物的成分及胶结类型。包括胶结物的成分、颗粒大小、形状、排列方式等，胶结的紧密程度、胶结类型等。

（5）构造特征。描述层理的类型、大小及其他构造特征。

（6）与上、下岩层的接触关系。

（7）生物化石。种类、保存的完整程度、产出和排列情况。

（8）风化情况、次生变化、地貌上的特点。

（9）成因特征。垂向上沉积相的组合、过渡变化情况等。

（10）岩石命名。颜色＋胶结物＋粒度＋岩石名称，如灰黄色黏土质粗粒石英砂岩。

3. 砂岩和粉砂岩肉眼描述举例

长石砂岩（河北唐山）

黄红色，不等粒砂状结构。碎屑成分主要为石英和钾长石，还含少量白云母碎片。碎屑颗粒大小不均，属中－粗粒。石英无色透明，含量约60%，钾长石表面新鲜，呈肉红色，解理清楚，解理面上显强玻璃光泽，含量约30%，白云母呈白色，强珍珠光泽，沿层理面分布较多。胶结物为黏土质和铁质，胶结较紧密。

命名：黄红色黏土质中－粗粒长石砂岩。

石英砂岩（河北宣化）

暗紫色，颜色分布不很均匀。中粒砂状结构，颗粒大小比较均匀。碎屑成分主要为石英、呈灰紫色，含量约80%；局部含少量黄铁矿，呈细粒星散状分布，由颜色可知其胶结物为铁质，铁质胶结物分布不均匀，有的地方铁质聚集成团块，有的已风化成褐铁矿，沿节理面浸染有风化后的氢氧化铁。胶结致密、坚硬，块状构造。

命名：暗紫色铁质中粒石英砂岩。

粉砂岩

新鲜面呈肉红色，风化面常为灰白色。含砂质质点和黏土质质点，成分较复杂。肉眼能分辨的矿物成分有石英、白云母碎片和黏土矿物。黏土质和铁质胶结，具薄层状构造。

命名：肉红色黏土质粉砂岩。

（三）黏土岩肉眼鉴定与描述

1. 黏土岩肉眼鉴定和描述方法

对黏土岩的鉴定主要是在野外进行的，但由于黏土岩的颗粒细小，成分复杂，又具有一系列的特殊物理性质，因之，除野外观察外，尚需在室内用实验室方法进行综合研究，才能得到正确的结论。黏土岩肉眼鉴定和描述内容有：颜色、大致成分、物理性质、结构、构造、上下岩层接触关系、空间分布状况、生物化石、结核及其他成因标志等。

（1）颜色。要注意干燥时和潮湿时的颜色有所不同，新鲜面和风化面也不同，都要分别观察描述，并注意分析呈现各种颜色的原因。

（2）成分和混入物。黏土岩的矿物成分肉眼很难观察，但要注意有无碎屑物质，可用手指搓捻来判断。滴加稀盐酸确定有无方解石或其他碳酸盐类矿物。

（3）物理性质。要注意观察岩石固结的程度、硬度、断口、触感、光泽、黏舌性、在水中浸泡后的变化、可塑性、膨胀性、吸附性等，这些物理性质可以反映黏土岩的矿物成分。

（4）结构和构造。有无鲕粒、豆粒、结核、包裹体等，劈理、层理、页理的显著程度。

（5）产状。水平方向的变化，上、下岩层的接触关系及有关成因标志，初步判断其沉积环境和形成条件。

（6）生物化石。描述化石种类、数量、保存完整程度及分布状况。

（7）命名。黏土岩因为颗粒细小，肉眼无法鉴定其成分，在野外通常根据黏土岩的固结程度和构造特征先定出主要名称：如有页理构造的叫页岩，无页理的致密块状的叫泥岩；有部分板理的称泥板岩（板状泥岩）；然后再根据次要成分和颜色来命名，命名顺序为：颜色、次要成分、岩石构造特征。如灰色钙质页岩与黄灰色铁质泥岩等。

2. 黏土岩描述举例

蒙脱石黏土岩

浅肉红色或白色，断口粗糙，不很滑腻。在水中很易泡软，并可膨胀到原体积的 2～3 倍。黏舌性不强，较疏松，具裂隙。含有少量的分解残余物。块状构造。

紫色页岩

灰紫色，成分大部分为泥质及黏土矿物，肉眼不能分辨，少部分为碎屑矿物，有石英、长石、云母及绿泥石等。岩石具纸片状、片状的页理构造。

二、火山碎屑岩的肉眼鉴定与描述

1. 火山碎屑岩肉眼鉴定和描述方法

火山碎屑岩是介于正常沉积岩与正常火山岩之间的岩石类型，从岩石的形成过程来看与陆源碎屑岩相似，而物质成分与火山岩相似，是碎屑岩中一种特殊类型。因此，火山碎屑岩的肉眼观察鉴定的方法、内容与陆源碎屑岩相似，但也有其特殊性。

（1）颜色。特殊的颜色是火山碎屑岩重要的鉴定特征。火山碎屑岩色彩鲜艳，多呈白、浅红、浅黄、浅绿等色。颜色主要取决于物质成分，中基性火山碎屑岩色深，为暗红色、墨绿色等；中酸性者色浅，常为粉红色、浅黄色等。其次取决于次生变化，如绿泥石化则显绿色，蒙脱石化则显灰白或浅红色。

（2）成分。集块岩和火山角砾岩主要由熔岩碎屑组成。可根据矿物成分、结构、构造确定为何种熔岩。凝灰岩除注意岩屑外，要注意鉴定晶屑成分。火山灰和火山尘实际上对岩石起固结作用，要估计出含量。

（3）结构。鉴定火山碎屑的粒度、圆度、分选等方面特征。同时，根据火山集块、火山角砾、火山灰、火山尘的相对含量，确定火山碎屑岩的结构类型，即集块结构（火山集块>50%）、火山角砾结构（火山角砾>75%）、凝灰结构（火山灰>75%）。

（4）构造。通常为块状构造，无层理。但是，若向熔岩过渡，凝灰岩有气孔、杏仁构造、假流纹构造等；向正常沉积岩过渡的火山碎屑岩，可见交错层理、平行层理、递变层理等。描述方法同陆源碎屑岩。

（5）次生变化。不同成因类型的火山碎屑岩次生变化特点不同。酸性凝灰岩易发生斑脱岩化和脱玻化，基性凝灰岩易发生绿泥石化和沸石化。

（6）其他方面。如裂缝、孔隙、含油性等。若发育孔隙和裂缝，应描述孔隙的类型、含量、连通性，裂缝的丰度、宽度、产状，以及裂缝与孔隙间的关系等。

2. 火山碎屑岩与正常碎屑岩和喷出岩（火山熔岩）的鉴别特征（表9–4）

表9–4 火山碎屑岩、正常碎屑岩、喷出岩（火山熔岩）特征鉴别

特征	火山碎屑岩	正常碎屑岩	喷出岩（火山熔岩）
成因特征	是由火山喷发作用形成的火山碎屑物质，就地堆积或只经过短距离的搬运而形成的岩石	是在地表由母岩（岩浆岩、变质岩、沉积岩）经风化、搬运、沉积、成岩等作用而形成的层状岩石	是熔岩流溢出地表直接冷凝而形成的岩石，属岩浆岩的喷出岩类
物质组成	由火山碎屑物质（岩屑、晶屑、玻屑）及少量围岩碎屑组成。物质成分与岩浆成分一致	由各类母岩的岩石碎屑和矿物碎屑所组成	由喷出的熔浆成分所决定。无围岩碎屑
胶结物	以火山灰为主	为硅质、钙质、铁质、黏土质等所胶结	无胶结物。有斑晶与基质之分
结构、构造	具棱角状，分选极差，凝灰结构为典型结构。块状构造，无层理或层理不明显	碎屑结构，具层理构造	有玻璃结构、隐晶结构、斑状结构等，有气孔构造、杏仁构造、流纹构造
产状	呈夹层或透镜状	层状	岩流、岩被等
化石情况	一般无化石。层凝灰岩中有时有硅化木化石	含有各种化石	无任何化石

三、碳酸盐岩的肉眼鉴定与描述

1. 碳酸盐岩肉眼鉴定和描述方法

肉眼鉴定碳酸盐岩应使用放大镜和5%～10%浓度的稀盐酸，观察和描述的内容包括：

（1）加盐酸起泡剧烈程度。可用5%～10%浓度的稀盐酸滴在岩石新鲜面上，并根据起泡剧烈程度（强、中、弱三级）进行区分：起泡强烈的为较纯石灰岩，起泡中等的可能含有白云质，起泡弱的可能为白云质灰岩或灰质白云岩。硅质石灰岩，加酸起泡情况随硅质含量的增加而减弱，石灰岩含泥质时，加酸起泡情况亦随泥质含量的增加而减弱。可根据起泡

情况及泥质薄膜残留情况将岩石大致定名为泥质灰岩或泥灰岩等。

（2）颜色。风化面的颜色和新鲜面的颜色往往不一样。碳酸盐岩的颜色多种多样，主要取决于岩石中所含杂质或混入物的性质，如黏土质、有机质、氧化铁、氧化锰及其他氧化物和氢氧化物等。

（3）成分。主要矿物成分及其他矿物混入物要尽可能的鉴定出来，可与滴稀盐酸后的反应结合进行观察与鉴定。

（4）结构。观察岩石的结构类型属结晶结构、鲕状结构、生物结构、碎屑结构或其他。

（5）构造。包括层理、结核、波痕、泥裂等，碳酸盐岩中的缝合线构造、叠锥构造、裂隙和洞穴的发育程度等。

（6）生物遗体。包括种类、数量、与层理的关系、完整程度、排列情况等。

（7）岩石的物理性质。硬度、硅质混入物，如为硅质条带、燧石条带、燧石结核，还要观察断口、脆性等。

（8）岩层的厚度及接触关系。

（9）最后应当根据肉眼观察的结果，给以定名并对岩石的沉积条件进行初步分析。

2. 碳酸盐岩肉眼描述举例

石灰岩

灰色、具参差状断口，结晶颗粒大小不等，其中分布有方解石晶体（0.5~2mm），解理面上显玻璃光泽。加稀冷盐酸剧烈起泡。致密块状，层理不明显。含有丰富的生物碎屑，如纺锤虫、海百合茎（直径1~2mm）等。具缝合线构造。裂隙发育。见有燧石结核，呈条带状或串珠状平行层面分布。

定名：灰色中粒含燧石条带石灰岩。

鲕状石灰岩

暗紫色，具鲕状结构。加稀盐酸强烈起泡。主要成分为方解石，并有大量氧化铁的混入物，故岩石呈暗紫色。鲕粒一般呈圆形，大小为1~2mm，成分为隐晶质方解石和铁质；还有少量不规则的生物碎屑，大小为1~3mm，含量小于5%。胶结物也是方解石和铁质，鲕体和胶结物的界线不很清晰，二者的含量比约为7：3。断口粗糙，较致密，性脆。岩石呈厚层状产出，与上、下岩层为渐变关系。

定名：暗紫色含铁质鲕状石灰岩。

本 章 小 结

1. 碎屑结构包括碎屑颗粒的粒度、分选度、磨圆度、颗粒间空隙特征以及空隙的充填形式等，是沉积岩的特征性结构，也是识别沉积岩的基本标志。
2. 碎屑结构按其组成的碎屑颗粒粒径分为砾状、砂状、粉砂状、泥状等类型，其相应的沉积岩分别是砾岩（角砾岩）、砂岩、粉砂岩、泥岩（页岩、黏土）等。
3. 按砂粒成分，选择石英、长石和岩屑作为端元组分，用三角形图分类法，可将砂岩分为：石英砂岩、长石砂岩、岩屑砂岩、长石石英砂岩、岩屑石英砂岩、岩屑长石砂岩、长石岩屑砂岩等7种类型。
4. 大多数泥质岩是母岩风化产物中的细碎屑物质呈悬浮状态被搬运到沉积场所，以机械方式沉积而成的。在黏土岩中分布最广的黏土矿物有高岭石、水云母、蒙脱石、绿泥石、凹凸棒石等。

5. 黏土岩或泥岩的碎屑极细，难以辨认，进一步定名可以根据岩石的颜色及混入物成分。
6. 石灰岩是由方解石组成的岩石，遇稀盐酸起泡，硬度仅为3.5。白云岩是主要由白云石组成的岩石，遇稀盐酸可微弱起泡或不起泡，硬度较石灰岩略大。岩石风化表面有溶蚀沟纹。
7. 具有碎屑结构的石灰岩很常见。如鲕状灰岩、竹叶状灰岩、生物碎屑灰岩等。它们都包含碎屑与胶结物（亮晶）两部分或碎屑、胶结物、基质（泥晶）三部分。各部分都由$CaCO_3$组成，但特征不同。
8. 不具碎屑结构的石灰岩也是常见的，如泥晶石灰岩、钙华、礁灰岩等。
9. 硅质岩是由SiO_2组成的岩石。含有机质的硅质岩为黑色；富含氧化铁的硅质岩为红色或灰绿色，称为碧玉；疏松多孔的硅质岩称为硅华；富含黏土成分的硅质岩称为硅质页岩。
10. 具沉积特征的火山碎屑岩，可分为火山集块岩、火山角砾岩、火山凝灰岩。其中火山凝灰岩常具有较明显的层理构造。

作业及思考题

1. 陆源碎屑物质的粒度是如何划分、命名的？
2. 什么是碎屑岩成分成熟度和结构成熟度？各有什么地质意义？
3. 砂岩三角图分类的三个端元成分分别是什么？各有何成因意义？
4. 泥质岩如何按页理和矿物成分进一步分类？
5. 为什么把火山碎屑岩视为沉积岩？典型的火山碎屑岩有哪几种？
6. 碳酸盐岩的结构组分有哪些？内碎屑主要是怎么形成的？
7. 什么是微晶基质？什么是亮晶胶结物？在显微镜下各有哪些特征？
8. 石灰岩是如何按颗粒和灰泥含量进行结构-成因分类的？
9. 其他自生沉积岩包括哪些岩石类型？

第十章 变质岩总论

第一节 变质作用概述

一、变质作用与变质岩的概念

1. 变质作用

地壳中已存在的岩石,由于受到构造运动、岩浆活动或地壳内热流变化以及陨石冲击地球表面的影响,物理和化学条件发生改变,原岩的矿物成分(或化学成分)和结构构造发生了不同程度的变化,这些变化统称为变质作用。

通常,变质作用是在较高温度和一定压力下进行的,这不同于沉积作用或表生作用;变质作用基本上是在固体状态下进行的(有时可出现部分熔融),也不同于岩浆作用。

2. 变质岩

由变质作用所形成的岩石称为变质岩。由于原岩的岩性特征和变质条件的差异,变质岩石的种类很多。有人曾简单地将变质岩划分为正变质岩和副变质岩,即将由岩浆岩遭受变质作用形成的变质岩称为正变质岩,将由沉积岩遭受变质作用形成的变质岩称为副变质岩,而将先前已形成的变质岩再次遭受变质作用形成的新变质岩称为复变质岩。

变质岩是组成地壳的三大岩类之一,约占地壳总体积的27%。变质岩在世界各地分布很广,前寒武纪的地层绝大部分都是变质岩,构成了各大陆的结晶基底。

二、变质作用的因素

引起岩石变质的原因很多,但最根本的原因是地质环境的改变,如岩层埋深加大、强烈构造挤压、板块俯冲碰撞、遭遇岩浆侵入等。在一定时间内,这种地质环境改变导致了区域性的温度场、压力场、物质化学平衡等发生剧烈变化,为变质作用创造了条件。因此,人们通常把温度、压力、化学活动性流体等视为变质作用的重要因素。

1. 温度

温度的改变是引起岩石变质的重要因素之一,大部分的变质作用都是在温度升高的情况下发生的。温度升高对原岩产生的影响主要有三个方面。

(1) 温度升高可以促进并加速矿物重结晶,促进并加速原岩的结构、构造发生变化,使原岩中的矿物颗粒由细变粗。例如,隐晶质石灰岩在遭遇高温作用时,其中微粒状方解石发生重结晶作用而形成粗粒的晶体,使石灰岩变成大理岩。

(2) 温度升高可提高活化分子比例,有利于矿物之间发生化学反应,并促进变质反应向吸热方向进行,形成高温变质矿物。例如,细粒硅质石灰岩在遭遇高温(470℃)作用时,不仅发生重结晶作用,而且生成高温变质矿物硅灰石,形成硅灰石大理岩。

(3) 温度升高可使岩石中流体相的活动性增大。当温度持续升高（超过 800~900℃）时，还可使原岩在变质结晶和重结晶的基础上进一步发生选择性重熔，其中长英质低熔组分呈液相出现，从而导致混合岩化作用。

变质作用中温度升高的原因有：岩层埋深加大递增的地热，岩浆侵入原岩放出的岩浆热，来自地幔的上升热流（放射性元素衰变产生的放射热），以及由构造变动的机械能转化而来的热能等。一般认为，变质作用的温度下限为 230℃ 左右，上限为 900℃ 左右。

2. 压力

压力也是控制变质作用的重要因素。在变质作用过程中，压力增加有利于体积缩小的反应发生，形成高密度矿物组合。参与变质作用的压力有三种类型：负荷压力、流体压力和定向压力。压力的标准国际单位为 Pa（帕[斯卡]）或 GPa（吉帕，$1GPa = 10^9 Pa$）。

（1）负荷压力：是一种各向相等的静水压力，即均向压力，其大小等于上覆单位岩石柱的重量。变质作用一般发生在地表以下 3~40km 的深度内，因此其负荷压力范围大致为 0.1~1.5GPa。通常，将负荷压力为 0.1~0.3GPa 的变质作用称为低压变质作用，负荷压力为 0.3~0.5GPa 的称为中压变质作用，负荷压力为 0.5~1.2GPa 的称为高压变质作用，负荷压力 >2.5GPa 的称为超高压变质作用。

（2）流体压力：是指存在于岩石的粒间、微裂隙和毛细孔隙中的流体物质（H_2O 和 CO_2 等）对周围物质（包括孔隙四周的壁、顶、底）所产生的压力（排斥力）。负荷压力一般趋向于使岩石中的矿物颗粒紧密结合，而流体压力则相反，趋向于将矿物颗粒分开。流体压力增大有利于水化反应的发生，抑制富含结构水的矿物的分解，而流体压力减小则有利于脱水反应的发生，促进富含结构水的矿物的分解和重结晶作用。

（3）定向压力：也叫应力，主要是指由构造运动或岩浆侵入围岩时所产生的侧向挤压力。一般情况下，定向压力常引起岩石变形（褶皱或断裂），但在发生变质作用的地质环境中，定向压力不仅引起岩石变形，而且对岩石变质并在变质岩中形成定向构造等起着重要作用。当定向压力作用于岩石后，在挤压方向上矿物的熔点降低，溶解度增大，溶解的物质在垂直于挤压方向上，重新沉淀结晶、改变空间排列分布方式。特别是在区域变质过程中，当定向压力与温度联合作用于某些富含挥发分的岩石时，岩石将发生局部溶解和重结晶，而重结晶形成的片状、板状、针状、柱状、棒状矿物，以及被拉长的粒状矿物大都呈连续或断续定向分布、平行排列，形成片理和线理构造等。因此定向压力是重要的变质作用因素。

3. 化学活动性流体

具有化学活动性的流体，主要是指岩石中沿裂隙或孔隙中循环的气态或液态物质，其成分主要是 H_2O 和 CO_2，其次是 O_2、F_2、B、Cl_2 等易挥发物质。在有一定温度和压力联合作用的情况下，化学活动性流体在某些变质反应中是不可缺少的重要因素。在这些变质反应中，H_2O 和 CO_2 等化学活动性流体，主要起催化剂、溶剂、运移介质等的作用。

（1）起反应催化剂作用。在变质作用过程中，原岩空隙中的化学活动性流体数量虽少（一般不超过岩石总体积的 1%~2%），但能加速矿物之间化学反应的进行，起到催化剂的作用。例如，用 MgO 与 SiO_2 人工合成镁橄榄石（Mg_2SiO_4）的实验证明，若反应在干燥的条件下进行，当温度达 1000℃ 时，4 天内只能形成 26% 的镁橄榄石，而在有水参与的情况下，在 450℃ 只需几分钟反应就可全部完成。

（2）起溶剂作用。岩石中渗透于矿物颗粒之间的化学活动性流体（溶液）是矿物彼此间的接触剂，通过这种溶液的媒介作用，岩石中的易溶组分能在较大范围溶解和扩散，从而促进了矿物的重结晶和变质反应。有时化学活动性流体还可直接参与水化和脱水等变质反应。此外，水溶液的存在还可降低矿物的熔点和岩石的重熔温度。例如，花岗质岩石在不含水溶液的情况下，温度要高达950℃才开始重熔，而当水溶液饱和时，温度在640℃左右就开始重熔。

（3）起运移介质作用。具有化学活动性的流体是运移介质，通过它们可将某些组分从外部带入岩石中，或将岩石中的某些组分溶解带出，发生物质组分的迁移，从而改变原岩的化学成分，发生交代变质作用。

三、变质作用的方式

变质作用的方式是指原岩经过怎样的途径转变成变质岩的，即岩石是如何在基本保持固体状态下实现矿物成分、结构构造甚至化学成分的转变的。目前认为，变质作用的方式主要有重结晶作用、变质结晶（重组合）作用、交代作用、变质分异作用和变形作用等。

1. 重结晶作用

重结晶作用是指在变质作用过程中，原岩保持固体状态的条件下，原岩中的细小（或非晶质）矿物重新结晶生长成为较大晶体的同种矿物的变质、结晶过程。因为重结晶作用基本上是在固体状态下进行的，所以它完全不同于岩浆冷凝过程中的结晶作用。

重结晶作用过程中，没有新矿物生成，也没有物质带入与带出，重结晶作用前后岩石的总化学成分保持不变。例如，石灰岩变成大理岩和石英砂岩变成石英岩，其化学成分保持不变。

影响重结晶作用的因素较多：首先是原岩的成分和组构，原岩的成分愈单一、粒度愈细，愈有利于重结晶的进行；而成分复杂、颗粒粗大的原岩，则不易发生重结晶作用。其次是温度、压力、化学活动性流体等外部因素，其对重结晶作用也有重要的影响。一般认为温度愈高、化学活动性流体愈丰富、压力愈大，愈有利于重结晶作用的进行。

2. 变质结晶（重组合）作用

变质结晶作用是指在变质作用过程中，原岩基本保持固体状态的条件下，原岩中的化学成分重新组合、分配而形成新矿物的变质、结晶过程。由于部分原有矿物消失和新矿物形成，岩石中的矿物相发生大规模重新组合，所以变质结晶作用也称重组合作用。

变质结晶过程中，虽然有新矿物生成，但矿物重组合前后岩石的总化学成分也基本保持不变，这与重结晶作用相同。重结晶与变质结晶的根本差别在于前者一般仅见于化学成分简单的岩石（如纯石灰岩、纯白云岩、纯硅质岩等），而后者则普遍见于化学成分复杂的岩石。因此，重结晶作用是狭义的变质结晶作用。

变质结晶作用常在成分复杂的岩石中进行，如在高温作用下，黏土岩极易发生变质结晶作用而变成角岩，在变质结晶过程中生成大量红柱石、堇青石、石英等新矿物，而岩石的总化学成分基本不变。温度和化学活动性流体是影响变质结晶作用的重要因素，在温度升高和有化学活动性流体参与的情况下，质点（离子、分子等）的扩散、聚集和交替会更加快速，有利于新矿物的形成。

3. 交代作用

交代作用是指在变质作用过程中有物质成分加入和带出的一种作用，即岩石的物质成分在温度、压力和溶液浓度发生变化时的一种置换作用。在交代作用过程中，原有矿物的分解和新矿物的形成是同时进行的，整个过程是在有溶液参与的固体状态下进行的。交代作用使岩石的总化学成分和矿物成分发生变化，但岩石的体积不变。

交代作用常形成一系列特征的交代结构，如交代假象结构、交代条纹结构、交代蠕虫结构等。当原有矿物被新矿物置换，但仍保留原有矿物的晶形时，就形成交代假象结构；如蛇纹石交代橄榄石后常呈橄榄石的假象。当酸性斜长石沿一定方向交代钾长石时，就可形成交代条纹结构，其镜下特征是钾长石晶体中包有较小的斜长石个体，二者交生。而当钾长石交代斜长石时，由于析出过剩的 SiO_2，形成的新矿物石英常呈蠕虫状嵌晶出现，其镜下特征是它们具有相同的消光位。

化学活动性流体在交代过程中起着物质搬运迁移的媒介和催化剂的双重作用，是交代作用不可缺少的重要因素。如果流体溶液分布与停滞在粒间孔隙中，则往往发生扩散交代作用，即流体相中活动组分从浓度高处向浓度低处迁移（扩散）进行交代。如果流体溶液分布与停滞在岩石大孔隙和裂隙中，则往往发生渗透交代作用，即流体相中活动组分从压力高处向压力低处迁移（渗透）进行交代。

4. 变质分异作用

变质分异作用是指成分和结构构造比较均匀的岩石变质时，在不发生部分熔融或交代作用的情况下，由于温度、压力和溶液等的影响，岩石中某些组分发生迁移聚集和重新组合，形成成分和结构构造都不均匀的变质岩的过程。如在某些低级变质的绿片岩中，常出现的石英结核或透镜体；在许多结晶片岩中，常出现的石榴子石、红柱石、蓝晶石等变斑晶；在某些角闪质岩石中，出现的暗色矿物（以角闪石为主）和浅色矿物（以长英质为主）呈条带状互层的现象等都是变质分异作用的结果。

5. 变形作用

变形作用是指在岩石受应力超过弹性限度时，使岩石及矿物发生变形或碎裂的一种作用。岩石及矿物的变形状态与空间位置和岩性有关，在浅部低温低压条件下，往往以脆性变形为主，表现为岩石和矿物中出现各种碎裂现象；在深部较高温度和压力条件下，往往以塑性变形为主，矿物的形态和光性均可发生变化。柔性岩石（如黏土岩等）因塑性流变可产生褶皱或劈理面，而刚性岩石（如花岗岩、砂岩等）则多发生压碎破裂。

四、变质作用的类型

变质作用有不同的规模和广泛的地质背景。根据其规模，可分为局部变质作用和区域变质作用两大类。根据主要控制因素，局部变质作用可分为接触变质作用、动力变质作用、气液变质作用等类型。区域变质作用发展到重熔作用阶段时，亦过渡到混合岩化作用。

1. 区域变质作用

区域变质作用是指发生在岩石圈范围（其形成深度可达20km），规模巨大（其体积大于数千立方千米）的变质作用。区域变质因素复杂，往往是有温度、压力、化学活动性流体等因素综合作用，从高温高压到低温低压类型都有分布。区域变质作用的方式也多种多样，主要是重结晶和变形，有时伴有明显的交代和部分熔融。

由于区域变质作用持续时间长、温度和压力变化大，因此在许多区域变质岩发育地区，常常出现变质程度不同的岩石，在空间上呈明显的带状分布，这种现象称为区域变质带。同一变质带的岩石，其形成时的物理化学环境基本相同，变质程度也基本相同；不同变质带的岩石，由于其形成环境不同，其变质程度明显不同，常可分出浅变质带、中变质带和深变质带；相应地，可将区域变质作用分为低级、中级和高级三个等级。

2. 混合岩化作用

混合岩化作用是指由新生成的"长英质或花岗质"组分与原来的变质岩相互作用形成各种混合岩的变质作用。它是介于变质作用与典型岩浆作用之间的一种造岩作用。

一般认为，大规模新生成的"长英质或花岗质"组分是由原来的变质岩在高温条件下发生选择性熔融的结果；也有人认为，是在区域变质作用后期，地壳深部上升的流体注入已变质的岩石并发生交代作用形成的。这种在区域变质作用区内大面积发生的混合岩化作用，称为区域混合岩化作用。当某些花岗质岩浆侵入变质岩时，在接触带由于岩浆注入变质岩并发生交代作用，可形成小规模的混合岩，则称为边缘混合岩化作用。

3. 接触变质作用

接触变质作用是指发生在侵入体与围岩接触带的一种变质作用。根据作用过程中有无交代作用，又可分为热接触变质作用和接触交代变质作用两种类型。

◎ 热接触变质作用：侵入体放出的热使接触带附近围岩的矿物成分和结构构造发生变化，导致原岩成分重结晶，形成新的矿物组合和新的结构构造，但化学成分没有变化。例如，纯石灰岩经热接触变质作用后，发生重结晶形成粒度较粗的大理岩。

◎ 接触交代变质作用：接触带有大量挥发分和热液作用，使侵入体与围岩发生物质交换，导致岩性和化学成分均发生变化。例如，中酸性侵入体及其高温气水热液与围岩（石灰岩、白云岩）发生接触交代作用，常在接触带附近形成接触交代变质岩（矽卡岩）。

4. 气液变质作用

气液变质作用是指由化学性质活泼的气体和热液，与已有固体岩石发生交代作用，使原岩的矿物成分和化学成分发生变化的变质作用。包括岩浆岩的自变质作用和各种围岩的蚀变作用，常形成各种自变质岩石或蚀变围岩。引起岩石变质的气体和热液，可以是岩浆晚期或岩浆期后的气水热液，也可以是地壳内其他成因的热水溶液。

5. 动力变质作用

动力变质作用是指在构造运动产生的强应力的影响下，发生的一种变质作用。这种变质作用主要发生在大型断裂带及其附近，即断裂构造所产生的定向压力导致原岩遭受强烈挤压和研磨，使原来的岩石及其组成矿物发生变形、破碎以至重结晶，从而形成碎裂岩（具有碎裂结构）、糜棱岩（具有糜棱结构）等动力变质岩。

第二节 变质岩的物质成分

一、变质岩的化学成分

变质岩的化学成分既取决于原岩的性质，又和变质作用的特点密切相关。与岩浆岩和沉积岩相似，变质岩也主要由十几种氧化物组成，但由于原岩性质不同，变质作用因素和方式比较复杂，致使变质岩中各种氧化物含量变化范围很大（表 10-1）。

表 10 -1 常见变质岩的化学成分 (w_B/%)

类型	岩石名称	SiO_2	TiO_2	Al_2O_3	Fe_2O_3	FeO	MnO	MgO	CaO	Na_2O	K_2O	H_2O	P_2O_5	CO_2
泥质	角岩	69.66	0.94	22.01	1.12	0.01	0.02	0.06	0.51	0.49	0.70	3.47	0.04	0.23
	板岩	51.38	1.22	23.89	2.05	5.01	0.02	2.71	0.24	0.59	7.08	4.66	0.01	0.14
	片岩	64.65	0.03	27.89	0.02	0.72			0.20	0.04	0.01	6.12		0.08
长英质	片麻岩	70.75	0.60	13.76	1.59	2.01	0.11	1.51	2.54	4.54	1.80	0.55	0.16	0.08
	变粒岩	72.69	0.45	12.50	2.15	0.93	0.15	0.75	2.71	5.20	0.90	1.12	0.22	0.23
	麻粒岩	60.28	0.75	12.53	0.42	8.89	0.18	7.93	1.64	2.30	2.41	1.40	0.06	0.22
钙质	大理岩	1.91	0.08	0.53	0.31	0.04	0.03	1.60	52.6	0.13	0.09		0.26	42.0
基性	榴辉岩	47.59	2.77	13.20	1.85	11.6	0.29	5.03	10.5	1.44	0.29	0.85	0.32	4.27
镁质	蛇纹岩	42.42	0.02	1.06	1.26	4.96	0.07	37.9	0.04	0.02	0.02	11.7		0.11

一般认为，在等化学变质（未发生交代作用）情况下，变质岩化学成分取决于原岩化学成分（除 H_2O 和 CO_2）。在发生交代作用的情况下，变质岩化学成分很复杂，既取决于原岩的化学成分，又取决于交代作用的类型和强度。已形成的变质岩再次或多次遭受变质，其化学成分更加复杂。Turner（1955）提出，常见变质岩可分为 5 种化学类型。

◎ 泥质类型：原岩主要是泥质沉积岩，其化学成分特点是 Al_2O_3 和 K_2O 含量较高，Al_2O_3 含量一般都 >20%，K_2O 含量变化范围较大。

◎ 长英质类型：原岩主要是砂岩、硅质凝灰岩和中酸性岩浆岩等，其化学成分特点是 SiO_2 含量很高，Na_2O 和 K_2O 含量也很高，Al_2O_3 含量较低。

◎ 钙质类型：原岩主要是石灰岩和白云岩等钙质沉积物，化学成分的显著特点是 CaO 含量高，一般都 >50%。

◎ 基性类型：原岩主要是基性岩浆岩、凝灰岩及富含 Ca、Al、Fe、Mg 的泥灰质岩石，化学成分特点是 SiO_2 含量低，FeO、MgO 和 CaO 含量高，含有一定数量的 Al_2O_3。

◎ 镁质类型：原岩主要是超基性岩浆岩和绿泥石质及其他富含 Mg、Fe 的沉积岩，化学成分特点是 MgO 含量很高，SiO_2、CaO、Na_2O 和 K_2O 含量很低。

二、变质岩的矿物成分

变质岩中的矿物成分，按其成因可分为新生矿物、原生矿物和残余矿物三类。

◎ 新生矿物：即变质矿物。是在变质作用过程中新生成的矿物。

◎ 原生矿物：是指在变质作用过程中保留下来的原岩中的稳定矿物。

◎ 残余矿物：是指在变质作用过程中残留下来的原岩中的不稳定矿物。

与岩浆岩、沉积岩不同，变质岩矿物成分最显著的特点是含有变质矿物（新生矿物）。一般来说，变质矿物具有如下矿物学特征：

（1）富铝的硅酸盐矿物多，如红柱石、蓝晶石、矽线石、十字石、堇青石、刚玉等，主要是黏土岩遭受区域变质作用形成的。

（2）富钙的硅酸盐矿物多，如透闪石、透辉石、绿帘石、符山石、石榴子石等，它们是接触交代变质岩中所特有的矿物。

（3）纤维状、鳞片状、长柱状及针状矿物发育，如绿纤石、矽线石、蓝石棉等，它们常做有规律的定向排列，反映应力作用特征。

部分变质矿物能较好地指示变质条件（温度、压力或原岩成分），被称为特征变质矿物。特征变质矿物的稳定区间，能较好地反映变质作用程度的高低（图10-1）。

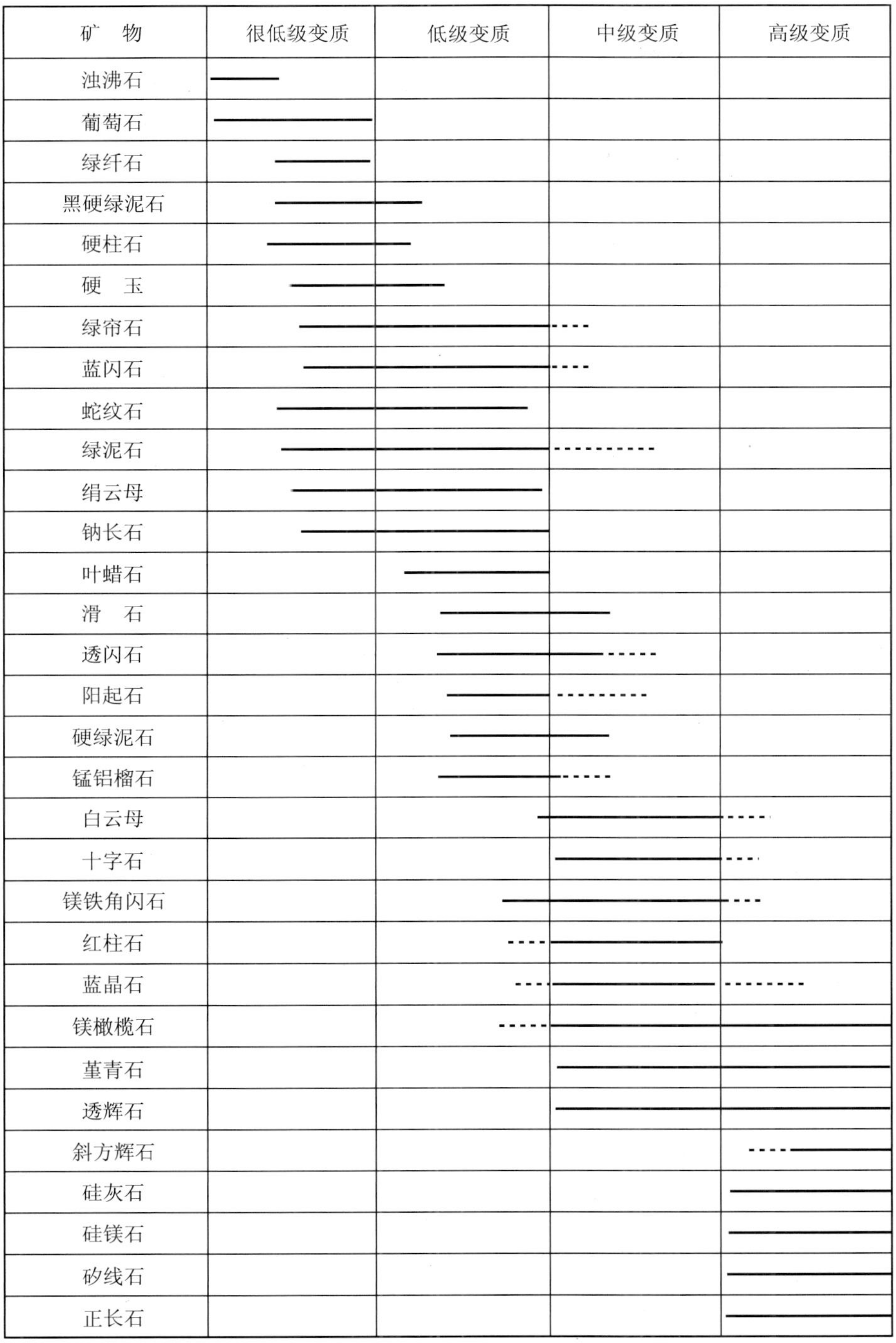

矿 物	很低级变质	低级变质	中级变质	高级变质
浊沸石	—			
葡萄石	——			
绿纤石	——			
黑硬绿泥石	——			
硬柱石	——			
硬 玉	————			
绿帘石	———	——	----	
蓝闪石	———	——	----	
蛇纹石	———	———		
绿泥石	———	———	----	
绢云母	———	———		
钠长石	———	———		
叶蜡石		—		
滑 石		———		
透闪石		———	----	
阳起石		———	----	
硬绿泥石		———		
锰铝榴石		———	----	
白云母			——	----
十字石			———	
镁铁角闪石			———	---
红柱石			----	
蓝晶石			----	----
镁橄榄石			---- ——	
堇青石			———	—
透辉石			———	—
斜方辉石				---- —
硅灰石				——
硅镁石				——
矽线石				——
正长石				——

图10-1 变质岩中特征变质矿物的稳定范围
（据贺同兴等，1988，修改）

由图10-1可见，较典型的很低级变质矿物有浊沸石、葡萄石、绿柱石、黑硬绿泥石和硬柱石等；低级变质矿物主要有绿帘石、蛇纹石、绿泥石、绢云母、硬绿泥石、锰铝榴石、滑石和钠长石等；中级变质矿物主要有白云母、十字石、红柱石、蓝晶石和堇青石等；高级变质矿物主要有矽线石、硅灰石、斜方辉石（紫苏辉石）等。

第三节　变质岩的结构和构造

变质岩的结构是指组成岩石的矿物晶粒的形状、大小及矿物晶体之间的结合关系等所显现的形貌特征。变质岩的构造是指岩石中的矿物及其集合体的形态、空间分布及排列方式等所显现的形态面貌特征。变质岩的结构和构造主要反映变质作用的机制。

一、变质岩的结构

变质岩的结构按成因分为变余结构、变晶结构、交代结构、破碎变形结构等四类。

1. 变余结构

变余结构也叫残留结构，是指在变质作用过程中，原岩的结构特征未被彻底改造掉，在变质岩中往往还保留或仍可辨认出原岩结构特点的结构。如原来沉积岩中的砾状、砂状结构，原来岩浆岩中的斑状结构、辉绿结构等，都可能在低级变质岩中被残留下来。

A. 变余砾状结构，正交偏光
（www.jan.ucc.nau.edu）

B. 变余砂状结构，正交偏光

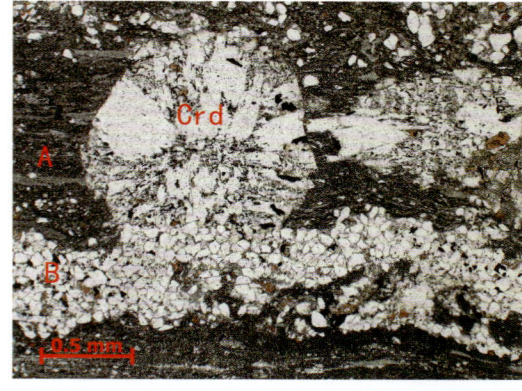
C. 堇青石角页岩，变余粉砂状结构，单偏光
（河北庞家堡）

D. 堇青石角页岩，变余粉砂状结构，正交偏光
（河北庞家堡）

图 10-2　变余结构

变余结构的命名方法，是在原岩结构的基础上加上"变余"二字。

常见的变余结构有：变余砾状结构（图10-2A）、变余砂状结构（图10-2B）、变余粉砂状结构（图10-2C，D）、变余斑状结构、变余辉绿结构、变余凝灰结构等。

2. 变晶结构

变晶结构是指变质作用过程中，原岩在固体状态下由重结晶作用形成的结晶结构。很多细粒的沉积岩和岩浆岩，经过变质作用后，矿物颗粒变大，形成了新的矿物"变晶"，这种变质岩就具有变晶结构。

变晶结构与岩浆岩的结晶结构不同，变晶结构基本上是在固态条件下，各种矿物同时结晶而成，矿物分布具有明显的定向性；而岩浆岩的结晶结构则是在熔融岩浆逐渐冷却的过程中，不同矿物先后结晶而成的，矿物形态显现出明显的结晶顺序。

（1）按相对大小，可把变晶结构分为等粒变晶结构、不等粒变晶结构、斑状变晶结构等。

◎ 等粒变晶结构：原岩在固体状态下由重结晶作用形成的变晶的颗粒粒度接近相等，颗粒之间界线比较平直（图10-3A）。

◎ 不等粒变晶结构：原岩在固体状态下由重结晶作用形成的变晶颗粒粒度显著不同，大小悬殊粒度差别明显。

◎ 斑状变晶结构：变晶颗粒明显分出大颗粒（变斑晶）和细小颗粒（基质），且变斑晶被基质包围或散布在基质之中（图10-3B）。

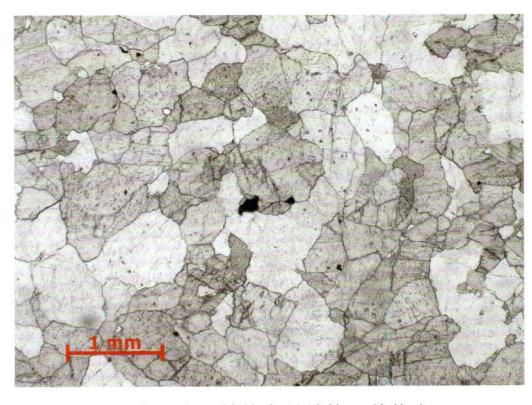

A. 大理岩，等粒变晶结构，单偏光
（江苏苏州）

B. 斑状变晶结构，单偏光
（南京大学地球科学数字博物馆）

图10-3 按矿物颗粒大小划分的变晶结构

（2）根据矿物形态，可把变晶结构分为粒状变晶结构、柱状变晶结构、鳞片变晶结构、纤状变晶结构、放射状变晶结构等。

◎ 粒状变晶结构：岩石由长石、石英或方解石等粒状矿物组成，矿物颗粒之间紧密排列，不具定向构造。如微斜浅粒岩中相互镶嵌的石英和微斜长石显示的结构（图10-4A）；大理岩中方解石显示的镶嵌粒状变晶结构（图10-4B）。

◎ 柱状变晶结构：以柱状矿物（角闪石类、辉石类、十字石等）为主，沿一定方向重结晶形成的变晶结构。如十字石片岩中自形柱状十字石矿物显示的结构（图10-4C）。

◎ 鳞片状变晶结构：以云母、绿泥石等板状或片状矿物为主形成的变晶结构。如宁芜地区绢英岩中绢云母矿物呈大小鳞片状显示的结构（图10-4D）。

◎ 纤状变晶结构：以阳起石、透闪石、矽线石等长柱状、针状或纤维状矿物为主形成的变晶结构。当长柱状、针状或纤状矿物呈发散束状时，称为束状变晶结构。如矽线石片岩中矽线石呈毛发状显示的结构（图10-4E）。

A. 粒状变晶结构，正交偏光
（www.jan.ucc.nau.edu）

B. 大理岩，镶嵌粒状变晶结构，正交偏光
（江苏苏州）

C. 十字石片岩，柱状变晶结构，单偏光
（北京周口店）

D. 绢英岩，鳞片状变晶结构，正交偏光
（江苏江宁）

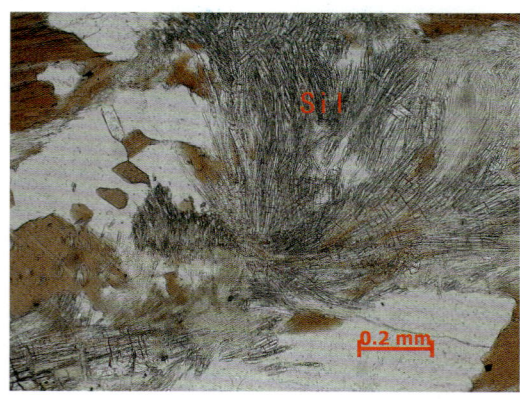

E. 矽线石片岩，纤状、毛发状变晶结构，单偏光
（江西乐安）

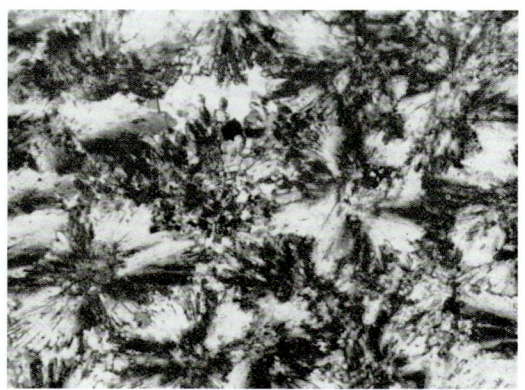

F. 放射状变晶结构，正交偏光
（张树业等，1985）

图10-4 按矿物形态划分的变晶结构

◎ 放射状变晶结构：长柱状、针状或纤维状矿物围绕一些中心呈放射状排列形成的变晶结构。如红柱石角岩中的红柱石小晶体围绕中心向外生长成放射状集合体，形成菊花状结

构形态（图10-4F）。

（3）根据矿物之间的关系，可把变晶结构分为包含变晶结构、残缕结构等。

◎ 包含变晶结构：也称变嵌晶结构。是指在较大变斑晶矿物中包有其他矿物的细小晶体所形成的变晶结构。如石榴子石变斑晶中包含细小石英，角闪石变斑晶中包含斜长石，石榴子石云母片岩中长石变斑晶包含细小石榴子石（图10-5A）。

◎ 残缕结构：变斑晶中的矿物包裹体呈平直或波状定向排列，且与变斑晶外面呈定向排列的基质矿物断续相连。如在电气石黑云矽线片麻岩中，电气石变斑晶中包含的矽线石、黑云母等矿物与基质的片理相连（图10-5B）。

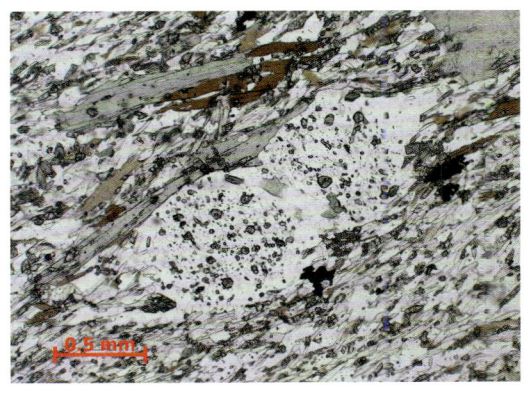

A. 石榴子石云母片岩，长石包含石榴子石，单偏光
（江苏东海）

B. 残缕变晶结构，单偏光
（www.anr.state.vt.us）

图10-5 按矿物之间关系划分的变晶结构

3. 交代结构

交代结构是指在变质作用或混合岩化作用过程中，由交代作用形成的结构。其特征是，在形成过程中有物质成分的加入和带出，而岩石中原有矿物的分解和新矿物的形成是同时的。根据形态可分为交代条纹结构、交代蠕虫结构、交代穿孔结构、交代斑状结构等。

◎ 交代条纹结构：原来的斜长石被后来的钾长石所交代，由于交代作用强烈，原来的斜长石呈不规则残留体或残留条纹存留于钾长石之中，这些散布在钾长石中的斜长石残留体

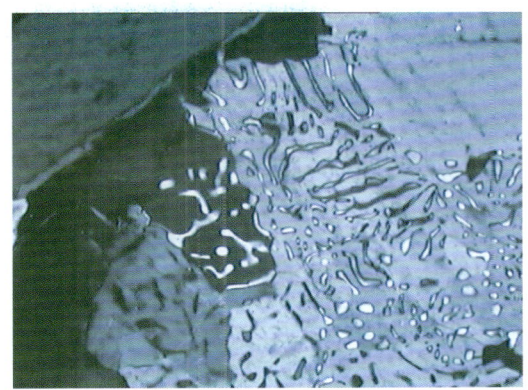

A. 交代条纹结构，单偏光

B. 交代蠕虫结构，正交偏光

图10-6 交代条纹结构和交代蠕虫结构
（www.englishclass.jp）

或残留条纹具有相同的消光位。如在混合花岗岩中，斜长石残留体或残留条纹沿微斜长石（钾长石）的 {001} 解理分布（图 10 – 6A）。

◎ 交代蠕虫结构：交代作用过程中形成的新矿物在原来矿物的晶体中呈很小的蠕虫状嵌晶出现。最常见的是在斜长石与钾长石接触时，在接触带附近的斜长石中，分布有新生的蠕虫状石英嵌晶，这些石英嵌晶具有相同的消光位（图 10 – 6B）。

◎ 交代穿孔结构：交代作用过程中形成的新矿物在被交代矿物的晶体中呈浑圆形或乳滴状零星分布，形如穿孔。如在混合岩中，由交代作用形成的石英呈浑圆形或乳滴状分布在斜长石和其他矿物之中形成穿孔结构（图 10 – 7A）。

◎ 交代斑状结构：交代成因的矿物呈大小不一的自形、眼球状、不规则状斑晶出现，一般以长石斑晶最普遍。这种交代成因的斑晶中常有交代残留的基质矿物，且这种斑晶常切割变质岩的片理。如混合岩中交代成因的斜长石（奥长石）斑晶所示（图 10 – 7B）。

A. 交代穿孔结构，正交偏光　　　　　　　　　　B. 交代斑状结构，手标本
（www.englishclass.jp）　　　　　　　　　　　　（www.projects.exeter.ac.uk）

图 10 – 7　交代穿孔结构和交代斑状结构

A. 碎裂结构，正交偏光　　　　　　　　　　　　B. 糜棱结构，正交偏光
（www.jan.ucc.nau.edu）　　　　　　　　　　　　（www.flickr.com）

图 10 – 8　碎裂结构和糜棱结构

4. 破碎变形结构

破碎变形结构是动力变质岩的特征结构。构造运动产生的定向压力导致原岩遭受强烈的挤压和研磨，原来的岩石及其组成矿物发生破碎、变形，破碎成较大的原岩碎块（碎斑）和细小颗粒（碎基）。根据碎斑与基质的比例，以及矿物变形强、弱，可分为碎裂结构、碎

斑结构、糜棱结构等。

◎ 碎裂结构：原岩在应力作用下产生裂隙，进而发生破碎，形成许多棱角状或次棱角状大碎块（碎斑），碎块之间有少量破碎所成的细粒及粉末状物质（碎基）充填，其中的矿物显示微弱的波状消光和扭曲变形（图10-8A）。

◎ 糜棱结构：岩石受到强烈的应力作用，原岩全部被研磨、错碎成很细（<0.5mm）的矿物碎屑和粉末，并含很少量碎斑或透镜状、眼球状矿物碎屑（图10-8B）。当原岩被研磨成超细级（<0.05mm）碎屑和粉末时，则称为超糜棱结构。

二、变质岩的构造

变质岩的构造主要有变余构造、变成构造、混合岩化构造等三类（表10-2）。

表10-2 变质岩的常见构造类型

构造分类	构造类型
变余构造	变余层理构造、变余结核构造、变余波痕构造等 变余气孔构造、变余杏仁构造、变余枕状构造、变余流纹构造、变余条带状构造等
变成构造	板状构造、千枚状构造、片状构造、片麻状构造、眼球状构造、斑点构造、块状构造等
混合岩化构造	角砾状构造、树枝-网状构造、眼球状构造、条带状构造、肠状-褶皱状构造、阴影状构造等

1. 变余构造

变余构造是变质作用后残留下来的原岩构造。变余构造主要见于浅变质岩石中，由于变质改造不彻底，致使原来沉积岩的层理、波痕等构造和原来火山岩的气孔构造、杏仁构造等能较好地保留下来，如变余层理构造和变余杏仁构造等。

2. 变成构造

变成构造是在变质作用过程中由变形作用和重结晶作用所形成的构造。一般以定向构造（主要是面状构造）比较显著，表现为一系列平行排列的面（统称面理），如板岩中的板状构造、千枚岩中的千枚状构造、片岩中的片状构造、片麻岩中的片麻状构造等。有时定向构造不明显，如热接触变质形成的斑点状构造等。

◎ 板状构造：也称板劈理，是板岩的特征构造，是重结晶程度很低的低级变质岩典型的面理形式。其形成机理是在应力作用下，岩石中出现密集的间隔平面（劈理面），沿着劈理面岩石容易裂开呈平整、光滑但光泽暗淡的板片（图10-9A）。劈理面与原岩层理平行或斜交（图10-9B）。

◎ 千枚状构造：是千枚岩的典型构造。面理由片状、鳞片状（粒径<0.1mm）矿物呈定向排列而成，重结晶程度比板状构造的高，但因粒度较细，肉眼不能分辨矿物颗粒。岩石易沿面理裂开，但劈开面不如板状构造劈理面那样平整，通常在劈开面上见有强烈的丝绢光泽（图10-10A），这是由于绢云母、绿泥石等矿物的微细鳞片平行排列所致。镜下观察，片状、细小柱状矿物密集定向排列（图10-10B）。

◎ 片状构造：也称片理，是变质岩中最常见的一种变成构造。面理主要由云母、绿泥石、滑石、角闪石等片状、板状、针状或柱状矿物连续定向排列而成（图10-11A）。片理面可以是较平直的面，也可以呈波状的曲面（图10-11B）。

◎ 片麻状构造：也称片麻理。其特征是岩石主要由粒状矿物组成，有一定数量呈定向

A. 板状构造，露头
（Plummer et al.，2005）

B. 板状构造，露头
（www.uua.cn）

图 10-9　板状构造

A. 千枚状构造，手标本
（国家岩矿化石标本资源数据中心）

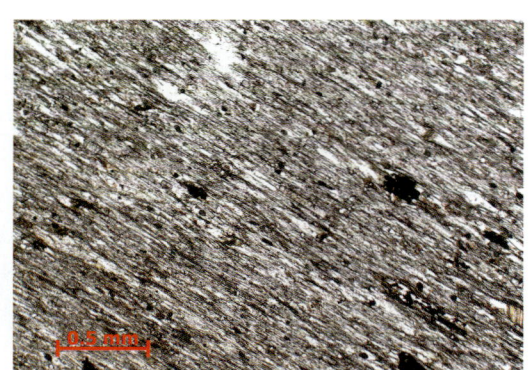
B. 电气石千枚岩，千枚状构造，单偏光
（河北南口）

图 10-10　千枚状构造

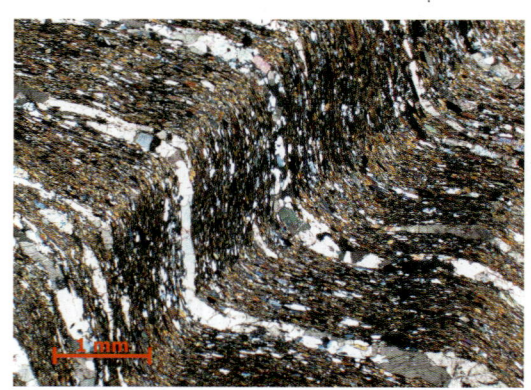
A. 云母片岩，片状构造，正交偏光
（山西代县）

B. 片状构造，手标本
（www.flexiblelearning.auckland.ac.nz）

图 10-11　片状构造

排列的片状或柱状矿物，片状或柱状矿物常在粒状矿物之间呈不均匀的断续定向分布（图 10-12）。片麻状构造的特点是岩石沿片麻理无特别强烈的裂开趋势。

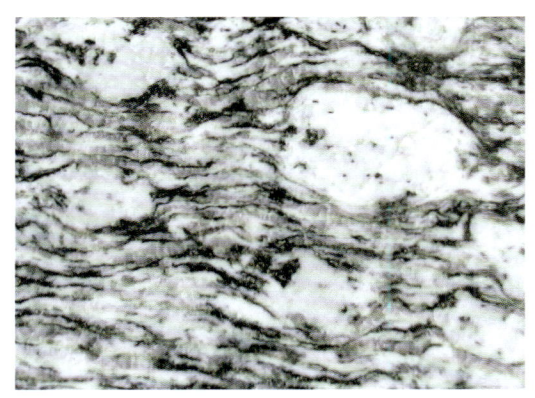 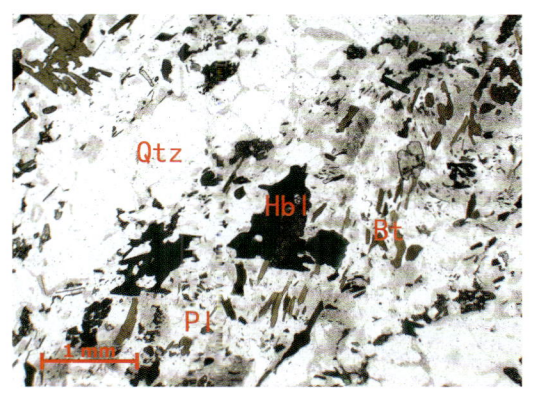

A. 片麻状构造，抛光面，手标本　　　　　　B. 黑云角闪斜长片麻岩，片麻状构造，单偏光
　　　　　　　　　　　　　　　　　　　　　　（江苏东海）

图 10-12　片麻状构造

◎ 眼球状构造：是区域变质岩（片麻岩）、动力变质岩（糜棱岩）中常见的一种变成构造。其特征是，眼球状、透镜状或扁豆状的颗粒或颗粒集合体在基质中定向分布。在片麻岩中，表现为较大的长石晶体或长石和石英的集合体，被片状或柱状矿物所环绕，外形很像眼球，故称为眼球状构造（图 10-13）。

 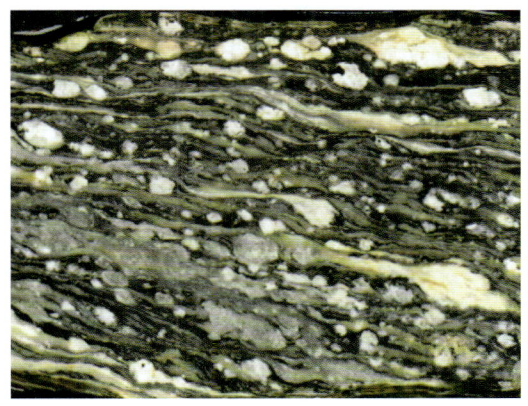

A. 眼球状构造，手标本　　　　　　　　　　B. 眼球状构造，单偏光
（www.soes.soton.ac.uk）　　　　　　　　　　（www.earth.boisestate.edu）

图 10-13　眼球状构造

◎ 斑点状构造：是热接触变质岩的一种构造。其特征是，在受轻微热接触变质作用的泥质岩石中，由碳质、铁质或空晶石、堇青石、云母等矿物的雏晶，集中呈不同形状、不同大小的斑点，不均匀分布于基本未重结晶的致密状泥质基质中（图 10-14）。

3. 混合岩化构造

混合岩化作用形成的构造是混合岩中基体和脉体在空间的排列分布方式。一般认为，混合岩基本上是由基体和脉体两部分组成。基体是原来变质岩的成分，其中暗色矿物较多，通常称为暗色体；脉体是在混合岩化作用过程中，由于注入、交代、重熔等作用而新生成的物质，其成分主要是浅色的长石和石英，通常称为浅色体。脉体在基体中的含量，以及脉体与基体的交生关系，构建出各种各样的构造形式。最常见的有角砾状构造、树枝-网状构造、眼球状构造、条带状构造、肠状-褶皱状构造、阴影状构造等。

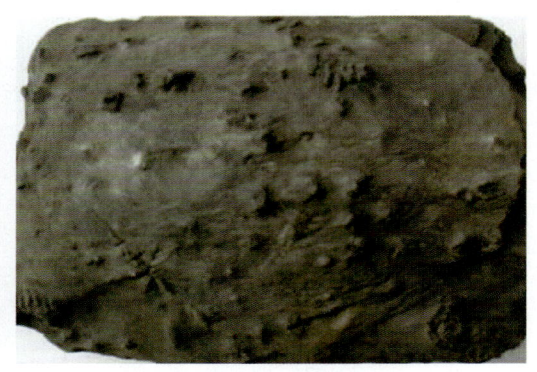

A. 斑点状构造，手标本　　　　　　　　　　B. 斑点状构造，手标本

图 10-14　斑点状构造

（南京大学地球科学数字博物馆）

◎ 角砾状构造：岩石中暗色的基体呈大小不等的角砾状，浅色的脉体在角砾之间呈"胶结物"状态出现，二者之间的界线一般比较明显（图 10-15）。角砾状构造是原来的块状变质岩发生注入-交代作用所形成。

A. 角砾状构造，露头　　　　　　　　　　　B. 角砾状构造，露头

图 10-15　角砾状构造

（www.earth.ox.ac.uk）

◎ 树枝-网状构造：岩石中浅色的脉体呈树枝状分布在暗色的基体中，称为树枝状构造（图 10-16A）；如果脉体数量增多，在基体中呈网脉状分布时，则称为网状构造（图 10-16B）。树枝-网状构造也是原来的块状变质岩被脉体注入-交代作用所形成。

◎ 眼球-串珠状构造：浅色的脉体在注入-交代时呈大小不等的椭球形晶体（斜长石）和集合体（长石和石英）分布在暗色的基体中，形似眼球，称为眼球状构造（图 10-17A）。当眼球状脉体含量增多，且同一方向分布，常形成串珠状构造（图 10-17B）。

◎ 条带状构造：浅色的脉体与暗色的基体呈条带状互层分布（图 10-18A），条带宽窄不等，形状平直或弯曲，有时分岔或尖灭（图 10-18B）。其成因可能是脉体沿原来变质岩的片理注入-交代所成，也可能是选择性熔融，使暗色矿物和浅色矿物相对集中而成。

◎ 肠状-褶皱状构造：其特征是浅色脉体呈肠状或蛇形弯曲等形态分布于暗色基体中（图 10-19A），或浅色脉体与暗色基体一起揉皱形成褶皱状混合岩构造（图 10-19B）。

A. 树枝状构造，露头
（www.intrusive_fractures_wide_view.nvcc.edu）

B. 网状构造，露头
（www.faculty.buffalostate.edu）

图 10 – 16　树枝 – 网状构造

A. 眼球-串珠状构造，露头

B. 眼球-串珠状构造，露头

图 10 – 17　眼球 – 串珠状构造
（www.commons.wikimedia.org）

A. 条带状构造，露头
（www.earth.edu.waseda.ac.jp）

B. 条带状构造，露头

图 10 – 18　条带状构造

◎ 阴影状构造：由于交代作用强烈，使暗色基体与浅色脉体的界线不清晰，只能隐约

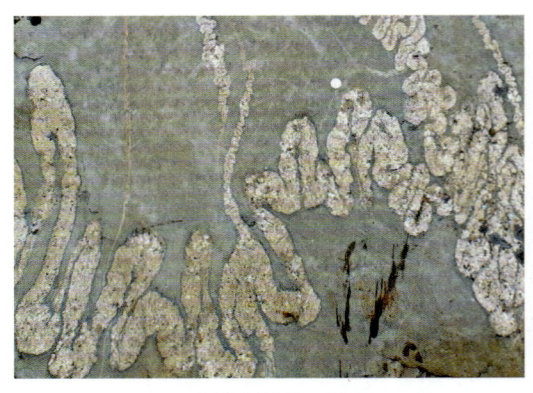

A. 肠状状构造，标本　　　　　　　　　　　B. 褶皱状构造，露头
（www.users.monash.edu.au）　　　　　　　（www.flickr.com）

图 10-19　肠状-褶皱状构造

见到暗色矿物显示的条带状、团块状或斑点状轮廓，形似阴影或云雾状（图 10-20）。

A. 阴影状构造，露头　　　　　　　　　　　B. 阴影状构造，露头

图 10-20　阴影状构造

第四节　变质岩的分类和命名

变质岩是地壳中已有岩石经变质作用的产物。形成变质岩的原岩类型众多（包括各种岩浆岩、沉积岩和早先形成的变质岩），且变质作用因素千变万化。这种原岩类型的多样性和变质作用的复杂性，致使变质岩的物质成分、结构构造等岩性特征纷繁复杂，给变质岩的分类命名带来许多困难。所以，迄今为止，变质岩的分类和命名体系还不完善。

一、变质岩的分类

由于各家强调的分类依据和原则不尽相同，早期的变质岩分类各有侧重，因而难于统一。随着研究工作的不断深入，共识越来越多，以变质作用产物的特征（变质岩的矿物组成、含量和结构构造等）对变质岩进行分类，已成为主要趋势。目前，比较通行的变质岩分类有成因（变质作用类型）分类和岩相学分类两大体系。

（1）变质岩的成因（变质作用类型）分类体系在国内比较通行和传统。按成因，即按变质作用类型（区域变质作用、混合岩化作用、接触变质作用、气液变质作用、动力变质作用），将变质岩分为接触变质岩、气液变质岩、动力变质岩、区域变质岩、混合岩等类别。

在实际工作中，由于原岩类型的多样性和变质作用的复杂性，确定原岩类型和变质条件是很困难的。因此，变质岩的成因分类越来越面临许多质疑。尽管如此，变质岩的成因分类可以很好地帮助初学者建立一个地质背景和变质作用规模的总体框架，有利于深入学习和研究。故本书仍推荐使用变质岩的成因（变质作用类型）分类（表10-3）。

表10-3 变质岩的成因分类

岩石大类	岩石小类	岩石类型	主要构造	主要结构	变质作用类型
区域变质岩	具面理构造的区域变质岩	板岩	板状构造	变余泥质结构部分变晶结构	区域变质作用（由板岩至片麻岩变质程度递增）
		千枚岩	千枚状构造	鳞片状变晶结构	
		片岩	片状构造	鳞片状、叶片状变晶结构	
		片麻岩	片麻状构造	花岗变晶结构	
	无（弱）面理构造的区域变质岩	长英质粒岩	块状构造	细粒、等粒变晶结构	
		角闪质岩	块状-条带状构造	细-粗粒变晶结构	
		麻粒岩	块状构造、似片麻状构造	中粗粒、不等粒变晶结构	
		榴辉岩	块状构造、片麻状构造	中粗粒、不等粒变晶结构	
混合岩	注入混合岩（交代作用不强烈的混合岩）	角砾状混合岩	角砾状构造		混合岩化作用
		网脉状混合岩	树枝-网状构造		
		眼球状混合岩	眼球状构造		
		条带状混合岩	条带状构造		
		肠状混合岩	肠状-褶皱状构造		
	交代作用强烈的混合岩	阴影状混合岩	阴影状构造	交代结构	
		混合花岗岩	块状构造	交代结构	
接触变质岩	热接触变质岩	角岩	块状构造	角岩结构斑状变晶结构	接触变质作用
		大理岩	块状构造	等粒变晶结构	
		石英岩	块状构造	花岗变晶结构变余砂状结构	
	接触交代变质岩	矽卡岩	块状构造斑杂构造	不等粒变晶结构交代结构	
气液变质岩	低温气液变质岩	蛇纹岩	块状构造	隐晶质结构	气液变质作用
	中低温气液变质岩	青磐岩	块状构造	隐晶质-中细粒变晶结构	
	高温气液变质岩	云英岩	块状构造	鳞片、粒状变晶结构	
动力变质岩	弱动力变质岩	构造角砾岩	无定向构造	角砾状结构	动力变质作用
	较强动力变质岩	碎裂岩	无定向构造	碎裂结构	
	强动力变质岩	糜棱岩	眼球状、条带状构造	糜棱结构	

（2）变质岩的岩相学分类，是基于变质岩的矿物成分、结构构造等岩相学特征来划分岩石的基本类型。其中，主要以变质岩的矿物成分为基础的岩相学分类称为矿物学分类，主要以变质岩的结构构造为基础的岩相学分类称为结构分类。近年来，国外地质学、岩石学教科书均趋采用变质岩的岩相学分类（表10-4）。

表 10-4　变质岩的岩相学分类

岩石大类	岩石类型	岩石特征
面理化变质岩	糜棱岩	具糜棱结构的动力变质岩
	板岩	具板状构造的变质岩，如钙质板岩、铁质板岩
	千枚岩	具千枚状构造的变质岩，如绢云母－石英千枚岩
	片岩	具片状构造的变质岩。如蓝晶石－绿泥石－白云母片岩 　　种类：绿片岩：主要由钠长石、绿帘石和阳起石、绿泥石组成 　　　　　蓝片岩：含蓝闪石的片岩的总称，如蓝闪石－钠长石－绿泥石片岩 　　　　　白片岩：主要由滑石、蓝晶石组成的浅色片岩
	片麻岩	具片麻状构造的变质岩，如石榴子石－黑云母－斜长石片麻岩
	眼球状混合岩	具眼球状构造的混合岩，眼球状新成脉体分布在基体中
	层状（条带状）混合岩	具层状（条带状）构造的混合岩，脉体与基体互层
无面理至弱面理化变质岩	构造角砾岩	具碎裂结构、角砾状构造、碎块呈棱角状、无定向的动力变质岩
	构造砾岩	具碎裂结构、角砾状构造、角砾圆化、无定向至弱定向的动力变质岩
	碎裂岩	具碎裂结构、块状构造的动力变质岩
	大理岩	主要由碳酸盐矿物组成的块状变质岩，如透闪石－透辉石大理岩
	石英岩	主要由石英组成的块状变质岩，如白云母石英岩
	蛇纹岩	主要由蛇纹石组成的块状变质岩，如滑石蛇纹岩
	绿岩	主要由钠长石、绿帘石和阳起石、绿泥石组成的绿色块状区域变质岩
	角闪岩	主要由斜长石和普通角闪石组成的区域变质岩。如石榴石角闪岩 　　种类：绿帘角闪岩：主要由钠长石、绿帘石和普通角闪石组成的区域变质岩
	麻粒岩	具花岗变晶结构和麻粒岩相矿物组合的长英质和斜长石－辉石质（基性）区域变质岩，如石榴子石－紫苏辉石长英麻粒岩、斜长石－二辉石麻粒岩
	榴辉岩	主要由石榴子石和绿辉石组成的区域变质岩
	粒岩或××岩	具变晶结构的无定向、块状变质岩。通常具花岗变晶结构者称××粒岩，如长英粒岩。其余称××岩，如黑云母－角闪石岩、角闪石岩 　　种类：钙硅酸盐粒岩：主要由钙硅酸盐矿物组成的粒岩的总称，如钙铝榴石－透辉石粒岩
	角岩	无定向、块状的接触变质岩。如红柱石角岩、矽线石－长英角岩 　　种类：钙硅酸盐角岩：主要由钙硅酸盐矿物组成的角岩，如钙铝榴石－透辉石角岩 　　　　　钠长－绿帘角岩：主要由钠长石、绿帘石和绿泥石、阳起石组成的基性角岩 　　　　　普通角闪石角岩：主要由斜长石和普通角闪石组成的基性角岩 　　　　　辉石角岩：主要由斜长石和辉石组成的基性角岩
	角砾状混合岩	具角砾状构造的混合岩，角砾状基体分布在新成脉体之中
	阴影状混合岩	具阴影状、云染状构造的混合岩
	矽卡岩	主要由钙－镁－铁（铝）硅酸盐矿物组成的接触交代变质岩，如石榴子石－辉石矽卡岩
	云英岩	主要由石英、白云母和萤石、黄玉、电气石等组成的气液交代变质岩
	黄铁绢英岩	主要由石英、绢云母、黄铁矿及碳酸盐矿物组成的气液交代变质岩
	次生石英岩	主要由石英及绢云母、叶蜡石、高岭石、红柱石、明矾石组成的气液交代变质岩
	滑石菱镁岩	主要由石英、铁菱镁矿、铬云母、黄铁矿以及绿泥石、滑石、蛇纹石和铬铁矿组成的气液交代变质岩

（据路凤香等，2002，修改）

二、变质岩的命名

变质岩的所有分类在命名岩石时都遵循以下两个原则：

(1)"以矿物名称+基本名称命名岩石，基本名称前的矿物以含量增加为序排列，含量高的矿物靠近基本名称"的原则。其格式为"次要矿物+主要矿物+基本名称"。

在鉴定变质岩时，首先根据成因及产状等已有资料初步定出大类名称；然后依据岩石的结构构造特征、主要矿物成分，定出变质岩的基本名称；然后再将特征变质矿物与次要矿物作为前缀加在变质岩基本名称的前面。基本名称前不同矿物之间在英文文献中通常用连字符"-"隔开。如 Gt – Ch – Ms – Q schist（石榴子石-绿泥石-白云母-石英片岩）。

在命名中，矿物含量>15%的可直接参加命名；含量为5%~15%时冠以"含"字作次要命名；含量<5%的常见矿物不参加命名，含量<5%的特征矿物，应参加命名。

长石和石英这两种矿物在变质岩中比较常见，尤其在片岩和片麻岩中普遍存在。在片岩中，长石含量均<25%，石英含量变化较大，当长石+石英含量<50%时，石英和长石都不参加命名；当长石+石英含量>50%且长石含量<25%时，石英参加命名，如石英-二云母片岩。在片麻岩中，长石含量均>25%，一般只用长石参加命名，石英不论含量多少均不参加命名，如钾长片麻岩、斜长片麻岩或二长片麻岩等。

在命名岩石时，矿物名称一般可取头两个字用作前缀，且次要矿物（含量>15%）一般应少于三个为宜，如黑云-斜长片麻岩、矽线-斜长-二云片岩等。但个别矿物取头两个字会引起混淆，则应取全名。如白云大理岩，由于不知是指白云母大理岩还是指白云石大理岩，这时就取矿物全称定名，称为白云石大理岩。

(2)当变质岩的变余结构构造非常发育，原岩十分清楚时，则以"变质××岩"之原则命名。其中××岩是原岩名称。例如，变质长石砂岩、变质砾岩、变质玄武岩、变质辉长岩、变质流纹岩等。

本 章 小 结

1. 变质作用是由温度、压力及化学活动性流体三种因素引起的岩石的变化，包括岩石的成分、结构、构造的变化。变质作用过程中岩石并未发生熔融，也未丧失其整体性。
2. 在很高的压力下，密度小、体积大的矿物可以结合成为密度大、体积小的新矿物。
3. 只能由变质作用形成的矿物称为变质矿物，它是识别变质岩的重要标志。
4. 由矿物重结晶而形成的结构称为变晶结构，其中的晶粒称为变晶。变晶可大可小，粒径可以均匀（等粒变晶）分布，也可大小参差（斑状变晶）分布。
5. 变质岩中部分保留的原岩结构，称为变余结构，如变余砂状结构、变余斑状结构等。
6. 由变质作用形成的构造称为变成构造，如片理构造、片麻状构造。
7. 接触变质作用的发生主要与岩浆的侵入相关，岩浆带来了大量热能和化学活动性流体，促使变质作用发生。接触变质作用影响的范围有局部性。
8. 接触热变质作用是在单一的热能作用下发生的，可以引起岩石的矿物成分及结构的变化，但岩石的化学成分没有显著改变，如石灰岩变为大理岩，石英砂岩变为石英岩。
9. 接触交代变质作用是在温度与化学活动性流体两种因素共同作用下发生的。它使岩石的矿物成分、化学成分以及结构都发生变化。其代表性的变质岩是矽卡岩。

10. 区域变质作用乃是温度、压力、化学活动性流体等多种因素的综合作用，具有区域性大范围的影响。
11. 同一种原岩因变质温度与压力不同，可以形成不同种类的变质岩。
12. 混合岩一般包括基体（深色）与脉体（浅色）两部分。基体是变质岩，脉体是变质岩中由外来熔体或热液通过充填或交代作用所形成的长石及石英。如果长英物质彻底交代变质岩，便形成混合花岗岩。
13. 动力变质作用的发生与剪切力引起的断裂活动相关，在地壳的表层表现为岩石的破碎，在地壳的较深部位表现为岩石中矿物颗粒发生塑性变形、重结晶以及形成新矿物等。
14. 根据成因（变质作用类型），可将变质岩划分为接触变质岩、气液变质岩、动力变质岩、区域变质岩、混合岩等五大类。

作业及思考题

1. 什么是变质岩？什么是变质作用？
2. 变质作用的重要因素有哪些？变质作用类型有哪几种？
3. 变质岩矿物成分的显著特点是什么？
4. 典型的很低级、低级、中级、高级变质矿物分别是哪些？
5. 什么是变晶结构？什么是交代结构？
6. 变质岩中的变成构造有哪些？混合岩化构造有哪些？
7. 变质岩中最常见的变成构造是什么？
8. 按成因可把变质岩分为几大类？
9. 区域变质岩的主要岩石类型有哪些？

第十一章 变质岩各论

第一节 区域变质岩

一、区域变质岩概述

区域变质岩是由区域变质作用形成的一类变质岩石。由于区域变质作用规模广大、影响因素复杂、形成环境多样，故区域变质作用的产物遍布大陆、大洋各大区域。根据现有资料，人们把区域变质岩归纳为具面理构造的区域变质岩和无（弱）面理构造的区域变质岩两类。其中，具面理构造的区域变质岩从低级变质到高级变质的典型岩石类型依次为板岩、千枚岩、片岩、片麻岩；无（弱）面理构造的区域变质岩的主要岩石类型有长英质粒岩、角闪质岩、麻粒岩、榴辉岩等。

二、常见的区域变质岩岩石类型

1. 板岩

板岩是由泥质岩、粉砂质泥岩、泥质粉砂岩及中酸性凝灰岩、沉凝灰岩等，经轻微变质而成的一种区域变质岩。

板岩具有典型的板状构造，常可见板岩沿其劈理裂开成密集的薄板（图11-1A），劈理面平整光滑但光泽暗淡。原岩结构多数被保留下来，原岩的矿物成分只有少部分发生轻微重结晶，主要表现为脱水，使岩石硬度增高，呈致密隐晶质。

A. 板岩，露头
（www.nciku.com）

B. 空晶石板岩，标本
（国家岩矿化石标本资源数据中心）

图 11-1 板岩

板岩的命名可按"新生变质矿物＋原岩成分＋板岩"来进行。没有新生矿物时，直接根据原岩成分命名，如黏土板岩、硅质板岩、钙质板岩、碳质板岩、凝灰质板岩等。如出现新生变质矿物,则加上新生变质矿物名称,如绢云母黏土板岩、堇青石板岩、红柱石(空晶石)板岩(图11-1B)等。有时也可根据颜色命名,如黑色碳质板岩、灰绿色钙质板岩等。

2. 千枚岩

千枚岩是一种具显微鳞片变晶结构或显微纤维变晶结构,及典型的千枚状构造的浅变质岩石。千枚岩的原岩性质与板岩相同,但变质程度比板岩稍高,原岩已基本发生了重结晶,且粒度细小。主要矿物成分有绢云母、绿泥石和石英等新生矿物,其次还可出现少量的钠长石、硬绿泥石和黑云母等。在劈理面上具极明显的强丝绢光泽,有时还形成一些小褶曲。千枚岩外观具有灰绿、灰黄、深灰等颜色(图11-2A),其常见标准的矿物组合主要是绢云母+绿泥石+石英+硬绿泥石等,有时含电气石(图11-2B)。

A. 千枚岩,手标本
(www.nimrf.net.cn)

B. 电气石千枚岩,正交偏光
(北京南口)

图11-2 千枚岩

3. 片岩

片岩是一类具鳞片变晶结构和典型的片理构造的中级变质程度的变质岩。主要由片状和柱状矿物(黑云母、绿泥石、滑石、透闪石、阳起石、普通角闪石等)及粒状矿物(长石、石英等)组成。其中,片状及柱状矿物含量超过30%,粒状矿物含量一般为50%~70%(以石英为主,长石含量<25%)。片状及柱状矿物常呈定向平行排列,粒状矿物则充填于片理之间。此外,片岩中常含有红柱石、蓝晶石、石榴子石、堇青石、十字石、绿帘石及蓝闪石等变质矿物。岩石中变晶矿物粒度较粗,粒径常超过0.1mm,据此可与千枚岩相区别。片岩常依据片状、柱状矿物的种类及数量进行命名,如绿泥石、云母、角闪石的含量分别大于50%时,分别称为绿泥石片岩、云母片岩、角闪石片岩等;若其含量小于50%时,分别称石英绿泥石片岩、石英云母片岩、石英角闪石片岩等;当有特征矿物时,则参与命名,如石榴子石白云母片岩、蓝晶石角闪石片岩等。常见片岩的特征如下:

◎ 云母片岩:云母片岩是一类以云母为主要矿物成分的变质岩石,是片岩中最常见的岩石类型。矿物成分主要为白云母或黑云母,其次为石英和中酸性斜长石;此外,还含有一些特征变质矿物,如石榴子石、堇青石、红柱石、十字石等,这些特征变质矿物可指示岩石的变质程度。根据岩石中云母的种类及其含量,可将云母片岩分为白云母片岩(以白云母为主)、黑云母片岩(以黑云母为主)、二云母片岩(白云母和黑云母含量近相等)。

——白云母片岩:属于低级变质作用的产物。在片理面上见大量片状白云母(图11-3A)。其典型的矿物组合为白云母+石英,并含少量绿泥石、钠长石、绿帘石、方解石、硬绿泥石和堇青石等矿物，显示显微片状构造（图 11-3B）。如含硬绿泥石或堇青石变斑晶时，可称为硬绿泥石白云母片岩或堇青石白云母片岩（堇青石在低级变质条件下不稳定，易转变为细小鳞片状绢云母）；若含较多方解石时，可称为钙质白云母片岩。

A. 白云母片岩，手标本　　　　　　　　　　B. 白云母片岩，正交偏光
（国家岩矿化石标本资源数据中心）

图 11-3　白云母片岩

——黑云母片岩和二云母片岩：一般为中级变质作用的产物，在片理面上见大量共生白云母和黑云母（图 11-4A）；此外，还可形成中级变质条件下较稳定的石榴子石、十字石、蓝晶石等特征变质矿物，这些特征矿物可参与命名，如石榴二云母片岩（图 11-4B）、十字石云母片岩、蓝晶石云母片岩等。

A. 二云母片岩，单偏光　　　　　　　　　　B. 二云母片岩，正交偏光

图 11-4　二云母片岩
（山西繁峙）

◎ 绿色片岩：又称绿片岩。岩石具鳞片状变晶结构和片状构造。矿物成分以绿泥石、绿帘石、阳起石及少量角闪石等绿色矿物为主，故使岩石呈现绿色，浅色矿物为长石（主要为钠长石），石英含量较少，有时含磷灰石、方解石、榍石及磁铁矿等副矿物。绿色矿物含量一般超过 50%，长石含量小于 25%。根据矿物组合的不同，常见的绿色片岩有绿帘石片岩、绿泥石片岩等。山西繁峙的绿泥石片岩，显示典型的纤状构造（图 11-5）。

◎ 滑石片岩：主要矿物成分为滑石，通常还含有少量蛇纹石、绿泥石及菱镁矿等。岩石外观呈灰白、黄白或淡黄绿等色。硬度低，具滑感为其主要特点。滑石片岩主要由超基性岩或富铁镁的白云质泥灰岩在温度较低的浅变质条件下形成的。

◎ **角闪片岩**：主要由角闪石、石英和少量斜长石组成。由于原岩成分的某些差异，常形成浅色矿物和暗色矿物定向相间呈条带状而显示片状构造。一般认为角闪片岩是基性岩浆岩或铁质白云质泥灰岩经中级变质作用而形成的。

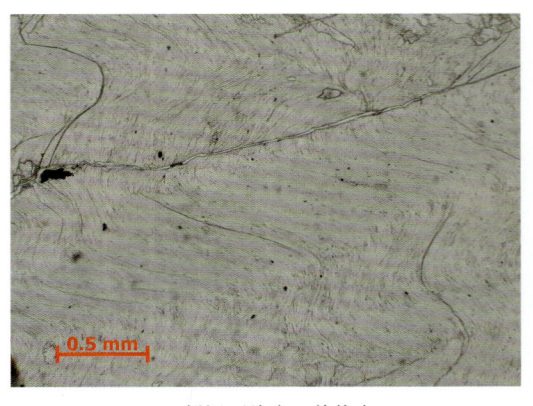

A. 绿泥石片岩，单偏光　　　　　　　　　B. 绿泥石片岩，正交偏光

图 11-5　绿泥石片岩
（山西繁峙）

◎ **石墨片岩**：是碳质泥岩经中高级区域变质作用形成的岩石。石墨含量一般为 5%~10%，外观呈灰黑色、染手，片理面上显金属光泽（分布有石墨及磁铁矿之故）。石墨片岩主要矿物成分有云母、石英、钾长石、石墨、磁铁矿等。

◎ **石英片岩**：主要由石英（含量超过 50%）和片状、柱状矿物所组成。片状、柱状矿物含量为 30%~50%，常为细粒鳞片粒状变晶结构、片状构造。特征变质矿物主要是石榴子石。常见岩石类型有绢云母石英片岩、白云母石英片岩、绢云钠长石英片岩等。

◎ **蓝闪石片岩**：简称蓝片岩，岩石外观呈黄绿、蓝绿色，具片状构造（图 11-6A）。主要是由富钠的角闪石、富钠的辉石、白云母、绿泥石、绿帘石、石榴子石、石英、钠长石等矿物组成，含特征变质矿物蓝闪石、硬柱石等（图 11-6B）。原岩是基性岩和富铁镁的杂砂岩。一般认为，蓝片岩是高压变质作用的产物，造山带中蓝片岩的存在可说明该产地属于板块的边缘，并在某一地质时期曾发生过板块的相撞。

A. 蓝闪石片岩，手标本　　　　　　　　　B. 蓝闪石片岩，正交偏光
（国家岩矿化石标本资源数据中心）　　　　（南京大学地球科学数字博物馆）

图 11-6　蓝闪石片岩

◎ **蓝晶石片岩**：也叫白片岩，是以蓝晶石和滑石为特征的高压变质岩石。岩石外表呈

灰白色或浅褐色，具片状构造（图11-7A）。矿物成分主要为蓝晶石和滑石，常含少量石英、白云母、铁镁铝榴石。它们主要是基性凝灰岩或富镁泥质岩经高压区域变质作用的产物。一般认为蓝晶石片岩形成于地壳深部，由于后期构造运动抬升到地壳浅部，因此蓝晶石+滑石组合常被低压矿物组合所替代（图11-7B）。江苏东海蓝晶石石英二云母片岩中的板状蓝晶石，在单偏光下呈淡蓝色，显示弱多色性，黄白干涉色（图11-7C，D）。

A. 蓝晶石片岩，标本
（南京大学地球科学数字博物馆）

B. 蓝晶石片岩，正交偏光
（南京大学地球科学数字博物馆）

C. 蓝晶石石英二云片岩，单偏光
（江苏东海）

D. 蓝晶石石英二云片岩，正交偏光
（江苏东海）

图11-7 蓝晶石片岩

4. 片麻岩

片麻岩是一类变质程度较高的区域变质岩，具鳞片粒状变晶结构，粒度一般比相应的片岩稍粗一些，具典型的片麻状构造，有时具条带状构造等（图11-8A）。片麻岩主要由石英、长石、云母、角闪石、辉石等矿物组成（图11-8B）。其中，粒状矿物含量占优势，一般超过70%，长石（钾长石或斜长石）含量超过25%，而片状矿物和柱状矿物含量小于30%。此外，还可出现少量石榴子石、矽线石、蓝晶石、堇青石等特征变质矿物。

片麻岩一般按长石种属分类，命名原则是，片柱状矿物+长石+片麻岩，如角闪斜长片麻岩、黑云二长片麻岩等。有特征变质矿物时则参与命名。常见片麻岩简介如下：

◎ 钾长（二长）片麻岩：主要由钾长石、酸性斜长石、石英以及少量黑云母、角闪石等矿物组成，特征变质矿物有石榴子石、矽线石和刚玉等。具鳞片粒状变晶结构，片麻状构造不十分清楚。原岩类型多样，可由花岗岩、长石砂岩、泥质岩、中-酸性火山岩经高级变质作用形成。它因主要矿物与岩浆成因的花岗岩相似,故又称花岗片麻岩,其区别在于钾长(二长)片麻岩中暗色矿物呈断续定向排列,且存在特征变质矿物。

◎ 斜长片麻岩:是指长石成分主要为斜长石(不含或含很少钾长石)的片麻岩。粒度有粗有细,具有明显的片麻状构造或条带状构造。主要由斜长石和石英以及数量不等的普通角闪石、黑云母、辉石(透辉石或紫苏辉石)等组成,有时含石榴子石等特征变质矿物。根据矿物成分可细分为黑云母斜长片麻岩、角闪斜长片麻岩等。例如,安徽大别山的角闪斜长片麻岩,主要由斜长石和普通角闪石组成(图11-8C,D)。

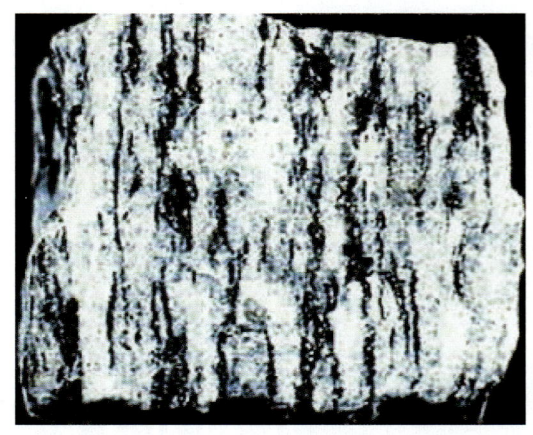

A. 片麻岩,手标本
(据 Tarbuck et al., 2004)

B. 片麻岩,单偏光
(www.birds.chinare.org.cn)

C. 角闪斜长片麻岩,单偏光
(安徽大别山)

D. 角闪斜长片麻岩,正交偏光
(安徽大别山)

图 11-8 片麻岩

◎ 富铝片麻岩:矿物组成及结构构造与斜长片麻岩相似,差异在于富铝片麻岩富含矽线石、蓝晶石、石榴子石、堇青石等富铝矿物,并含钾长石。主要由富铝黏土岩经高级变质作用形成。

◎ 钙质片麻岩:钙质片麻岩是指含有一定数量钙镁(铁)硅酸盐矿物和碳酸盐矿物的片麻岩。主要由斜长石、石英、云母、角闪石、阳起石、透辉石、绿帘石等矿物组成,还常含方解石、方柱石、钙铝榴石等。主要由泥灰岩、钙质页岩经中高级变质作用形成。

5. 长英质粒岩

长英质粒岩是一种定向构造不发育、具粒状变晶结构或鳞片粒状变晶结构的区域变质岩。主要由石英和长石等粒状矿物组成，粒状矿物含量一般占矿物总量的70%以上，还含有黑云母、白云母、角闪石等片、柱状矿物。原岩主要为粉砂岩、硅质页岩、多种类型砂岩以及中－酸性火山岩。依据长石、石英的比例及暗色矿物的数量可分为以下类型：

◎ 变粒岩：是指一种含长石和石英较多，云母或其他暗色矿物较少，具细粒等粒粒状变晶结构的区域变质岩（图11-9A）。岩石中的长石（主要是中酸性斜长石为主）含量＞25%，暗色矿物含量一般小于15%。当暗色矿物含量小于5%时称浅粒岩（或白粒岩）。变粒岩有时也显示似片麻状构造，与片麻岩的区别在于变粒岩粒度较细（图11-9B），粒径一般＜0.5mm。变粒岩是粉砂岩、硬砂岩、凝灰岩等经区域变质作用的产物。

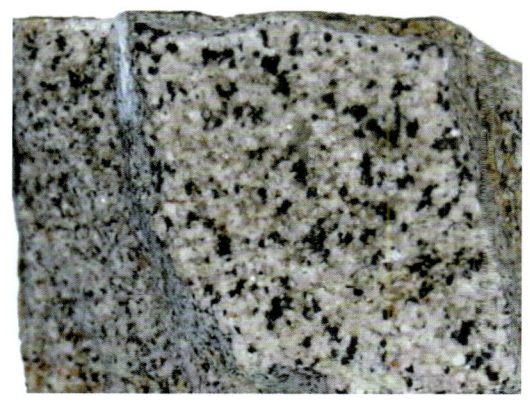 

A. 变粒岩，手标本　　　　　　　　　　　　B. 变粒岩，正交偏光
（国家岩矿化石标本资源数据中心）　　　　　（南京大学地球科学数字博物馆）

图11-9　变粒岩

◎ 石英岩：是指石英含量＞85%的变质岩石。主要由石英砂岩或硅质岩经区域变质作用而形成。岩石中除石英外，含少量长石、云母、绿帘石、绢云母、绿泥石、角闪石、辉石或磁铁矿等。一般具粒状变晶结构，块状构造。石英含量为75%～85%，长石含量为10%～15%的，称为长石石英岩。

6. 角闪岩及斜长角闪岩

角闪岩及斜长角闪岩是一种具细至粗粒粒状（又称柱粒状）变晶结构、块状构造的中至高级区域变质岩。其矿物成分主要由角闪石和斜长石所组成，经常含少量石英、黑云母、透辉石、绿帘石、石榴子石、榍石等矿物。若角闪石含量大于85%时，称为角闪岩；当角闪石在85%～50%时称为斜长角闪岩（图11-10）。当角闪石含量减少且出现片状构造或片麻构造时，可过渡为角闪片岩或角闪斜长片麻岩。角闪岩及斜长角闪岩是由超基性和基性岩浆岩，以及基性火山碎屑岩经中级或高级区域变质作用而形成的。

7. 麻粒岩

麻粒岩是一种以含紫苏辉石为特征的区域变质岩石。矿物颗粒比较粗大，具粗粒等粒或不等粒变晶结构，块状构造。岩石中暗色矿物以紫苏辉石、透辉石等为主，不含或很少含角闪石、黑云母，浅色矿物主要为斜长石、条纹长石和石英等。此外，有时可含少量石榴子石（Grt）（图11-11）、矽线石、蓝晶石等特征变质矿物。麻粒岩是在高温、中-高压下由各种岩石经高级变质而形成的。常见的麻粒岩有以下类型：

◎ 长英麻粒岩：主要由颗粒粗大的石英、钾长石和少量斜长石组成，可含少量石榴子

A. 斜长角闪岩，单偏光　　　　　　　　　　B. 斜长角闪岩，正交偏光

图 11-10　斜长角闪岩
（江苏东海）

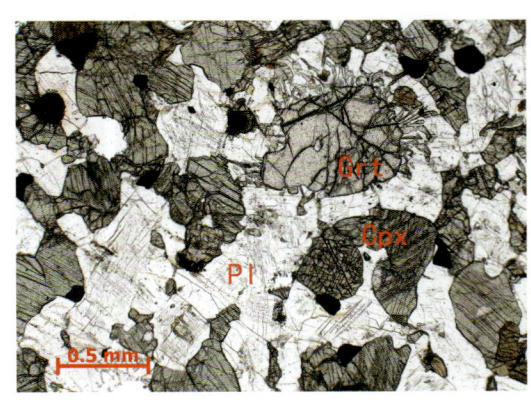 

A. 麻粒岩，单偏光　　　　　　　　　　　　B. 麻粒岩，正交偏光

图 11-11　麻粒岩
（江苏连云港）

石、矽线石等特征变质矿物。具等粒变晶结构。如我国河北迁安分布有石榴长英麻粒岩，由石英、微斜长石、条纹长石和石榴子石等矿物组成。

◎ 紫苏长英麻粒岩：主要由钾长石、斜长石（更-中长石）、石英、紫苏辉石和少量透辉石、石榴子石等组成。具粗粒等粒或不等粒变晶结构，块状构造。有时见少量拉长成透镜状的石英颗粒或石英颗粒集合体，略显定向构造，据此可与成分相似的紫苏花岗岩区别。如我国河北宣化产有辉石麻粒岩，由透辉石、少量铁铝榴石和斜长石等组成。

8. 榴辉岩

主要由绿色绿辉石（Omp）和粉红色含钙的铁镁铝榴石（Prp）组成的区域变质岩石称为榴辉岩。榴辉岩的颜色较深，多为暗绿、褐绿等色，密度大（3.6~3.9g/cm³），是变质岩中密度最大的岩石（图 11-12A）。岩石变质程度很高，具细至粗粒粒状变晶结构，块状构造。典型的榴辉岩不含长石，可含少量石英、蓝晶石、顽火辉石、橄榄石、金红石、尖晶石等矿物，有时含柯石英、金刚石等超高压变质矿物（图 11-12B）。江苏东海的榴辉岩在单偏光下，等粒状绿辉石呈鲜艳绿色，石榴子石呈粉红色，在正交偏光间石榴子石显示均质性（图 11-12C，D）。

榴辉岩的产状和成因比较复杂。一般认为榴辉岩是超基性或基性岩浆岩在地壳深部极大压力（1.1~1.5GPa）、高温（450~750℃）的条件下经变质作用而形成的。

A. 榴辉岩，手标本
（国家岩矿化石标本资源数据中心）

B. 榴辉岩，正交偏光
（南京大学地球科学数字博物馆）

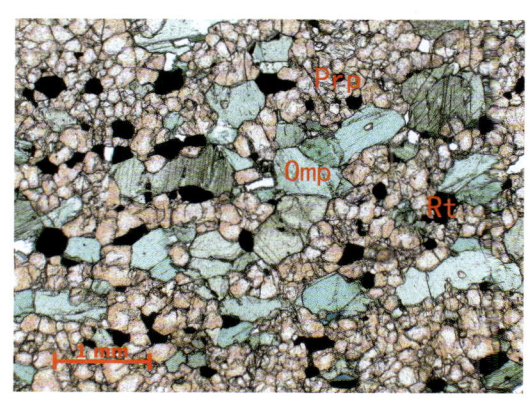

C. 榴辉岩，单偏光
（江苏东海）

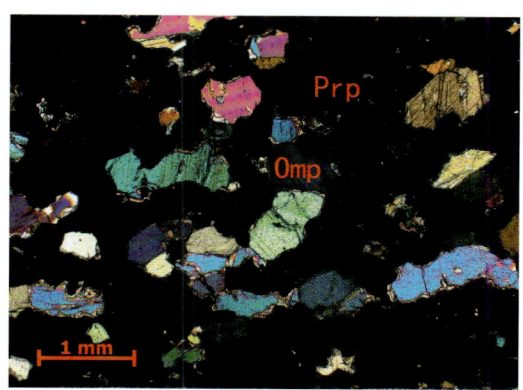

D. 榴辉岩，正交偏光
（江苏东海）

图 11-12　榴辉岩

9. 大理岩

大理岩是由石灰岩、白云岩等碳酸盐岩经区域变质作用形成的变质岩。质纯的大理岩呈白色（图 11-13A），含杂质时出现各种不同的颜色或花纹。主要由方解石、白云石等碳酸盐类矿物所组成，具等粒变晶（花岗变晶）结构（图 11-13B），块状或带状构造。由于原岩中常含有杂质，大理岩中可含有少量特征变质矿物；由于温度等变质条件差异，特征变质矿物的组合也不相同。一般在低级变质大理岩中，可出现蛇纹石、滑石、绿帘石等，如江苏镇江低变质大理岩中，含有较多的蛇纹石（Srp）（图 11-13C，D）；中级变质时，可出现透闪石、阳起石、钙铝榴石等；在高级变质条件下，则出现透辉石、镁橄榄石等。这些特征变质矿物既是确定大理岩变质程度的标志，也是命名的依据。

三、区域变质作用的有关矿产

区域变质作用成因的矿产种类很多，包括多种金属矿产和丰富的非金属矿产。
在许多前震旦纪古老的变质岩系中，沉积成因的巨厚铁质石英砂岩及部分铁质岩、经区

A. 大理岩，手标本
（www.birds.chinare.org.cn）

B. 大理岩，正交偏光
（www.birds.chinare.org.cn）

C. 蛇纹石大理岩，单偏光
（江苏镇江）

D. 蛇纹石大理岩，正交偏光
（江苏镇江）

图 11-13 大理岩

域变质作用后形成的变质铁矿床（磁铁石英岩型铁矿床）都是极重要的铁矿类型。世界上已发现的大型铁矿几乎都属于这种类型，占世界铁矿总储量的 50%~55%，产量占总产量的 60% 左右。如我国东北鞍山至本溪一带的"鞍山式"铁矿等。

与区域变质作用有关的非金属矿产也很丰富。例如，沉积成因的碳质泥岩经区域变质形成的石墨片岩或片麻岩，当其中石墨含量达到工业品位时就是石墨矿床，如我国山东莱西南墅、东北鸡西柳毛以及河南西南部的镇平、西峡、淅川一带的石墨矿床，都是前寒武纪变质岩系中的非金属矿床。

第二节 混 合 岩

一、混合岩概述

在地壳活动的地带，由于高级（包括部分中级）区域变质作用的进一步发展，随着温度继续升高和静岩压力的增大，岩石发生部分重熔，产生长英质熔浆，对固态难熔的变质岩进行渗透、贯（注）入和交代作用而形成一种宏观上不均匀的复合岩石的作用，称为混合岩化作用。由混合岩化作用形成的岩石称为混合岩。

混合岩通常由基体和脉体两部分组成。基体是指混合岩化过程中残留的暗色难熔的铁镁质变质岩，主要是片麻岩、斜长角闪岩、变粒岩等区域变质岩，其颜色一般较深。脉体是指混合岩化过程中由流体相注入基体中结晶形成的长英质或花岗质的"岩脉"，其颜色较浅。基体与脉体常以不同比例、不同形式相互混合、交织形成各种类型的混合岩。

混合岩以普遍发育交代现象而区别于区域变质岩。随着注入的长英质熔浆的数量不断增加，交代作用相应加强，表现在化学成分上 K、Na、Si、Al 等组分相对增加，而 Fe、Mg 等组分相对减少，最后通过固相交代作用而形成一种花岗质岩石，其岩性与岩浆成因的花岗岩很难区别。这种固态岩石不经过岩浆阶段而就地转变成花岗质岩石的过程，称为花岗岩化作用。从发展进程来说，花岗岩化作用代表混合岩化作用最高阶段。

根据基体与脉体的含量比例、基体中交代作用的强度、混合岩构造特征、基体和脉体的物质成分等，通常可将混合岩分为交代作用不强烈的混合岩和交代作用强烈的混合岩两类。其中，交代作用不强烈的混合岩（注入混合岩）又细分为角砾状混合岩、网脉状混合岩、眼球状混合岩、条带状混合岩、肠状混合岩等；而交代作用强烈的混合岩常见者为混合片麻岩、阴影状混合岩、混合花岗岩等。

二、常见的混合岩岩石类型

1. 角砾状混合岩

角砾状混合岩是指具有特殊的"角砾状"构造的一种混合岩。岩石中的暗色基体呈大小不等的角砾状碎块，而浅色的脉体在暗色角砾之间呈胶结物状态分布（见图 10-15）。岩石以暗色基体（富含铁镁矿物的斜长角闪岩、角闪岩或片麻岩等变质岩）为主，浅色脉体含量 <30%。基体与脉体的界线清晰。

2. 网状或树枝状混合岩

这是一种具有"网状"或"树枝状"构造的混合岩。与角砾状混合岩相比，其中的浅色脉体含量明显增多（<50%）。通常，岩石中的浅色脉体将暗色基体包围、分隔成"网状"形态；有时因脉体含量较少不能切断基体而呈"分叉状"或"树枝状"形态，分别称为"网状"或"树枝状"混合岩。

3. 眼球状混合岩

脉体（长石晶体或长石和石英的集合体）呈眼球状、透镜状沿基体片理分布的一种混合岩，脉体含量 <50%，具特征的"眼球状"构造，基体及片理常绕过"眼球"。主要由注入-交代作用（钾质交代为主）形成，是中等混合岩化程度的产物。

4. 条带状混合岩

是指脉体平行于基体的片理呈条带状分布的混合岩，具典型的条带状构造。脉体厚度有时较均匀，且延伸较远，有时脉体宽窄变化较大。脉体含量 50% 左右。条带状混合岩一般是以注入-交代方式形成的，分布较广。

5. 肠状混合岩

是指浅色脉体在岩石中显示肠状、蛇曲状形态分布于暗色基体中的一种混合岩（见图 10-19）。肠状脉体的厚度不等，脉体含量 <50%。肠状混合岩的成因，一般认为是脉体注入基体后在塑性状态下受挤压形成的。

6. 混合片麻岩

混合片麻岩是受强烈混合岩化（或交代）作用的一种混合岩。脉体含量＞50%，脉体与基体界线模糊不清。基体岩石主要为片麻岩或麻粒岩等，由于交代强烈，岩石外表向均匀化趋势发展，但在岩石中或基体的残留体中仍显示片麻状构造特征（图11-14）。

A. 混合片麻岩，手标本
（www.npolar.no）

B. 混合片麻岩，正交偏光
（南京大学地球科学数字博物馆）

图 11-14　混合片麻岩

7. 阴影状混合岩

阴影状混合岩，也称云雾岩，是指具有明显的残留阴影的一种混合岩。由于交代作用比较强烈，暗色基体与浅色脉体的界线不清晰。但可见黑云母、角闪石等暗色矿物分布不均匀，有时比较集中，呈不清晰的条带状或不规则状，形似阴影或云雾，有时浅色脉体仍显示出细条带轮廓。

8. 混合花岗岩

混合花岗岩是混合岩化作用最强烈的一类混合岩，有人称为混合岩化的极端产物。脉体与基体已难以区分，其岩性与岩浆成因的花岗岩极为相似。岩石总体矿物成分相当于花岗岩或花岗闪长岩，暗色矿物呈斑点状、团块状或线理状散布在岩石中，隐约显现断续定向的构造特征（图11-15A），镜下观察，微斜长石格子状双晶发育（图11-15B）。

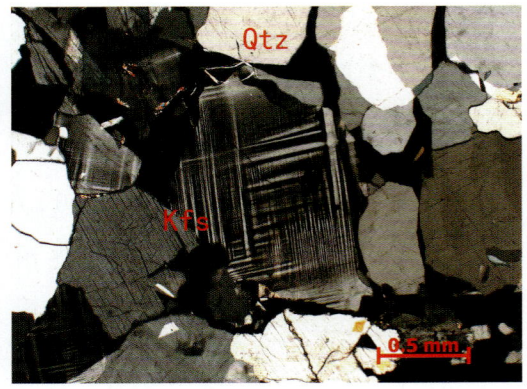

A. 混合花岗岩，手标本
（国家岩矿化石标本资源数据中心）

B. 混合花岗岩，正交偏光
（江西武功山）

图 11-15　混合花岗岩

三、混合岩的研究意义

混合岩是介于变质岩和岩浆岩之间的过渡性岩类，是区域变质作用之后进一步发展的产物，因此对混合岩的深入研究，有助于更深入地了解区域构造变动、岩浆活动及区域地质作用的演化和发展；有助于了解混合岩化作用与区域成矿作用的关系、指导找矿。

混合岩化作用十分强烈的地区广泛发育交代作用，使某些组分容易发生迁移和富集成矿。有些学者特别强调混合岩化与成矿的关系，认为在混合岩的演化过程中，每一阶段都与一定的成矿作用相联系，特别是在混合岩化后期可能产生"热液"，运移或以交代方式聚集成矿元素。例如，我国鞍山地区的富铁矿体就与混合岩化作用有关。

第三节 接触变质岩

一、接触变质岩概述

当岩浆侵入围岩时，在侵入体与围岩接触带附近，由于受岩浆所散发的热量及气体挥发组分或流体的影响，围岩发生重结晶、变质结晶和交代作用等，形成接触变质岩。

通常，与岩浆直接接触的那部分围岩遭受温度最高，热变质作用最强，随着远离侵入体，温度逐渐降低，变质程度也随之降低。所以围绕侵入体的围岩中，不同变质程度的岩石便呈环带状顺序分布（图11-16），这种环带称为"接触变质晕"或"变质圈"。靠近侵入体的内带为高变质的岩石，远离侵入体的外带为低变质的岩石。接触变质晕的宽度受侵入体形态、大小、岩浆成分、侵入深度以及围岩性质等因素影响，一般几米至数千米。

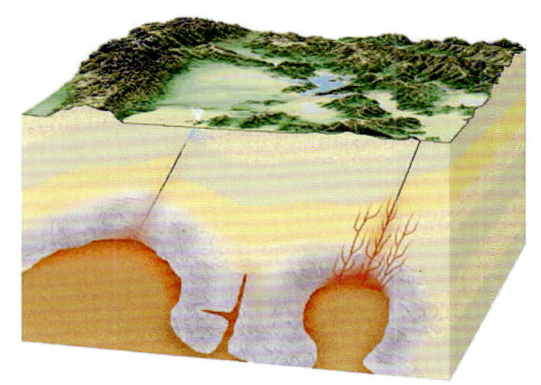

A. 接触变质晕示意图　　　　　　　　　　　B. 接触变质带，露头
（据 Tarbuck et al., 2004）　　　　　　　（南京大学地球科学数字博物馆）

图11-16　接触变质作用

接触变质岩的特征变质矿物主要是红柱石、堇青石、硅灰石、石榴子石等。岩石一般呈块状构造，定向性不明显，有时具某些变余构造。变质轻微者常见某些变余结构，变质较强者的典型结构有角岩结构、斑状变晶结构和某些交代结构。

根据变质过程中是否发生交代作用，接触变质作用可分为热接触变质作用和接触交代变质作用。热接触变质作用过程中，围岩主要受岩浆散发的热能烘烤而发生变质，未发生交代作用；接触交代变质作用过程中，围岩受岩浆热能及活性组分的双重影响，交代作用强烈。

· 249 ·

因此，可将接触变质岩分为热接触变质岩和接触交代变质岩两类。

发生热接触变质的原岩主要有泥质岩、碳酸盐岩、碎屑岩等。最常见的热接触变质岩是角岩、石英岩、大理岩等。

接触交代变质岩是中酸性及酸性侵入体与碳酸盐岩的接触带中特有的变质岩石。岩浆侵入体中的SiO_2、Al_2O_3、FeO等组分带入围岩，而围岩中的CaO、MgO等组分转入岩体内，使二者之间发生了物质的交换（双交代作用），形成一种新的岩石——矽卡岩。

二、常见的接触变质岩岩石类型

1. 角岩

角岩是热接触变质岩中特有而又常见的岩石，变质程度较低。原岩是富含各种黏土矿物的泥质岩和粉砂岩。岩石常呈斑状变晶结构，变斑晶主要是红柱石、堇青石等；基质为细粒粒状变晶结构（角岩结构），其中的矿物紧密镶嵌，一般不呈定向排列，偶见变余层理构造。红柱石变斑晶常呈放射状，横切面上显示呈十字形排列的碳质包裹体（图11-17A，B）。堇青石呈不完整的柱状，常显示六连晶式双晶（图11-17C，D）。角岩通常是按结构命名的，有时可根据红柱石、堇青石、十字石、石榴子石等特征变质矿物的变斑晶进一步命名，如红柱石角岩，堇青石角岩等。

A. 红柱石角岩，手标本
（南京大学地球科学数字博物馆）

B. 红柱石角岩，正交偏光
（福建东山）

C. 堇青石角岩，单偏光
（河北庞家堡）

D. 堇青石角岩，正交偏光
（河北庞家堡）

图11-17　角岩

2. 石英岩

纯石英砂岩、含泥质或铁质的石英砂岩、胶体沉积的硅质岩等遭受热接触变质作用时，细粒石英颗粒发生重结晶变成粗大晶体，形成热接触变质岩，也叫石英岩。但其规模较小，通常仅分布在侵入体与围岩的接触带。在热接触变质过程中，原岩中的铁质胶结物重结晶形成赤铁矿或磁铁矿，泥质杂基重结晶形成绢云母、绿泥石等。

3. 大理岩

碳酸盐岩（石灰岩、白云岩及泥灰岩）受到岩浆热接触变质时，亦常发生重结晶作用使矿物粒度变粗，变成热接触变质岩，也称大理岩。

由方解石组成的纯石灰岩，在热接触变质时仅发生重结晶，颗粒变粗，形成纯白色的大理岩，岩石中方解石含量 >90%。

白云岩或白云质石灰岩，在热接触变质时也可发生重结晶作用，形成白云石大理岩，岩石中方解石和白云石含量 >90%。

热接触变质形成的大理岩，也具典型的粒状变晶结构，岩石中方解石颗粒之间或方解石与白云石颗粒之间形成紧密镶嵌结构。

热接触变质作用形成的大理岩与区域变质形成的大理岩，在原岩类型、温度条件及矿物组合等方面基本相同，但热接触变质作用通常压力较低。

大理岩是优质的雕刻和建筑装饰材料。在商业上，人们通常把各种磨光后能作装饰用的天然岩石的石板笼统地称为大理石板。但在地质学上大理岩仅限于碳酸盐类变质岩。

4. 矽卡岩

是指在中酸性或酸性侵入体与碳酸盐岩（石灰岩、白云岩等）的接触带，经接触交代作用所形成的一种变质岩。矽卡岩主要由富钙的硅酸盐矿物和富镁的（铝）硅酸盐矿物组成。矽卡岩中各种矿物的含量变化较大，岩性相当复杂。肉眼观察，矽卡岩呈浅褐、红褐和暗绿等色，具细至粗粒、等粒或不等粒变晶结构（图 11-18），致密块状构造，有时也出现斑杂状、带状构造，还常有一些大小不等的空洞或空隙，呈疏松多孔状，孔洞常被一些不规则状或晶簇状的次生矿物所充填。由于矽卡岩中含较多的石榴子石，岩石密度较大。根据其矿物成分，可将矽卡岩分为钙质矽卡岩和镁质矽卡岩两种类型：

A. 矽卡岩，手标本
（www.christian.nicollet.free.fr）

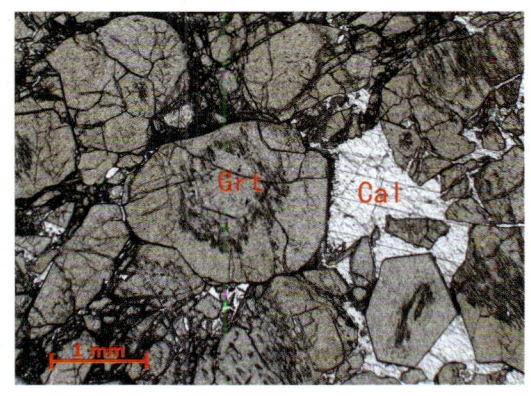

B. 矽卡岩，单偏光
（安徽铜陵）

图 11-18 矽卡岩

◎ 钙质矽卡岩：简称矽卡岩。是酸性或中酸性岩浆侵入到石灰岩中经接触交代作用形成的矽卡岩。主要由石榴子石（钙铝榴石－钙铁榴石）、辉石（透辉石－钙铁辉石）、符山石、方柱石、硅灰石等富钙的硅酸盐矿物组成。钙质矽卡岩常按岩石中的主要矿物命名，如石榴子石矽卡岩、石榴－辉石矽卡岩、辉石矽卡岩、石榴－绿帘石矽卡岩及绿帘石矽卡岩、石榴－符山石矽卡岩及符山石矽卡岩、方柱石矽卡岩等。

◎ 镁质矽卡岩：是中酸性岩浆侵入到白云岩或白云质灰岩中，经接触交代形成的矽卡岩。主要由镁橄榄石、透辉石、尖晶石、金云母和硅镁石、硼镁石等富镁的（铝）硅酸盐矿物组成。镁质矽卡岩也按岩石中的主要矿物命名，如透辉石矽卡岩、镁橄榄－透辉石矽卡岩（蛇纹石化透辉石矽卡岩）、硅镁－金云母矽卡岩、粒状硅镁石矽卡岩、金云母－橄榄石矽卡岩及金云母矽卡岩等。

矽卡岩在我国分布广泛，以长江中下游地区尤其是安徽铜陵一带最具代表性，与矽卡岩有关的矿产有铁、铜、铅、锌、钨、锡、铋、钴、铍，以及硼、磷、稀土等。

第四节 气液变质岩

一、气液变质岩概述

气液（气水热液）变质作用既包括岩浆岩侵入体的自变质作用，也包括各种围岩的蚀变作用，主要发生在地壳浅处。气液变质作用常形成各种自变质岩石或蚀变围岩。引起气液变质作用的气水热液，既可以是液相也可以是气相，主要成分是水。气水热液常沿着固体岩石的孔隙或裂隙运移，对岩石进行交代。

根据气水热液的温度和新生（蚀变）矿物数量及特征，可将气液变质岩分为低温气液变质岩（蛇纹岩、滑石菱镁岩）、中低温气液变质岩（青磐岩、黄铁绢英岩）、高温气液变质岩（云英岩、次生石英岩）等。气液变质岩的命名，一般是在蚀变岩或蚀变矿物后面加一个"化"字，如蛇纹石化、青磐岩化、云英岩化等。

二、常见的气液变质岩岩石类型

1. 蛇纹岩

蛇纹岩是一种主要由蛇纹石组成的变质岩。蛇纹岩一般呈隐晶质致密块状，质较软，略具滑感。岩石常呈灰绿、黄绿至暗绿色，颜色分布不均匀而显示斑块状或网状构造（图11-19A），外表像蛇皮的花纹，故名蛇纹岩。

蛇纹岩主要是由富含FeO、MgO而贫SO_2和K_2O、Na_2O的超基性岩（橄榄岩），在岩浆作用期后，遭受低温或中低温气水热液交代引起蛇纹石化而形成的变质岩。自然界完全新鲜的橄榄岩极为罕见，一般均遭受不同程度的蛇纹石化，蛇纹石化比较强烈的岩石中橄榄石被蛇纹石包围成岛状（图11-19B），甚至完全转变为蛇纹岩。

蛇纹岩主要由叶蛇纹石、利蛇纹石、纤维蛇纹石等蛇纹石族矿物组成，含有镁质碳酸盐、滑石、水镁石等富镁矿物，以及磁铁矿、钛铁矿、铬铁矿等。

蛇纹岩是典型的气水热液变质产物，蛇纹石化常可形成许多有价值的矿床，主要有铬、镍、铂、石棉、滑石、菱镁矿等。

A. 蛇纹岩，标本

B. 蛇纹石化橄榄岩，正交偏光
(www.geo.unimib.it)

图 11-19　蛇纹石化和蛇纹岩

2. 滑石菱镁岩

滑石菱镁岩是一种主要由滑石和菱镁矿组成的变质岩。主要由超基性岩或蛇纹岩在富含 CO_2 的热液作用下所形成。主要矿物成分为滑石、菱镁矿、方解石、白云石及石英等，有时含少量蛇纹石、透闪石、磁铁矿、尖晶石、铬云母、黄铁矿等。岩石一般呈灰白色、浅绿色、粉红色等，具中细粒鳞片粒状变晶结构和块状构造。

3. 青磐岩

青磐岩是中性以及基性成分的浅成岩、喷出岩和火山碎屑岩在中－低温热液作用下，特别是含 H_2S、CO_2 的热液作用下经蚀变作用所形成的变质岩。由于在安山质火山岩中最为发育，因此又叫变安山岩。

青磐岩一般呈灰绿色、暗绿色（图 11-20A）。隐晶质，但往往具变余斑状结构及变余火山碎屑结构（图 11-20B）。块状、斑块状、角砾状构造。矿物成分较复杂，主要有阳起石、绿帘石、绿泥石、钠长石、碳酸盐矿物等，此外还常见有冰长石、沸石、葡萄石、明矾石、黄铁矿、黄铜矿、闪锌矿、方铅矿等。

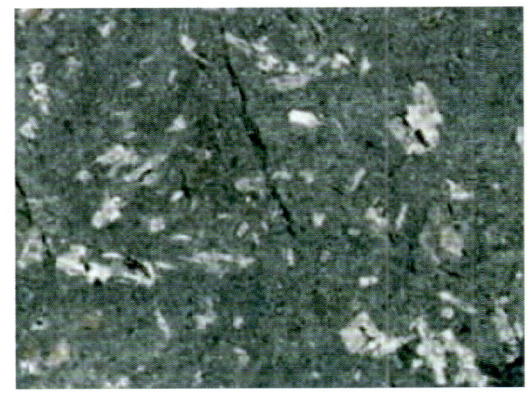
A. 青磐岩，手标本
（国家岩矿化石标本资源数据中心）

B. 青磐岩，正交偏光
（南京大学地球科学数字博物馆）

图 11-20　青磐岩

青磐岩分布较广泛,尤其在活动区常为区域性分布。青磐岩既可单独出现,也可分布于次生石英岩和未蚀变岩石之间,成为过渡至原岩的边缘带,有时分布于矿脉附近。与青磐岩有关的矿产有铜、铅、锌等多金属硫化物和金、金－银脉状矿床等。

4. 黄铁绢英岩

黄铁绢英岩是酸性浅成岩在中低温热液（富含钾且为碳酸所饱和的中性至弱碱性溶液）交代作用下所形成。黄铁绢英岩呈黄绿色、浅灰色。常为中细粒至显微粒状鳞片变晶结构,如蚀变较浅,常呈变余斑状结构,块状构造。

黄铁绢英岩的主要矿物为石英和绢云母,经常含黄铁矿和碳酸盐等杂质。黄铁绢英岩一般分布于石英脉的两侧,是寻找含金石英脉的主要标志。

5. 云英岩

云英岩是由酸性侵入岩受高温气水热液交代作用蚀变所形成的岩石,有时侵入体的顶板围岩（泥质岩、砂岩、千枚岩、片岩等）中也可见到。

云英岩的颜色较浅,一般为浅灰、灰白、浅灰绿色（图11－21A）。具花岗变晶结构或鳞片花岗变晶结构,块状构造。主要矿物成分是石英、白云母（图11－21B）,次为黄玉、电气石、萤石、绿柱石等,常含金属矿物锡石、黑钨矿、白钨矿、黄铁矿、辉钼矿等。

云英岩化作用过程中,OH、F、B等挥发分起很大作用,元素的迁移非常剧烈,原岩中的矿物发生分解,形成白云母、石英的集合体。

云英岩主要发育于中等深度的花岗岩穹隆体顶部和边缘,或在矿脉两侧呈脉状、网状等。云英岩是重要的找矿标志,经常伴有钨、锡、钞、铝及稀土元素等矿床。

A. 云英岩,手标本
（中国石油大学）

B. 云英岩,正交偏光
（南京大学地球科学数字博物馆）

图11－21 云英岩

6. 次生石英岩

次生石英岩是指主要由中酸性火山岩或次火山岩,在火山硫质喷气和热液的影响下,经交代蚀变作用所形成的一种高度硅化的变质岩石。主要矿物成分为石英,有时含绢云母、明矾石、高岭石、红柱石、水铝石和叶蜡石,次要矿物有刚玉、黄玉、电气石、蓝线石等。岩石一般为灰白至深灰色,具细粒至显微粒状变晶结构和块状构造,有时可见变余斑状结构和变余流纹构造。次生石英岩可根据主要矿物命名,如明矾石次生石英岩、刚玉红柱石次生石英岩等。

第五节　动力变质岩

一、动力变质岩概述

由动力变质作用形成的变质岩称为动力变质岩。在不同性质的应力影响下，岩石和矿物主要发生塑性变形（表现为矿物的粒内滑移和扭折）和脆性变形（矿物发生碎裂）。由于动力变质作用与构造运动密切相关，且以岩石的变形和碎裂为主，故动力变质岩又称"构造岩"或"碎裂变质岩"。

动力变质作用一般发生在地壳较浅处的构造错动带，以机械作用效应为主，但当其温度较高或有沿裂隙活动的水溶液作用时，也可使岩石在发生变形破碎的同时发生局部重结晶，形成某些新矿物，如绢云母、绿泥石、叶蜡石等。

根据岩石碎裂的特征将动力变质岩划分为构造角砾岩、碎裂岩、糜棱岩、千枚糜棱岩（千糜岩）等岩石类型，并以岩石碎裂特征确定基本名称。

二、常见的动力变质岩岩石类型

1. 构造角砾岩

构造角砾岩指由于应力作用，原岩破碎成角砾状并被破碎细屑充填胶结或有部分外来物质胶结的岩石。将这样的结构称之为破碎角砾结构。它是动力变质岩中碎裂程度中等的岩石。构造角砾岩在断层破碎带中广泛分布。其厚度取决于破碎的强度。有时可厚达数百米，延伸数十至数百千米。

构造角砾岩中的"角砾"大小不一，粒径由几毫米至1m或更大，总体上，细小碎屑（碎基）的数量很少；角砾多呈棱角状（图11-22），排列杂乱无章。角砾之间的充填物除原岩的粉砂及泥级碎屑外，还有部分外来的碳酸盐、硅质、铁质及外来的溶解物质等。

A. 构造角砾岩，手标本
（国家岩矿化石标本资源数据中心）

B. 构造角砾岩，露头
（www.see.leeds.ac.uk）

图11-22　构造角砾岩

2. 碎裂岩

具有碎裂结构或碎斑结构的岩石称为碎裂岩。碎裂岩是原岩在较强的应力作用下破碎而形成。其粒化作用仅发生在矿物颗粒的边缘，而尚未达到糜棱阶段，因而颗粒间的相对位移不大。原岩的特征尚有部分被保存下来，据此可以判断原岩的性质。

碎裂岩可由各种岩石破碎而成，但主要在刚性岩石中发育，以长英质岩石中尤为常见。矿物除产生裂缝和机械破碎外，常发生晶面、解理面、双晶结合面的弯曲，云母等片、柱状矿物弯曲扭折，石英呈压扁凸镜状并被细粒的碎基围绕等现象。碎裂岩中还可出现绢云母、绿泥石、绿帘石、方解石等少量新生矿物。

碎裂岩在断裂带经常可见。根据碎裂程度及碎基含量，碎裂岩可进一步划分为初碎裂岩和碎裂岩两种类型：

◎ 初碎裂岩：是岩石发生断层脆性碎裂作用（岩石受轻微挤压，局部被压碎）的初级产物。碎基含量<50%。这类岩石外观与原岩相似，但具有碎裂结构，少数组成矿物呈现拉长或压扁现象。在显微镜下，可见到某些矿物因受应力而产生的光学性质异常现象，如石英颗粒的粒化（周围被许多细小碎屑颗粒所围绕）及波状消光、云母的弯曲与断折、斜长石双晶纹错动等。初碎裂岩的命名是在原岩名称前加上"碎裂"或"压碎"，如碎裂辉长岩、碎裂大理岩等。

◎ 碎裂岩：是指原岩遭受较强烈破碎后形成的一种动力变质岩。主要由较细小的岩石碎屑和矿物碎屑组成，有时可形成绢云母、绿泥石、绿帘石、方解石等少量新生矿物。岩石一般具碎裂结构或碎斑结构和块状构造（图11-23）。碎基含量>50%。矿物普遍具有变形拉长、波状消光及其他光性异常，解理或双晶纹扭曲裂开等现象，但未达到糜棱化的程度。根据碎斑的特征仍能恢复原岩的性质。碎裂岩中粒间有时含铁质浸染痕迹。

根据碎斑大小及碎基数量，可将碎裂岩进一步细分碎裂岩、碎斑岩、碎粒岩、碎粉岩、断层泥（未固结的膏泥状碎粉岩）等。碎裂岩可由任何成分的岩石经强烈破碎而形成，但主要发育在刚性岩石（花岗岩、砂岩、石灰岩）中。

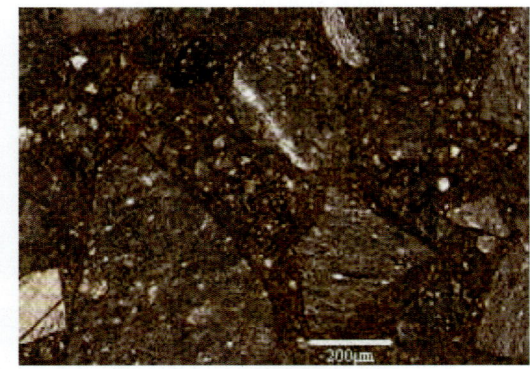

A. 碎裂岩，露头　　　　　　　　　B. 碎裂岩
（www.geol.umd.edu）　　　　（南京大学地球科学数字博物馆）

图11-23　碎裂岩

3. 糜棱岩

具有糜棱结构的岩石称为糜棱岩。糜棱岩是强烈破碎塑变作用所形成的岩石。往往分布在断裂带两侧（图11-24A），由于压扭应力的作用，岩石发生错动，研磨粉碎，并由于强

烈的塑性变形，细小的碎粒处在塑性流变状态下而呈定向排列。糜棱岩的粒度细小，一般比较均匀，外貌致密，坚硬。

糜棱岩常由花岗质岩石和砂岩类岩石形成，所以主要矿物成分是石英和长石，并常被压扁、拉长，石英碎粒还可出现平行光轴的波状消光带。在磨碎的基质中有时残留有稍大的石英、长石单个晶粒（或碎屑），或由两者集合构成的"眼球状体"（图11-24B）。

糜棱岩常具条带状和纹层状构造，条带和纹层由矿物成分、颜色、颗粒大小等差别显现。糜棱岩中常出现少量新生矿物，如绿泥石、绢云母、多硅白云母、绿帘石、滑石、蛇纹石等。这些矿物常呈定向排列，致使条带构造更趋明显。

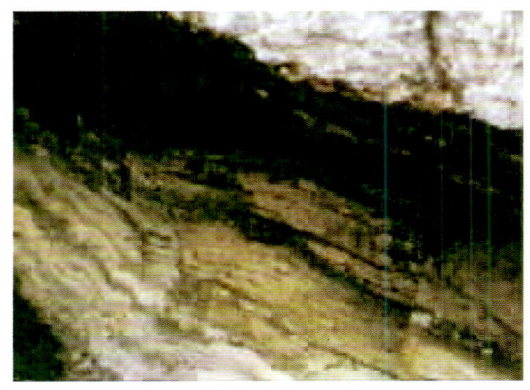

A. 糜棱岩，露头
（www.users.forthnet.gr）

B. 糜棱岩，单偏光
（www.ic.ucsc.edu）

C. 翡翠（超糜棱岩？），单偏光
（缅甸）

D. 翡翠（超糜棱岩？），正交偏光
（缅甸）

图 11-24 糜棱岩和超糜棱岩

有人把岩石中矿物碎屑粒度<0.1mm或碎斑含量<10%、基质占90%以上的糜棱岩称为超糜棱岩。超糜棱岩是岩石发生糜棱岩化的高级阶段的产物。也有人把品质好的翡翠称为超糜棱岩。在单偏光下，翡翠中的硬玉颗粒大都小于0.1mm，浅灰色，均一；在正交偏光间，硬玉呈大小不匀纤维状或集合体状，显示Ⅱ级蓝干涉色（图11-24C，D）。

4. 千枚糜棱岩

千枚糜棱岩，简称千糜岩，在矿物成分组合和外表上与千枚岩相似，但其成因不同于千枚岩，而和糜棱岩一样，也是由强烈破碎作用所形成。但以其明显的重结晶又与糜棱岩不同，因而在矿物成分和结构上都有区别（图11-25）。

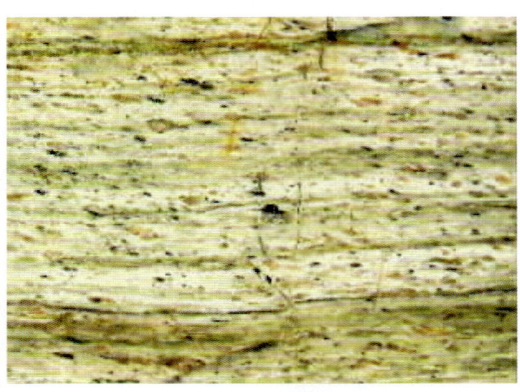

A. 千糜岩，露头　　　　　　　　　　　　　　B. 千糜岩，单偏光
（www.nvcc.edu）　　　　　　　　　　　（www.jpkc.cug.edu.cn）

图 11-25　千糜岩

第六节　变质岩的肉眼鉴定与描述

变质岩的肉眼观察和描述方法也与其他岩石相似，其主要内容为矿物成分、结构、构造等，而这些也是变质岩命名的主要根据。

一、变质岩的肉眼鉴定观察内容

（1）矿物成分。在观察变质岩时，除主要造岩矿物应注意观察外，更要注意对变质矿物的观察。这是因为变质矿物能反映出变质前原始岩石的化学成分，能够帮助我们恢复和判断它是由什么岩石变来的，如红柱石（$Al_2O_3 \cdot SiO_2$）的存在说明此种岩石在变质前是富含Al_2O_3的泥质岩，其次它可以反映出变质作用过程中的物理化学条件，帮助我们分析和判断变质作用的性质和变质程度的深浅。如蓝晶石和红柱石的化学成分是一样的，但蓝晶石一般仅出现在区域变质的岩石中，而红柱石则主要出现在热接触变质的岩石中。

（2）结构和构造。变质岩结构的观察是根据矿物颗粒的大小、形状以及自形程度等方面来进行的。在观察时，要注意岩石的结构类型（变晶结构、变余结构、碎裂结构等）。这在判断岩石的变质类型和变质作用程度方面起重要作用。尤其是变余结构和一些特殊结构，对于我们解决变质岩的形成历史和恢复原始物质成分方面往往具有重要意义。变质岩构造的观察主要根据矿物颗粒的排列方式，分为块状构造与定向构造（如片状、片麻状、眼球状等）。其次是矿物成分或结构的不同部分在岩石中的分布状况（如带状和斑点状等）。

结构和构造在变质岩定名时起很重要的作用，如具有片麻状构造的岩石叫片麻岩，具片理构造的岩石叫片岩等。此外，变质岩的产状及其上下岩石的特征也是重要观察内容。

二、变质岩的肉眼鉴定描述方法

（1）颜色。指岩石总体的颜色（如灰色、浅绿色等）。

（2）矿物成分。要描述肉眼及用放大镜可见的矿物成分。如有变斑晶，则先描述变斑晶，然后再描述基质部分。如无变斑晶，则按矿物含量多少的顺序先后一一加以描述。其中对变质矿物更要注意描述。

（3）结构和构造。如岩石同时具有几种结构特征时，应指出它们之间的相互关系，并加以综合。例如，某一岩石按颗粒的相对大小而言是斑状变晶结构，但基质部分为鳞片变晶结构，则此岩石的结构应描述为"基质具鳞片变晶结构的斑状变晶结构"。又如，岩石是由大部分的鳞片变晶和部分的纤维变晶所组成，则此岩石的结构应称为"纤维鳞片变晶结构"等等。另外，也要注意描述岩石中矿物颗粒的绝对大小。

（4）岩石的断口（如贝壳状、平坦状、参差状等）、光泽（如明亮的、暗淡的等）。

（5）其他特点。如细脉穿插、小型褶皱、产状特点，风化程度等。

（6）岩石定名。

三、变质岩的肉眼描述举例

红柱石角岩

岩石为斑状变晶结构，基质为细粒变晶结构。深灰色。变斑晶为长柱状红柱石，由于风化光泽暗淡，柱长 5~10mm，横断面近方形。在新鲜的岩石断口处，红柱石和基质很难区别，只有在岩石的风化面上由于变斑晶较基质的抗风化力强才显露出来。

四、主要变质岩的肉眼鉴定

主要变质岩肉眼鉴定详见表 11-1。

表 11-1　主要变质岩肉眼鉴定特征

变质作用类型	变质岩岩石类型	矿物成分	结构和构造	产状分布	可能原岩
区域变质作用	板岩	黏土矿物为主，含少量绢云母、绿泥石等	变余泥质结构、变余粉砂结构，板状构造	层状	黏土岩、粉砂岩、中酸性凝灰岩
	千枚岩	绢云母、绿泥石、石英	显微鳞片变晶结构，千枚状构造	层状	黏土岩、粉砂岩、中酸性凝灰岩
	片岩	黑云母、白云母、角闪石、绿泥石、石英、长石、蓝晶石、矽线石等	鳞片变晶结构、纤维变晶结构，片理构造	层状	黏土岩、中酸性火山岩、基性岩、凝灰岩、钙质页岩等
	片麻岩	长石、石英为主，可含黑云母、白云母、角闪石、辉石及某些特征变质矿物	鳞片（纤维）花岗变晶结构，片麻状构造	层状	黏土岩、中酸性岩浆岩、基性岩、泥灰岩、钙质砂岩等
	变粒岩	石英、长石为主，其次为黑云母、角闪石、电气石、石榴子石等	细粒等粒变晶结构，块状构造（有时略具片理）	层状	粉砂岩、凝灰岩
	角闪岩（斜长角闪岩）	角闪石、斜长石为主，含绿帘石、黑云母、石榴子石、辉石、石英等	细粒-粗粒变晶结构，块状构造、条带状构造	副变质岩呈层状，正变质岩呈侵入体轮廓	基性侵入岩、喷出岩、泥灰岩等

续表

变质作用类型	变质岩岩石类型	矿物成分	结构和构造	产状分布	可能原岩
区域变质作用	麻粒岩	紫苏辉石、透辉石、长石、石英、石榴子石、矽线石、堇青石等	中粗粒-不等粒变晶结构,块状构造、似片麻状构造	层状（副变质岩），呈侵入体的轮廓（正变质岩）	各种火山岩、凝灰岩、铁镁钙质较高的泥岩等
	榴辉岩	绿辉石、镁铝榴石、角闪石、刚玉、蓝晶石、石英等	中粗粒不等粒变晶结构,块状构造、片状构造	层状、透镜状或为其他岩石的包裹体	基性-超基性岩
混合岩化作用	角砾状混合岩	基体多为角闪岩、斜长角闪岩等,脉体为长英质	角砾状构造	分布不规则,有时呈层状、似层状、透镜状等	角闪岩、斜长角闪岩
	眼球状混合岩	基体为各种变质岩,脉体为长石晶体、石英长石集合体	眼球状构造	常和区域变质岩伴生,呈层状或似层状产出	各种变质岩、片岩、片麻岩等
	条带状混合岩	基体为各种片岩、片麻岩,脉体为长英质	条带状构造	经常和区域变质岩伴生,呈层状或似层状产出	各种变质岩、片岩、片麻岩等
	肠状混合岩	基体为片岩、片麻岩,脉体为长英质	肠状构造	分布比较局限,产状不稳定	各种片岩、片麻岩、角闪岩等
	阴影状混合岩	基体很少,以脉体为主,成分为花岗质	阴影构造、片麻状构造	分布不规则,常与其他类型混合岩呈渐变过渡关系	各种片岩、片麻岩、角闪岩等
	混合花岗岩	相当于岩浆结晶的花岗岩的成分	片麻状构造、阴影构造、块状构造	分布在混合岩化中心地带,与其他类型混合岩呈渐变关系	各种片岩、片麻岩、角闪岩等
接触变质作用	角岩（云母角岩）	黑云母、白云母、石英、红柱石、堇青石、长石等	角岩结构、粒状变晶结构,块状构造	分布在接触变质晕的中带	黏土质岩石（页岩、泥岩等）
	大理岩	方解石、白云石为主,可含透闪石、滑石、石榴子石、透辉石、镁橄榄石等	等粒变晶结构,块状构造	随距离侵入体由远至近,变晶程度增强,变质矿物有规律变化	石灰岩、白云质灰岩等
	石英岩（变质砂岩）	以石英为主,含少量绢云母、绿泥石、黑云母、白云母、普通角闪石、透辉石等	鳞片花岗变晶结构、花岗变晶结构、变余砂状结构,块状构造	随距离侵入体由远至近,变晶程度增强,变质矿物有规律变化	砂岩
	钙质矽卡岩	石榴子石、辉石、硅灰石、符山石、绿帘石、阳起石、石英、方解石、金属矿物等	不等粒变晶结构、交代结构,块状构造、斑杂构造	在中酸性侵入体与钙质碳酸盐岩接触带,呈层状、透镜状产出	石灰岩
	镁质矽卡岩	镁橄榄石、金云母、硅镁石、透辉石等	不等粒变晶结构、交代结构,块状构造、斑杂构造	在中酸性侵入体与镁质碳酸盐岩接触带,呈似层状、透镜状产出	白云岩

续表

变质作用类型	变质岩岩石类型	矿物成分	结构和构造	产状分布	可能原岩
气成热液变质作用	蛇纹岩	蛇纹石、滑石、磁铁矿、阳起石、橄榄石、碳酸盐矿物等	隐晶质结构，块状构造	透镜状、脉状	超基性岩、白云岩
	青磐岩	绿泥石、绿帘石、阳起石、钠长石、石英等	隐晶质-中细粒变晶结构，块状构造	沿低温热液金属矿脉两侧分布	中基性火山岩、火山碎屑岩
	云英岩	白云母、石英、电气石、萤石、黄玉等	鳞片粒状变晶结构，块状构造	多沿气成高温热液石英脉两侧分布	花岗岩类岩石
	黄铁绢英岩	石英、绢云母、黄铁矿、铁白云石、绿泥石等	显微粒状鳞片变晶结构，变余斑状结构，块状构造	中酸性超浅成斑岩体的边缘	中酸性浅成岩，石英闪长玢岩
动力变质作用	构造角砾岩	原岩角砾及胶结物	角砾状结构，无定向构造或略具定向	沿断裂带分布	多为各种沉积岩及火山岩
	碎裂岩	原岩矿物碎屑	碎裂结构，无定向构造	沿断裂带分布	各种沉积岩、岩浆岩、变质岩
	糜棱岩	由原岩细破碎物及少量绢云母、绿泥石等组成	糜棱结构，眼球构造、条带构造	沿断裂带分布	各种沉积岩、岩浆岩、变质岩
	千糜岩	绢云母、绿泥石、石英、长石、方解石等	显微细粒鳞片变晶结构，千枚状构造	沿断裂带分布	各种沉积岩、岩浆岩、变质岩

本 章 小 结

1. 具面理构造的区域变质岩从低级变质到高级变质的典型岩石类型依次为板岩、千枚岩、片岩、片麻岩；无（弱）面理构造的区域变质岩的主要岩石类型有长英质粒岩、角闪质岩、麻粒岩、榴辉岩等。
2. 片岩是中级变质程度的区域变质岩，具典型的片理构造。片麻岩是变质程度较高的区域变质岩，粒度一般比相应的片岩稍粗一些，具典型的片麻状构造。
3. 蓝闪石片岩是高压变质作用的产物，外观呈黄绿、蓝绿色，具片状构造，含特征变质矿物蓝闪石、硬柱石等。蓝晶石片岩也是高压变质岩，具片状构造，主要由蓝晶石和滑石组成。
4. 混合岩以普遍发育交代现象而区别于区域变质岩。混合岩通常由基体和脉体两部分组成。基体一般是铁镁质的，颜色较深，脉体一般是长英质的，颜色较浅。基体与脉体常以不同比例、不同形式相互混合、交织形成各种类型的混合岩。
5. 混合花岗岩是混合岩化作用最强烈的一类混合岩，有人称为混合岩化的极端产物。脉体与基体已难以区分，其岩性与岩浆成因的花岗岩极为相似，其中暗色矿物隐约显现断续定向的构造特征。
6. 接触变质岩的特征变质矿物主要是红柱石、堇青石、硅灰石、石榴子石等。

7. 大理岩是由石灰岩、白云岩等碳酸盐岩经区域变质作用或热接触变质作用而形成的变质岩。主要由方解石、白云石等碳酸盐类矿物组成，具等粒变晶（花岗变晶）结构，块状构造。
8. 常见的矽卡岩是酸性或中酸性岩浆侵入到石灰岩中经接触交代作用形成的。主要由石榴子石（钙铝榴石－钙铁榴石）、辉石（透辉石－钙铁辉石）、符山石、方柱石、硅灰石等富钙的硅酸盐矿物组成。
9. 蛇纹岩是一种主要由蛇纹石组成的变质岩，是典型的气水热液变质产物。一般呈隐晶质致密块状，质较软，略具滑感，常呈灰绿、黄绿至暗绿色，颜色分布不均匀而显示斑块状或网状构造。
10. 糜棱岩是经强烈破碎、塑变作用所形成的岩石。在磨碎的基质中有时残留有稍大的石英、长石单个晶粒（或两者集合的碎屑），常构成"眼球"状构造。

作业及思考题

1. 片岩中的片理是如何形成的？形成片理的片状和柱状矿物有哪些？
2. 片麻岩的矿物成分和结构构造特点是什么？与片岩有什么不同？
3. 榴辉岩代表什么特殊的变质条件？
4. 混合岩中的基体和脉体各有什么特征？
5. 何谓网状－树枝状混合岩？何谓眼球状混合岩？
6. 什么是接触变质晕？典型的接触变质岩有哪些？
7. 大理岩、矽卡岩的矿物成分特点分别是什么？
8. 蛇纹岩通常是由什么原岩变质来的？什么矿物最易受蛇纹石化？
9. 糜棱岩、千糜岩的结构构造和组分特征是什么？

第三篇　矿物岩石实验指导

第十二章　矿物实验指导

实验一　晶体对称要素的找寻

一、目的要求

(1) 学会在晶体模型上寻找对称要素的方法，加深对晶体对称概念的理解。
(2) 掌握晶体对称要素及其组合的记录方法，确定对称型和所属晶系。

二、实验内容与方法

（一）对称要素

晶体中的对称要素是通过晶体上的面、棱、角顶的分布及其形状来体现的。

1. 对称轴 (L^n)

对称轴是通过晶体几何中心的一根假想直线。对称轴总是通过晶体的角顶、面中心或棱中点。晶体中对称轴可能存在的位置有以下几种：

(1) 通过两个平行的晶面中心，并与晶面垂直的连线（如图 12-1A 中的 L^4）；
(2) 通过晶体中心和相对应的两角顶的连线（如图 12-1A 中的 L^3）；
(3) 通过晶体中心和两平行的晶棱中点的连线（如图 12-1A 中的 L^2）；
(4) 通过一个角顶和一个对应晶面中心的连线（如图 12-1B）；
(5) 通过晶棱中点及和一个对应晶面中心的连线（如图 12-1C）；
(6) 通过一个角顶和晶棱中点的连线（如图 12-1D）。

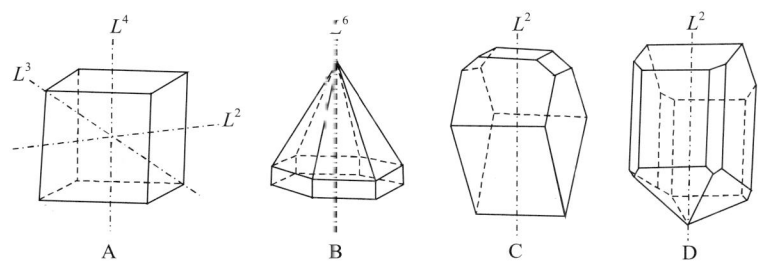

图 12-1　晶体中对称轴可能出露的位置

寻找对称轴时，使晶体围绕某一假想直线旋转，观察晶体在旋转一周时有无相同的部分重复出现及重复出现的次数，从而确定该直线是否为对称轴以及其轴次。如此操作，遍试所有可能位置上的直线，以找出全部对称轴。

一个晶体中可以没有对称轴,也可以有一个或几个对称轴。相同的面、棱、角顶重复出现 n 次即为 n 次轴。

2. 对称面（P）

对称面是一个通过晶体中心的假想平面,它可以将晶体平分成互为镜像的两个相等部分。确定某一平面是否为对称面,可根据晶体被该平面分成的两个部分能否成镜像反映关系。在找对称面时,晶体模型固定在一个位置,不要来回翻动模型,以免遗漏或重复计数。一个晶体中可以没有对称面,也可以有一个或几个对称面。对称面可能存在的位置有：

(1) 通过晶体中心,垂直并平分晶面或晶棱的平面（如图 12-2A）；
(2) 通过晶体中心,包含晶棱并平分晶面夹角的平面（如图 12-2B）；
(3) 通过角顶并平分两晶面之间夹角的平面（如图 12-2C）。

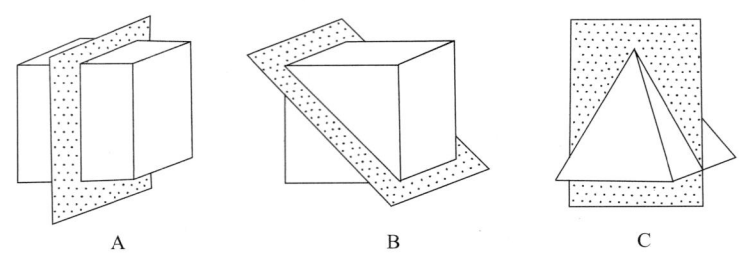

图 12-2　晶体中对称面可能存在的位置

3. 对称中心（C）

对称中心是晶体内部一个假想的点,通过这个点的直线两端等距离的地方有晶体上相等的部分。一个晶体中可以有对称中心,也可以没有对称中心；如果有对称中心,则只能有一个。凡是有对称中心的晶体,对于它的每一个晶面来说,必定都有另一个跟它平行的、同形等大,但位向相反的晶面存在。因此,可以将晶体模型上的每个晶面依次贴置于桌面上,逐一检查是否各自都有与桌面平行的另一相同晶面存在,若有任意一个晶面找不到这样的对应晶面时,晶体就不存在对称中心。

4. 旋转反伸轴（L_i^n）

旋转反伸轴是通过晶体几何中心的假想直线,晶体绕此直线旋转一定角度后,再经直线上中点的反伸,可使图像与晶体未旋转之前相重合。这是一种复合的对称操作,旋转与反伸紧密相连不可分割。

（二）寻找晶体中对称要素需遵循的规律

(1) 当有 n 个对称面相交,其交线必然为 n 次对称轴。
(2) 一个晶体中的偶次对称轴垂直通过对称面的交点,此交点必然为对称中心。
(3) 一个晶体若有对称中心存在,其偶次轴的数目等于对称面的数目。
(4) 一个晶体若存在偶次对称轴而无对称面,则该晶体必无对称中心。

（三）晶体对称要素及其组合的记录方法

按上述方法在晶体模型中依次寻找对称轴、对称面、对称中心,然后将每个晶体模型的全部对称要素记录下来。书写时,首先写对称轴和旋转反伸轴,其次是对称面,最后是对称中心。在对称轴和旋转反伸轴中，轴次高者记在前，低者写在后。在单个晶体中，全部对称要素的组合，称为该晶体的对称型。例如：立方体的对称型为 $3L^4 4L^3 6L^2 9PC$。

（四）晶族、晶系的划分

晶体上相同部分重复出现的次数越多，晶体的对称程度就越高。根据对称程度将晶体划分成三个晶族、七个晶系。三个晶族是：高级晶族、中级晶族、低级晶族；七个晶系是：等轴晶系、六方晶系、四方晶系、三方晶系、斜方晶系、单斜晶系、三斜晶系。其中，等轴晶系晶体有 4 个 L^3；六方晶系晶体有 1 个 L^6 或 L_i^6；四方晶系晶体有 1 个 L^4 或 L_i^4；三方晶系晶体有 1 个 L^3；斜方晶系晶体中 L^2 或 P 多于 1 个；单斜晶系晶体中 L^2 或 P 不多于 1 个；三斜晶系晶体只有 1 个对称中心 C。

三、实验报告及作业

根据模型，找出八面体、菱形十二面体、四面体、四方双锥、六方柱、斜方柱、菱面体、五角十二面体等晶体模型的全部对称要素，并将结果填入实验报告表中（表 12-1）。

表 12-1　晶体的对称实验报告表（供参考）

实验内容：对称要素操作　　　　　　　　　　　　班级＿＿＿＿姓名＿＿＿＿学号＿＿＿＿

模型号	对称轴				旋转反伸轴		对称面	对称中心	对称型	晶系	晶族
	L^6	L^4	L^3	L^2	L_i^6	L_i^4	P	C			
八面体		3	4	6			9	有	$3L^4 4L^3 6L^2 9PC$	等轴	高级

四、思考题

（1）如何在晶体中寻找对称要素？如何记录晶体对称要素组合？

（2）一个晶体的对称型是 $3L^4 4L^3 6L^2 9PC$，另一个的是 $L^2 PC$，这两个晶体有何不同？

实验二　单形、聚形与双晶的认识

一、目的要求

（1）认识和掌握 18 种常见单形的特征。
（2）了解不同单形在各晶族及晶系中的分布。
（3）认识几个常见聚形和双晶，了解晶面形状的变化和单形相聚的基本原则。

二、实验内容与方法

（一）单形的认识

1. 观察下面常见的 18 种单形模型，找出各单形的对称型及所属的晶族和晶系

立方体、八面体、菱形十二面体、四角三八面体；四面体、六方柱、六方双锥；四方柱、四方双锥；三方柱、复三方柱；菱面体、五角十二面体、复三方偏三角面体、三方偏方面体；斜方柱、斜方双锥；平行双面。

在分析模型的对称要素时，还要注意单形的晶面形状和横切面形状。

2. 注意下列相似单形之间的区别

斜方柱与四方柱；斜方双锥、四方双锥与八面体；菱面体、三方偏方面体与三方双锥；六方双锥与复三方偏三角面体；菱形十二面体与五角十二面体。

3. 观察下列矿物的晶形，并与其单形模型进行对照

磁铁矿的八面体；萤石和石盐的立方体；白榴石的四角三八面体；石榴子石的菱形十二面体；黄铁矿的五角十二面体；方解石的复三方偏三角面体。

（二）聚形的分析

进行聚形分析，确定出组成聚形的各个单形。具体步骤如下：

（1）确定对称型和晶系。从聚形中找出全部对称要素，确定对称型及所属晶族和晶系，确定可能出现的单形范围。

（2）确定单形数目。根据模型中同形等大的晶面种数，确定其单形数目。

（3）逐一确定单形名称。根据对称型、各单形的晶面数目和相对位置、晶面与对称要素之间的关系，进行综合分析，然后确定单形名称。此外，还可以通过假想把单形的晶面扩展相交的方法，想象该单形的形状。

（4）检查核对。由于只有属于同一对称型的单形才能相聚，因此，根据已找出的该聚形所属的对称型，检查所确定的单形名称是否符合该对称型所属的单形，若不符合，说明所确定的对称型有误。

（三）双晶的认识

1. 识别双晶

根据双晶凹入角、双晶缝合线或双晶纹（聚片双晶）来识别。

2. 确定双晶类型

通常按照双晶接合面的特点。双晶接合面呈简单规则的平面者，是接触双晶；双晶接合面为曲折而复杂面者，是穿插双晶。

3. 分析双晶要素（包括双晶面、双晶轴）

（1）分析双晶中某一单晶体的对称型及晶系，进行晶体定向。

（2）找出双晶面并确定其方向。在双晶中相邻两个单体之间，假想有一平面，若通过这个假想平面进行操作后，能使双晶的两个单体重合或平行，该平面就是双晶面。

（3）找出双晶轴并确定其方向。在双晶中相邻两单体之间，假想有一条直线，若双晶中的一个单体围绕该直线旋转180°后可与另一个单体位向重合、平行或连成一个完整的单晶体，则该直线就是双晶轴。

4. 观察具有双晶的矿物标本

观察方解石、斜长石、石膏、正长石、石英和十字石等矿物标本，了解双晶凹入角、双晶纹、双晶缝合线，并分析其双晶类型和双晶律：

方解石——接触双晶（聚片双晶）；斜长石——接触双晶（聚片双晶）；

石膏——接触双晶（燕尾双晶）；正长石——接触双晶（卡尔斯巴双晶）；

石英——穿插双晶（道芬双晶）；十字石——穿插双晶。

三、实验报告及作业

（1）根据模型，观察描述常见的18种单形，并填写实验报告表（表12-2）。

表12-2　单形实验报告表（供参考）

实验内容：常见单形的认识　　　　　　　　　　　　　　班级_____姓名_____学号_____

模型号	对称型	晶系	晶面数	晶面形状	横切面形状	单形名称

（2）结合模型，观察描述透辉石、白铅矿、方解石、锡石和石榴子石等矿物晶体的聚形（图12-3），将结果填入实验报告表中（表12-3）。

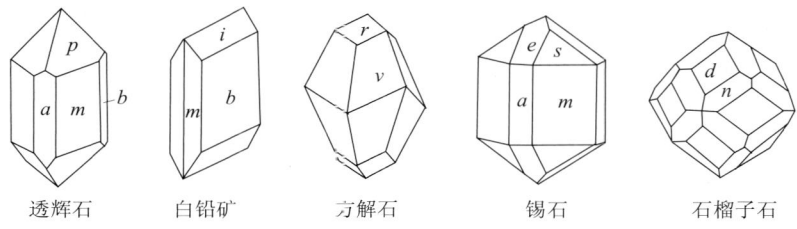

图12-3　几种矿物晶体聚形形态

表12-3　聚形分析实验报告表

实验内容：聚形分析　　　　　　　　　　　　　　　　　班级_____姓名_____学号_____

模型号	对称型	晶系	聚形分析	
			单形数目	单形名称及其晶面数目

（3）结合模型，观察描述尖晶石、方解石、锡石和正长石等矿物的双晶要素（图12-4），并将结果填入实验报告表中（表12-4）。

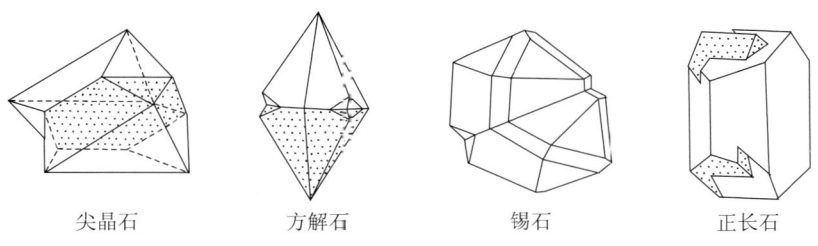

图12-4　几种矿物晶体的双晶形态

四、思考题

（1）各晶系有哪些常见的单形？

(2) 试判断下列单形中哪两个可以构成聚形？哪两个不能构成聚形？

立方体与四方双锥；立方体与菱形十二面体；四方柱与斜方柱；八面体与四方柱。

表 12-4　双晶的认识与分析实验报告表

实验内容：常见双晶的认识　　　　　　　　　　　　　　　班级_____姓名_____学号_____

模型号码	双晶类型	单晶分析		双晶要素		接合面
		对称型	晶系	双晶面	双晶轴	

实验三　矿物的形态和矿物的物理性质

一、目的要求

(1) 熟悉常见矿物的单体和集合体形态，学会描述矿物的形态。
(2) 学会观察和描述矿物的颜色、条痕、光泽、硬度、解理、断口等物理性质。
(3) 初步掌握矿物的分类。

二、实验内容与方法

（一）晶体的形态

1. 晶面条纹

观察石英（横纹）、电气石（纵纹）、黄铁矿（三组相互垂直的条纹）的聚形条纹，并与方解石、斜长石的聚片双晶条纹进行比较。

2. 观察矿物单体形态中常见的晶体习性（表 12-5）

表 12-5　矿物单体结晶习性

结晶习性	晶体的形态特征
一向延伸类型	柱状（石英、电气石、红柱石、绿柱石），针状（辉锑矿、辉铋矿、阳起石），纤维状（石棉）
二向延展类型	板状（重晶石、斜长石、黑钨矿），鳞片状（镜铁矿、石墨、云母、辉钼矿）
三向等长类型	等轴状或粒状（石榴子石、黄铁矿、磁铁矿）

3. 常见的矿物集合体形态

◎ 粒状集合体：纯橄榄岩（由橄榄石组成）、大理岩（由方解石组成）。

◎ 晶簇状集合体：石英晶族、方解石晶族、石膏晶族。

◎ 柱状集合体：辉锑矿、辉铋矿。

◎ 针状集合体：电气石、针铁矿晶簇。

◎ 纤维状集合体：纤维石膏、石棉。

◎ 放射状集合体：红柱石、叶蜡石。

◎ 板状集合体：重晶石、钠长石、黑钨矿。

- ◎ 片状集合体：镜铁矿、辉钼矿。
- ◎ 鳞片状集合体：绿泥石、云母、赤铁矿。
- ◎ 钟乳状集合体：方解石（钟乳石）。
- ◎ 葡萄状集合体：硬锰矿。
- ◎ 鲕状、豆状、肾状集合体：赤铁矿。

（二）矿物的物理性质

1. 矿物的颜色

观察矿物的颜色应在矿物的新鲜面上或解理面上进行。描述矿物颜色常用标准色谱法、类比法、二色法和形容法。如果矿物的颜色为两种颜色的混合色，则可采用综合法，根据颜色的色调、深浅、明暗程度描述矿物的颜色，如浅黄绿色（主要色放在后，次要色放在主要颜色前）、暗蓝绿色和暗深红色（亮度放在色彩前面来形容主、次颜色）。

根据下面矿物颜色产生的原因，观察自色、他色和假色的特点。

- ◎ 自色：红色（辰砂）；柠檬黄色（雌黄）；绿色（孔雀石）；蓝色（蓝铜矿）；铅灰色（方铅矿）；黑色（磁铁矿）。
- ◎ 他色：紫水晶、烟水晶、墨水晶、蔷薇水晶。
- ◎ 假色：锈色（斑铜矿、黄铜矿）。

另外在一些透明矿物（如云母、石英、萤石、透明方解石）的解理面上还可见晕色。

自色、他色和假色是根据呈色机制不同划分的，一般情况下，肉眼不易正确判定，但矿物条痕有时可以帮助判断。凡颜色和条痕色的色调都较深，而且两者变化不大者，多为自色；假色在成块的标本上才能见到，而在条痕上是看不到的。

2. 矿物的条痕

条痕是矿物在无釉瓷板上磨划后所留下的矿物粉末的颜色。在磨划条痕时，用力要轻而均匀，切忌过猛、过重，否则得到是矿物碎块的颜色，而不是矿物粉末的颜色。

观察下面矿物的条痕，并对比这些矿物标本的颜色和条痕之间的关系：

磁铁矿（黑色）；黄铜矿（黑色）；黄铁矿（黑色）；赤铁矿（樱桃红色）；褐铁矿（黄褐色）；铬铁矿（棕褐色）；石墨（钢灰色）。

描述矿物条痕的方法与描述矿物的颜色的方法相同。

3. 矿物的透明度

肉眼划分矿物的透明度时，通常是透过矿物碎块边缘观察其他物体来进行的。能清晰地看到对方物体轮廓的为透明；只能模糊地看到对方物体存在的为半透明；不能见到对方任何物体存在的为不透明。例如，透明矿物有水晶、冰洲石、石膏等；半透明矿物有辰砂、闪锌矿、锡石等；不透明矿物有石墨、黄铁矿、磁铁矿等。

4. 矿物的光泽

在肉眼鉴别矿物的光泽时，应反复观察比较各种标准的光泽示本，初步掌握判断光泽的感性基础，对一些特殊光泽，应掌握它们出现的条件。选择面积较大、平坦的矿物的新鲜表面，反复观察，并与已知光泽的标准矿物进行对比，或者利用其他光学性质来帮助鉴别光泽。描述光泽时，应分别描述单体平整表面的光泽等级、不平整表面的特殊光泽以及集合体所呈现的光泽。注意观察下面四个等级的常见光泽和六种特殊光泽。

- ◎ 金属光泽：方铅矿、黄铁矿、黄铜矿、辉锑矿、自然金。
- ◎ 半金属光泽：赤铁矿、黑钨矿、磁铁矿。
- ◎ 金刚光泽：金刚石、辰砂、闪锌矿（解理面上）。
- ◎ 玻璃光泽：石英、长石、方解石、电气石。
- ◎ 油脂光泽：石英、霞石、锡石、石榴子石的断口。
- ◎ 树脂光泽：闪锌矿的断口。
- ◎ 丝绢光泽：石棉、纤维状石膏。
- ◎ 珍珠光泽：白云母或透石膏（解理面上）。
- ◎ 蜡状光泽：叶蜡石、蛇纹石、滑石。
- ◎ 土状光泽：高岭石、褐铁矿。

5. 矿物的解理

观察矿物的解理时，应选择颗粒较大、棱角较突出、自由面较多的单体矿物，对着光转动标本，使颗粒不同部位先后对着光，观察有无解理（不要把解理与晶面、断口混淆）。解理面一般光亮而平滑，有时可见到均匀而平直的双晶条纹或解理纹；解理面常常由一系列平行的阶梯状平面组成。解理纹是规则的裂纹，而晶面条纹间无裂纹存在。

当确定有解理时，应进一步指出解理的等级、方向和组数。若有多个方向或两组以上的解理时，则需观察其夹角。如普通角闪石两组解理的夹角为124°和56°、正长石两组解理的夹角90°。仔细观察下列不同解理等级的矿物：

- ◎ 极完全解理：云母、辉钼矿、石墨。
- ◎ 完全解理：方解石、方铅矿、正长石、萤石。
- ◎ 中等解理：普通辉石、角闪石。
- ◎ 不完全解理：磷灰石、绿柱石。
- ◎ 极不完全解理：石英、石榴子石。

6. 矿物的硬度

测试矿物的硬度时，应尽量选择在颗粒大的矿物单晶体新鲜面上进行，避免在矿物的风化面或细粒状、土状、粉末状、纤维状集合体上测试硬度。在肉眼鉴定中，一般采用一种已知硬度的矿物与另一种矿物相互刻划来确定其相对硬度等级。

常用十种矿物作标准，即摩氏硬度计（石膏1，滑石2，方解石3，萤石4，磷灰石5，正长石6，石英7，黄玉8，刚玉9，金刚石10）进行相对硬度比较。

- ◎ 低硬度矿物：能被指甲刻动，<2.5，如滑石、石膏等。
- ◎ 中等硬度矿物：能被小钢刀刻动，但指甲刻不动，2.5~5.5，如黄铜矿、萤石等。
- ◎ 高硬度矿物：小刀刻不动，>5.5，如黄铁矿、石英、长石等。

7. 矿物的断口

认真观察下列矿物的断口：

- ◎ 贝壳状断口：石英、电气石、锡石。
- ◎ 锯齿状断口：自然铜。
- ◎ 参差状断口：磷灰石、蔷薇辉石。
- ◎ 土状断口：高岭石。

8. 矿物的相对密度

矿物的相对密度可分为三级

◎ 轻级（<2.5）：自然硫、石墨、石膏。
◎ 中级（2.5~4）：石英、萤石、长石。
◎ 重级（>4）：重晶石、方铅矿、黑钨矿。

9. 矿物的磁性

◎ 强磁性：矿物的大块或碎块能被永久磁铁吸引，如磁铁矿。
◎ 弱磁性：矿物的大块或碎块不能被永久磁铁吸引，但能被电磁铁吸引，如铬铁矿、黑钨矿。
◎ 无磁性：不能被电磁铁吸引的矿物，如石英、方解石。

三、实验报告及作业

按实验报告格式（表12-6）系统描述以下矿物的物理性质：方铅矿、黄铜矿、赤铁矿、黑钨矿、黄铁矿、磁铁矿、石英、方解石、萤石、重晶石等矿物。

表12-6 矿物的物理性质实验报告

实验内容：矿物的物理性质　　　　　　　　　　班级_____姓名_____学号_____

标本号	矿物名称	颜色	形态	条痕	透明度	光泽	硬度	解理	断口	相对密度	磁性

四、思考题

（1）为什么矿物的条痕要比矿物的颜色稳定？
（2）如何区别解理面和晶面？
（3）摩氏硬度计是用哪十种矿物作为相对硬度标准的？

实验四　自然元素矿物和硫化物大类矿物

一、目的要求

（1）了解自然元素矿物和常见硫化物矿物的化学成分和主要物理性质。
（2）掌握常见的自然元素矿物和常见硫化物矿物的主要鉴定特征。

二、主要实验内容

◎ 自然金：呈不规则片状、粒状。在镜下观察，可见到矿物表面不平坦、粗糙，有小沟和凹坑。强延展性。常与磁铁矿、锡石、钛铁矿等重砂矿物伴生。
◎ 自然铜：呈树枝状、片状。表面棕黑色，新鲜面铜红色。条痕亮铜红色。金属光泽。延展性强。相对密度大。经常与孔雀石、赤铜矿等伴生。具发光性。

◎ 自然硫：呈粉末状、粒状或致密块状。不同色调的黄色、浅黄色，含有机质者呈灰、黑色。断口油脂光泽。性极脆。硬度小于指甲。有硫黄臭味。易燃，火焰呈蓝紫色。

◎ 金刚石：常呈浑圆状的八面体或菱形十二面体晶形。无色、浅黄色。具标准的金刚光泽。硬度10。镜下观察时，在晶面上常见有三角形、四边形等蚀像。

◎ 石墨：呈细小鳞片状。钢灰色。薄片具挠性。密度小。硬度小于指甲。能污手、有滑感。条痕为光亮的黑色。

◎ 方铅矿：粒状或致密块状集合体。铅灰色。条痕灰黑色。解理面上明亮的金属光泽。立方体解理完全。硬度2~3。相对密度7.4~7.6。与闪锌矿、黄铁矿共生。

◎ 闪锌矿：粒状集合体。颜色为浅黄、棕褐至黑色。条痕由白色至褐色。树脂光泽至半金属光泽。具有菱形十二面体完全解理。硬度小于小刀。闪锌矿遇热盐酸起泡，放出H_2S，有臭味。与方铅矿密切共生。

◎ 黄铜矿：致密块状或分散粒状。铜黄色。表面常呈较淡黄、蓝、紫等斑状锖色。条痕绿黑色。金属光泽。硬度小于小刀。相对密度4.1~4.3。

◎ 黄铁矿：常见晶形为立方体、五角十二面体和八面体及其聚形。在立方体相邻晶面上常见到三组相互垂直的晶面条纹。也常见粒状和致密块状集合体。浅黄铜色。强金属光泽。硬度大于小刀。

◎ 毒砂：常见柱状晶体，集合体呈粒状或致密块状。晶面具纵纹。锡白色，表面常有浅黄色的锖色。条痕灰黑色。硬度大于小刀。用锤击之发出砷的蒜臭味。

◎ 磁黄铁矿：呈致密块状或粒状集合体。新鲜断面为暗青铜黄色，风化面为褐色、锖色。条痕灰黑色。硬度小于小刀。具弱磁性。

三、试验

（1）试验自然硫的易燃性。将自然硫放在酒精灯上灼烧，自然硫即刻燃烧，发出蓝色火焰，并放出SO_2气体。

（2）用染色法区别黄铁矿与黄铜矿。将黄铜矿或黄铁矿颗粒置于锌板上加盐酸，黄铜矿表面可染成褐黑色，而黄铁矿则不染色。

四、实验报告及作业

描述下列矿物的化学式、形态、主要化学性质和物理性质、共生组合和次生变化：
自然铜、自然硫、石墨、方铅矿、闪锌矿、黄铜矿、黄铁矿、毒砂。

五、思考题

（1）金刚石与石墨在化学成分、晶体结构、物理性质上有何异同？
（2）如何区别下列各组矿物：黄铜矿—黄铁矿；方铅矿—闪锌矿；毒砂—黄铁矿。

实验五　氧化物和氢氧化物大类及卤化物大类矿物

一、目的要求

（1）熟悉氧化物、氢氧化物和卤化物的化学组成和主要物理性质。

（2）掌握常见矿物的主要鉴定特征，学会鉴别相似矿物。

二、实验内容

◎ 刚玉：柱状或桶状晶形。颜色多样，常见蓝灰色、黄灰色及不同色调的黄色。晶面上常有几组相交的条纹和因聚片双晶产生的裂开。硬度9。

◎ 赤铁矿：显晶质赤铁矿：致密块状、片状、鳞片状。钢灰至铁黑色。条痕樱红色。金属至半金属光泽。硬度5.5~6.5。片状晶体者又称镜铁矿；细小鳞片状者称云母赤铁矿。

隐晶质赤铁矿常呈鲕状、豆状或肾状。暗红色至鲜红色。条痕棕红色。土状光泽。性脆。鲕状和豆状内部常具同心层状构造。

◎ 锡石：晶体呈四方双锥柱状。柱面有纵纹，常见膝状双晶。褐色至黑色，晶体的颜色分布不均匀，呈条带或斑杂色（在放大镜或双目镜下观察尤为清楚）。贝壳状断口，具油脂光泽。硬度6~7。相对密度6.8~7。锡石的晶形和颜色都有标型意义。

◎ 金红石：柱状或针状晶形，柱面上有纵纹。集合体呈粒状或致密块状。暗红至褐红色。条痕浅黄至浅褐色。金刚光泽。平行柱面解理中等。硬度大。

◎ α-石英：常呈完好的柱状晶体，柱面上有横纹。常见无色、白色和灰色。

——显晶质石英常呈晶簇状。多为无色透明，因含不同杂质而呈各种颜色的异种有：紫水晶、烟水晶、蔷薇水晶等。玻璃光泽，断口油脂光泽。贝壳状断口。硬度7。

——隐晶质石英均为致密块体，异种有：碧玉、玉髓（石髓）、玛瑙（具不同颜色而呈带状或同心带状分布的玉髓）、燧石等，可作宝石。

——蛋白石呈致密块状、钟乳状、结核状等。纯者无色或白色似蛋白而得名。玻璃光泽或蜡状光泽。贝壳状断口。硬度5~5.5。相对密度1.9~2.3，随含水量大小而变化。

◎ 磁铁矿：晶体呈八面体、菱形十二面体。常呈致密块状和粒状集合体。颜色和条痕均为黑色。无解理。硬度大于小刀。相对密度4.9~5.2。具强磁性。

◎ 黑钨矿：常呈板状、短柱状、粒状集合体状。红褐至黑色。条痕黄褐至褐黑色。油脂光泽至半金属光泽。平行柱面解理完全。硬度4~4.5。相对密度7.18~7.51。

◎ 萤石：立方体晶形常见，在立方体晶面上常出现与晶棱平行的镶嵌式条纹。常成穿插双晶。集合体呈块状或粒状。颜色多样，常见绿、紫、蓝等色，加热时可退色。玻璃光泽。八面体解理完全。硬度4。性脆。具荧光性。

◎ 石盐：立方体晶形常见。盐湖中形成的晶体，常有漏斗状阶梯凹陷。集合体呈粒状、致密块状或疏松盐华状。立方体解理完全。硬度2。易溶于水，有咸味。焰色反应呈黄色。

◎ 钾盐：晶体常呈立方体或立方体与八面体的聚形。集合体常呈致密块状或粒状。无色或白色，含杂质时呈其他色调。硬度2。易溶于水，味咸且苦涩。焰色反应呈紫色。

◎ 铝土矿：不是独立的一种矿物，而是包括三水铝石、硬水铝石及软水铝石等多种矿物的混合体。常呈鲕状、豆状、致密块状及土状。颜色变化大，多为白、灰、褐、黄、红等色。土状光泽。手摸之具粗糙感，质纯者具滑感。

◎ 褐铁矿：成分不固定，是以针铁矿或纤铁矿为主要成分的混合物。常呈致密块状、蜂窝状、结核状或土状，还可见褐铁矿呈黄铁矿的立方体、五角十二面体等晶形的假象。黄、褐或褐红至褐黑色。条痕黄褐色、土黄色。硬度变化较大（1~4）。

◎ 硬锰矿：成分不固定，主要由含有多种元素的锰的氧化物和氢氧化物组成，是一种细分散的多矿物集合体。呈钟乳状、葡萄状、肾状和土状。黑色。条痕褐黑色。硬度4-6。

能污手。加 H_2O_2 剧烈起泡。氧化条件下易变成软锰矿。

三、试验

锡石的锡膜反应（锡镜反应）：将锡石的小颗粒置放在锌板上，加浓盐酸数滴，经几分钟后，锡石表面还原出金属锡，用绒布擦之，在矿物颗粒表面见到一层淡灰色的金属薄膜者，即为锡石。

四、实验报告及作业

描述下列矿物的化学式、形态、主要化学性质和物理性质、共生组合和次生变化：
赤铁矿、锡石、软锰矿、石英、磁铁矿、黑钨矿、萤石、石盐。

五、思考题

（1）显晶质石英与隐晶质石英有什么不同？
（2）紫色萤石与紫水晶如何区别？石盐与钾盐如何区别？

实验六　岛状、环状和链状硅酸盐亚类矿物

一、目的要求

（1）熟悉岛状、环状和链状硅酸盐亚类矿物的络阴离子构造特点及其对矿物形态和物理性质的影响。
（2）掌握岛状、环状和链状硅酸盐亚类常见矿物的主要鉴定特征。

二、实验内容

◎ 锆石：晶体通常呈四方柱与四方双锥组成的聚形。黄色至红棕色。金刚光泽，断口油脂光泽。硬度 7.5。相对密度 4.7。物理化学性质稳定，常与独居石、金红石等伴生。

◎ 橄榄石：常呈粒状集合体。橄榄绿或黄绿色。玻璃光泽。硬度 6~7。贝壳状断口。

◎ 石榴子石：晶体外形特殊、硬度大、无解理、断口油脂光泽，物理性质稳定。
——铁铝榴石。常呈四角三八面体、菱形十二面体完好晶形，或二者的聚形。颜色为褐、深红至黑色。玻璃光泽。硬度 7~7.5。
——镁铝榴石。完好晶形少见，多呈浑圆状颗粒。颜色呈紫红色、棕褐色、灰绿色等。
——钙铁榴石和钙铝榴石。晶形也常为菱形十二面体、四角三八面体或二者的聚形。钙铁榴石的颜色主要呈黄绿、褐红至黑色；钙铝榴石主要呈黄、褐、红、绿色、白色。

◎ 蓝晶石：晶体常呈长板状。颜色通常是浅蓝色，但也可呈白、灰、绿等色；条痕白色。玻璃光泽，解理面上有时显珍珠光泽。硬度随方向而异，平行晶体延长方向小刀可刻伤；垂直晶体延长方向小刀不能刻伤（又称二硬石）。常与十字石、石榴子石共生。

◎ 红柱石：晶体呈柱状，横断面近于正方形。集合体呈柱状或放射状（俗称菊花石）。常呈灰色、肉红色或红褐色，风化后灰白色。平行柱面解理中等。硬度 6.5~7.5。红柱石

经常含有碳质和泥质包裹体,在横断面上呈黑十字状定向排列,称空晶石。

◎ 矽线石:晶体少见,通常呈放射状或纤维状集合体。颜色呈灰白色,也有褐色和浅绿色。平行柱面解理完全。

◎ 十字石:晶体呈短柱状,横断面为菱形。常见穿插双晶(十字形双晶或 X 形双晶)。黄褐、红褐至暗褐色。新鲜时为玻璃光泽,蚀变后呈暗淡光泽至土状光泽。硬度 7。

◎ 绿柱石:晶体常发育成完整的六方柱状,柱面上常有纵纹。颜色通常为淡蓝绿或浅黄、黄绿等色。玻璃光泽。平行板面解理不完全。硬度 7.5~8。在花岗伟晶岩中绿柱石常呈粗大晶体产出。

◎ 电气石:晶体呈柱状,柱面上常有纵纹。横断面呈球面三角形。集合体呈放射状或纤维状。颜色多样,有黑、褐、浅蓝、玫瑰等。无解理,有 {0001} 裂理。硬度 7~7.5。

◎ 普通辉石:晶体呈短柱状,横切面呈八边形。绿黑色或黑色。平行柱面解理中等至完全,两组解理夹角分别为 87°和 93°。普通辉石易蚀变成绿泥石、纤闪石、绿帘石等。

◎ 透辉石:晶体呈柱状,横切面近于正方形。灰白色、浅绿色至灰绿色。平行柱面解理中等至完全,解理夹角 87°。产于矽卡岩中时与石榴子石、阳起石共生。

◎ 硅灰石:晶体呈板状、针状,集合体通常呈纤维状、放射状或块状。白色或灰白色。玻璃光泽,纤维状集合体为丝绢光泽。一组平行板面解理完全,一组平行板面解理中等,二者夹角 84°。常与石榴子石、透闪石、符山石等矿物共生。

◎ 普通角闪石:晶体呈较长的柱状。横切面呈假六边形或菱形。颜色浅绿、深绿至黑绿色。玻璃光泽。解理平行柱面完全。解理夹角 56°和 124°。硬度 5~6。

◎ 透闪石:晶体呈柱状或针状。集合体呈放射状、柱状、纤维状。白色或灰白色。玻璃光泽,放射状、纤维状常呈丝绢光泽。解理平行柱面完全,解理夹角 56°。

◎ 阳起石:晶体呈柱状,常呈放射状集合体形态。颜色呈深浅不同的绿色至墨绿色。玻璃光泽,放射状、纤维状常呈丝绢光泽。解理平行柱面解理完全,解理交角 56°。

三、实验报告及作业

描述下列矿物的形态、主要化学性质和物理性质、共生组合等特征:

橄榄石、石榴子石、蓝晶石、红柱石、矽线石、十字石、绿柱石、电气石、绿帘石、普通辉石、透辉石、普通角闪石、透闪石。

四、思考题

(1) 普通辉石与普通角闪石晶体的横截面有什么不同?
(2) 电气石晶面纹与石英晶面纹有什么不同?
(3) 红柱石、绿柱石、蓝晶石这三种矿物各有哪些重要的鉴定特征。

实验七 层状硅酸盐亚类和架状硅酸盐亚类矿物

一、目的要求

(1) 了解层状和架状硅酸盐络阴离子的构造特点及其对矿物形态、物理性质的影响。

（2）掌握长石族矿物的分类和主要鉴定特征。
（3）掌握层状硅酸盐亚类和架状硅酸盐亚类常见矿物的主要鉴定特征。
（4）了解一些必要的简易试验，以区别相似矿物。

二、实验内容

◎ 滑石：通常呈致密块状、片状或鳞片状集合体。白色，含杂质者呈浅黄、浅绿、浅褐和粉红色。玻璃光泽，解理面显珍珠光泽。致密块状，贝壳状断口。平行底面解理极完全。硬度1。具滑腻感。

◎ 叶蜡石：通常呈片状、放射状或致密块状集合体。白色或呈浅黄、浅蓝、浅绿、浅灰等色。油脂光泽，解理面上显珍珠光泽。致密块状，贝壳状断口，呈油脂光泽。硬度1～2。平行底面解理完全。具滑感。

◎ 蛇纹石：通常为致密块状或肉冻状块体。呈各种色调的绿色，浅黄至白色，有时呈蛇皮状花斑。油脂光泽或蜡状光泽。有滑感。硬度2～3.5。呈纤维状的蛇纹石称温石棉，具丝绢光泽。取少许纤维放在研钵中研磨，可研成面饼状薄片。

◎ 高岭石：通常呈土状或致密块状集合体。白色，质不纯者可染成各种浅色。土状光泽或蜡状光泽。硬度1～3。土状块体具粗糙感，用手捏易碎。黏舌，以水掺和后有可塑性，但不膨胀。

◎ 白云母：晶体呈假六方柱状、板状或片状。柱面有明显的横纹。集合体呈鳞片状或片状。薄片无色透明，含杂质者具浅黄、浅绿、浅红等色。解理面呈珍珠光泽。平行底面解理极完全。薄片具弹性。硬度2～2.5。

◎ 黑云母：单晶体呈假六方柱状或板状。通常呈片状或鳞片状集合体。暗绿、褐至黑色。解理面呈珍珠光泽。平行底面解理极完全。薄片具弹性。硬度2.5～3。黑云母易蚀变成绿泥石，经风化后亦可成蛭石。

◎ 蛭石：常呈黑云母或金云母的假象。褐、黄褐色，油脂光泽或珍珠光泽。平行底面解理完全。薄片无弹性或微具弹性。硬度1～2。蛭石灼烧时膨胀，体积可达15～25倍，并弯曲成蛭虫状，相对密度显著减少，可漂浮于水上。

◎ 绿泥石：通常呈鳞片状、土状集合体。颜色多变，以灰绿色至暗绿色为主。玻璃光泽，解理面上呈珍珠光泽。平行底面解理极完全。薄片具挠性。硬度2～3。

◎ 正长石：晶体常呈短柱状或厚板状。常见卡斯巴双晶（将长石的晶面或解理面迎光转动到一个合适的角度，可看到以一条直线或折线为界，两边反光强度不一，即为卡式双晶）。集合体呈块状或粒状。常呈肉红、黄褐或浅黄色。平行柱面和平行板面解理完全，两组解理夹角90°。硬度6。正长石易风化成高岭石，受热液蚀变后可形成绢云母。

◎ 微斜长石：晶体呈短柱状或厚板状，常形成巨大的晶体。集合体呈块状或粒状。微斜长石主要特征的是具钠长石律与肖钠长石律组成的复合双晶（在偏光显微镜下，表现为格子状构造）。大多数呈肉红色或灰白色（含Rb、Cs的微斜长石呈绿色，称天河石）。平行柱面和平行板面解理完全，两组解理夹角89°30′。硬度6。

◎ 透长石：晶体呈柱状或厚板状，表面光滑。常见卡斯巴双晶。无色透明。平行柱面和平行板面解理完全，二组解理夹角90°。硬度6。

◎ 斜长石：晶体多呈板状。双晶极其常见，最普遍的是按钠长石律构成的聚片双晶，在平行板面的解理面上可见双晶纹（将标本来回转动，用肉眼或放大镜观察晶面或解理面上的反光情况，当可以看到互相平行的、明暗相间的线段时，即聚片双晶纹）。白色至灰白色。平行柱面和平行板面解理完全。硬度6~6.5。

根据斜长石中钙长石组分含量的多少，斜长石又可分为：酸性斜长石（An=0~30），可观察花岗岩中的斜长石；中性斜长石（An=30~50），可观察闪长岩中的斜长石；基性斜长石（An=50~100）可观察基性岩或超基性岩石中的斜长石。

◎ 霞石：晶体少见。通常呈粒状或致密块状集合体。白、灰白、浅褐、浅绿等色。油脂光泽，风化后无光泽。贝壳状断口，断口油脂光泽。硬度5.5~6。不与石英共生。

◎ 白榴石：通常所见晶体呈完整的四角三八面体外形。集合体呈粒状。灰白色或灰黄色。玻璃光泽或暗淡光泽。无解理，断口油脂光泽。常与碱性辉石、霞石共生。

三、试验

（1）硝酸钴法区别叶蜡石与滑石。将矿物小碎片放在氧化焰中灼烧，然后加1~2滴硝酸钴溶液、再灼烧，若为滑石可见碎片边缘呈现肉红色；而叶蜡石则呈现蓝色。

（2）灼烧蛭石。用火柴将蛭石灼烧，体积急剧膨胀，并弯曲成蛭虫状。灼烧后的蛭石呈银灰色或古铜色。具似金属光泽。以此可与黑云母、绿泥石等相似矿物区别。

（3）用研磨法区别蛇纹石石棉和角闪石石棉。取纤维状体少许，放在研体中研磨，角闪石石棉性脆，可被研成粉末状；而蛇纹石石棉性柔，则研成饼状薄片。

（4）酸溶法区别霞石与石英。将霞石粉末置于试管中，加浓盐酸煮沸数分钟后，则在残渣中出现胶状物。而石英则无此现象。

（5）染色法区别正长石与斜长石。将小块正长石放入氢氟酸中浸蚀1~3min，取出用水冲洗干净，然后将正长石放到60%的亚硝酸钴钠溶液中浸蚀3~5min，再取出用水冲洗干净，矿物表面被染成明显的柠檬色（干后，颜色更清楚，长期保存其色不变）；使用相同方法，斜长石不染色或呈浅灰色。

四、实验报告及作业

描述下列矿物的形态、主要化学性质和物理性质、共生组合和次生变化等特征：
滑石、白云母、黑云母、绿泥石、蛇纹石、高岭石、正长石、斜长石、霞石。

五、思考题

（1）如何区分下列各组的矿物：天河石与绿柱石；霞石与石英；白榴石与石榴子石？
（2）正长石、微斜长石和斜长石在晶形、颜色、解理、双晶、成因等方面有何异同？

实验八　硫酸盐类、碳酸盐类和磷酸盐类矿物

一、目的要求

（1）掌握硫酸盐、碳酸盐、磷酸盐类常见矿物的肉眼鉴定方法和主要鉴定特征。
（2）掌握必要的简易试验，以区别相似矿物。

二、实验内容

◎ 重晶石：晶体常呈板状或柱状。集合体呈粒状、板状、纤维状。纯净的晶体无色透明，一般呈白、灰白、浅黄、浅褐等色。玻璃光泽，解理面珍珠光泽。平行柱面和平行板面解理完全，这两组解理夹角为90°。硬度3～3.5。相对密度4.3～4.5。

◎ 硬石膏：常呈致密块状或粒状集合体。无色或白色，含杂质者呈暗灰色。玻璃光泽，解理面呈珍珠光泽。发育三组平行板面解理，三组解理互相垂直。常与石膏共生。

◎ 石膏：晶体常呈板状。常见燕尾双晶，晶面有纵纹。集合体呈块状、粒状、纤维状或晶簇状。白色或无色。玻璃光泽，解理面呈珍珠光泽，纤维状集合体呈丝绢光泽。平行板面解理极完全。解理薄片具挠性。硬度2。常与硬石膏、石盐共生。

◎ 方解石：常呈柱状、板状、菱面体和复三方偏三角面体的完好晶体。发育聚片双晶和接触双晶。集合体形态有晶簇状、粒状、致密块状、钟乳状、鲕状等。无色或白色，含杂质时可呈各种颜色。菱面体解理完全。硬度3。相对密度2.7。遇冷稀盐酸剧烈起泡。

◎ 菱铁矿：晶体呈菱面体状，晶面常弯曲。集合体呈粒状、致密块状、结核状等。新鲜面呈浅灰、浅黄白至浅褐，氧化后呈深褐至褐黑色。菱面体解理完全。硬度3.5～4。相对密度3.96。遇冷稀盐酸缓慢起泡，在热盐酸中作用加剧，并生成绿黄色（$FeCl_3$）溶液。

◎ 白云石：晶体呈菱面体状，晶面常弯曲成马鞍状。集合体呈致密块状。白至灰色。菱面体解理完全，解理面常弯曲。硬度3.5～4。遇冷稀盐酸缓慢起泡，加热则剧烈起泡。

◎ 孔雀石：深绿至鲜绿色，条痕淡绿色。集合体常呈肾状、葡萄状，其内部具由深浅不同绿色至白色组成的环带，呈同心层状或呈放射纤维状构造。遇盐酸起泡。

◎ 蓝铜矿：晶体呈短柱状、厚板状，深蓝色。集合体呈钟乳状、粒状、土状等。钟乳状或土状者呈浅蓝色。条痕浅蓝色。贝壳状断口。加盐酸起泡。常与孔雀石共生。

◎ 磷灰石：晶体呈六方柱状。集合体呈块状、粒状、结核状等。颜色多样，有浅绿、浅蓝绿、黄绿、黄褐等色。玻璃光泽，断口油脂光泽。平行板面解理不完全。硬度5。呈细分散状态（隐晶质或胶态）的磷灰石，肉眼不易辨认，可用简易化学方法试磷。

三、试验

（1）区别方解石、白云石、菱铁矿：将这三种矿物的碎块分别与盐酸作用，方解石加冷盐酸剧烈起泡；白云石加冷盐酸微弱起泡；菱铁矿加冷盐酸后，久之，表面染成绿黄色。

（2）钼酸铵试磷（即磷试剂）：在磷灰石新鲜表面上，放少许钼酸铵粉末，再加几滴硝酸于其上，粉末逐渐由白色变为黄色，则显示有磷存在。

四、实验报告及作业

描述下列矿物的形态、主要化学性质和物理性质、共生组合和次生变化特征：
重晶石、石膏、胆矾、方解石、菱铁矿、白云石、孔雀石、磷灰石。

五、思考题

（1）如何鉴别方解石、白云石和菱铁矿？如何区分绿色磷灰石与绿柱石？
（2）为什么在地表很少见到硬石膏？
（3）在野外发现孔雀石与蓝铜矿有何地质意义？

第十三章 岩石实验指导

实验一 偏光显微镜及镜下观察内容简介

一、目的要求

（1）了解偏光显微镜的构造、装置、调试与使用方法。
（2）了解使用偏光显微镜观察岩石薄片的主要内容。

二、实验内容

（一）偏光显微镜的构造、装置、调试与使用方法

1. 认识显微镜各个部件的名称和装置位置（图13-1）

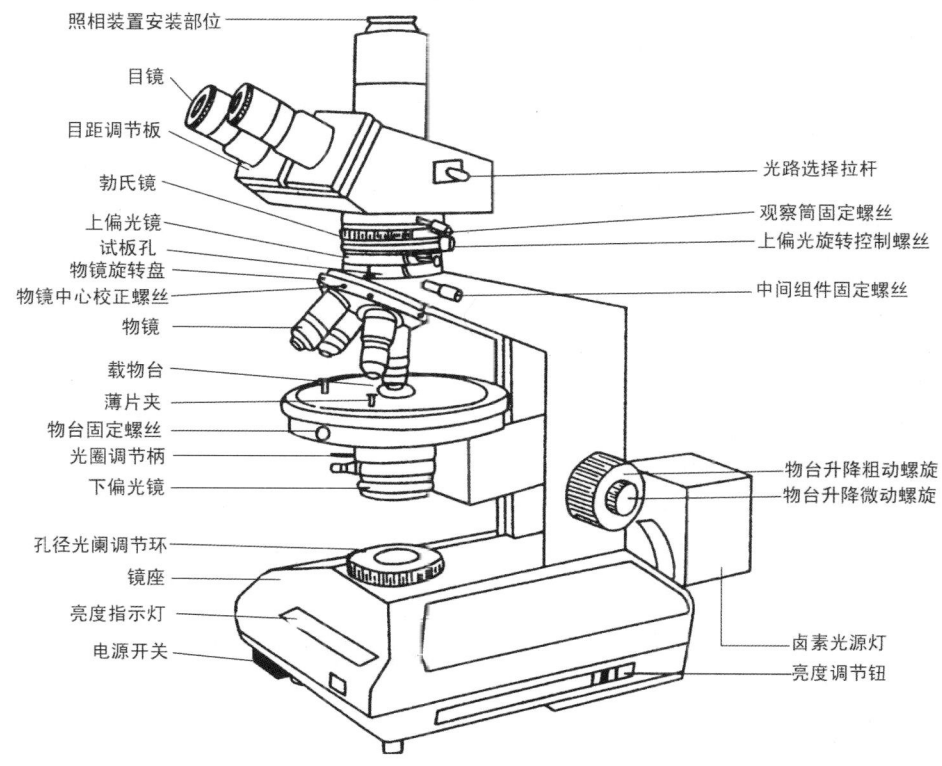

图13-1 奥林帕斯BHSP型偏光显微镜

2. 装卸镜头的方法

（1）装卸目镜。将选用的目镜插入镜筒上端，使十字丝处于东西、南北方向上即可。

（2）装卸物镜。不同型号的偏光显微镜，物镜装法不一，装卸时将镜头推进（旋进）或拉出（旋出）即可，但要注意安装时一定要将物镜旋至最尽头、夹紧，以免掉落。

3. 调节照明

（1）装上低倍或中倍物镜，插入目镜、打开锁光圈轻轻推出上偏光镜、勃氏镜。下降或推出聚光镜。

（2）下降镜筒到适当位置（离物台约0.5cm）。

（3）转动反光镜至视域最亮，而且光线最均匀，或移动亮度调节钮，调到合适亮度。

光源可用灯光或自然光（但不能把反光镜正对太阳或采用强烈的灯光，以免刺伤眼睛或损坏偏光镜）。

4. 调节焦距

（1）在完成上述操作之后，将薄片置于载物台之上（注意：一定要把盖玻璃朝上），用弹簧夹夹住。

（2）从侧面观察物镜镜头，然后转动粗动螺旋，使镜筒下降到最低位置（注意：物镜靠近薄片，但切勿使其接触）。

（3）从目镜中观察，同时转动粗动螺旋，使镜筒上升（动作不宜过快），直到看清楚薄片中的目的物，如果物像不太清晰，则改用微动螺旋调节，至最清晰为止。

（4）换用高倍物镜时，用同样方法调节焦距，但这时必须特别小心，因为高倍物镜的焦距很短，几乎与薄片接触，如稍不注意，就可能压碎薄片，损坏镜头。

5. 校正中心

（1）首先检查物镜位置是否安装正确，如果物镜没有装到位，则无法校正中心，而且容易损坏校正螺丝和镜头。

（2）在薄片中选一矿物小颗粒a，移至十字丝中心o，转动物台360°，找出其运动轨迹，至离中心最远时停止转动。

（3）调整物镜（或物台）校正螺丝，使颗粒a沿ao方向移动至约$\frac{1}{2}ao$位置处。

（4）移动薄片，将矿物颗粒a再移至视域中心o，转动物台，此时若a点仍偏离中心移动。再重复上述操作方法直至a点不离开中心，在原地转动为止。

6. 偏光镜方位的检查

偏光显微镜是装有偏光镜的显微镜。装在显微镜载物台之下或垂直照明器之中的偏光镜称为下偏光镜或前偏光镜，装在物镜与目镜之间的偏光镜称为上偏光镜或分析镜。若单独使用下偏光镜，简称单偏光。若上、下偏光镜同时使用，并使二者振动方向垂直，简称正交偏光。正交偏光时，若再加上聚光镜和勃氏镜，简称锥光。

（1）下偏光镜振动方向的确定。选一黑云母解理纹发育的岩石薄片，把黑云母移到视域中心，在单偏光镜下，转动物台至黑云母变得最暗时，此时黑云母解理纹所处的方向，就是下偏光镜的振动方向（随显微镜而异，应呈东西向或南北向）。

（2）上下偏光是否正交的检查。当下偏光镜振动方向确定之后，取下薄片，推入上偏光镜，此时，若视域完全黑暗，表明上下偏光的振动方向完全正交；若不完全黑暗，则需调节上（或下）偏光镜位置，使之全黑为止。

（二）使用偏光显微镜观察岩石薄片的内容

岩石薄片是将岩石或透明矿物的标本用切片机切下一适当厚度的薄块，面积约为 2cm×2cm，用金刚砂等研磨材料在磨片机上磨平一面，用树胶等黏合剂粘于载玻璃上；然后将另一面磨平，至其厚度约为 0.03mm，再用树胶粘上盖玻璃而成的薄片。在标准厚度的岩石薄片中，可以观察到各种透明矿物的光学性质、测定其光性参数。

在偏光显微镜下鉴定透明矿物的光学性质主要通过单偏光、正交偏光、锥光三个系统进行。在单偏光镜下，主要观察矿物的突起、晶形、颜色、多色性、吸收性及解理等；在正交偏光镜间，主要观察矿物的最高干涉色、消光类型、消光角、延性符号、双晶等；在锥光镜下，主要确定非均质矿物的轴性、光性、光轴角等。透明矿物的这些光学性质和光性参数是描述矿物和岩石薄片鉴定的主要内容。

1. 在单偏光系统下观察的主要内容

（1）矿物的折射率和突起。折射率是透明矿物最基本、最主要的光学常数，但在薄片中无法直接测出每个矿物的折射率值，而只能借助于直观的突起初步鉴定。矿物的突起决定于矿物本身的折射率和树胶折射率之差（加拿大树胶折射率为 1.54）。长期以来人们习惯将突起分为 6~7 个等级，以方便鉴定（表 13-1），表中的负突起指 $N_{矿} < N_{树}$；正突起指 $N_{矿} > N_{树}$（$N_{矿}$ 为矿物折射率，$N_{树}$ 为树胶折射率）。

表 13-1 矿物的突起等级和折射率

突起等级	折射率范围	主要代表矿物
负高或负中	<1.48	蛋白石、萤石
负低	1.48~1.54	钾长石、白榴石、沸石、钠长石
正低	1.54~1.60	石英、中-基性斜长石
正中	1.60~1.66	透长石、电气石、磷灰石
正高	1.66~1.78	辉石、橄榄石、十字石
正极高	>1.78	榍石、锆石

在岩石薄片中，当某矿物的折射率比树胶的折射率大很多时，就能明显地看出此矿物边缘黑暗、表面粗糙、向上突起。同时在该矿物与树胶接触处还可看到一条比较明亮的细线（贝克线）。提升镜筒，贝克线向该矿物内部方向移动；下降镜筒，贝克线向树胶方向移动。在两个折射率不同的矿物接触处也可见到贝克线，提升镜筒，贝克线向折射率大的矿物移动；下降镜筒，贝克线向射率小的矿物移动。根据贝克线移动规律，可以确定矿物的正负突起。试根据贝克线移动情况，确定石榴子石、橄榄石、角闪石、石英、正长石、萤石等矿物的折射率高低。

（2）矿物的晶形。薄片中所见到的矿物形态，并不是其完整的晶形，而是矿物某一切面的轮廓；因此要想判断某矿物的晶形，必须观察该矿物的各个切面，综合考虑。如角闪石常见到长方形轮廓，同时也能见到近六边形或菱形轮廓，综合后可认为角闪石为长柱状；又如长石常见的是近方形和长方形轮廓，可判断其为板状。

（3）矿物的解理和裂理。在薄片中矿物的解理表现为沿一定结晶方向平行排列的细缝线，即解理缝。裂理（或称裂开、裂纹）是沿双晶面破裂或沿细微包裹体分布的缝线，一般不如解理缝线平直，多数表现弯曲，定向性不明显。

不同矿物解理发育程度不同，如云母类矿物具极完全解理，表现为解理缝细，彼此间距离均匀，往往呈连续的直线贯穿整个晶体；角闪石、辉石和长石具完全（或中等）解理，表现为解理缝清晰但较稀，不完全贯穿晶体而有中断现象；橄榄石则具不完全解理，表现为解理缝稀疏，断断续续，有时仅见解理痕迹。相反橄榄石的裂纹发育，表现为无一定方向的不平直的缝线。石英、石榴子石属无解理的矿物，后者更常见裂纹。

矿物解理清晰程度还与切面方向有关，当矿物切片与解理面垂直时，解理缝最细、最清楚，若稍微提升镜筒，解理缝不向左右移动。

（4）矿物的颜色。指单偏光镜下白光（七色光组成）透过晶体后呈现的颜色，它是未被晶体吸收的部分色光的混合色。如果各色光被矿物等量吸收，透过矿物后仍为白光则该矿物不显示颜色，称无色矿物。此外，颜色还与矿物的其他性质有关，如所含色素离子种类和电价，如含 Mn^{3+} 常为红色，含 Cr^{3+} 多为绿色。

（5）矿物的多色性和吸收性。对非均质体矿物的非垂直光轴（光轴面）切面而言，当转动物台时若见到颜色有变化，称为多色性；若见到颜色深浅有变化，称吸收性。

例如当黑云母的解理纹平行下偏光振动方向时，颜色最深，呈暗棕色；垂直下偏光振动方向时，颜色最浅，呈浅黄棕色；斜交下偏光振动方向时，颜色介于最深与最浅之间。表明黑云母具有较强的多色性和吸收性。

2. 在正交偏光系统下观察的主要内容

均质体矿物由于各向同性，所以它的任何切面在正交偏光间均表现为全消光（转动物台没有变化），因此均质体矿物主要是在单偏光系统下观察。对非均质体矿物，除单偏光系统外，还需在正交偏光甚至锥光系统下进行观察，以便区分相似的矿物。在正交偏光系统下，非均质体矿物的主要观察内容如下：

（1）消光类型。消光类型是指板状、柱状矿物处在消光位时，其解理缝（双晶缝）或晶体轮廓等与目镜十字丝（代表上下偏光振动方向）的相互关系。一般当矿物处于消光位时，若解理（双晶）或晶体轮廓与十字丝之一平行时，称平行消光；若两组解理或晶体轮廓平分十字丝时，称对称消光；若解理或晶体轮廓与十字丝之一斜交时称斜消光。

（2）消光角。对斜消光的矿物，要测定它们的消光角，即这些矿物的解理或晶体轮廓与十字丝（代表上下偏光振动方向）之一相交的夹角。

（3）干涉色。是指非均质体、非垂直光轴或光轴面的切片，在正交偏光间，当白光不同波长的七色光通过矿物晶体时，由白光干涉而成的各种颜色。当用白光照射，在正交偏光间将石英楔（石英沿光轴方向由薄至厚磨成楔形）慢慢插入试板孔，可见干涉色由低到高的规律变化，先后出现四个级序：Ⅰ级干涉色：暗灰–灰白–黄白–亮黄–橙–紫红；Ⅱ级干涉色：蓝–绿–黄绿–黄–橙–紫红；Ⅲ级干涉色：绿蓝–蓝绿–绿–绿黄–猩红–粉红；Ⅳ级干涉色：紫灰–灰蓝–淡绿–高级白。

3. 在锥光系统下某些光学数据的确定

在岩石薄片鉴定中，一般不需使用锥光系统，若必须确定矿物的轴性、光性或光轴角（$2V$）时，可选用适当切面在锥光下确定。在锥光下通常利用干涉图测定矿物晶体的轴性、光性、光轴角等。

干涉图是非均质矿物在锥光下呈现的、由干涉条带组成的图案。干涉图的形态因矿物晶体的光性和切片方向不同而不同。一轴晶垂直光轴切片的干涉图由一个黑十字与若干同心圆干涉色色圈组成；二轴晶垂直锐角等分线的干涉图由一个黑十字与若干"∞"字形干涉色色圈组成。

(1) 确定轴性。旋转载物台时，一轴晶垂直光轴切面的干涉图中的黑十字保持不变。一轴晶斜交（小斜）光轴切面的干涉图中的黑十字的交点绕视域中心做圆周移动；当光轴方向与薄片法线夹角较大时，光轴出露点（黑十字交点）落在视域之外，视域内只能见到一条黑带及部分干涉色色圈。旋转载物台时，黑带做上下、左右平行移动。

旋转载物台时，二轴晶垂直光轴切面的干涉图中的黑十字与若干"∞"字形干涉色色圈也保持不变。二轴晶斜交（小斜）光轴切面的干涉图由一黑臂和卵形色环组成，光轴不通过十字丝，转动载物台，黑臂时直时弯。

(2) 测定光性符号。一轴晶测定光性符号时首先确定象限和 N_e'、N_o 的方位，根据一轴晶矿物 $N_e > N_o$ 为正光性，$N_e < N_o$ 为负光性的原则。在确定象限后，插入石膏检板（λ），检板长方向为短半径，注意观察黑十字附近干涉色（Ⅰ级灰）的变化，若一、三象限变蓝（升高），二、四象限变黄（降低），该矿物为正光性，否则相反。

二轴晶测定光性符号时，首先需搞清在干涉图中光率体要素的方位（黑臂弯曲的凹区称钝角区，凸区称锐角区），在45°位置上插入石膏试板观察弯曲黑臂两侧干涉色（Ⅰ级灰）变化情况，如锐角区变黄（降低），而钝角区变蓝（升高），该矿物为正光性。

(3) 在二轴晶垂直光轴切面干涉图上目估光轴角（2V）。在垂直一个光轴切片干涉图中，当光轴面与上、下偏光镜振动方向成45°夹角时，黑带弯曲程度与光轴角大小成反比。光轴角越大，黑带越直。当 2V=90° 时，黑带成直带状；当 2V=0° 时，黑带弯曲成90°；2V 介于0°与90°之间时，黑带弯曲度介于90°与直带状之间。据此可以估计光轴角（2V）的大小。

实验二　岩浆岩的结构、构造和手标本观察与描述

一、目的要求

(1) 熟悉岩浆岩的主要结构、构造类型；掌握结构、构造的观察和描述方法。

(2) 通过对各类岩浆岩手标本的观察和描述，基本掌握各类岩石的矿物成分、矿物共生组合，以及结构、构造、次生变化等主要岩性特征，从而培养鉴定岩石的能力。

二、岩浆岩的结构、构造提示

1. 岩浆岩的结构类型（表13-2）

表13-2　岩浆岩的结构类型划分

按矿物结晶程度	按矿物颗粒绝对大小	按矿物颗粒相对大小	按矿物自形程度	按矿物之间的关系	
全晶质结构	显晶质结构	等粒结构	自形粒状结构	辉长结构	辉绿结构
半晶质结构	（在肉眼或放大镜下	不等粒结构	半自形粒状结构	间粒结构	间隐结构
玻璃质结构	能够分辨出矿物颗粒）	连续不等粒结构	（花岗结构）	粗面结构	交织结构
	隐晶质结构	斑状结构	他形粒状结构	包含结构	嵌晶结构
	（在肉眼或放大镜下			环带结构	球粒结构
	均不能分辨矿物颗粒）			文象结构	蠕虫结构
				反应边结构	响岩结构

2. 岩浆岩结构的观察方法

（1）首先观察岩石中矿物的结晶程度。对具全晶质结构的岩石，应注意观察是等粒结构还是不等粒结构。若为显晶质等粒结构，则应测量主要矿物的粒径（一般以测量长径为准，对含长石的岩石则要以长石的粒径为准），取其所量粒径的平均大小，然后按照矿物粒度绝对大小划分标准，写出相应的结构。进而再观察矿物的自形程度及其相互间的关系，确定其相应的结构名称。如具不等粒结构，若岩石中矿物的粒度依次降低，则为连续不等粒结构；如矿物颗粒可分为大小截然不同的两群，则为斑状结构或似斑状结构。当基质为隐晶质至玻璃质时，则称斑状结构；基质为显晶质者，称为似斑状结构。但也常把由细粒至玻璃质组成基质的结构统称为斑状结构；把由中粒至粗粒组成基质的结构统称为似斑状结构。

（2）然后观察矿物间的相互关系。当两种矿物相互穿插，有规律地生长在一起时，可能出现文象结构、条纹结构。当一种或几种矿物沿某种矿物的边缘依次分布时，可能出现反应边结构、环带结构。当较大的矿物颗粒中包含较小矿物颗粒时，则可能出现包含结构。

（3）应注意具有相似结构的区别。如文象结构与条纹结构，相似点为组成此类结构的两种矿物之间均以相互穿插的形式出现，且主晶都为钾长石；不同点为文象结构是共结作用形成的，客晶为石英，而条纹结构是固溶体分解作用形成的，客晶为钠长石或更长石。

（4）应注意观察和总结不同结构的特点。如辉绿结构、粗玄结构、拉斑玄武结构、间隐结构的共同特征均显示由自形条板状斜长石杂乱分布，构成格架。它们的主要区别主要体现在空隙中充填物特征的变化上，辉绿结构空隙充填物为单个他形粒状辉石；粗玄结构充填物为若干个细小粒状的辉石和磁铁矿；拉斑玄武结构充填物除与粗玄结构相同外，还有玻璃质或隐晶质物质；间隐结构充填物主要为玻璃质或隐晶质物质。

（5）应注意一些结构的专属性。如辉长结构是辉长岩的典型结构；辉绿结构是辉绿岩的典型结构；粗面结构是粗面岩的典型结构；花岗结构是花岗岩的典型结构；二长结构是二长岩的典型结构等。

（6）结构的描述要突出重点。依据矿物的结晶程度、矿物颗粒的大小、自形程度以及矿物间的相互关系，可将岩石的结构划分出很多类型。但在实际描述一块岩石标本时，并不要按上述内容一一叙述，只要突出重点。如描述花岗岩的结构时，只写明具中粒花岗结构即可，因"中粒花岗结构"含义的本身就已包括了全晶质的、等粒的、粒度在 1~5mm 之间的、以半自形晶矿物为主的、矿物之间一般不具有相互穿插与反应边关系等内容。

3. 岩浆岩的构造类型（表 13-3）

表 13-3 岩浆岩的构造类型划分

常见的侵入岩的构造	常见的喷出岩的构造
块状构造　斑杂构造	气孔构造　杏仁状构造
带状构造　流动构造	枕状构造　绳状构造
球状构造　晶洞构造	流纹构造　柱状节理构造

4. 岩浆岩构造的观察方法

岩浆岩的构造是岩浆运动和凝固作用的表现，常与岩浆的侵入、喷出活动等密切相关，是了解岩石形成地质环境的重要特征之一。因此观察岩浆岩的构造时，应着重注意矿物集合体或不同物质组分间的关系，以及矿物与矿物、矿物与隐晶质、玻璃质之间的排列或充填方式等特征。同时应注意相似构造的区别，如条带状构造和流纹构造、气孔构造与杏仁构造等，从成因上进行分析其差异。

三、岩浆岩手标本观察与描述方法

对岩浆岩进行观察和描述，一般的顺序是：岩石的颜色、结构、构造、矿物成分（主要矿物、次要矿物、副矿物、次生矿物）、矿物的物性特征等。

1. 颜色的观察与描述

描述岩石的颜色时，应分出原生色（新鲜面的颜色，能反映岩石的成分和形成环境）、次生色（即经过次生变化后风化面的颜色，可以反映岩石的风化或氧化过程）。

（1）深成岩的颜色。一般超基性岩、基性岩为深色，如橄榄岩、辉石岩、角闪岩等；酸性岩为浅色，如花岗岩；中性岩的颜色介于二者之间，如闪长岩、正长岩等。从基性岩到中性岩，再到酸性岩，颜色逐渐变浅。

（2）浅成岩的颜色。多受矿物粒度大小、结晶程度的影响。一般微晶和隐晶质岩石比相同成分的深成岩石颜色深（即结晶程度差的岩石比结晶程度好的岩石的颜色深），如流纹岩比花岗岩颜色深、安山岩比闪长岩的颜色深。

（3）喷出岩的颜色。不仅受到岩石成分、次生变化、结晶程度等方面的影响，而且还受到强烈氧化燃烧作用的影响。一般情况下，基性喷出岩多呈黑、黑绿色，蚀变后呈中绿－浅绿色；中性喷出岩呈深灰、暗紫－紫红色；偏碱性的粗面岩类为浅灰－深灰色；酸性喷出岩呈浅灰－粉红色。

2. 结构的观察与描述

（1）对于显晶质岩石，当其主要造岩矿物粒度大致相等时，一般要求写出粒度与结构名称即可，如中粒辉长结构、粗粒花岗结构、中粒二长结构、粗粒半自形结构等。

（2）对于具有斑状结构或似斑状结构的岩石，还应指明基质所具有的结构。

（3）隐晶质和玻璃质岩石，一般只需写明隐晶质结构、半晶质结构或玻璃质结构即可（因为对于具隐晶质、玻璃质等结构的岩石，肉眼很难看清岩石的结构，只有在显微镜下观察岩石薄片，才能确定具体结构）。

3. 构造的观察与描述

深成岩一般多具块状构造、条带状构造；浅成、超浅成岩多具斑杂状构造；喷出岩则多具气孔构造、杏仁构造、流纹构造等。

4. 矿物成分的观察与描述

对矿物成分的观察和描述主要有：矿物名称、物性特征、粒度大小、含量等。

（1）显晶质等粒结构岩石的描述。一般要求描述主要矿物、次要矿物、副矿物、次生矿物。通常含量高的先描述，含量低的后描述，按"先高后低"的顺序进行。

（2）矿物特征的描述。应包括矿物形态、风化或蚀变程度、光泽、肉眼及镜下鉴定特征（包括可反映岩石的结构、构造等特征）、粒度、目估含量等。

（3）斑状结构或似斑状结构岩石描述。应先指明斑晶矿物在整个岩石中的目估含量。然后以斑晶矿物含量"先高后低"的顺序描述其特征。再描述基质中矿物的特征。若基质中矿物粒度呈细粒或更粗时，其描述方法和要求与描述斑晶矿物一致。若基质矿物粒度小于细粒时，一般只要求指明主要矿物、次要矿物即可，不要求做详细描述。

四、实习内容

1. 实习标本和观察描述内容

使用下列标本观察和描述岩石的结构、构造：

◎ 花岗岩：观察描述全晶质结构、等粒结构、块状构造、他形粒状结构、蠕虫结构。

◎ 闪长玢岩：观察描述斑状结构、斜长石斑晶的环带结构、基质中矿物的半自形粒状结构、斑杂或条带状构造等。

◎ 玄武岩：观察描述隐晶质结构、气孔构造、杏仁构造、柱状节理、间粒结构等。

◎ 流纹岩：观察描述斑状结构、流纹构造、半晶质结构、玻璃质结构或霏细结构。

◎ 黑曜岩、珍珠岩：观察描述玻璃质结构、贝壳状断口、珍珠状裂纹等。

2. 岩浆岩结构、构造和手标本观察描述举例

花岗岩

肉眼鉴定与描述：岩石比较新鲜。呈灰白色。花岗结构（半自形粒状结构），颗粒比较均匀，粒径一般 2～5mm。块状构造。主要矿物是石英、钾长石、斜长石；次要矿物为黑云母、角闪石；副矿物有锆石、磷灰石。其中石英：不规则粒状，烟灰色，贝壳状断口，油脂光泽，含量>25%；钾长石：肉红色，板状，玻璃光泽；斜长石：长板状，灰白色，玻璃光泽，光滑平整的解理面上可见聚片双晶纹，钾长石+斜长石含量约55%；黑云母：黑色或棕褐色，片状，具珍珠光泽；角闪石：黑绿色，呈近于长柱状晶形，有时可见解理。暗色矿物含量约10%。

镜下鉴定与描述：岩石新鲜，未经蚀变。主要矿物为石英、钾长石、斜长石；次要矿物为黑云母、角闪石；副矿物有锆石、磷灰石、榍石。花岗结构（半自形粒状结构）。

岩石定名：花岗岩。

闪长玢岩

肉眼鉴定与描述：岩石浅灰色，斑状结构，块状构造。斑晶成分为斜长石和角闪石，斑晶直径 1～6mm，斑晶含量为30%左右。其中斜长石：白色，板状；角闪石：绿色，柱状。基质为隐晶质结构。

镜下鉴定与描述：斑状结构。斑晶由斜长石和角闪石组成，并有少量黑云母和石英。基质呈显微粒状结构，主要成分为斜长石，其次是角闪石，基质含量约65%。

岩石定名：闪长玢岩。

流纹岩

肉眼鉴定与描述：浅紫色，斑状结构，流纹构造、气孔构造。斑晶成分为石英和透长石。石英为不规则粒状，无色，油脂光泽，贝壳状断口。透长石为柱状，无色透明，玻璃光泽，有解理。斑晶粒径 1～2mm，含量约15%。少量气孔略有拉长与柱状透长石一起呈定向排列，显示流纹构造。基质为隐晶质，浅紫色为主，夹杂有粉红和白色。

镜下鉴定与描述：岩石呈斑状结构，斑晶主要为石英和透长石，含量为15%～20%。基质具霏细结构，由他形石英和长石微粒组成，含量约75%。基质中含少量玻璃质。

岩石定名：流纹岩。

五、思考题

（1）常见岩浆岩的结构、构造有哪些？
（2）深成岩、浅成岩、喷出岩在岩石结构上有何不同？
（3）流纹构造、气孔构造、杏仁构造各有何特点？它们是怎么形成的？
（4）研究岩浆岩的结构、构造有何地质意义？

实验三　超基性岩、基性岩观察与描述

一、目的要求

（1）学会观察和描述超基性岩类、基性岩类的内容和方法。
（2）基本掌握超基性岩类、基性岩类主要岩石类型的鉴定特征。

二、实验内容

（一）超基性岩类（橄榄岩－苦橄岩类）

观察和描述以下岩石标本：纯橄榄岩、橄榄岩、辉石岩、蛇纹石化橄榄岩、苦橄岩、金伯利岩。

1. 手标本特征

◎ 纯橄榄岩：黄绿色，几乎全由橄榄石组成，他形粒状结构，致密块状构造。橄榄石为浅绿色，粒状，玻璃光泽，无解理。

◎ 橄榄岩：灰绿色，主要由橄榄石和辉石组成，粒状结构。

◎ 辉石岩：灰黑色，几乎全由辉石组成，中－粗粒状结构。

◎ 蛇纹石化橄榄岩：暗绿色，具油脂感，网状构造，有粒状橄榄石的残核，有少量的磁铁矿。蛇纹石为橄榄石的蚀变产物。

◎ 苦橄岩：黑绿色，以橄榄石和辉石为主，含有少量的角闪石、黑云母。

◎ 金伯利岩：灰黑色，斑状结构，角砾状构造。斑晶主要是蚀变橄榄石和金云母，基质成分比较复杂。

2. 显微镜下特征

◎ 纯橄榄岩：橄榄石呈自形粒状或他形粒状。

◎ 辉石岩：斜方辉石和单斜辉石均有。

◎ 蛇纹石化橄榄岩：岩石裂隙或橄榄石粒间都发生了蛇纹石化，但蚀变不彻底，仍残留有小颗粒橄榄石（残留结构）。在蛇纹石化过程中析出的铁质，形成的磁铁矿呈不透明的黑色小微粒，不规则地分布在蛇纹石中。

◎ 金伯利岩：斑状结构，角砾状构造，角砾多为早期熔岩。斑晶为橄榄石，但已蛇纹石化，熔蚀后成圆粒状。岩石碳酸盐化、金云母化、蛇纹石化、绿泥石化强烈。

3. 观察和描述内容

（1）岩石的颜色。包括新鲜面颜色和风化面颜色。

（2）结构特征。
（3）构造特征。
（4）主要矿物、次要矿物和副矿物的含量及鉴定特征。
（5）次生变化（蛇纹石化、绿泥石化、碳酸盐化、金云母化）、含矿性等。
（6）岩石命名。

（二）基性岩类（辉长岩－玄武岩类）

观察以下标本：辉长岩、斜长岩、辉绿岩、细晶辉长岩、橄榄玄武岩、杏仁状玄武岩。

1. 手标本特征

◎ 辉长岩：灰黑色，中－粗粒辉长结构，主要由辉石和基性斜长石组成。
◎ 细晶辉长岩：细粒结构，成分与辉长岩相同。
◎ 斜长岩：灰白色，中－粗粒状结构，几乎全由斜长石组成。
◎ 辉绿岩：灰黑色，主要由辉石和基性斜长石组成。基性斜长石呈自形板状，辉石呈粒状。
◎ 粗玄岩：暗灰色，主要由辉石和斜长石组成，具典型的粗玄结构。
◎ 橄榄玄武岩：见橄榄石斑晶，常见橄榄石的蚀变产物——伊丁石。基质为隐晶质。
◎ 杏仁状玄武岩：绿黑色，气孔状构造，气孔中充填有白色的方解石、沸石等矿物。

2. 显微镜下特征

◎ 辉长岩：辉石和基性斜长石的自形程度几乎一致，具典型的辉长结构。
◎ 辉绿岩：具典型的辉绿结构，自形板条状的斜长石交织分布构成格架，他形粒状的辉石充填在空隙中。
◎ 玄武岩：具典型的粗玄结构，或间隐结构。在斜长石构成的空隙中，既充填有细小的辉石、橄榄石等，也有少量玻璃质。

3. 观察和描述内容

（1）岩石的颜色。包括新鲜面颜色和风化面颜色，注意色率变化。
（2）结构特征。重点观察辉长结构、辉绿结构、粗玄结构的特征。
（3）构造特征。注意气孔的大小、多少，杏仁体的成分。
（4）主要矿物、次要矿物和副矿物的含量和鉴定特征。
（5）次生变化等。
（6）岩石命名。

三、实习报告及作业

在观察的基础上，详细描述橄榄岩、辉石岩、蛇纹石化橄榄岩、金伯利岩、辉长岩、辉绿岩、玄武岩等标本。

四、思考题

（1）辉长岩与辉绿岩分别在肉眼和镜下有什么区别？
（2）橄榄石在橄榄岩中常发生什么蚀变？在玄武岩中常发生什么蚀变？

(3) 玄武岩的矿物成分特征和结构特征是什么？

实验四　中性岩、酸性岩、碱性岩观察与描述

一、目的要求

(1) 掌握中性岩、酸性岩、碱性岩及其过渡性岩石的基本特征。
(2) 掌握中性岩、酸性岩的深成岩、浅成岩、喷出岩的鉴别特征。
(3) 掌握从超基性岩、基性岩到中性岩、酸性岩，其矿物成分的变化规律。

二、实习内容

（一）中性岩（闪长岩－安山岩类，正长岩－粗面岩类）

观察以下标本：闪长岩、石英闪长岩、闪长玢岩、细晶闪长岩、安山岩；正长岩、正长斑岩、二长岩、粗面岩。

1. 手标本特征

◎ 闪长岩：浅灰色、灰绿色，中粒结构。主要由中性斜长石和角闪石（或黑云母）组成，斜长石＞角闪石。

◎ 石英闪长岩：浅灰色，半自形粒状结构。主要矿物有石英、中性斜长石、角闪石、黑云母等。

◎ 闪长玢岩：暗灰色至灰绿色，斑状结构。斑晶为中性斜长石和角闪石，基质为隐晶质结构或细粒结构。

◎ 安山岩：紫红色，斑状结构。斑晶为斜长石、角闪石、辉石，基质为隐晶质。

◎ 正长岩：灰色或肉红色，以肉红色或浅土黄色的板状正长石为主，还有少量的斜长石和黑云母。

◎ 正长斑岩：斑状结构，成分与正长岩相同。

◎ 二长岩：由含量基本相同的钾长石、斜长石组成。具典型的二长结构。

◎ 粗面岩：断口粗糙，斑状结构。透长石和斜长石组成斑晶，基质为隐晶质。

2. 显微镜下特征

◎ 闪长岩：斜长石呈板状，具聚片双晶，环带结构发育。角闪石呈板状、柱状，多色性显著，具清楚的柱面解理或两组菱形解理。

◎ 安山岩：角闪石、黑云母斑晶具暗化边现象，基质为安山结构（或玻基交织结构，即基质中斜长石微晶杂乱排列，微晶间由玻璃质或隐晶质充填，是安山岩特有的结构）。

◎ 正长岩：以正长石为主，暗色矿物为黑云母。

◎ 粗面岩：斑状结构，斑晶以透长石为主，并有少量黑云母、斜长石。基质为粗面结构（即长条状的碱性长石微晶呈近于平行的排列）。

3. 观察和描述内容

(1) 岩石的颜色。新鲜面颜色和风化面颜色，注意色率变化。
(2) 结构特征。镜下观察安山结构、斜长石的环带结构和聚片双晶，注意斑晶的成分。

(3) 构造特征。
(4) 主要矿物、次要矿物、副矿物。注意观察斜长石的晶体形态。
(5) 次生变化。
(6) 岩石命名。

(二) 中酸性岩－酸性岩（花岗闪长岩－流纹英安岩，花岗岩－流纹岩）

观察以下岩石标本：花岗岩、花岗闪长岩、花岗斑岩、花岗闪长斑岩、流纹英安岩、流纹岩、松脂岩、珍珠岩、黑曜岩。

1. 手标本特征

◎ 花岗岩：灰白或肉红色，中－细粒花岗结构，块状构造。石英含量约30%，长石约60%，暗色矿物（黑云母、角闪石等）＜10%。钾长石＞斜长石。

◎ 花岗闪长岩：为花岗岩向闪长岩的过渡岩石。石英含量＜25%，长石约50%，暗色矿物10%~15%，并常有角闪石出现。钾长石＜斜长石。

◎ 花岗斑岩：与花岗岩成分相同，具斑状结构，斑晶以正长石和石英为主，角闪石、黑云母次之，基质多为隐晶质，致密状。

◎ 花岗闪长斑岩：成分与花岗闪长岩相同，具斑状结构。

◎ 流纹岩：灰白或灰红色，成分相当于花岗岩，斑状结构，流纹构造、气孔构造。基质比较致密，具玻璃质结构。

◎ 流纹英安岩：成分与花岗闪长岩相同，斑晶为斜长石、角闪石、黑云母，可有少量石英和钾长石，基质为隐晶质或玻璃质。

◎ 黑曜岩：黑色，玻璃光泽，贝壳状断口，有时含少量透长石斑晶。

◎ 珍珠岩：具珍珠裂缝的玻璃质岩石（珍珠构造），有时含有各色的珍珠球。

◎ 松脂岩：树脂光泽或油脂光泽，贝壳状断口。

2. 显微镜下特征

◎ 花岗岩：花岗结构（即全晶质半自形粒状结构）。一般暗色矿物自形程度比长石好；长石中斜长石自形程度比钾长石好，石英为他形晶。

◎ 流纹岩：注意成分和流纹构造。

◎ 珍珠岩：玻璃质结构，珍珠构造（镜下见圈环状的裂纹）。因沿裂纹常出现脱玻化现象，形成美丽的图案。

3. 观察和描述内容

(1) 岩石的颜色。注意玻璃质结构的岩石的颜色。
(2) 结构特征。
(3) 构造特征。
(4) 主要矿物、次要矿物、副矿物。注意描述长石的种类和数量。
(5) 次生变化。
(6) 岩石命名。

(三) 碱性岩类（霞石正长岩－响岩类）

观察下列标本：霞石正长岩、霞石正长斑岩、白榴石响岩。

1. 手标本特征

◎ 霞石正长岩：浅灰色，中－粗粒等粒结构。主要矿物有：正长石，长板状；霞石，深肉红色，粒状，油脂光泽，无解理；碱性暗色矿物为碱性辉石和碱性角闪石。

◎ 霞石正长斑岩：成分与霞石正长岩相同。具斑状结构。霞石为肉红色，易风化，有时被包裹在正长石大斑晶中。

◎ 白榴石响岩：具碱性长石和浑圆形白榴石斑晶。

2. 显微镜下特征

◎ 霞石正长岩：主要由正长石和霞石组成。正长石具卡式双晶。霞石表面常有云雾状分解物和发育的裂纹。

◎ 霞石正长斑岩：斑状结构，矿物成分与霞石正长岩相当。斑晶为正长石和霞石。

◎ 白榴石响岩：斑状结构，斑晶为白榴石、透长石，基质成分与斑晶成分基本相同。白榴石不稳定，可被正长石、霞石等代替，此种岩石称为假白榴石响岩。

3. 观察和描述内容

（1）岩石的颜色。
（2）结构特征。
（3）构造特征。
（4）主要矿物、次要矿物、副矿物。特别注意霞石和白榴石的特征。
（5）次生变化。
（6）岩石命名。

三、实习报告及作业

详细描述以下标本：闪长岩、闪长玢岩、安山岩、正长岩、正长斑岩、粗面岩、花岗岩、花岗斑岩、流纹岩、花岗闪长岩、花岗闪长斑岩、霞石正长岩、霞石正长斑岩、白榴石响岩或假白榴石响岩。

四、思考题

（1）闪长岩、花岗闪长岩、花岗岩三者在矿物成分上有何区别？
（2）安山岩、粗面岩、流纹岩在结构构造上有何异同？
（3）花岗岩类岩石中的石英通常是什么形态？为什么？
（4）碱性岩中的特征矿物有哪些？霞石能与石英共存吗？为什么？

实验五 陆源碎屑岩、火山碎屑岩观察与描述

一、目的要求

（1）学会识别沉积岩的层理构造及其他构造的基本方法。
（2）学会用肉眼和显微镜观察碎屑结构（粒度、圆度、成熟度、胶结物、胶结类型）。
（3）掌握肉眼观察和描述陆源碎屑岩的方法，及各种碎屑岩类型的鉴定特征。

(4) 学会识别火山碎屑物质，掌握火山集块岩、火山角砾岩、火山凝灰岩的特征。

二、实验内容

（一）观察岩石标本（或结合野外实习）描述沉积岩的构造类型

- ◎ 水平层理：细层平直并与层面平行。
- ◎ 波状层理：细层呈波状起伏。
- ◎ 斜层理：细层与层系界面斜交。
- ◎ 交错层理：相邻层系相互交错，各层系中的细层倾斜方向多变。
- ◎ 波痕：风、水流和波浪在沉积物表面留下的波状痕迹。
- ◎ 泥裂：未固结的沉积物被晒干脱水收缩，形成张开裂缝，后又为上覆沉积物充填。
- ◎ 叠层构造、缝合线、结核。

（二）陆源碎屑岩的肉眼观察和描述

1. 肉眼观察和描述以下岩石标本

砾岩（粗、细）、角砾岩、粗粒砂岩、中粒石英砂岩、细砂岩、长石砂岩、长石石英砂岩、岩屑砂岩、粗粉砂岩、细粉砂岩、海绿石砂岩、铁质砂岩、黏土岩、含粉砂黏土岩、泥岩、钙质页岩、硅质页岩、铁质页岩、黑色页岩、碳质页岩、油页岩。

（1）测量碎屑粒度，以区分各种碎屑岩类型。粒径＞2mm，粗碎屑岩（砾岩、角砾岩）；粒径 2～0.05mm，中碎屑岩（砂岩类）；粒径 0.05～0.005mm，细碎屑岩（粉砂岩类）；粒径＜0.005mm，页岩、黏土岩。

（2）观察标本中碎屑颗粒的特点，鉴定碎屑磨圆度：棱角状、次棱角状、次圆状、圆状。

（3）观察胶结物的颜色、硬度，以及胶结物与稀盐酸反应情况，鉴别胶结物的成分：硅质胶结物一般呈白色，致密状，硬度大于小刀，加盐酸不起泡；铁质胶结物一般呈紫红色；碳酸盐质胶结（钙质胶结）物一般呈浅灰-浅绿色，加盐酸起泡；海绿石质胶结物一般呈暗绿色，风化后使岩石带有绿色斑痕。

（4）观察碎屑与胶结物的分布状态，确定胶结类型：基底式、孔隙式、接触式胶结。

（5）观察页岩、黏土岩的层理发育情况，以及浸水变化情况，以鉴别岩石类型：

——页岩：页理构造发育。致密块状。浸水后不变软，不膨胀。

——泥岩：没有明显的层理。致密或疏松土状，浸水后稍微变软，不膨胀，可塑性差。

——黏土岩：疏松土状，浸水后变软，常吸水膨胀、可塑性强。

2. 描述举例

砾岩

浅灰色，砾状结构，胶结紧密，岩石呈块状构造。其中砾石占 80%，胶结物占 20%。砾石大小不一，粒径 30～5mm，一般大小为 10～15mm（占 75%）。砾石呈圆至次圆状，断面多呈椭圆形。砾石成分以白云岩或石灰岩为主，此外还有硅质岩及较少量的喷出岩，胶结物呈浅灰-浅绿色，加盐酸起泡，可知含钙质较多。胶结类型属基底式。

含砾石英砂岩

新鲜面灰白色，风化面浅黄色，粗砾砂状结构，岩石呈块状构造。碎屑成分以石英（85%）、长石（<10%）为主，含少量碳质页岩及岩屑，石英抗风化能力强，表现为明显凸起。碎屑物磨圆度较差，为次棱角状；分选性差，大小不一致，硅质和钙质胶结。呈孔隙式胶结。

紫褐色中粒铁质砂岩

暗紫褐色、颜色分布不均匀。中粒砂状结构，岩石呈块状构造。碎屑含量占整个岩石85%左右，胶结物约占15%。碎屑物粒径为0.15~2mm，分选性好，大小比较一致。胶结物为氧化铁，分布不均匀，局部铁质聚集成团块。呈接触－孔隙式胶结。

含粉砂黏土

深黄色带有褐色的斑点，断口不平滑，手摸之有粗糙感；在水中易泡软，加盐酸微弱起泡。黏土中含有云母、黄铁矿颗粒和植物化石碎片。

红色页岩

砖红色，泥质结构，页理构造，由于岩石受到轻微变质，使其页理不甚明显。断口呈贝壳状。岩石主要由含铁的黏土矿物组成。

（三）火山碎屑岩的肉眼观察和描述

1. 肉眼观察和描述以下岩石标本

◎ 熔结角砾岩：具熔结角砾结构，假流动构造。
◎ 集块岩：具集块结构，斑杂构造。
◎ 火山角砾岩：颜色常为紫红色、灰绿色等。火山角砾结构，斑杂构造。角砾多为火山岩岩屑、棱角状，在火山岩岩屑中时常可见矿物晶体组成的斑晶。在手标本要注意区分沉积角砾和火山角砾。
◎ 凝灰岩（晶屑凝灰岩、熔结凝灰岩）：常为紫红、灰绿色等，有时颜色分布不均匀。具典型的凝灰结构，晶屑呈棱角状，破碎及溶蚀现象明显，晶面有较多的撕裂纹。

2. 描述举例

火山角砾岩

褐红色至紫红色，火山角砾结构，块状构造。岩石中火山碎屑占90%以上，其中以粒径在10~5mm的熔岩角砾为主（约占75%），此外含少量的长石和石英晶屑和玻屑。火山角砾外形不规则，呈尖棱角状。胶结物主要为褐红色细小的火山灰、火山尘所组成。岩石次生变化不明显。

流纹质晶屑玻屑凝灰岩

肉眼观察：白－灰白色、凝灰结构、块状构造。主要成分为极细小的火山灰，其中分布有含量在7%左右，石英及长石晶屑。岩石具有粗糙感，有黏舌现象。镜下观察：主要成分为玻璃碎屑、呈楔状，局部去玻化成石英、长石的微晶集合体。在玻屑中星散分布有酸性斜长石及少量透长石和石英的碎屑。长石和石英碎屑边缘有溶蚀现象。

三、实验报告及作业

（1）观察描述典型的沉积构造标本。
（2）肉眼观察描述以下标本：角砾岩、长石砂岩、岩屑砂岩、海绿石砂岩、粉砂岩、泥岩、钙质页岩、集块岩、火山角砾岩、凝灰岩。

四、思考题

（1）水平层理、波状层理、大型交错层理各代表什么沉积环境？
（2）基底式胶结、孔隙式胶结、接触式胶结的砂岩，哪一种岩石透水性最好？
（3）石英砂岩、长石砂岩、岩屑砂岩中的碎屑成分有何不同？
（4）黏土岩遇水为什么会膨胀？火山碎屑岩与陆源碎屑岩有何异同？

实验六　碳酸盐岩、硅质岩观察与描述

一、目的要求

（1）学会用肉眼观察和描述碳酸盐岩的各种结构组分。
（2）掌握碳酸盐岩的分类和命名原则。
（3）掌握石灰岩、白云岩和泥灰岩的区分方法。
（4）掌握硅质岩矿物成分特征，及其观察和描述方法。

二、碳酸盐岩观察与描述

（一）碳酸盐岩手标本的观察描述的内容和方法

1. 颜色

总体上，碳酸盐岩颜色以灰色居多。有时呈白色、灰白色、浅灰色、深灰色、灰黑色、黑色、红色、紫红色、红褐色等。

2. 矿物成分

碳酸盐岩中最常见的矿物成分是方解石和白云石，常混入少量黏土、石英和长石等陆源物质。在野外或手标本观察时，首先用浓度为5%的稀盐酸检验方解石和白云石的相对含量，在岩石表面滴上稀盐酸，根据起泡程度不同，通常可以分出四个等级：

（1）强烈起泡。起泡迅速而剧烈，并伴有小水珠飞溅和嘶嘶声。应属石灰岩类，估计方解石的含量>75%。
（2）中等起泡。起泡迅速，但无小水珠飞溅和嘶嘶声，应属白云质石灰岩类，估计方解石含量75%~50%，白云石含量25%~50%。
（3）弱起泡。气泡出现较慢较少，有的气泡可滞留在岩面上不动。应属灰质白云岩，估计白云石含量75%~50%，方解石含量25%~50%。
（4）不起泡。长时间都无气泡出现，或仅在放大镜下可见微弱的起泡现象，但粉末有

中等强度的起泡。应为白云岩类，估计白云石含量大于75%，方解石含量小于25%。

用稀盐酸检验矿物成分时，应在岩面的不同部位进行，以便确定成分分布是否均匀。滴稀盐酸反应起泡后，岩石表面上会残留下泥质，可以大致估计泥质含量。

3. 结构组分及结构类型

碳酸盐岩的结构组分有五种类型，即颗粒、灰泥、亮晶胶结物、晶粒和生物格架。根据结构组分，可以确定岩石的结构类型。在手标本观察中，通常描述下列内容：

（1）颗粒结构。由颗粒和填隙物组成。要分别描述颗粒、填隙物的成分、结构以及颗粒与填隙物间的关系（胶结类型和支撑方式），并估计颗粒和填隙物的百分含量以及每种颗粒占全部颗粒的百分含量。

——颗粒：要观察和描述颗粒类型、大小、形状、分选性、磨蚀性、定向性，及内部结构，如砾屑的内部结构和氧化圈（有无、厚薄），鲕粒、核形石的核部及同心层的圈数等。

——填隙物：主要是区分灰泥和亮晶胶结物。一般说来，灰泥致密，常含杂质，暗淡无光泽；亮晶胶结物晶粒粗，杂质很少，常呈白色或浅灰色，比较透明，有时可以看到晶体解理面。两者不易区分时，可将它们统称为填隙物。应描述岩石的胶结类型与支撑方式。

（2）泥晶结构。主要由灰泥组成，如同碎屑岩中的泥岩。细腻致密，无光泽，断口平滑。

（3）生物格架结构。由群体造礁生物格架组成，格架间孔洞内充填有较小的生物碎屑、砂屑颗粒、或泥晶、亮晶方解石。描述时需指出造礁生物类型、格架间的充填物类型。

（4）晶粒结构。岩石由彼此镶嵌的晶粒所组成，可将晶粒进一步划分为粗晶（>0.5mm）、中晶（0.5~0.25mm）、细晶（0.25~0.05mm）和微晶（<0.05mm）等结构。

4. 沉积构造

碳酸盐岩中出现的沉积构造类型多样。除了在陆源碎屑岩中常见的类型外，还有一些特殊的构造，如叠层石构造、鸟眼构造、示顶底构造、缝合线构造等。

5. 孔、洞、缝

碳酸盐岩的孔、洞、缝是油气水的储集空间和运移通道，孔隙和洞穴根据孔径大小区分，通常孔隙的孔径小于1mm，洞穴大于1mm。裂缝包括构造裂缝、溶解缝、层间缝和缝合线等。应描述孔、洞、缝的规模、延伸方向、形态、连通情况、发育程度、充填物。

6. 手标本的定名

（1）先按矿物成分定名。作为岩石的成分名称（如石灰岩、白云质石灰岩、灰质白云岩、白云岩），用50%，25%，10%三个界限便可。

（2）结构命名。包括结构组分和结构类型。依结构组分的类型及其相对含量进行命名。

（3）颜色、构造等作为岩石的附加名称，也要参加岩石命名。

（4）命名原则：颜色+构造+结构+矿物成分。

如灰白色块状亮晶鲕粒灰岩、暗灰色水平层理泥晶球粒白云质灰岩、灰褐色鸟眼构造泥晶灰质白云岩、淡黄色块状粗晶白云岩、浅灰色珊瑚格架灰岩等。

（二）碳酸盐岩镜下鉴定的内容和方法

碳酸盐岩薄片在显微镜下的观察内容大体包括以下六个方面：矿物成分、结构组分和结构类型、沉积构造、沉积后作用、岩石定名、成因分析。

(三) 碳酸盐岩观察、鉴定描述的举例

1. 手标本观察描述

岩石（产地：辽宁本溪；层位：寒武系）呈暗紫红色，滴少量稀盐酸强烈起泡，矿物成分为方解石，质纯。有少量铁质浸染，使鲕粒呈暗紫红色。

（1）颗粒。含量为70%左右，几乎全为鲕粒。鲕粒大多为球形，直径1~2mm，有的鲕粒可见白色的生物碎屑作为核部，同心层厚，且以正常鲕为主。鲕粒分布较均匀。

（2）填隙物。约占岩石总含量的30%，包括亮晶方解石和泥晶，以亮晶胶结物为主。亮晶胶结物呈白色，透明状，泥晶呈暗色，无光泽。

（3）胶结类型。岩石总体上为孔隙—接触式胶结，具鲕粒支撑结构。岩石致密坚硬，块状构造。有时可见长形颗粒半定向排列。

（4）定名：暗紫红色鲕粒灰岩。

2. 薄片鉴定描述

（1）矿物成分

方解石占岩石总含量的90%以上，含少量铁质，浸染后使鲕粒颜色变红。

（2）结构组分及结构类型

该岩石的结构组分有颗粒、亮晶胶结物、泥晶，分别占岩石的70%，20%，10%。

1）颗粒：颗粒类型以鲕粒为主，约占颗粒的90%以上，含有少量生物碎屑和其他颗粒（砂屑、藻粒、球粒等）。分别描述如下：

①鲕粒。主要为正常鲕，少量为偏心鲕、表鲕和变形鲕，还有少量藻鲕。

——正常鲕：多而大，直径1~2mm。同心层数多而分布密集，成分为泥晶方解石，可见少量方解石晶体切割同心层。核心成分多样，主要为棘皮类、三叶虫生物碎屑、腕足类、腹足类、砂屑等作为核心。同心层的厚度大于核心直径。

——偏心鲕：同心层分布疏密不均，核心偏向一侧。

——表鲕：同心层厚度小于核心直径，有的表鲕以棘皮类生物碎屑作为核心，仅有一层同心层环绕。

——变形鲕：鲕粒发生破裂或片状剥离，有的变形鲕内部结构保存较好，仍可看出由正常鲕或表鲕发生变形所致。

②生物颗粒。含量少，主要为长条形的三叶虫碎屑，它们独立存在于岩石中。但大部分生物碎屑作为鲕粒的核心出现，已不能算独立的一种颗粒类型。

③砂屑。含量较少，成分为泥晶方解石，具有一定的磨圆度。

2）填隙物：包括亮晶胶结物和泥晶，以亮晶为主，约占岩石的20%，泥晶约占10%。

①亮晶胶结物。矿物成分为方解石，干净透明度好，细晶为主，具两个世代现象：第一世代的亮晶方解石呈栉壳状结构，晶体自形程度较高，围绕鲕粒边缘呈马牙状生长；第二世代的方解石多为他形或半自形粒状结构，分布在孔隙中央，晶粒接触界线较平直。

②泥晶。矿物成分为方解石，表面污浊，透明度差。这些泥晶多经重结晶作用形成粉-细晶，晶粒之间接触界面不规则。泥晶分布不均，局部较富集。

3）胶结类型及支撑方式：接触-孔隙式胶结为主，局部为基底式；鲕粒支撑为主，局部为泥晶支撑。

（3）显微构造

1）藻钻孔：垂直鲕粒分布，现多已被泥晶或有机质充填，呈暗色。
2）缝合线构造：破碎的鲕粒边缘见有压溶作用形成的缝合线构造。
3）微裂缝：岩石中局部发育构造微裂缝，切穿鲕粒，现已被方解石充填。

（4）成岩变化

1）胶结作用：主要表现为亮晶方解石胶结作用。第一世代的亮晶方解石胶结作用有可能发生在同生－准同生期，形成于海底环境；第二世代的亮晶方解石胶结作用主要形成在埋藏成岩环境。

2）矿物的转化作用及重结晶作用：主要表现为胶结物和鲕粒同心层中的文石转化为低镁方解石，这种转化作用发生在成岩早期。重结晶作用表现为泥晶填隙物重结晶为细晶、粉晶，这种作用可能发生在成岩晚期。

3）压实及压溶作用：压实作用主要表现在鲕粒定向排列、鲕粒同心层的片状剥离、鲕粒的破碎等；压溶作用主要发生在成岩晚期，鲕粒呈缝合接触，形成缝合线构造。

（5）孔隙和裂隙

鲕粒内藻钻孔多被泥晶方解石充填，鲕粒间孔隙绝大部分被亮晶胶结物和泥晶充填，仅局部见有鲕粒内部溶蚀孔。岩石中的缝合线附近泥质、铁质相对富集，构造成因的微裂隙，也已被方解石充填。

（6）成因分析

根据鲕粒的类型、粒径及内部结构特点，反映鲕粒形成于高能环境，可能为鲕粒滩或潮汐沙坝。但根据填隙物的成分，泥晶、亮晶共生，且以亮晶为主的特点，说明岩石形成于能量中等偏高的开阔台地相边缘。说明了鲕粒的形成和沉积并非是同一环境。

（7）岩石综合命名

暗紫红色泥晶－亮晶鲕粒石灰岩。

三、硅质岩观察与描述

硅质岩的矿物成分主要由沉积生成的 SiO_2 矿物组成，有非晶质的蛋白石、隐晶质的玉髓和显晶质的自生石英（多是重结晶的），以上矿物含量要大于 50%。其余还有混入物黏土、碳酸盐和氧化铁矿物，少量海绿石、沸石、黄铁矿和有机质，但混入物和少量矿物总和要小于 50%。观察硅质岩时应注意以下几点：

（1）岩石颜色。一般是灰白、灰、灰黑色，有时呈红色、紫色、灰绿色等。
（2）岩石由硅质矿物组成，一般比较致密、坚硬（大于小刀），断口平滑或是贝壳状。棱角锋利，强烈敲击可生火花，因此又称火石，常见燧石岩、碧玉岩，但硅藻土和硅华则疏松、多孔。镜下应详细鉴定硅质矿物种类和混入物成分。
（3）岩石结构。观察内碎屑结构、鲕状结构（注意区分是原生的还是交代的）；构成生物结构的生物种属；交代和残余结构特征。
（4）岩石构造。常见层理和结核。应注意观察结核与层理关系，确定结核的形成阶段。
（5）岩石的定名主要根据成分和结构，如鲕粒硅岩。

四、实验报告及作业

观察和描述以下岩石标本：竹叶状灰岩、砂屑灰岩、鲕状灰岩、介壳灰岩、泥灰岩、白云岩、硅藻土、燧石岩、碧玉岩。

五、思考题

（1）竹叶状灰岩中的砾屑"竹叶"是怎么形成的？
（2）碳酸盐岩中的"灰泥"与"亮晶胶结物"有什么异同？各代表什么沉积环境？
（3）在石灰岩和白云岩的表面滴上稀盐酸，起泡程度相同吗？为什么？
（4）硅质岩主要由哪几种硅质矿物组成？

实验七　区域变质岩、混合岩观察与描述

一、目的要求

（1）学会观察描述变质岩的各种结构、构造的基本方法。
（2）学会观察、描述区域变质岩和混合岩的方法。
（3）通过观察，掌握区域变质岩和混合岩的主要构造类型。
（4）掌握区域变质岩和混合岩主要岩石类型的岩性特征，及分类命名原则。

二、实习内容

（一）变质岩结构构造的观察和描述

1. 变质岩结构的观察内容

◎ 变余结构：保留了原岩的一些外貌特点，而成分上则主要为特征变质矿物的特点。
◎ 变晶结构：原岩中的细粒矿物，经变质作用后，颗粒变大，形成新的矿物晶体。
◎ 纤维变晶结构：原岩中的矿物，经变质作用后形成纤维状、长柱状、针状矿物。
◎ 鳞片变晶结构：原岩中的矿物，经变质作用后形成片状、鳞片状矿物。
◎ 斑状变晶结构：原岩经变质作用后形成大小不同的两种变晶矿物，形如斑状结构。

2. 变质岩构造的观察内容

◎ 板状构造：泥质岩石受应力作用后，形成一组组平行破裂面，如板岩。
◎ 千枚状构造：岩石呈薄片状，片理面上有许多小揉皱，具强丝绢光泽，如千枚岩。
◎ 片状构造：大量的片状、柱状、纤维状矿物平行排列，形成连续的面理，如片岩。
◎ 片麻状构造：少量片状、柱状矿物在粒状矿物中呈断续定向排列，如片麻岩。
◎ 条带状构造：浅色矿物与暗色矿物各自所形成的条带相间排列，如混合岩。
◎ 块状构造：岩石中的矿物分布比较均匀，如大理岩、石英岩。

3. 观察变质岩结构、构造时应注意的问题

（1）观察变质岩结构、构造时，以手标本为主，适当结合薄片观察。首先按成因区分出变余结构、变晶结构、交代结构；变余构造、变成构造等。然后再按结构构造的具体特征（变晶矿物的绝对大小、相对大小、颗粒形状、相互关系等）确定名称。
（2）当一种岩石同时具有几种不同的结构构造时，要分清主次，采用综合描述方法，

把次要结构构造放在前，主要结构构造放在后，如纤维鳞片变晶结构、千枚板状构造等。

（3）对于斑状变晶结构的岩石，除了观察变斑晶和基质的相互关系外，还应观察变斑晶和基质各自本身的结构特征。

（4）观察变质岩结构构造时，要注意区别变晶结构与结晶结构、斑状变晶结构与斑状结构、结晶片理与层理等的区别，从而加深对变质岩结构、构造特征及成因的理解。

（二）区域变质岩的观察与描述

1. 观察以下手标本或薄片

◎ 板岩：颜色多样，板状构造，光滑的板理面上可见丝绢光泽，结构致密。

◎ 千枚岩：褐黄色、灰绿色，鳞片变晶结构，千枚状构造，具明显的丝绢光泽，并有小揉皱。矿物颗粒细小，肉眼难以辨认。

◎ 云母片岩：灰黑色，片状构造，片状矿物主要为黑云母、白云母；粒状矿物为石英、长石；变斑晶有石榴子石、十字石、红柱石等。

◎ 角闪片岩：黑色，变晶结构，片状构造，主要由角闪石、部分石英组成。

◎ 云母片麻岩：灰色，中粒变晶结构，片麻状构造，主要由长石、石英组成，常含石榴子石、十字石、红柱石等变质矿物。

◎ 角闪片麻岩：灰色，中粒花岗变晶结构，片麻状构造，主要由角闪石和石英组成。

◎ 角闪岩：绿黑色，中粗粒变晶结构，块状构造，角闪石含量>95%，少量斜长石。

◎ 斜长角闪岩：灰色，中粒变晶结构，块状构造，由角闪石（>50%）和斜长石组成。

◎ 长英麻粒岩：灰色，中粗粒不等粒变晶结构，片麻状或块状构造，主要矿物为斜长石、钾长石，少量的辉石、石榴子石等。

◎ 榴辉岩：肉红色，中粗粒不等粒变晶结构，块状或片麻状构造，主要矿物为绿辉石、含钙的铁镁铝榴石，少量的石英、角闪石、蓝晶石等。

2. 描述举例

绿泥石绢云母千枚岩

肉眼观察：土黄色。千枚状构造。具丝绢光泽。斑状变晶结构，变斑晶为绿泥石，棕色，呈放射状的球粒，硬度小于指甲。基质具鳞片变晶结构，矿物成分主要为绢云母。

镜下观察：主要矿物成分有绢云母（细小鳞片状，Ⅱ级异常干涉色，含量占70%～85%）、绿泥石（突起高，具聚片双晶，多色性显著，占10%～25%），次要矿物有石英、锆石、褐铁矿、磁铁矿等。岩石显斑状变晶结构，基质为显微鳞片花岗变晶结构。变斑晶为绿泥石，呈放射状、柱状、束状，较均匀地分布于基质中。基质以绢云母为主，呈细小鳞片状，略呈定向排列，其他矿物零星分布于基质中。

黑云母二长片麻岩

肉眼观察：灰白色，中-粗粒花岗变晶结构，片麻状构造。矿物成分主要为：钾长石，肉红色；斜长石，灰白色；石英（30%），无色透明，呈条状、透镜状定向排列；黑云母（15%），角闪石（<5%）。含少量石榴子石、十字石、蓝晶石等特征变质矿物。

镜下观察：主要矿物成分有石英，占30%；钾长石+斜长石，含量约40%，二者含量相近；黑云母，占15%；次要矿物有石榴子石、十字石、蓝晶石。

结构构造：花岗变晶结构，片麻状构造。石英呈粗粒变晶，沿一定方向拉长。斜长石、钾长石呈细粒变晶，在斜长石中有不规则的钾长石条带，形成反条纹长石。黑云母、角闪石呈断续排列，有些黑云母已变为绿泥石，斜长石沿解理面有绢云母化现象。

（三）混合岩的观察与描述

1. 观察以下手标本或薄片

◎ 条带状混合岩：条带状构造，基体为深色的片岩和片麻岩，脉体为浅色的花岗质成分。基体与脉体呈条带状相间分布。

◎ 眼球状混合岩：眼球构造，基体为深色的片岩、片麻岩，其中片理比较发育；脉体为浅色的长石、石英或它们的集合体，呈眼球状或透镜状沿基体的片理方向分布。

◎ 混合花岗岩：脉体含量 >90%，基体和脉体的界线已完全消失，成分上和岩性上与岩浆成因的花岗岩基本相同。

2. 观察混合岩构造的注意事项

（1）要正确区分基体和脉体。在混合岩中，基体多为颜色较深的片岩、片麻岩、斜长角闪岩等，脉体则为颜色浅的长英质、伟晶质。首先要正确区分，然后再观察彼此的关系（脉体与基体的界线是否清楚、脉体以何种方式进入基体、二者的相对含量等）。

（2）注意观察和描述两种构造。一是由脉体和基体交生所显示的构造，如条带状混合岩显示的条带状构造，二是分别观察描述基体和脉体本身内部的结构构造，如片麻岩基体中的片麻状构造，花岗质脉体中的花岗结构。综合所观察的内容，定出混合岩的名称。

（3）标本与薄片相结合。对于混合岩化程度强烈、脉体与基体界线模糊不清的混合岩（如混合花岗岩），除了观察其标本外，还应观察岩石薄片，在显微镜下观察有无显微交代结构，以便与岩浆成因的花岗岩相区别。

3. 描述举例

条带状混合岩

具条带状构造。基体为黑云母片岩，颜色较深，具粒状变晶结构，矿物成分主要为石英、长石及黑云母，片理发育。脉体呈灰白色，由长石和石英组成，具花岗结构。岩石中基体和脉体呈条带状互层，二者界线清楚，暗色条带较宽，浅色条带较窄。脉体条带与基体中的片理平行，反映脉体沿变质岩的片理注入、交代的成因特征。

三、实习报告及作业

观察以下手标本：板岩、千枚岩、云母片岩、角闪片麻岩、麻粒岩、角闪岩、榴辉岩、条带状混合岩、眼球状混合岩、混合花岗岩。

四、思考题

（1）片岩中的片状构造与片麻岩中的片麻状构造有何区别？
（2）区域变质岩中的片理是如何形成的？
（3）混合岩在结构构造上有什么显著特征？

实验八 接触变质岩、气液变质岩、动力变质岩观察与描述

一、目的要求

(1) 掌握接触变质岩的主要岩石类型及其矿物成分特征。
(2) 掌握气液变质岩的主要岩石类型及其矿物成分特征。
(3) 掌握动力变质岩主要岩石类型的岩性特征。

二、实验内容

(一) 接触交代变质岩主要岩石类型的观察与描述

1. 观察和描述以下岩石标本

◎ 绢云母斑点板岩：灰黑色，板状构造或斑点构造，基本上保留了泥质岩的特征，有少量的绢云母、绿泥石、红柱石、堇青石等。

◎ 堇青石云母角岩：灰黑色，隐晶质，致密，角岩结构，主要矿物有黑云母、石英、红柱石、堇青石、长石等。

◎ 大理岩：灰白色，粒状变晶结构，块状构造，矿物成分主要有方解石、白云石、蛇纹石、绿泥石、滑石等。

◎ 石英岩：灰白色，中细粒状花岗变晶结构，块状构造，矿物成分主要有石英、长石、绢云母、绿泥石、云母等。

◎ 矽卡岩（钙矽卡岩和镁矽卡岩）：暗红色、褐灰色、暗绿色，不等粒状变晶结构，块状构造，矿物成分主要有石榴子石、辉石、透辉石、绿帘石、金属矿物等或橄榄石、金云母、透辉石、尖晶石、金属矿物等。

2. 描述举例

石榴子石矽卡岩（钙质矽卡岩）

肉眼观察：浅褐灰色，粒状结构，块状构造。质坚硬，密度大。矿物成分：石榴子石，呈浅褐色不规则粒状，呈油脂光泽；绿帘石，浅黄绿色，土状，暗淡光泽等。

镜下观察：主要矿物成分有钙铝榴石（具全消光现象，发育双晶及环带构造，含量约占60%）；绿帘石（约占25%）；斜长石+石英（含量>10%）；绢云母、绿泥石、少量透辉石。矿物颗粒紧密镶嵌，构成粒状变晶结构。绿帘石化作用较强，还有绢云母化现象。

红柱石堇青石角岩

肉眼观察：岩石呈灰黑色，斑状变晶结构，块状构造。变斑晶为红柱石和堇青石，红柱石呈柱状，集合体呈放射状，形似菊花。堇青石呈粒状，灰蓝色，个别颗粒显似贯穿双晶。

镜下观察：斑状变晶结构，基质具变余砂泥质结构。变斑晶为堇青石和红柱石。基质为碳质和黑云母等，约占岩石的75%。堇青石呈粒状或不完整的柱状，含量约占20%，常显示三连晶式或六连晶式双晶；干涉色与石英的相似，为灰白色。红柱石为长柱状，含量约占5%，平行消光，负延长，横切面上见十字形碳质包裹体。基质中的碳质含量约占35%，颗

粒细小，不透明；黑云母含量约占25%，淡褐色-褐色，吸收性很强。

（二）气液变质岩和动力变质岩主要岩石类型的观察与描述

1. 观察以下手标本或薄片

◎ 蛇纹岩：黄绿色或暗绿色，由于颜色深浅不一，形成斑驳花纹。鳞片变晶结构，致密块状，质地较软，具滑感。主要由蛇纹石、磁铁矿、铬铁矿等组成。

◎ 云英岩：浅灰色，中粒花岗变晶结构，块状构造。主要由云母和石英，还常见一些富含挥发组分的矿物和金属矿物等。

◎ 青磐岩：灰绿色至黑绿色，中粒变晶结构，块状构造或角砾状构造。矿物成分主要为阳起石、绿泥石、绿帘石、长石、石英等。

◎ 构造角砾岩：岩石破碎成角砾状结构，角砾棱角显著，大小不一，无序排列；胶结物为铁质、硅质和碳酸盐等。

◎ 碎裂岩：碎裂结构，大小不一的岩石碎块缝隙间充填着铁质、硅质和碳酸盐等。

◎ 糜棱岩：糜棱结构，带状构造，坚硬致密，主要由花岗岩、片麻岩、石英岩等岩石破碎而成。

◎ 千糜岩：鳞片变晶结构，千枚状构造。千糜岩是一种原岩遭受强烈挤压破碎后，经明显重结晶作用形成的动力变质岩，主要由微粒状的石英、长石和大量新生矿物（绢云母、绿泥石、方解石等）组成。

2. 观察气成热液变质岩及动力变质岩的结构构造时注意事项

（1）在观察描述气液变质岩时，要着重观察蚀变矿物的种类及蚀变强度，因为它们是分类命名的主要依据。一般在蚀变轻微的岩石中，尽量以原岩名称作为基本名称，以蚀变矿物作为附加形容词，如蛇纹石化橄榄岩、云英岩化花岗岩等；当蚀变强烈不能恢复原岩时，可直接用蚀变矿物命名，如云英岩、蛇纹岩等。

（2）动力变质岩的分类命名，主要依据碎裂程度，只有当碎裂程度很高，且破碎物质已发生重结晶、重组合时，矿物组合在命名中才起作用。为此，在该类岩石实验中，必须把碎裂结构构造作为观察的重点。

3. 描述实例

蛇纹岩

肉眼观察：暗黄绿色，呈斑驳状花纹。鳞片状，具滑感，隐晶质结构，块状构造。主要矿物为蛇纹石，次要矿物有磁铁矿、铬铁矿，零散分布。

镜下观察：矿物成分有：蛇纹石，鳞片状，干涉色Ⅰ级灰-黄；绿泥石，干涉色呈异常蓝色，平行消光；磁铁矿、铬铁矿，不透明，零散分布。

结构：纤维变晶结构。岩石主要由叶蛇纹石和纤维蛇纹石组成，它们是由橄榄石、辉石交代蚀变而来，橄榄石和辉石的轮廓呈粒状、有的具六边形，其边缘被析出的铁质所环绕。纤维蛇纹石呈脉状，其脉宽窄不一，穿插于叶蛇纹石之中。磁铁矿呈他形、半自形粒状，以断续的条带分布在蛇纹石中。

碎裂辉长岩

灰黄-灰绿色，碎裂结构或角砾结构，块状构造。碎屑大小不一，棱角分明，主要为由斜长石和辉石组成，具裂纹、扭曲等现象，含量占60%～70%，碎基主要由斜长石、辉石等组成，含量为30%～40%。斜长石聚片双晶明显。破碎物质中有的已重结晶形成绢云母和绿泥石，因而使岩石呈浅绿色，具丝绢光泽。

三、实验报告及作业

描述以下标本：斑点板岩、红柱石云母角岩、大理岩、石英岩、矽卡岩、云英岩、青磐岩、构造角砾岩、碎裂岩、糜棱岩、千糜岩。

四、思考题

（1）钙质矽卡岩与镁质矽卡岩在岩性特征和成因上有什么区别？

（2）常见的气液变质岩有哪些岩石类型？何种岩石最容易蛇纹石化，变成蛇纹岩？

（3）碎裂岩与糜棱岩的区别何在？片麻岩和糜棱岩中的"眼球状"石英有何不同？

参 考 文 献

《地球科学大辞典》编委会. 2005. 地球科学大辞典（基础学科卷）. 北京：地质出版社.
华东石油学院岩矿教研室. 1982. 沉积岩石学. 北京：石油工业出版社.
新矿物及矿物命名委员会. 1984. 英汉矿物种名称. 北京：科学出版社.
中国大百科全书出版编辑部. 1992. 中国大百科全书（地质学）. 北京：中国大百科全书出版社.
操应长，姜在兴. 2003. 沉积学实验方法和技术. 北京：石油工业出版社.
常丽华，陈曼云，金巍等. 2006. 透明矿物薄片鉴定手册. 北京：地质出版社.
陈敬中. 2001. 现代晶体化学——理论与方法. 北京：高等教育出版社.
陈骏，王鹤年. 2004. 地球化学. 北京：科学出版社.
陈世悦. 2006. 矿物岩石学. 东营：中国石油大学出版社.
陈武，季寿元. 1985. 矿物学导论. 北京：地质出版社.
方少木. 1980. 矿物岩石肉眼鉴定. 北京：煤炭工业出版社.
冯增昭. 1993. 沉积岩石学. 北京：石油工业出版社.
戈定夷，田慧新等. 1989. 矿物学简明教程. 北京：地质出版社.
郭克毅，周正. 1996. 矿物珍品. 北京：地质出版社.
何幼斌，王文广. 2007. 沉积岩与沉积相. 北京：石油工业出版社.
贺同兴，卢良兆，李树勋等. 1988. 变质岩岩石学. 北京：地质出版社.
纪江红. 2006. 世界自然奇观. 北京：北京电子音像出版社.
廖立兵. 2000. 晶体化学及晶体物理学. 北京：地质出版社.
路凤香，桑隆康. 2002. 岩石学. 北京：地质出版社.
卢良兆，许文良. 2011. 岩石学. 北京：地质出版社.
罗谷风. 1985. 结晶学导论. 北京：地质出版社.
罗谷风. 1993. 基础结晶学与矿物学. 南京：南京大学出版社.
潘兆橹等. 1993. 结晶学及矿物学（上、下）. 北京：地质出版社.
彭真万，刘青宪，徐明. 2007. 矿物学基础. 北京：地质出版社.
钱逸泰. 1999. 结晶化学导论（第二版）. 合肥：中国科学技术大学出版社.
秦善. 2004. 晶体学基础. 北京：北京大学出版社.
秦善，王长秋. 2006. 矿物学基础. 北京：北京大学出版社.
桑隆康，马昌前. 2012. 岩石学（第二版）. 北京：地质出版社.
唐洪明. 2007. 矿物岩石学. 北京：石油工业出版社.
王濮，潘兆橹，翁玲宝. 1982. 系统矿物学（上、中、下册）. 北京：地质出版社.
吴泰然，何国琦等. 2003. 普通地质学（第二版）. 北京：北京大学出版社.
肖渊甫，郑荣才，邓江红. 2009. 岩石学简明教程. 北京：地质出版社.
肖序刚. 1993. 晶体结构几何理论（第二版）. 北京：高等教育出版社.
徐耀鉴，徐汉南，任锡刚. 2007. 岩石学. 北京：地质出版社.
于炳松，赵志丹，苏尚国. 2012. 岩石学（第二版）. 北京：地质出版社.
俞文海. 1991. 晶体结构的对称性. 合肥：中国科学技术大学出版社.
曾允孚，夏文杰. 1986. 沉积岩石学. 北京：地质出版社.
张克从. 1987. 近代晶体学基础（下）. 北京：科学出版社.
张树业，康维国，赵鸿等. 1985. 变质岩结构构造图册. 北京：地质出版社.
赵珊茸，边秋娟，凌其聪. 2005. 结晶学及矿物学（重印版）. 北京：高等教育出版社.
佐尔泰 T.，斯托特 J. H. 著，施倪承等译. 1992. 矿物学原理. 北京：地质出版社.
Andrew Putnis. 1992. Introduction to mineral sciences. Cambridge：Cambridge University Press.
Battey M H. 1972. Mineralogy for students. Olive & Boyd.
Bloss F D. 1971. Crystallography and crystal chemistry. Holt：Rinehart & Winston.

Charles C Plummer et al. 2005. Physical geology (10th Edition). New York: McGraw–Hill Higher Education.

Cornelis Klein. 2002. Manual of mineral science (22nd Edition). New York: John Wiley & Sons, Inc.

Dieter Schwarzenbach. 1996. Crystallography. John Wiley & Sons Inc.

Edward J Tarbuck, Frederick K Lutgens. 2006. Earth science (11th Edition). New Jersey: Pearson Education, Inc.

Frye K. 1981. The encyclopedia of mineralogy. Hutchinson Ross Publishing Company.

Ivan Kostov. 1968. Mineralogy. Edinburg and London: Oliver and Boyd.

Joseph A Mandarino, Malcolm E Back. 2004. Fleischer's glossary of mineral species. Tucson: The Mineralogical Record Inc.

Keith Frye. 1981. The encyclopedia of mineralogy. Stroudsburg: Hutchinson Ross Publishing Company.

Leonard G Berry, Brian Mason. 1983. Mineralogy: concepts, descriptions, determinations. San Francisco: Freeman and Company

Maurice Hugh Battey. 1981. Mineralogy for students (2nd Edition). London and New York: Longman.

Phillips W J, Phillips N. 1980. An introduction to mineralogy for geologists. John Wiley & Sons.

Roberts W L, Campbell T J, Rapp G R. 1990. The encyclopedia of mineralogy. Van Nostrand Reinhold.

Theo Hahn, Hans Wondratschek. 1994. Symmetry of crystals: introduction to International Tables for Crystallography. Vol A. Heron Press Ltd.

William D Nesse. 2000. Introduction to mineralogy. New York: Oxford University Press.

附录 矿物代号

矿物代号	英文名称	中文名称	矿物代号	英文名称	中文名称
Ab	Albite	钠长石	Cm	Chromite	铬铁矿
Ac	Acmite	锥辉石	Coe	Coesite	柯石英
Act	Actinolite	阳起石	Cpx	Clinopyroxene	单斜辉石
Ae	Aegirine	霓石	Crd (Cord)	Cordierite	堇青石
Agt	Aegirine-augite	霓辉石	Crs	Crossite	青铝闪石
Ak	Akermanite	镁黄长石	Cum	Cummingtonite	镁铁闪石
Alm	Almandine	铁铝榴石	Der	Deerite	迪尔石
Aln	Allanite	褐帘石	Di	Diopside	透辉石
Als	Al$_2$SiO$_5$ minerals	Al$_2$SiO$_5$ 矿物（铝硅酸盐）	Dia	Diamond	金刚石
			Dol	Dolomite	白云石
Am (Amp)	Amphibole	角闪石	En	Enstatite	顽火辉石
An	Anorthite	钙长石	Ep	Epidote	绿帘石
And	Andalusite	红柱石	Fa	Fayalite	铁橄榄石
Andr	Andradite	钙铁榴石	Fo	Forsterite	镁橄榄石
Ang (Atg)	Antigorite	叶蛇纹石	Fs	Ferrosilite	铁辉石
Anl	Analcite	方沸石	Ged	Gedrite	铝直闪石
Ann	Annite	羟铁云母	Gln (Gl)	Glaucophane	蓝闪石
Ant	Anthophyllite	直闪石	Glt	Glauconite	海绿石
Ap	Apatite	磷灰石	Gp	Gypsum	石膏
Ar	Aragonite	文石	Gra	Graphite	石墨
Arf	Arfvedsonite	钠铁闪石	Gro	Grossular	钙铝榴石
Aug	Augite	普通辉石	Grt (Ga, Gt)	Garnet	石榴子石
Bt (Bi)	Biotite	黑云母	Hem	Hematite	赤铁矿
Brc	Brucite	水镁石	Hbl (Hb)	Hornblende	普通角闪石
Bre		铁菱镁矿	Hd	Hedenbergite	钙铁辉石
Cam	Calc-amphibole	钙质角闪石	Hu	Heulandite	片沸石
Car	Carpholite	纤锰柱石	Hy	Hypersthene	紫苏辉石
Cal (Cc)	Calcite	方解石	Idn	Iddingsite	伊丁石
Chl (Ch)	Chlorite	绿泥石	Ill	Illite	伊利石
Chr	Chrysotile	纤蛇纹石	Ilm	Ilmenite	钛铁矿
Cld (Ct)	Chloritoid	硬绿泥石	Jd	Jadeite	硬玉
Clt	Clintonite	脆云母	Jed	Jedrite	铝直闪石

续表

矿物代号	英文名称	中文名称	矿物代号	英文名称	中文名称
Kao	Kaolinite	高岭石	Prh	Prehnite	葡萄石
Kfs（Kf）	K-feldspar	钾长石	Prl	Pyrophyllite	叶蜡石
Kp	Kaliophilite	钾霞石	Pu	Pumpellyite	绿纤石
Ky	Kyanite	蓝晶石	Px	Pyroxene	辉石
Lab	Labradorite	拉长石	Py	Pyrite	黄铁矿
Lar	Larnite	斜硅钙石	Pyr（Prp）	Pyrope	镁铝榴石
Lct（Lc）	Leucite	白榴石	Qtz（Qz,Q）	Quartz	石英
Liz	Lizardite	利蛇纹石	Ran	Rankinite	硅钙石
Lmt（Lm）	Laumontite	浊沸石	Rie	Riebeckite	钠闪石
Lw（Law）	Lawsonite	硬柱石	Rt（Ru）	Rutile	金红石
Mar	Margarite	珍珠云母	Sa（San）	Sanidine	透长石
Mel	Melilite	黄长石	Sc（Sca,Scp）	Scapolite	方柱石
Mer	Merwinite	默硅镁钙石	Se	Sericite	绢云母
Mg－Rie	Magnesioriebekite	镁钠闪石	Ser（Srp）	Serpentine	蛇纹石
Mgn	Magnesite	菱镁矿	Sil（Sill）	Sillimanite	矽线石
Mi（Mic）	Microcline	微斜长石	Sm	Smectite	蒙皂石
Mm	Montmorillonite	蒙脱石	Sp（Spl）	Spinel	尖晶石
Mnz	Monazite	独居石	Spn（Sph）	Sphene	榍石
Moc	Monticellite	钙镁橄榄石	Spr	Sapphirine	假蓝宝石
Ms	Muscovite	白云母	Sps	Spessartine	锰铝榴石
Mt	Magnetite	磁铁矿	Spu	Spurrite	灰硅钙石
Mu	Mullite	莫来石	St	Staurolite	十字石
Ne	Nepheline	霞石	Stp	Stilpnomelane	黑硬绿泥石
Nsn（Nos）	Nosean	黝方石	Tc	Talc	滑石
Oam	Ortho-amphibole	斜方角闪石	Til	Tilleyite	粒硅钙石
Ol	Olivine	橄榄石	Tp	Topaz	黄玉
Olg	Oligoclase	更长石	Tr	Tremolite	透闪石
Omp	Omphacite	绿辉石	Tri	Tridymite	鳞石英
Opx	Orthopyroxene	斜方辉石	Ts	Tschermakite	契尔马克分子
Or	Orthoclase	正长石	Ver	Vermiculite	蛭石
Os	Osumilite	大隅石	Ves	Vesuvianite	符山石
Pe（Per）	Periclase	方镁石	Wm	White mica	白色云母
Pg	Paragonite	钠云母	Wo	Wollastonite	硅灰石
Phl	Phlogopite	金云母	Wr	Wairakite	斜钙沸石
Phn	Phengite	多硅白云母	Wu	Wustite	方铁矿
Pie	Piemontite	红帘石	Zo	Zoisite	黝帘石
Pig	Pigeonite	易变辉石	Zr（Zrn）	Zircon	锆石
Pl（Plag）	Plagioclase	斜长石			